"十三五"国家重点出版物出版规划项目

SAFETY SCIENCE AND
ENGINEERING

高等消防工程学

◎主　编　徐志胜　孔　杰
◎参　编　游温娇　白国强　徐　彧　余明高
◎主　审　朱国庆

U0239403

机械工业出版社
CHINA MACHINE PRESS

本书共9章，主要内容包括绪论、火灾蔓延、建筑防火设计、建筑结构抗火、火灾烟气控制、人员疏散、消防自动报警技术与指挥调度、灭火技术及城市消防规划。

本书根据消防工程专业人才培养的教学要求，对火灾灾害机理和发生发展规律、建筑防火设计与结构抗火、火灾烟气控制、火灾人员疏散、灭火技术、城市消防规划等方面的基础理论知识和技术方法等消防工程专业知识进行了全面的、系统化的介绍。本书着眼于培养和提高读者在消防工程应用中解决实际问题的能力，编写内容注重理论和工程实际相结合，突出体现实践性和可操作性。

本书主要作为高等院校消防工程及相关专业高年级本科生教材及研究生教学参考书，也可供消防安全研究、消防系统设计以及城市消防规划等从业人员学习参考。

图书在版编目（CIP）数据

高等消防工程学／徐志胜，孔杰主编. —北京：机械工业出版社，2020.5（2022.1 重印）

"十三五"国家重点出版物出版规划项目

ISBN 978-7-111-65313-4

Ⅰ.①高⋯ Ⅱ.①徐⋯②孔⋯ Ⅲ.①消防－工程－高等学校－教材 Ⅳ.①TU998.1

中国版本图书馆 CIP 数据核字（2020）第 062236 号

机械工业出版社（北京市百万庄大街22号　邮政编码100037）

策划编辑：冷　彬　责任编辑：冷　彬　舒　宜

责任校对：张　力　封面设计：张　静

责任印制：单爱军

北京虎彩文化传播有限公司印刷

2022 年 1 月第 1 版第 3 次印刷

184mm×260mm・19 印张・471 千字

标准书号：ISBN 978-7-111-65313-4

定价：69.00 元

电话服务　　　　　　　　　　网络服务

客服电话：010-88361066　　机　工　官　网：www.cmpbook.com

　　　　　010-88379833　　机　工　官　博：weibo.com/cmp1952

　　　　　010-68326294　　金　书　网：www.golden-book.com

封底无防伪标均为盗版　　机工教育服务网：www.cmpedu.com

前　言

随着我国社会经济的发展，建筑物逐渐向高层化、综合化和密集化发展，建筑装修材料也日益复杂多样。但同时，建筑火灾频发，对人们的生命安全和财产安全造成巨大威胁。在消防安全与防灾减灾教学、科研工作中，急需消防工程技术与安全科学理论教学指导书。本书基于中南大学、中国矿业大学、华北水利水电大学、河南理工大学、重庆大学和中国人民警察大学等消防工程专业的教学和科研成果编写而成，对消防工程教学、消防科学研究、建筑消防系统设计、城市消防规划等方面具有一定的指导意义和参考价值。

本书以火灾科学为基础，系统地介绍了建筑物火灾蔓延特点、火灾烟气控制技术、人员疏散、灭火理论与技术、建筑防火设计理论与方法以及城市消防规划等内容。全书理论阐述全面、系统，并与消防工程实际应用紧密结合，适合作为高等院校消防工程专业高年级本科生教材及研究生的教学参考书，同时也可供消防安全研究、消防系统设计以及城市消防规划等从业人员学习参考。

本书由徐志胜和孔杰担任主编。全书共9章，具体编写分工如下：第1章由徐志胜（中南大学）编写；第2章由余明高（重庆大学）编写；第3章和第4章由徐彧（中南大学）和徐志胜共同编写；第5章和第6章由白国强（华北水利水电大学）编写；第7~9章由游温娇（中国计量大学）和孔杰（中南大学）共同编写。全书由孔杰负责统稿。

本书由中国矿业大学朱国庆担任主审，他对本书的编写提出了很多宝贵的意见和修改建议，对提高本书编写质量有很大帮助，在此向他表示衷心的感谢。

中南大学研究生梁印、陈涛、耿忠扬、甘芳、王娅芳、陈红光、王蓓蕾等在本书的资料调研、书稿整理和图片绘制等方面做了大量工作，在此表示感谢。此外，本书参考了大量的著作和文献资料，在此谨向参考文献的作者表示诚挚的谢意。

鉴于编者水平有限，书中难免存在疏漏和不妥之处，恳请广大读者批评指正。

编　者

目　录

1

第1章
绪　论

1.1 火灾概述

1. 火灾的定义

　　火灾是指在空间和时间上失去控制的燃烧所造成的危害。在各类灾害中，火灾是最普遍、最频繁的、威胁社会发展以及公众安全的主要灾害之一。火灾的危害面很大、发生概率高，不但能毁灭人类辛苦创造的物质财富，而且还残忍地吞噬人类的生命，给人类社会的发展以及平时的生活造成严重破坏，对人们的精神造成严重的创伤。随着人类社会的不断发展，火灾已经成为危害人类最严重、最持久、最剧烈的灾害之一。根据对火灾烟气的了解，其危害性主要表现在减光性、毒害性、恐怖性以及其自身的高温等方面，这些危害性因素对火灾中人员的安全疏散十分不利。

　　根据有关部门的统计，火灾中的伤亡绝大多数是由于烟气的毒害性所导致的，其中因为一氧化碳中毒窒息死亡或者被其他有害烟气熏死的人数占火灾总死亡人数的 40%～50%，大多数死者都是中毒窒息晕倒后死亡。

　　根据火灾的发生场所，火灾可以分为建筑火灾、森林火灾以及交通工具引起的火灾等类型，在这些火灾中，建筑火灾的危害性最为严重。

按照物质的燃烧特性，并且根据《火灾分类》（GB 4968—2008）的有关规定，火灾可划分为六个不同的类别，具体见表1-1。

表1-1　火灾的类别

火灾分类	描　述	举　例
A类火灾	固体物质火灾	如木材、棉、麻、纸张火灾等
B类火灾	液体火灾、可熔化的固体物质火灾	如汽油、煤油、柴油、原油、甲醇、乙醇、沥青、石蜡火灾等
C类火灾	气体火灾	如煤气、天然气、甲烷、乙烷、丙烷火灾
D类火灾	金属火灾	如钾、钠、镁、钛、锂、铝镁合金火灾
E类火灾	带电火灾	如电器、发电机、变压器、配电盘电气设备或仪表及其电线电缆在燃烧时仍带电的火灾
F类火灾	烹饪器具内的烹饪物火灾	如动物、植物的油脂火灾

依据世界相关部门的统计计算，绝大多数的发达国家每年因火灾造成的经济损失占国民经济生产总值的2‰左右。自改革开放以来，我国迈上了中国特色社会主义道路，经济的发展速度为世界前列，建筑也朝着现代化、多元化发展，乡村城市化成为不可避免的趋势。因此，火灾也表现出了更为严峻的态势。自2005年以来，我国每年发生火灾都在10万起以上，2003—2018年火灾数据统计见表1-2，相应统计图如图1-1～图1-4所示。

表1-2　2013—2018年火灾统计数据

年　份	发生次数/万起	死亡人数/人	受伤人数/人	经济损失/亿元
2018	23.7	1407	798	36.75
2017	28.1	1390	881	36.0
2016	31.2	1582	1065	37.2
2015	33.8	1742	1112	39.5
2014	39.5	1815	1513	47
2013	38.9	2113	1637	48.5
2012	15.2	1028	575	21.8
2011	12.5	1108	571	20.6
2010	13.3	1205	624	19.6
2009	12.9	1236	651	16.2
2008	13.7	1521	743	18.2
2007	16.4	1617	969	11.3
2006	23.2	1720	1565	8.6
2005	23.6	2500	2508	13.7
2004	25.3	2563	2969	16.7
2003	25.4	2482	3087	15.9

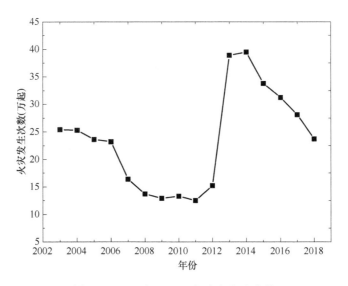

图 1-1 2003 年—2018 年火灾发生次数

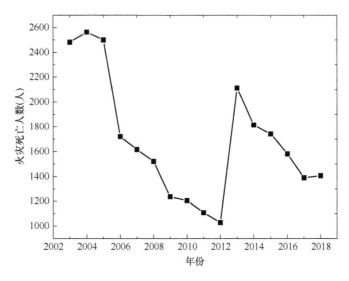

图 1-2 2003 年—2018 年火灾死亡人数

通过对最近十几年的火灾统计数据进行分析，可以总结得出我国目前火灾形势具有以下特点：

1）全国每年火灾发生次数居于高位。通过图 1-1 可以看出，我国每年发生火灾的平均次数在 23.6 万起左右，2013 年—2016 年年均火灾发生次数均超过了 30 万起。2017 年以来火灾的发生次数虽有所减少，但总的来说仍居高位。

2）火灾造成的损失巨大。由图 1-2～图 1-4 可以看出，虽然 2018 年我国发生火灾的频率有所下降，但由于火灾导致的直接经济损失仍超过 36.75 亿元，死亡人数为 1407 人，受伤人数为 798 人。可见，我国的火灾形势十分严峻，且造成的人员和财产损失十分巨大。

3）火灾形势严峻但总体保持稳定。从趋势可以看出，目前我国的火灾形势已经得到控

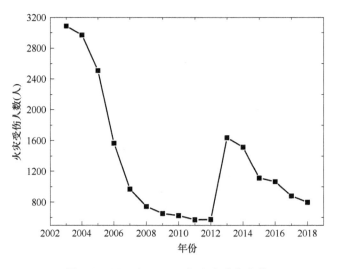

图 1-3　2003 年—2018 年火灾受伤人数

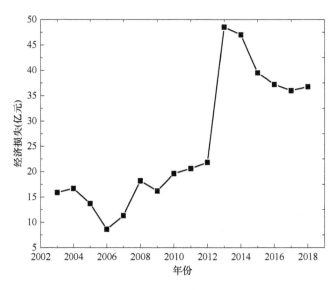

图 1-4　2003 年—2018 年火灾经济损失

制，近两年火灾发生次数和伤亡人数呈明显降低趋势。这说明人们的消防安全意识明显增强，国家对消防安全工作十分重视，出台了各种政策法规以提升消防工作社会化水平和社会防控火灾能力，促进消防力量的建设。

通过努力，全国的消防工作和消防力量的建设已经取得了明显成效。对火灾的管理和火灾科学的研究工作近年来也得到了重视和发展，并取得了一定的理论性和应用性成果。

各种火灾中，大型公共建筑是火灾事故的多发地。大型公共建筑如大型商场、各种贸易市场、公共娱乐场所、宾馆酒店、学校、医院等人员密集场所是火灾事故的多发地，易发生群死群伤的恶性火灾事件，是火灾预防和研究的重点。因此，对大型公共建筑火灾的研究应当足够重视。在各种类型的火灾中，建筑火灾尤其是公共建筑火灾的危害最为直接、严重，对人类的伤害最大，其三大指标（发生次数、死伤人数和经济损失）均占很大的比例。建筑物作为城市火灾的主要承载体，是人们生产、生活的主要场所，人员密度大，财产较为集中。建筑物火灾直接威胁人们的生命和财产安全。伴随着我国经济水平的提高和科学技术的发展，城市化建设高速发展，城市建筑的高度、规模、复杂程度逐渐增大，建筑物内人员和财产的密集程度也不断增大，导致建筑火灾发生的次数增多。我国每年发生的城市建筑火灾的次数和由此造成的损失均居高不下，每年均有多起特大和重大建筑火灾发生，造成了严重的人员伤亡和财产损失。

2. 火灾科学的发展

火灾过程研究是一种具有复杂性本质的科学研究，其孕育和发展包含着多种物理化学作用，是一种涉及物质、化学组分、动量、能量等多种元素，以及各种元素在复杂多变的环境条件下相互作用的动力学过程。火灾的动力学过程不仅与本身的孕育和发展过程有关，还与人、财物、环境以及其他外部干预因素发生相互作用。因此，火灾研究是一门综合燃烧学、灾害学、热工学、化学、应用数学、计算机科学、管理学、经济学等多学科多领域的综合性交叉学科。火灾科学研究的发展历程与内容如图 1-5 所示。

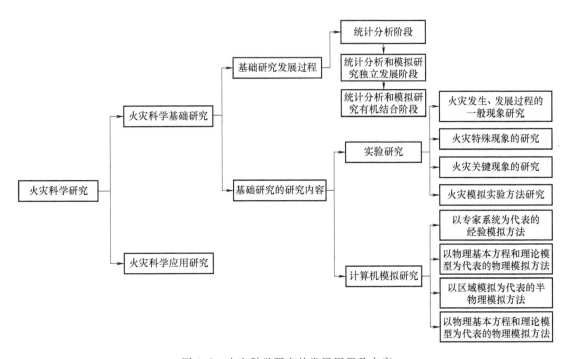

图 1-5 火灾科学研究的发展历程及内容

1.2 | 典型建筑火灾与案例

1.2.1 高层建筑火灾

关于高层建筑的定义，世界各国都有不同的标准，不同时期又有不同的划分依据。1972年，国际高层建筑会议将高层建筑分为四大类：其中，第一类为 9 ~ 16 层的建筑，高度最高

50m；第二类为 17～25 层的建筑，高度最高 75m；第三类为 26～40 层的建筑，高度最高 100m；第四类为 40 层以上的建筑，高度高于 100m。在我国，从 2005 年起，按照规定，超过 27m 的住宅建筑以及高度超过 24m 的其他民用建筑统称为高层建筑；习惯将超过 100m 的建筑统称为超高层建筑。

1. 高层建筑火灾的特点

据估计，目前我国拥有的高层建筑的数量大于 150000 栋，超高层建筑的数量大于 2000 栋。近年来高层建筑火灾层出不穷，严重影响着我国人民生命财产安全和社会的稳定，其危害性和复杂性也逐渐被人们认识。高层建筑作为城市化过程中的重要元素，在火灾这种事故灾难中，显得更加敏感和脆弱。高层建筑火灾具有以下特点：

（1）高层建筑功能复杂，设备繁多，发生火灾的概率大　对于建筑面积比较大，楼层数很多的高层建筑，其内部功能十分复杂，电气化以及自动化程度高，用电设备多，而且用电量大，漏电、短路等故障发生的概率大，容易形成点火源。

一般高层的商业建筑内设备种营业厅、会议室、运动场等。这些部位往往存在着多种着火源以及可燃物，一旦出现事故，十分容易造成火灾；有的部位人员聚集，通道复杂且出口有限，一旦发生火灾，组织疏散比较困难。高层建筑内电气设备较多，用电设备点火源是火源类型中比较严重的一种。由于高层建筑内的用电设备用电量十分大，并且这些电气设备的配电线路十分复杂，在设计、施工、安装、管理、使用、维修等环节都存在着大量潜在的点火源。高层建筑需要进行大量的内部和外部装修，而内部装修材料中存在着大量的可燃物，一旦起火，火势蔓延迅速，这些可燃物在燃烧过程中会产生大量的有毒有害气体，同时要消耗大量的氧气。

（2）高层建筑火灾蔓延速度快，火势迅猛　距离地面的高度越大风速也越大，高层建筑所承受的风力明显增强，一旦发生火灾，其扩散速度迅猛。高层建筑内部空间复杂，管理难度大，可燃材料分布极广，一旦发生火灾就会形成"立体燃烧"，高层建筑火灾里的火势蔓延速度很快。高层建筑内部管井繁多，纵向复杂，一旦发生火灾，将引起显著的"烟囱效应"，其火焰以及烟气将在高层建筑内纵向快速蔓延。

（3）高层建筑内部空间繁杂，人流量大，疏散困难　高层建筑火灾发生后，各层人员疏散到安全区域的距离远，如果不能进行及时地引导与疏散，容易导致建筑物内人员惊慌、拥挤，以致造成踩伤、踩死等现象。高层建筑在装修的过程中使用的材料多，发生火灾的时候，温度急剧升高，能见度迅速降低，人员吸入有毒烟气，造成人员窒息、中毒等，在很大程度上增加了安全疏散的难度。

（4）高层建筑火灾扑救困难　在目前的技术水平下，普通灭火装备根本不能扑救许多高层建筑上层的火灾，高层建筑上层一旦发生火灾，扑救十分困难。

2. 高层建筑火灾案例

（1）央视新址园区电视文化中心火灾　2009 年 2 月 9 日 20 时 27 分，位于北京的央视新址园区高 159m 的配楼发生火灾，该建筑东、南两面着火，火势高达 100m，起火 5 个小时后大楼 14 层以上的部分仍然在燃烧。火势无法完全控制的主要原因是楼内因施工没有灭火水源、消防储备水挪用、楼内停电消防泵停运、消火栓系统无水、部分管道及喷淋头冻裂，消防车的水枪喷水高度只能达到 60m。北京市消防总队共调集 85 台消防车、595 名消防队员，经过近 6h 的奋战才将大火彻底扑灭。除建筑的外立面严重受损外，事故造成 1 死 7 伤，直接经济损失 1.6 亿元。

1) 火灾原因：2010 年 2 月 10 日，国家安监总局认定该事故是一起责任事故，直接原因是"央视新址办"违反规定，在施工工地内组织大型礼花焰火燃放活动，礼花弹爆炸后的高温星体落入电视文化中心主体建筑顶部擦窗机检修孔内，引燃检修通道内壁裸露的易燃材料而引发火灾。

2) 主要经验教训：一是火灾发展模式的变化，火势自上而下、自外而内逆向迅速蔓延，在极短时间内形成猛烈的立体燃烧，完全改变了自下而上、由内及外的传统火灾发展模式。二是火灾扑救模式挑战传统概念，央视新址园区在建电视文化中心地上 30 层、高 159m，面对这起特殊的立体火灾，消防队现有装备已经不能满足火灾扑救的需要，云梯车、高喷车以及远射程移动水炮等均不能从外部直接打到 100m 以上的燃烧部位，缺乏向高层外部供水灭火的有效手段，传统的直接外攻灭火、强攻近战、上下夹击、防控堵截等灭火战术受到了严峻的挑战。三是内攻灭火和人员疏散考验着传统概念，超高层建筑结构十分复杂，建筑内部共享空间多、跨度大，各种管道竖井林立，极易形成强烈的烟囱效应；建筑外装饰使用大量可燃材料在燃烧时产生的高温和有毒烟气，严重威胁着内部被困人员和内攻灭火消防员的生命安全；建筑内部疏散通道曲折，路线复杂，人员疏散和内攻灭火距离长，再加上断电、高温、浓烟弥漫、疏散指示标志不明等因素，导致内攻灭火和人员搜救等行动施展困难。

(2) 上海静安区教师公寓大火　2010 年 11 月 15 日，上海市静安区胶州路 728 号教师公寓正在进行外墙整体节能保温改造。约 14 时 14 分，大楼中部发生火灾，随后引燃楼体表面的尼龙防护网和脚手架上的毛竹片，在烟囱效应作用下火势迅速蔓延，最终包围并几乎烧毁整栋大楼。消防部门全力进行救援，火灾持续了 4 个多小时，至 18 时 30 分大火基本扑灭。火灾最终导致 58 人遇难，71 人受伤。

1) 火灾原因：起火大楼在装修作业施工中，有 2 名电焊工违规实施作业，在短时间内形成该公寓整体燃烧的恶性火灾。

2) 主要经验教训：电焊工无特种作业人员资格证，严重违反操作规程，引发大火后逃离现场；装修工程违法、违规，多次分包，导致安全责任不落实；施工作业现场管理混乱，安全措施不落实，存在明显的抢工期、抢进度、突击施工的行为；事故现场违规使用大量尼龙网、聚氨酯泡沫等易燃材料，导致大火迅速蔓延；有关部门安全监管不力，致使多次分包、多家作业和无证电焊工上岗，对停产后复工的项目安全管理不到位。

(3) 山西省晋中市灵石县新建高层建筑火灾　2015 年 4 月 28 日 14 时 23 分，山西省晋中市灵石县 110 指挥中心接到报警，灵石县新建街某高层建筑发生火灾。此次火灾烧毁东、西两个主楼部分外墙装饰材料、连接层屋顶，部分房间、走道过火烟熏严重，建筑外立面过火面积约 4000m²，楼内过火面积约 3200m²。该建筑主体部分为东、西两个主楼，间距为 16.6m，均为地下 1 层，地上 17 层，高度均为 65.6m，建筑面积约 20000m²。地上部分使用性质为办公，地下 1 层为超市、设备用房及汽车库。东、西两楼在第 3 层有一连接层。东、西两楼南侧各紧邻一栋南北向 3 层的裙房，与东、西楼均完全分隔，使用性质为商铺。每间商铺 1 层与 2 层上下相通，3 层有两处通过连廊相通。

1) 起火原因：敷设在辅楼屋面的供东辅楼某一商铺的电力电缆在东辅楼屋面西北角发生短路，引燃周围纸箱、铝塑板、橡胶皮、PVC 落水管、屋面防水层等可燃物。

2）灾害成因分析：①电缆沿屋面直接敷设，该电缆老化短路，引燃周围可燃物是引发该起火灾的直接原因。②建筑外墙采用可燃的铝塑板，造成火灾沿墙面大面积蔓延。③报警控制器被误操作，加之高层建筑外立面火灾，使得建筑内部消防设施无法发挥应有作用；人员消防安全意识淡薄，火灾时乘坐电梯，因断电被困在电梯内，无法及时逃生。

3）经验教训：①单位消防安全主体责任应落实。该建筑属于多产权单位，产权、使用权和管理权分离，管理方和使用方未签订书面协议明确各自消防职责权限。该单位消防安全责任人对单位消防安全情况不熟悉，消防安全责任制逐级落实不到位，消防安全管理人员业务素质不高，物业管理单位日常防火巡查、检查流于形式，未及时发现和消除火灾隐患。②消防控制室值班人员能力不足、违规操作。消防控制室值班人员不能熟练地操作消防设施。通过调阅火灾报警控制器运行记录发现，值班人员在发现多个火灾探测器连续报警信息后，不是按"消防控制室应急处置程序"将火灾报警控制器由"手动"模式调整至"自动"模式，而是多次进行清除操作，甚至关闭火灾报警控制器。③高层建筑采用的可燃外装饰层具有较大的火灾危险性。建筑东楼、西楼4层及以上外墙装饰材料使用的铝塑板具有燃烧速度快的特点，着火后沿铝塑板及其与外墙之间的空腔迅速蔓延，导致两栋建筑的南侧及相对侧的整个外立面过火，并通过外窗蔓延至室内，火灾同时突破多个防火分区。

1.2.2 超大空间建筑火灾

超大空间建筑有很多种类，具体如下：

1）机场、码头、车站等交通枢纽，其特点是大空间、多层次、立体交集，被称为大体积建筑。

2）大型购物中心、超级商场，其特点是虽然层高不很高，但平面面积很大，被称为大面积建筑。

3）写字楼群、综合性剧场、礼堂、展览馆、体育馆，其特点是采用中庭共享空间。这些建筑的共同特点是空间高（单层层高 10～16m 甚至更高），面积大（单层面积达 2 万～4 万 m^2 甚至更大），与辅助建筑组合在一起共同形成了庞大的建筑综合体（建筑面积超过 100000m^2）。

1. 超大空间建筑火灾特点

超大空间建筑由于自身的特点决定了其火灾特性与一般建筑不尽相同。

（1）火灾诱因多 超大空间建筑内部人流密集、功能复杂，设备繁多，存在着多种火源和大量的可燃物，不仅起火因素复杂多样，而且危险大。超大空间建筑的起火原因与一般建筑物起火原因相似：有因为使用明火不慎引起的，有因为化学或生物化学的作用造成的，有因为用电电线短路引起的，也有因为人为纵火引起的。

（2）氧气足、燃烧稳定，空间大、烟气扩散弥漫 燃烧能否成灾，在很大程度上依赖于限制火灾生长、扩散的手段及灭火的措施和计划是否完备。超大空间建筑中供氧充足，火源燃烧稳定，烟气产生量取决于可燃物的成分，不会发生轰燃现象。建筑空间高大，一旦火灾发生，烟气容易扩散弥漫；即使着火点所在区域的空调系统联动关闭，相邻区域的空调系统也仍在运行，会造成层化后的烟气加速水平向扩散，未被封闭的楼梯间、自动扶梯、管道井、排气道等均成为火灾蔓延的通道；火灾燃烧中的火羽流还会随烟气通过开敞的途径向四周传播，使火灾影响范围扩大。

（3）火灾探测和自动消灭难度大 超大空间建筑普遍具有"高、大"的特点。高大的空间导致顶棚处难以聚集足够的烟气、热量，致使常用的点型感烟、感温火灾探测器、普通自动喷水灭火系统难以发挥功效。消防系统的设计是此类建筑消防设计的难点，主要体现在防火分区设计、火灾自动报警系统设计、自动喷水灭火系统设计、防排烟系统设计等几个方面。

（4）人员密度高、疏散困难 超大空间建筑多为人员密集的公共场所，绝大多数人对场地疏散路线不熟悉，更不了解建筑布局及周围环境。在火灾情况下，人员容易惊慌，加上空间大、疏散距离长、能见度差、心理恐慌等因素，如果在防火设计上面出现问题，很难做到及时、有序地逃生。

2. 超大空间建筑防火设计主要问题

超大空间建筑对传统的建筑防火设计提出严峻挑战，超大空间建筑在建筑结构和使用功能上的特殊性使其火灾发生发展的规律十分复杂，目前还十分缺乏关于这类火灾的基础资料和实验数据。建筑结构形式和造型的不断创新，功能复杂化和综合化，突破了现行国家规范的规定，使传统的建筑防火技术和"处方式"的防火设计方法显露出明显的不足和多方面的局限性。有效防治超大空间建筑的火灾，是当前消防领域面临的严峻的挑战，其建筑防火设计面临的主要问题表现在以下几个方面：

（1）防火分区划分问题 为了满足建筑物使用功能的完整性和结构特点要求，许多超大空间建筑或其中的某些区域不能按照现行规范标准划分防火分区，防火分区的面积远远超出规范要求。

（2）安全疏散设施问题 由于建筑体量大，需要疏散的人员多，疏散距离过长，安全出口不能直通室外等，使安全疏散设施不能满足规范要求。

（3）防火分隔方式问题 为了满足建筑物的使用功能、结构特点及美观要求，一些超大空间建筑不能按照现行规范进行防火分隔。

（4）结构的抗火设计问题 由于建筑物的使用功能和美观要求，无法对结构进行防火保护或无法达到规范要求的耐火时间。

（5）排烟系统设置问题 对于某些超大空间建筑综合体的防排烟设计现行规范没有涵盖；一些建筑由于体量超大，现行规范规定的排烟量在工程上无法实现；某些建筑或其中的某些局部无法按现行规范规定设置机械排烟系统。

1.2.3 地下建筑火灾

城市建筑密集到一定程度，无法再向水平方向和上部空间扩展时，人们开始把目光投向地下空间。这里所提的地下空间包括以下三个方面：

1）在原有人防工程基础上改建的地下建筑空间。

2）普通高层建筑的地下空间。

3）地下交通设施。

目前地下空间的利用多为公共建筑（如图书馆、体育场所、停车场）；地下商业经营（商场、餐厅、酒吧、健身房、歌舞厅、地下仓库、地下公寓）；交通网（如地铁、隧道、地下通道）；公用服务设施（如各种管道、电缆等）；能源储存（如地下油库、地下液化石油气库）等。

在城市中，有计划地规划营造地下建筑，合理利用地下空间，对节省建筑用地、改善交通状况、扩大城市空间容量、节约能源、改善城市环境等方面有显著效果。我国对地下空间的综合开发利用还具有解决城市就业资源匮乏，缓解交通拥堵、加速人员流动，减少环境污染的作用。目前，北上广深等大城市随着城市地下综合体和地下街的逐步出现，地下空间的开发利用呈现了综合化、深层化的发展趋势。其中，仅地下商场就已逐步从单层发展为多层，建筑规模从最初的几百平方米发展到几万平方米，其至十几万平方米，使用功能也越发复杂、多样。

1. 地下建筑空间火灾的特点

地下建筑空间火灾是最难扑救的火灾之一，其特点主要有以下几方面：

（1）发烟量大、毒气重　地下空间火灾的发烟量与可燃物物理化学特性、燃烧状态、供气充足程度有关。在同等条件下，地下建筑空间发生火灾时的显著特点是烟量大、烟雾密度高、毒气重。这首先是因为地下建筑的烟雾扩散渠道有限，火灾产生的烟雾无法有效扩散，都积存在地下有限的空间内（地上建筑火灾产生的烟气有80%可通过窗户扩散到大气中）；其次地下建筑空间内的空气流通不畅，固体可燃物阴燃时间稍长，不充分燃烧会导致大量烟雾的出现；再次是地下空间燃烧中产生 CO、CO_2 等有毒、有害气体浓度迅速增加，这是地下建筑火灾中人员伤亡的主要原因。

（2）火场温度高、易发生轰燃　当地下建筑空间发生火灾时，由于空间封闭，灼热的烟气很难排出，致使内部空间温度上升很快，烟气和热量的聚集能使温度在短时间内迅速上升到 $800 \sim 900℃$，烟气的温度也可达 $600 \sim 700℃$。这种地下空间的高温和高浓度烟气加上阴燃物多、内压大，空间的空气体积急剧膨胀，温度急剧升高，极易产生十分危险的轰燃现象，对地下空间火灾扑救来说极为困难。

（3）人员、物品疏散困难　首先是地下空间发生火灾时，会造成严重缺氧。当空气中含氧量降到15%时，人的肌肉活动能力就会下降；当空气中含氧量降到10%～14%时，人就会四肢无力，产生判断错误；当空气中含氧量降到6%～10%时，人就会晕倒；当空气中含氧量降到6%以下时，人会立即晕倒或死亡。而地下建筑空间火灾造成的缺氧现象要比地面建筑火灾严重得多。

其次是地下建筑空间疏散出口少，人员只能通过楼梯才能到达室外，加上烟气的蔓延速度要比人员疏散速度快得多（烟的水平扩散速度一般为0.5～1.5m/s，垂直上升速度比水平扩散快3～4倍），流动性难以把握，往往与人流方向一致，致使被困人员在能见度极低的环境内难以脱险。人员疏散尚且如此，转移地下空间的物品就更是难上加难了。以地下停车场为例，火灾发生时场内的汽车必须通过人员驾驶才能进行移动，大量的浓烟聚集，降低了驾驶人对视觉距离和方向的敏感性，十分不利于人员逃生和车辆疏散，而且地下停车场火灾还可能因所停车内油料的闪燃点较低，具有助长火势蔓延及爆炸的危险。

（4）可调用的消防力量和装备难以靠近火场　地下建筑空间自然采光差，火灾发生时浓烟弥漫，火场内部能见度极低，加上内部分隔错综复杂，通道弯曲多变，水枪射流往往鞭长莫及或击不中火点。火情不明会影响火场指挥决策和火灾扑救的有效性，进出口少又使得可调用的消防扑救装备难以靠近火场。

2. 地下空间火灾案例

（1）勃朗峰（Mont Blanc）隧道火灾　勃朗峰隧道位于法国与意大利之间，全长

11.6km，建于 1965 年，为单洞双向交通道，原设计年通过能力为 35 万辆，近年来实际年通行量多达 200 万辆，其中 75 万辆为载重车。隧道采用全横向通风，送、排风道设于隧道底部，有主从式监控中心两个。隧道由法国和意大利共同管理。1999 年 3 月 24 日，一辆装黄油的车自燃引起大火，尽管实施了紧急救援，仍造成 41 人死亡、数辆车焚毁、交通中断一年半以上的重大损失。按照紧急事故应急程序，当第一辆车着火后，应立即发出警报，在 10min 内关闭隧道。但由于意方隧道经营公司没有消防救护队，火灾发生后只能消极等待。15min 后，法方消防车才赶到现场。由于法意双方互不协调，使救援工作受到影响，大火持续燃烧了 55h。隧道没有通风井和疏散通道，41 名死者中，34 人死于车内，7 人死于车外隧道内。这表明，当时大多数人都没有意识到危险并设法逃生，最后导致窒息或中毒身亡。

（2）英法海底隧道火灾　1996 年 11 月 18 日晚 9 时许，一列由 29 节运载卡车的货车组成的高速列车沿英法海底隧道从法国驶往英国。当列车还未全部进入隧道时，两名法国工作人员发现该列车的一节车厢正在冒烟，并立即报告了英法海峡隧道控制中心，但此时已经无法阻止列车进隧道。在列车运行过程中，火势快速发展，在驶入隧道约 2km 处时，隧道内的火灾报警器开始报警。由于按照规定列车不能退出隧道，列车只得继续前进，希望将列车驶出隧道后再进行灭火（全程需 20 多 min）。当列车驶到距入口 17km 处时，驾驶室内的信号灯显示列车桥板脱落，为了避免列车继续行驶而发生失控撞车，按照紧急事故应急程序，列车立即停止，紧急通风系统及所有应急措施也相应启动。34 名乘客及司乘人员在安全系统协助下顺利地通过人行通道进入了服务隧道，再经人行通道进入运行隧道内，乘坐从英国方向驶来的救援列车撤出隧道。大火持续 6h，造成 34 人受伤，其中重伤 2 人，燃烧的列车上载有大量的聚苯乙烯等化工产品。火灾严重破坏了隧道内的许多设备，以及几百米长的拼装式钢筋混凝土衬砌，导致该隧道停运半年。

（3）阿塞拜疆地铁火灾　1995 年 10 月 28 日，一列满载旅客的地铁列车刚刚驶离乌尔杜斯站站台进入地铁隧道，由于机车电路故障诱发火灾，导致第 3、4 节列车车厢着火。驾驶员慌乱中紧急刹车，将列车停在了隧道内。隧道内的大火直到第二天清晨才被扑灭，救援工作持续了十多个小时，整个隧道内和车厢内的残骸焦黑一片，遍布死难者遗体。灾后调查显示，造成大批乘客死亡的原因是神经麻痹毒气。这是因为 20 世纪 60 年代制造的列车过多地采用可燃化合材料装饰车厢，燃烧时产生了大量烟雾和有毒气体。此次火灾造成 558 人死亡，269 人受伤，这是阿塞拜疆自苏联时期至今发生的伤亡最惨重的一次火灾。

（4）英国伦敦国王十字街站火灾　1987 年 11 月 18 日，伦敦地铁国王十字街圣潘可拉斯站内一位旅客不小心将未熄火的烟头扔在了自动扶梯中，由于当时的扶梯为木质结构，烟头引起扶梯中的垃圾阴燃之后，火焰从木质的自动扶梯底部燃起。火势很快就从自动扶梯蔓延到了售票大厅，许多乘客因为浓烟被困在了售票厅内，有毒气体致多人昏迷乃至窒息。同时，一些刚下车的乘客在发现车站起火后便乘车离开。车辆进出车站所引起的活塞风助长了火势的蔓延。有目击者称，在 18 点 30 分左右报告过闻到怪异气味，而消防局是在 19 点 36 分接到的报警，于 19 点 42 分赶到现场，由于当时火势发展迅猛，直到第二天凌晨 1 点 30 分，火灾才被彻底扑灭。这起事故共造成 31 人死亡，100 余人受伤，在英国社会乃至世界各国造成了很大反响。

1.3 | 火灾的发生和发展

1.3.1 火灾发生的原因

从发生火灾的直接原因上看，电气火灾、生活用火不慎、玩火、吸烟和生产作业类火灾是引起火灾的主要原因。其中电气火灾包括违反电气安装安全规定以及违反电气使用安全规定的火灾。在以往的火灾中，电气火灾、违反安全操作规定、生活用火不慎、放火等原因占多数，其中尤以电气火灾最多。

1.3.2 火灾发展的过程

在没有灭火的条件下，建筑内火灾的发展过程按时间划分可以分为初期增长阶段、充分发展阶段和减弱熄灭阶段。起火建筑物内温度随时间的变化是反映火灾强度的重要指标，如图1-6所示是建筑物火灾发展的过程。

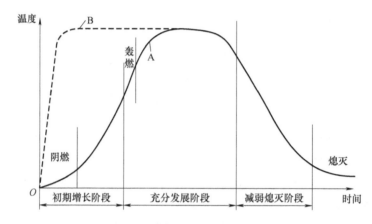

图 1-6 建筑物火灾发展的过程

1. 初期增长阶段

可燃物在着火源的作用下局部起火，并且逐步失去控制，燃烧进一步扩大，这个阶段叫作火灾初期增长阶段。由于着火源的特性以及通风条件的不同，火灾初期增长阶段也表现了不同的规律，通常情况下分为三种：

1）开始可燃物就全部烧尽并且没有诱发其他的可燃物燃烧，火灾早期就自行熄灭，在这种状况下，开始时起火的可燃物通常不是很多并且离其他可以诱引燃烧的可燃物比较远，所以火灾刚刚开始就能得到了有效的控制，燃烧不能继续下去。

2）如果可燃物充足并且火势增大到一定的规模，但是因为通风不足使得助燃物供应不足，从而燃烧受到很严重的限制，火灾中可燃物会出现明显的不完全燃烧状态，之后火灾会以较小的规模继续进行，甚至可能因为助燃物实在不足而自行熄灭。

3）在可燃物充足并且通风条件良好（即助燃物充足）的条件下，火灾的火势会迅猛地发展，烟气会很快地弥漫到整个房间或者建筑物中，这样使得房间内的火灾进入充分发展阶段。

2. 允分发展阶段

在火灾房间温度达到一定数值后，由于热辐射的作用，可燃物热解为可燃性气体，之后积累在房间内的可燃性气体突然猛烈点燃，致使整个房间充满火焰，烟气更是猛地往外冲，从而房间内的可燃物全部被带进火焰中，燃烧猛烈，温度上升也很迅速。火灾由初期增长阶段转变为充分发展阶段，这种现象叫作轰燃。轰燃是建筑火灾非常明显的特征之一，它是火灾充分发展阶段开始的标志。轰燃出现标志着火灾由初期增长阶段进入最盛期，此时的室内温度可达 1000℃，上层热烟气平均温度也将达到 600℃ 左右。在充分发展阶段，由于受到房间内可燃物的数量、性质、通风条件、燃烧面积、和灭火系统的控制，房间内温度逐步升至某一个最大值，热释放速率将趋近某个确定值，并且保持不变，此时火灾进入稳定燃烧的阶段。

3. 减弱熄灭阶段

随着房间内可燃物与助燃物的消耗，燃烧逐渐达到衰减期，温度慢慢降低，在房间内平均温度降到最高值的 80% 左右的时候，则认为房间中的火灾进入了减弱熄灭阶段。此后明火燃烧无法维持，红色的火焰熄灭，可燃性固体成为温度很高的焦炭状。并且这些焦炭还会以固定碳燃烧的方式持续无焰燃烧一段时间，在这期间，燃烧的速率非常缓慢，这种现象叫作阴燃。随后可燃物全部燃尽，此时房间中的火灾终结。此时若加入新的可燃物，那么会再度引发火灾。

1.4 火灾的危害

1.4.1 火灾产物对人的危害

1. 高温的危害

火灾基于其火势的快速增长，可燃物燃烧释放大量的热，空气被迅速加热形成高温热空气。当火场温度达到 50℃ 左右时，人的血压迅速下降，从而人体的循环系统出现衰竭；温度超过 70℃ 时，呼吸系统黏膜充血并形成水泡，导致组织坏死，出现肺水肿，严重的会导致死亡；当火场温度达到 100℃，人体丧失行动能力，甚至当场死亡。

2. 缺氧的危害

由于建筑结构的特点，如没有有效的通风措施，加之火灾快速蔓延使氧气快速消耗，极易出现缺氧的现象。在火场当中，一般很难保证人体对 21% 的氧含量的需求。当氧含量降低到 17% 时，人体肌肉的协调性会受到影响；当氧含量进一步降低到 10%～14% 时，人体很快感觉疲劳，丧失判断能力，意识恍惚；若氧含量再继续降低，达到 6%～8%，人的大脑便会失去知觉，呼吸和心脏出现衰竭，几分钟内会造成死亡。

3. 有毒烟气的危害

火灾常见的有毒气体产物有一氧化碳（CO）、二氧化碳（CO_2）、氰化氢（HCN）、硫化氢（H_2S）及氮氧化物（N_xO_y）等。这些有害气体在火场当中通常都混杂存在，很少有单一的有害气体。有害烟气的联合吸入的效果比单一有毒烟气吸入危害性更为突出。这些气体能够对人体的呼吸系统、血液循环系统以及中枢神经系统产生麻痹、刺激等伤害。在众多有害气体当中，CO 对人体的危害性最大。据火场死亡原因相关统计资料显示，火灾中，因吸入 CO 而导致窒息死亡的人员数量占死亡总人数的 50% ~ 70%。

1.4.2　火灾产物对物的危害

火灾释放大量的热，在高温和火焰的共同作用下，混凝土在受火 5 ~ 30min 会出现爆裂的现象，致使混凝土结构强度降低或遭到破坏，其主要原因是由于硅酸钙脱水、骨料膨胀及混凝土材料热应力变化。当混凝土表面处的温度处于 800 ~ 900℃ 时，其内部的游离水和结晶水基本消失，混凝土几乎完全丧失强度性能。混凝土保护下的钢筋受热量传递的影响发生膨胀，当温度处于 300 ~ 400℃ 时，其与混凝土的黏结力、附着力基本丧失，钢筋的抗拉强度明显降低，致使钢筋混凝土结构的承载力降低。

火灾对建筑设施的破坏主要体现在照明系统受到破坏，使隧道内能见度大大降低，增加了灭火、救援及逃生的难度；通风设施受到破坏，给通风排烟带来困难；使供配电设施受到破坏，电气设备、元器件及电气线路受损，无法正常提供动力、照明供电，导致救援难度增大。通信、监控、消防等设施遭受损害，导致监控中心无法进行正常的管理。

1.5　消防工程技术

1. 建筑防灭火

（1）建筑构件的耐火性　各类建筑物都是由墙、柱、梁、楼板、门、窗、屋面、楼梯等构件组成的，这些统称为建筑构件。建筑物的耐火等级是由组成它的构件的耐火性能决定的。建筑构件的耐火性能表示该构件在火灾过程中能够持续起到隔离层或结构组件作用的能力，用耐火极限表示。耐火极限是指将构件置于标准火灾环境下，从受热算起到其失去支撑能力、发生穿透性裂缝，或背火面的温度升高到设定温度（如 220℃）的时间。通常应当用全尺寸构件试样进行试验，如果可能，还应在试件上加上荷载。

（2）结构抗火性能与防护措施　如果发生火灾，火灾高温将严重恶化结构材料的性能，结构构件的内力分布也会被重新改变，产生显著的结构变形。结构材料的承载力将会减弱，危害建筑物安全。因此，科学地设计建筑物抗火结构与防护措施有助于形成完善的、可靠的抗火设计方案。

（3）火灾探测与联动控制技术　火灾探测与联动控制技术是一项综合性消防技术，是现代自动消防技术的重要组成部分。它涉及火灾自动报警系统类型的选择、火灾探测方法的确定、火灾探测器的选用、系统工程设计、消防设备联动控制实现以及消防配电系统的构成。

（4）灭火的机理与方法　火灾燃烧是一种快速的化学反应，燃烧的维持需要有可燃物、氧化剂及足够的点火能，消除或限制其中的任一条件均可使燃烧反应中断。灭火机理主要有隔离、冷却、窒息和抑制。

（5）消防系统的联动控制　建筑物中通常含有火灾探测、自动灭火、烟气控制等消防系统，除此之外，建筑物中还有人员疏散系统，消防广播系统，应急照明系统等。为了充分有效地发挥这些系统的作用，需要建立消防系统联动控制。尤其是在现代化的大型和高层建筑中，失火因素多，火灾危险大，抢救困难大，且人员密集，安全疏散也出现前所未有的困难，实现各种消防系统的联动控制更显得十分重要。

2. 建筑防排烟

烟气控制的途径与方式是烟气控制系统。烟气控制系统是一种在火灾条件下的通风工程，不仅要具有一般通风工程的基本功能，而且要具有许多特殊的功能。控制火灾烟气在建筑物内的蔓延主要有两个基本方式：一是防烟，二是排烟。防烟是指用具有一定耐火性能的物体或材料把烟气阻挡在某些限定区域以外，或者防止烟气流到可对人、对物产生危害的地方。排烟就是使烟气沿着对人和物没有危害的渠道排到建筑外，从而消除烟气的有害影响。排烟有自然排烟和机械排烟两种方式。自然排烟适用于烟气具有足够大的浮力、可能克服其他阻碍烟气流动的驱动力的区域。在现代化建筑中，可用自然排烟的区域有限，通常采用机械排烟。

3. 建筑应急疏散救援及规划

（1）建筑人员疏散　发生火灾时，引导人们向不受火灾威胁的地方撤离。为保证安全地撤离危险区域，建筑物应设置必要的疏散设施，如疏散楼梯、逃生孔以及疏散保护区域等。应事先制定疏散计划，研究疏散方案和疏散路线，如撤离时途经的门、走道、楼梯等；确定建筑物内某点至安全出口的时间和距离，计算疏散流量和全部人员撤出危险区域的疏散时间，保证走道和楼梯等的通行能力。

（2）建筑火灾应急救援　应急救援一般是指针对突发、具有破坏力的紧急事件采取预防、预备、响应和恢复的活动与计划。建筑火灾应急救援基本任务是立即组织营救受害人员，组织撤离或者采取其他措施，保护危险危害区域的其他人员；迅速控制事态，并对事故造成的危险、危害进行监测、检测，测定事故的危害区域、危害性质及维护程度；消除危害后果，做好现场恢复；查明事故原因，评估危害程度。

（3）消防规划　消防规划是城市规划的一个组成部分，它包括城市的消防安全布局、消防站、消防供水、消防通信、消防车通道、消防装备等内容。城市消防规划实际上是城市消防建设计划，它是一项方针、政策性很强的综合性技术工作。城市消防规划管理是市政建设和市政管理的重要组成部分。

1.6 消防工程学的研究方法

1. 理论研究方法

火灾烟气的流动为非定常的三维湍流流动，描述烟气流动的物理量主要有：烟气速度在三个方向上的分量 u、v 和 w，烟气压力 p、烟气温度 T 和密度 ρ。火灾烟气运动研究的理论基础是流体动力学，在流体动力学中，为了方便处理工程问题，经常忽略流体黏性的存在，即作为理想流体来处理。理想流体的基础理论方程包括连续方程（欧拉连续方程）、动量方程（欧拉运动方程）、能量方程和组分方程。

2. 数值模拟方法

（1）基本控制方程和模型　火灾模型是根据质量守恒、动量守恒和能量守恒等基本物理定律建立的。在实际计算时，还需进行一些必要的简化和假设，或使用不甚准确的测量数据。因此，火灾模型的计算结果只能是实际火灾的一定程度的近似。

火灾发展的模型是将质量、动量、能量等基本定律结合温度、烟气的浓度以及人们关心的其他参数综合得出的，一般写成微分方程组的形式。这种微分方程组需要迭代求解，因此应确定合理的时间步长。如果时间步长选得过小，计算一个短过程将需要很长时间；若时间步长选得过大，则在该时间步长内火灾可发生较大的变化，计算误差就会增大。另外，还需要确定一定体积的空间，这种空间一般称为控制体或网格。火灾模型假设在任何时候，一个控制体内的温度、烟气密度、组分浓度等参数都相等。可见控制体的作用和时间步长类似。

不同模型采用的控制体数目差别很大。目前应用最广的一类火灾模型称为区域模型，通常它把房间分为两个控制体来描述烟气羽流与顶棚射流。试验表明，在火灾发展及烟气蔓延的大部分时间内，室内烟气分层现象相当明显。对于横截面不太大的空间，区域模型算出的结果能够反映烟气层的变化过程。

其他的火灾发展模型主要有网络模型和场模型。网络模型可以考虑多个房间，能够计算距离起火房间较远区域的情况，其计算结果比较粗糙。场模型则从另一角度来处理问题，它把一个房间划为几百个甚至上千个控制体，因而可以给出室内某些局部的状况变化。这种模型的计算量很大，当用三维不定常方式计算多室火灾时，需要占用很长的机时，因此只有在需要了解某些参数的详细分布时才使用这种模型。

（2）模拟方法　现阶段国内外对火灾烟气数值模拟主要有五种方法，分别为专家系统（经验模拟）、场模拟、区域模拟、网络模拟和混合模拟。前四种模拟方法的优缺点和常用软件见表 1-3。

表 1-3　各类模拟方法的优缺点和常用软件

模拟方法	优　点	缺　点	常用软件
经验模拟	其准确性高并对计算能力要求低，能够对火源空间以及关联空间的火灾发展过程进行估计	局限性体现在描述火源空间的一些特征物理参数，如烟气温度、浓度、热流密度等随时间变化	计算烟羽流温度的 Aplert 模型以及计算火焰长度的 Hasemi 模型
区域模拟	通常把房间分成两个控制体，即上部烟气层与下部冷空气层。这与真实试验的观察非常近似	用于模拟时，无法给出研究对象某些局部状况变化	ASET、COMPF2、CSTBZI、FIRST、FPETOOL、CFAST 等
网络模拟	该模型充分考虑不同建筑的特点、室内温差、风力、通风空调系统、电梯的活塞效应等因素对烟气传播造成的影响	火灾烟气的处理手法十分粗糙，适用于远离火区的建筑各区域之间的烟气流动分析	NIST 发布的 CFAST 软件、典型模型包括 ASCOS 模型、CONTAM 模型
场模拟	将建筑空间划分为上千万互相关联的小控制体，对每个小控制体解质量方程、动量方程、能量方程，可以得出对象比较细致的变化情况	目前高层建筑、综合体越来越多，若是每个受限空间都运用场模型，计算量大、误差也较大	美国国家标准与技术研究所 NIS 开发的 FDS、PHOENICS、FLUENET

3. 试验研究方法

科学试验是指根据研究目的，利用科学仪器和设备，人为模拟自然现象，排除干扰，突出主要因素，在有利于研究的条件下探索自然规律的认识活动。火灾学中的试验一般包括原型试验和模型试验两大类。原型试验是指在实际设备上或实际环境中进行的试验研究。一般情况下，原型试验规模较大、需要测试的参数很多，所花费的人力、物力、财力都很大，且可能具有危险性，还有不少过程无法进行原型试验。因此，一部分有关规律性或装置性能的试验是模型试验。其中，缩尺寸模型试验更方便简洁，占的比例更大。

模型试验可分为缩尺模拟和局部模拟两种形式，前者是在缩小尺寸的模型内进行的试验，后者是在建筑物的局部结构中所开展的试验。许多缩尺模拟就是一种局部模拟。许多物理现象之间存在相似性，通过研究模型中发生的现象，可以推知在与其相似的实际建筑中的同类现象。不过在模型试验看到的现象以及所得到的规律都是在限定条件下得到的，为了将相关结果应用到实际工程中，需要相似理论的指导。还应说明，不少物理过程是无法进行现场试验的，因此这些过程的规律性或设备性能的试验研究大部分是以模型试验的形式进行的。

虽然小尺寸模拟试验研究和数值模拟研究具有投入少、操作相对简单、可反复多次进行等优点，但是由于在研究过程中引入了太多的假设和相似，很难真实准确地模拟火灾场景。全尺寸或大尺寸试验能比较合理地模拟隧道火灾，结果真实。虽然全尺寸试验有着很多优势，但需要投入较多的人力、物力，费用大，周期长，试验的测量手段复杂，如对于拟建或在建的隧道，现场试验难以开展；难以调整隧道的几何参数，测量结果不具备一般性。受到诸多条件的限制，某些复杂空间的实体燃烧试验难以实现。同时，现场测试一般受到自然风的影响。如果时间较短应无太大问题，但如果试验时间比较长，特别是做重复比较试验，隧道内自然风可能发生变化，则结果没有很好的可比性。

思 考 题

1. 火灾的种类有哪些？
2. 火灾发生的原因是什么？
3. 发生火灾时应该怎么做？
4. 火灾对人类和社会的危害有哪些？
5. 如何进行控制火灾，降低火灾的危害？

第2章
火灾蔓延

教学要求

　　理解燃烧的本质、条件、物理基础等基本理论；掌握可燃气体火蔓延理论、液体表面火蔓延理论和固体表面火蔓延理论；了解火蔓延的研究方法；了解建筑火灾蔓延机理和途径

重点与难点

　　燃烧的基本理论
　　可燃气体、液体和固体的着火理论
　　火蔓延的理论模型

2.1 燃烧

2.1.1 燃烧本质及条件

1. 燃烧的本质

　　燃烧是可燃物与助燃物（氧化剂）之间发生的一种剧烈的放热反应。燃烧区的温度较高，使得固体粒子和某些不稳定（或受激发）的中间物质分子内的电子发生能级跃迁，从而发出颜色各异的光。发光的气相燃烧区就是火焰，火焰是燃烧过程最显著的标志。由于燃料自身受热分解及不完全燃烧等原因，燃烧产物中会混有一些固体或者液体微粒，这些微粒就是烟气。从本质上来说，燃烧是一种氧化还原反应，但其放热、发光、发烟和伴有火焰等基本特征表明它不同于一般的氧化还原反应。

　　有些燃料，如甲烷、氢气和粉尘等，在一定条件下会和空气发生剧烈的燃烧反应。基本特征为反应速度极快，释放出大量的能量，产生高温，体积迅速膨胀，同时产生强光和响声，这种特征现象又称为爆炸。爆炸与燃烧没有本质区别，它是燃烧的一种特殊的表现形式。

需要指出的是，燃烧有更为广泛的定义，即燃烧是指任何发光发热的反应，不一定需要有氧气的参与，也不一定是化学反应。如钠（Na）和氯气（Cl$_2$）反应生成氯化钠（NaCl），核燃料燃烧均属于燃烧的范畴。

2. 燃烧的条件

燃烧的发生必须具备一定的条件，即可燃物、助燃物和点火源，通常称之为燃烧三要素。

（1）可燃物（还原剂） 凡是能与空气中的氧气或其他氧化剂起燃烧反应的物质均称为可燃物。可燃物按其形态可分为固态可燃物、液态可燃物和气态可燃物。

（2）助燃物（氧化剂） 凡是能与可燃物结合导致或能够支持燃烧的物质均称为助燃物，如空气、氯气、氯酸钾、高锰酸钾和过氧化钠等。空气是最常见的助燃物，此后若无特别说明，燃烧均是在空气中发生。

（3）点火源 凡是能引起物质燃烧的点燃能源均称为点火源。常见的点火源是热能，此外还有机械能、化学能和电能转变的热能等，如明火、高温表面、摩擦与撞击、自然发热、化学反应热、电火花和光热射线等。

需要注意的是，燃烧三要素是燃烧发生的必要条件，而非充分条件，也就是说，即使具备了三要素且能相互作用，燃烧也不一定发生，燃烧的发生需要满足一定数量和浓度的可燃物和助燃物，且点火源要有一定的温度和足够的热量。燃烧能发生时，燃烧三要素可表示为着火三角形。根据连锁反应理论，燃烧的发生和发展需要游离基或自由基的参与，此时可表示为着火四面体，如图 2-1 所示。

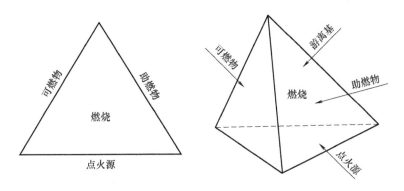

图 2-1　着火三角形（左）和着火四面体（右）

2.1.2　燃烧的物理基础

在燃烧的研究中，离不开流体力学和传热传质等的理论知识，本小节简要介绍燃烧的物理基础知识。

1. 燃烧的热量传递

根据传热学理论，热量传递主要有热传导、热对流和热辐射三种基本方式。

（1）热传导 热传导又称导热，是指物体各个部分无相对位移或不同物体直接接触时依靠分子、原子及自由电子等微观粒子热运动而进行的热量传递现象，导热是物质的属性，可以在固体、液体和气体中发生。

1822 年，傅里叶通过实验研究导热过程，将热流矢量与温度梯度联系起来，提出热传导过程的基本定律，也称傅里叶定律，如下式表示：

$$q = -\lambda \operatorname{grad} t \tag{2-1}$$

式中　q —— 热流矢量（W/m^2）；

　　　λ —— 材料的导热系数。

上式说明，热流矢量与温度梯度位于等温面的同一法线上，但指向温度降低的方向，负号表示热流矢量的方向与温度梯度的方向相反，永远顺着温度降低的方向。

（2）热对流　热对流是指依靠宏观运动传递热量的现象。假设热对流过程中，质流密度 $m/[kg/(m^2 \cdot s)]$ 保持恒定的流体由温度 t_1 处流至 t_2 处，其比热容为 $c_p/[J/(kg \cdot K)]$，则此热对流传递的热流密度表示如下：

$$q = mc_p(t_2 - t_1) \tag{2-2}$$

工程上常涉及传热现象为流体在与它温度不同的壁面上流动时，二者产生的热交换，传热学将该过程称为对流换热过程。对流换热过程的热量传递是一个复杂的换热过程，涉及诸多影响因素，因此它已不再属于热传递的基本方式。对流换热过程遵循牛顿冷却公式，即：

$$q = h(t_w - t_f) = h\Delta t \tag{2-3}$$

式中　t_w —— 壁面温度（℃）；

　　　t_f —— 流体温度（℃）；

　　　h —— 表面传热系数 $[J/(m^2 \cdot s \cdot K)$ 或 $W/(m^2 \cdot K)]$。它表示单位面积上，流体与壁面之间在单位温差及单位时间下所传递的热量。其大小表示对流换热过程的强弱。

（3）热辐射　热辐射是依靠物体表面向外发射可见或者不可见的射线传递热量。辐射传热过程不需要物体之间的直接接触，满足斯蒂芬—玻尔兹曼定律：

$$E_b = \varepsilon\sigma_b T^4 \tag{2-4}$$

式中　E_b —— 黑体辐射力，表示物体单位时间，单位面积向外辐射的热量 $[J/(m^2 \cdot s)$ 或 $(W/m^2)]$，黑体是一种假想的热辐射表面，一切实际物体的辐射力都低于同温度下黑体的辐射力；

　　　ε —— 实际物体表面的发射率，也称黑度，取值在 $0 \sim 1$；

　　　σ_b —— 斯蒂芬—玻尔兹曼常量，也称黑体辐射常数，其值为 $5.67 \times 10^{-8} W/(m^2 \cdot K^4)$。

物体间通过辐射进行的热量传递称为辐射换热，其主要特点是：在热辐射过程中伴随着能量形式的转换，即物体内能→电磁波能→物体内能；不需要物体的直接接触；无论温度高低，物体都能辐射电磁波，辐射热量，但是根据斯蒂芬—玻尔兹曼定律，高温物体向低温物体辐射的能量总是大于低温物体向高温物体辐射的能量，因此总的结果是热由高温传向低温。

2. 燃烧的物质输运

在存在两种或两种以上组分的流体系统中，其中一种组分的迁移运动称为该组分的物质输运或传质。燃烧发生时，可将燃烧系统的组分构成划分为燃料、氧化剂和燃烧产物。燃烧的维持必然要求燃料和氧化剂不断进入燃烧区，同时燃烧产物不断离开燃烧区，这都是物质输运问题。物质输运途径主要有分子扩散、斯蒂芬流、对流传质等。此外，还有外力驱动下的强迫流动和湍流流动引起的物质混合。

（1）分子扩散 分子扩散的物质输运方式在静止流体中发生，组分浓度梯度是分子扩散的驱动力，常用菲克扩散定律描述物质输运的分子扩散规律。在含有两种或两种以上组分的流体域中，一般会存在浓度梯度，每种组分都有从高浓度向低浓度方向输运的趋势，从而使得减弱浓度不均匀。菲克扩散定律图如图 2-2 所示。

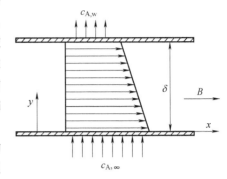

图 2-2　菲克扩散定律图

相距 L 的两个多孔平行平板之间充满一种静止的相同温度的流体 B，另一种与 B 温度相同的流体 A 以初始浓度 $c_{A,\infty}$ 从一边渗入，渗出边界 B 的出口浓度为 $c_{A,w}$，且 $c_{A,\infty} > c_{A,w}$。横坐标代表 A 的浓度，这样在 B 中不同的层上，A 的浓度也不同。由于浓度差的存在，流体 A 将产生扩散。单位时间、单位面积上流体 A 扩散造成的物质流与其在 B 中的浓度梯度成正比，即

$$J_{m_A} = -D_{AB}\frac{\mathrm{d}\rho_A}{\mathrm{d}y}$$

$$J_{n_A} = -D_{AB}\frac{\mathrm{d}c_A}{\mathrm{d}y} \tag{2-5}$$

式中　m_A, n_A——组分 A 在单位时间通过单位面积的质量和摩尔量，即质流通量 $[\mathrm{kg/(m^2 \cdot s)}]$ 和摩尔质量 $[\mathrm{mol/(m^2 \cdot s)}]$；

　　　　D_{AB}——组分 A 在组分 B 中的扩散系数（$\mathrm{m^2/s}$）；

　　　　ρ_A——组分 A 的质量浓度（$\mathrm{kg/m^3}$）；

　　　　c_A——组分 A 的物质的量浓度（$\mathrm{kmol/m^3}$）。

上式中负号说明组分 A 沿着浓度降低的方向进行扩散。

（2）斯蒂芬流 燃烧问题中，高温气流和与之相邻液体或固体物质之间存在着一个相分界面。了解相分界面处物质传递情况对于正确地写出边界条件，研究各种边界条件下的燃烧问题是十分重要的。燃烧问题中，相分界面处存在着法向的流动，这与单组分流体力学问题是不相同的。通常单组分黏性流体在流过惰性表面时，如果气压不是很低，则在表面处将形成一层附着层。但是多组分流体在一定的条件下在表面处将形成一定的浓度梯度，因而可能形成各组分法向的扩散物质流。另外，如果相分界面上有物理或化学过程作用，表面处又会产生一个与扩散物质流有关的法向总物质流。这一现象是斯蒂芬在研究水面蒸发时首先发现的，因此称为斯蒂芬流。

下面简要介绍水蒸发时的斯蒂芬流。斯蒂芬流水蒸发图如图 2-3 所示。

考虑简单的一维情形，若一杯子中气态物质只能上下运动，取向上方向为正。A-B 界面是水面，上方为空气，此时水—空气相分界面处有空气和水两种组分，以 f_{H_2O} 表示水气的相对浓度，用 f_{air} 表示空气的相对浓度，二者分布如图 2-3 所示。并且有：

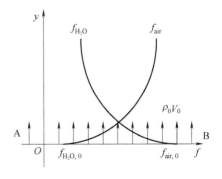

图 2-3　斯蒂芬流水蒸发图

$$f_{H_2O} + f_{air} = 1 \tag{2-6}$$

根据菲克扩散定律，相分界面处水气分子扩散流表示如下：

$$J_{H_2O,0} = -D_0\rho_0\left(\frac{\partial f_{H_2O}}{\partial y}\right)_0 \tag{2-7}$$

因为 $\left(\dfrac{\partial f_{H_2O}}{\partial y}\right)_0 < 0$，所以 $J_{H_2O,0} > 0$

与此同时，分界面处空气浓度梯度也将导致空气分子的扩散流，因此有：

$$J_{air,0} = -D_0\rho_0\left(\frac{\partial f_{air}}{\partial y}\right)_0 \tag{2-8}$$

由式（2-7）可知

$$\left(\frac{\partial f_{air}}{\partial y}\right)_0 = -\left(\frac{\partial f_{H_2O}}{\partial y}\right)_0$$

故有 $\left(\dfrac{\partial f_{air}}{\partial y}\right)_0 > 0$，$J_{air,0} < 0$

即有一个流量分界面的空气扩散流。但是由于空气是不会被水面吸收的，那么这些流向相分界面的空气流到哪里去了呢？只有一种解释：在相分界面处，除了扩散流之外，一定还有一个与空气扩散流相反的空气——水蒸气混合气的整体质量流，使得空气在相分界面上的总物质流为零。由此可以得出，在水面蒸发问题中，水的蒸发流也即斯蒂芬流，并不等于水气的扩散物质流，而是等于扩散物质流加上混合气体总体运动时所携带的水气物质流两部分组成。

（3）对流传质　流体流过壁面或者液体界面时，主流与界面间组分存在浓度差时就会引起组分输运，这种输运方式称为对流传质。对流传质中组分的输运是分子扩散和整体流动两种作用的结果。对流传质的总输运效果常用类似于牛顿冷却公式的形式来表达计算：

$$\begin{aligned}J_{m_A} &= h_D(\rho_{A,w} - \rho_{A,\infty}) \\ J_{n_A} &= h_D(c_{A,w} - c_{A,\infty})\end{aligned} \tag{2-9}$$

式中　J_{m_A}，J_{n_A}——组分 A 在单位时间内通过单位面积的质量和摩尔量，即质流通量 $[kg/(m^2 \cdot s)]$ 和摩尔通量 $[kmol/(m^2 \cdot s)]$；

　　　h_D——对流传质系数（m/s）；

　　$\rho_{A,w}$，$\rho_{A,\infty}$——界面处和远离界面主流中组分 A 的质量浓度（kg/m^3）；

　　$c_{A,w}$，$c_{A,\infty}$——界面处和远离界面主流中组分 A 的物质的量浓度（$kmol/m^3$）。

2.1.3　着火分类与基本理论

着火是指直观中的混合物反应自动加速，并自动升温以致引起空间某个局部在某个时间有火焰出现的过程。若在一定的初始条件下，系统将不可能在整个时间区段内保持低温水平的缓慢反应态，而将出现一个剧烈的加速的过渡过程，使系统在某个瞬间达到高温反应态，也就是燃烧态，那么这个初始条件就称作着火条件。需要指出的是，着火条件不是一个简单的初温条件，而是化学动力学参数和流体力学参数的综合体现，如下式所示：

$$f(T_\infty, h, p, d, u_\infty) = 0$$

式中　T_∞——环境温度（℃）；

　　　h——对流换热系数［W/（m² · K）］；

　　　p——预混气压力（Pa）；

　　　d——容器直径（m）；

　　　u_∞——环境气流速度（m/s）。

可燃物的着火方式一般有化学自燃、热自燃和点燃等方式。

化学自燃不需要外界加热，而是在常温下依据自身的化学反应发生的，如煤因堆积过高而发生自燃，金属钠在空气中的自燃，炸药受到撞击而爆炸都属于这种着火方式。

热自燃是指将可燃物与氧化剂的混合物预先均匀地加热，随着温度的升高，当混合物加热到某一温度时便会自动着火，这是一种依靠热量积累而着火的过程。

点燃又称强迫着火，是指由于外部高温热源（如电火花、炽热表面、明火和电热线圈）将可燃物加热使其局部着火，然后依靠燃烧波传播到整个可燃混合物，这种着火方式也称为引燃，大部分火灾都是这种着火方式。

需要指出的是，上述三种着火方式并没有明显的差别。例如，化学自燃和热自燃都既有化学反应的作用，又有热的作用；热自燃和点燃的差别只是整体加热和局部加热的不同。因此，从某种意义上讲，三种着火方式的实质是满足着火条件时，某一时刻化学反应速率的激增导致燃烧反应的加速。

1. 谢苗诺夫热自燃理论

任何反应体系中的可燃混气，一方面会进行缓慢氧化而放出热量，使体系温度升高，促进反应加速；另一方面会通过容器壁面向外散热，使反应体系温度下降。其中，反应体系的放热量和放热速率是促进反应进行的有利因素，而通过容器壁向外的散热是燃烧反应进行的不利因素。

热自燃着火理论认为，着火是反应放热因素与散热因素相互作用的结果。如果反应放热因素占优势，反应体系就会出现热量积累，温度升高，反应加速，发生自燃；相反，如果散热因素占优势，体系温度下降，反应减慢，不能自燃。热自燃过程中的放热与散热曲线如图 2-4 所示。

开始时，散热曲线如 T_{01}，随着温度的升高，化学反应加强，放出的热量增加，同时散热也增强；当到达 A 点时，放热等于散热；而后温度继续升高，此时散热值一直大于放热值。因此，在自身化学反应条件下，系统的温度将会降低，又会返回到 A 点，A 点是一个稳定点，不会发生自身加速化学反应而着火。B 点是一个不稳定点，当温度超过 B 点时，放热速率急剧增大，反应体系的放热大于散热，体系温度逐渐升高而发生着火；若温度到达 B 点时稍有降温，则系统会返回到 A 点。因此，从 A 点的稳定状态到 B 点的不稳定状态需要外部热源来补充散热损失。若初始环境温度增加，则热损会减少，热损曲线向右平移，当平移到图中 T_{02} 的位置时，此时其

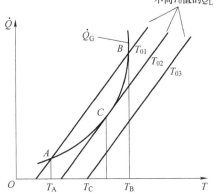

图 2-4　热自燃过程中的放热与散热曲线

注：T 为反应过程中的混气温度；$\dot{Q}$ 为反应的放热速率；T_0 为环境温度；$\dot{Q}_G$ 为热生成速率；$\dot{Q}_L$ 为散热速率。

与放热曲线相切于点 C。C 点也是一个不稳定点，是系统发生着火的临界点。当反应体系受到外部加热扰动时，反应体系会自动加速；当反应体系受到外部散热扰动时，反应体系有可能会止于 C 点，不发生着火。与 B 点不同的是，C 点是反应体系自身能达到的一个点，这个点代表热自燃点，T_C 称为热自燃温度。

2. 链反应理论

对于大多数燃烧反应来说，热自燃理论可以很好地解释反应速率的自动加速。但是在 20 世纪初，化学家在很多化学反应中发现许多"反常"现象，许多反应的发展并不需要预先的加热，而可以在低温条件下以等温方式进行，且反应速率相当大，例如氢气与氧气的爆炸反应。热自燃理论不能对这些现象给出很好的解释，然而链反应理论却能解释其燃烧过程。

链反应理论认为，反应的自动加速并不一定依靠热量的积累，也可以通过链锁反应逐渐积累自由基的方法使得反应自动加速直至着火。反应体系中，自由基的数目能否发生积累是链锁反应过程中自由基增长因素与自由基销毁因素相互作用的结果。自由基增长因素占优势，体系就会发生自由基积累。

链反应一般由链引发、链传递和链终止三个步骤组成。反应中产生自由基的过程称为链引发。使稳定分子分解产生自由基，就是使某些分子的化学键断裂。这一般需要很大的能级，因此链引发是一个困难的过程，常用的引发方法有热引发和光引发等。

链引发产生的活性基团与普通分子反应时，能够生成新的活性基团，因而可以使这种反应不断进行下去。链传递过程是链反应的主体阶段，活性基团是链传递的载体。如果活性基团与容器壁碰撞生成稳定分子，或者两个活性基团与第三个惰性分子相撞后失去能量而成为稳定分子，链反应就会终止。

链反应分为直链反应和支链反应。在直链反应过程中，每消耗一个自由基的同时又生成一个新的自由基，直至链反应终止。而在支链反应中，消耗一个自由基的同时会生成两个或两个以上的活性基团，就是说在反应过程中活性基团的数目是随时间增加的，因此支链反应的反应速率是逐渐加大的。

下面以氢气与氧气的反应为例介绍链反应的基本过程。氢气与氧气反应的整体过程可写为

$$2H_2 + O_2 \longrightarrow 2H_2O$$

此反应可以分解为以下几个步骤：

$$H_2 \longrightarrow 2H \cdot \qquad \qquad \text{（链引发）}$$

$$\left. \begin{array}{l} H \cdot + O_2 \longrightarrow OH \cdot + O \cdot \\ O \cdot + H_2 \longrightarrow H \cdot + OH \cdot \\ OH \cdot H_2 \longrightarrow H \cdot + H_2O \end{array} \right\} \text{（链传递）}$$

$$\left. \begin{array}{l} H \cdot \longrightarrow 器壁破坏 \\ OH \cdot \longrightarrow 器壁破坏 \end{array} \right\} \text{（链终止）}$$

将上述几个步骤相加可得：

$$H \cdot + 3H_2 + O_2 \longrightarrow 2H_2O + 3H \cdot$$

显然，一个活性基团参加反应后经过一个链式反应，生成一个水分子的同时，还产生三

个 H · 参与下一阶段的链式反应。随着反应的进行，H · 的数目不断增多，反应不断加速。

3. 影响着火的主要因素

可燃物的着火受到多种因素的影响，如可燃物的性质、形态和组成，氧化剂的浓度以及点火源的性质与能量。其中可燃物的因素占主导地位。

（1）可燃物的形态、结构和性质　不同形态可燃物的着火性能差别很大。一般来说，可燃气体的点火能较小，可燃液体的次之，可燃固体的点火能较大。这是因为液体燃烧需要受热变成蒸气，固体燃烧需要受热发生热解，这都需要一定的能量。

可燃物的结构也是影响着火的一个重要因素。可燃物的结构组成不同，其性质也不同。单质可燃物的化学结构与最小点火能之间通常有如下规律：有机化合物中，烷烃类最小引燃能量最大，烯烃类次之，炔烃类较小。另外，碳链越长、支链越多的可燃物引燃能量越大。

（2）可燃气体的浓度　在可燃气体与空气的混合气中，可燃气体所占比例是影响着火的重要因素。一般情况下，当可燃气体浓度稍高于其反应的化学当量比浓度时，所需的点火能量最小。

（3）可燃混合气的初温和压力　一般来说，可燃混合气的初温增加，所需要的最小点火能减小；而当可燃混合气的压力降低，所需要的最小点火能增大，当压力降低到某一临界压力时，可燃混合气就很难着火。

（4）点火源的性质和能量　点火源是促使可燃物与助燃物发生燃烧的初始能量来源。点火源可以是明火，也可以是高温物体，它们的能量和能级存在很大差别。若点火源的能量小于某一最小能量，就不能点燃可燃物。引起可燃物燃烧所需要的最小能量称为最小点火能，它是衡量可燃物着火危险性的一个重要参数。

2.2 可燃气体火蔓延

建筑火灾中的可燃气体主要有两类，一类是燃烧前就存在的可燃气体，如天然气和液化石油气等，正常使用时提供生活和生产所需要的热量，但是如果失去控制，就会引发火灾；另一类是燃烧时生成的可燃烟气，由于助燃物不足，燃烧不完全，其中有多种燃烧成分。本节主要讨论可燃气体的燃烧种类与蔓延理论。

2.2.1 可燃气体燃烧的种类

关于可燃气体燃烧的分类方法有很多，如根据可燃气体与助燃气体的混合模式、火焰的传播模式和燃烧气体的流动状态等进行划分。具体如下：

（1）按照可燃气体与助燃气体的混合模式分类　按照可燃物与助燃物的混合模式，可燃气体燃烧可分为预混燃烧和扩散燃烧。预混燃烧是指可燃气体与助燃气体在管道、容器或空间内预先混合，在点火源的作用下发生的燃烧。扩散燃烧是指可燃气体与助燃气体边混合边燃烧。

（2）按照火焰的传播模式分类　按照火焰的传播模式，可燃气体燃烧可分为缓慢燃烧和爆轰两种形式。火焰的缓慢燃烧（简称缓燃）是依靠导热与分子扩散使未燃混合气温度升高，并进入反应区引起连续的化学反应，使燃烧波不断向未燃混合气中推进，其传播速度一般为 1～3m/s。爆轰的传播是通过激波的压缩作用使未燃混合气的温度不断升高而引起化学反应的，其传播速度较快，一般大于1000m/s。

（3）按照燃烧气体的流动状态分类　按照燃烧气体的流动状态，可燃气体燃烧可分为层流燃烧和湍流燃烧。

2.2.2　可燃气体的扩散燃烧

在扩散燃烧反应前，可燃气与氧化剂是相互分开的，二者之间有明显的边界，边混合边燃烧。扩散燃烧可以是单相的，也可以是多相的。气体燃烧的射流燃烧属于单相扩散燃烧，而液体和固体的燃烧属于多相扩散燃烧，从这个意义上讲，气体燃料的扩散燃烧是液体和固体燃烧的基础。

气体燃烧进入空间中与氧化剂反应时，都会有一个初速度。因此，射流扩散火焰是基本的扩散火焰类型。按照燃料与空气的供给方式，射流扩散火焰又可以分为：自由射流扩散火焰，即气体燃料从燃料喷口向大空间的静止空气喷出后燃烧所形成的射流火焰；同轴射流扩散火焰，即气体燃烧与空气流从同一轴线的喷口中喷出所形成的射流火焰；逆向射流扩散火焰，即气体燃料喷出方向与空气来流方向相反所形成的射流火焰。射流火焰方式如图2-5所示。

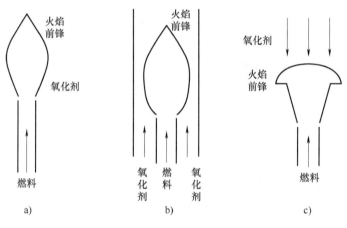

图2-5　射流火焰方式

a）自由射流　b）同轴射流　c）逆向射流

射流扩散火焰根据射流运动状况还可以分为层流射流扩散火焰和湍流射流扩散火焰。需要注意的是，射流火焰随着喷出速度的升高会产生熄灭现象。

1. 层流射流扩散火焰

在讨论射流火焰之前，先考虑无化学反应的层流射流，即气体燃料从喷嘴出口处射出，但不发生燃烧的情况，以理解层流射流中的基本流动和扩散过程。

假设气体燃料从半径为 R 的喷嘴中喷入静止的空气中，喷嘴出口处速度均匀为 u_e。靠近喷嘴处存在气流核心区，该区域内黏性力和可燃气扩散不起作用，因此流体速度和质量分数仍保持不变且等于喷嘴出口处的数值。在气流核心与射流边界之间，气体燃料速度和浓度均单调减小，并在边界处减小为0。通常认为离开喷嘴一定距离（$x = x_1$）后，射流截面上的速度分布具有自相似的特点，喷嘴到该位置的部分称为初始段，上方部分为自相似段。气体喷入静止空气中的层流射流如图 2-6 所示，它表示轴向无量纲速度和燃料质量分数在中心轴线（$r=0$）和各个截面上的分布。

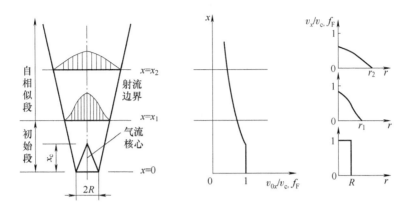

图 2-6 气体喷入静止空气中的层流射流

注：x_c 为气流核心的长度；f_F 为燃料的质量分数；$f_{F,c}$ 为燃料的质量分数，c 表示气流出口状态，$f_{F,c}=1$。

在射流中动量流量是守恒的，积分形式的动量守恒可以表示为射流在任意 x 处的动量流量，也就是喷嘴出口的动量流量 $m_c u_c$，即：

$$2\pi \int_0^\infty \rho(r,x) u_x(r,x)^2 r \mathrm{d}r = \rho_c u_c^2 \pi R^2 u_c \tag{2-10}$$

另外，对于喷射的气体燃料而言，其质量是守恒的，有：

$$2\pi \int_0^\infty \rho(r,x) u_x(r,x)^2 f_{F,c}(r,x) r \mathrm{d}r = \rho_c u_c \pi R^2 f_{F,c} \tag{2-11}$$

式中 ρ——可燃气体密度（kg/m^3）；

　　　u——喷口速度（m/s）；

　　　r——横向坐标；

　　　x——径向坐标；

　$f_{F,c}$——燃料的质量分数。

气体喷入静止空气后，黏性力和质量扩散的作用使得射流边界越来越宽，空气不断进入射流区域内，这就是射流对空气的卷吸作用。射流对空气的卷吸量 m_j 沿轴向逐渐增加，等于指定位置射流的质量流量减去喷嘴出口处的质量流量 m_c，即：

$$\dot{m}_j(x) = 2\pi \int_0^\infty \rho(r,x) u_x(r,x)^2 r \mathrm{d}r - \dot{m}_c \tag{2-12}$$

在流场中，影响速度场的是动量的对流和扩散，影响燃料浓度场的是组分的对流和扩散，二者具有相似性。为便于求解无反应层流射流中的速度场和燃烧质量分数的分布，做出以下假设：

1）整个流场中的密度 ρ 为常数。

2）组分的分子运输符合菲克扩散定律。

3）运动黏度 ν 和组分扩散系数 D 都是常数且相等，从而保证速度场和质量分数场的相似。

4）只考虑径向的扩散，忽略轴向的扩散。

因此，下述分析只适用于离开喷嘴出口一定距离的下游区域，因为在喷嘴出口处轴向扩散起着很重要的作用。

层流射流是轴对称的，由上述假定，经过简化后的质量、动量和组分守恒方程如下。

质量守恒：

$$\frac{\partial u_x}{\partial x} + \frac{1}{r}\frac{\partial u_r r}{\partial r} = 0 \tag{2-13}$$

轴向动量守恒：

$$u_x\frac{\partial u_x}{\partial x} + u_r\frac{\partial u_x}{\partial r} = \nu\frac{1}{r}\frac{\partial}{\partial r}\left(r\frac{\partial u_x}{\partial r}\right) \tag{2-14}$$

燃料组分守恒：

$$u_x\frac{\partial f_F}{\partial x} + u_r\frac{\partial f_F}{\partial r} = D\frac{1}{r}\frac{\partial}{\partial r}\left(r\frac{\partial f_F}{\partial r}\right) \tag{2-15}$$

且有：

$$\nu = D$$

式中　ν——运动黏度（m^2/s）；

$\quad D$——组分扩散系数（m^2/s）；

$\quad u_x$——轴向速度（m/s）；

$\quad u_r$——径向速度（m/s）。

尽管上述无反应射流模型能解释射流火焰的很多现象及规律，但是与射流火焰相比仍然有着很大区别，主要有以下几点：

1）射流燃烧存在反应火焰面。通常假定化学反应速度非常快，反应仅发生在非常薄的面上。在火焰面上就会有热量、组分的产生或消耗。二者的边界条件是不一样的。

2）密度的变化。射流火焰中温度的升高必然导致密度的减小，而在无反应射流中，通常假定密度为常数。

3）能量方程。射流火焰中反应的存在使得热量产生和温度升高，需要考虑能量方程。同时温度的变化会影响组分的产生和消耗速率，能量方程与组分方程是相互耦合的。

4）浮力的影响。浮力的存在使得无反应射流中积分形式的轴向动量守恒方程不适用，增加浮力项则会使方程变得复杂。但是浮力的存在一方面使得轴向速度加快，火焰变窄并有加长的趋势；另一方面燃料的浓度梯度会增加，使得扩散作用加强，浓度减小需要的距离缩短，也就是有使火焰长度减小的趋势。二者作用可以抵消，理论分析中常忽略浮力的假定。

根据以上分析，进行类似于无反应层流射流的假定，可以得到以下描述方程。

质量守恒：

$$\frac{\partial(\rho u_x)}{\partial x} + \frac{1}{r}\frac{\partial(\rho u_r r)}{\partial r} = 0 \tag{2-16}$$

轴向动量守恒：

$$\frac{1}{r}\frac{\partial(r\rho u_x u_x)}{\partial x} + \frac{1}{r}\frac{\partial(r\rho u_x u_r)}{\partial x} - \frac{1}{r}\frac{\partial}{\partial r}\left(r\nu\frac{\partial u_x}{\partial r}\right) = (\rho_\infty - \rho)g \tag{2-17}$$

组分方程：

$$\frac{1}{r}\frac{\partial(r\rho u_x f_F)}{\partial x} + \frac{1}{r}\frac{\partial(r\rho u_r f_F)}{\partial x} - \frac{1}{r}\frac{\partial}{\partial r}\left(r\rho D\frac{\partial f_F}{\partial r}\right) = 0 \tag{2-18}$$

能量方程：

$$\frac{\partial}{\partial x}\left(r\rho u_x\int c_p \mathrm{d}T\right)+\frac{\partial}{\partial x}\left(r\rho u_r\int c_p \mathrm{d}T\right)-\frac{\partial}{\partial r}\left[r\rho\alpha\frac{\partial}{\partial r}\left(\int c_p \mathrm{d}T\right)\right]=0 \tag{2-19}$$

其中，在分析处理时，常把动量方程右侧的浮力项忽略掉，这样有利于方程的简化与组分方程和能量方程相似。

2. 湍流射流扩散火焰

层流扩散火焰面的边缘光滑、形状稳定，随着流速的增加，火焰面高度也成线性增高直至最大值；此后流速的增加将使得火焰面顶端变得不稳定，并开始颤动；随着流速的进一步提高，从火焰顶端的某一确定点开始发生层流破裂并转变为湍流射流，从而使层流火焰转化为带有噪声的湍流火焰。在湍流状态下，扩散加强，燃烧加快，使得火焰高度迅速缩短，也使得层流火焰破裂，转变为湍流火焰的破裂点向喷口方向移动。当破裂口接近喷口，此时达到充分发展的湍流火焰条件，速度继续增加，火焰高度和破裂点不再改变，而是保持一定值。若速度进一步增大，火焰会被吹离喷口而熄灭。

2.2.3 可燃气体的预混燃烧

由气体动力学理论可以证明火焰在预混气中的传播存在两种传播方式：正常火焰传播和爆轰。

如图 2-7 所示，假设有一圆管内充满静止的可燃混气，管内某处有一点火源使混气着火，火焰将在管内传播。假设火焰由右向左传播，如果混气不是静止的，而是由左向右流动，流速为 u_∞，它刚好与火焰传播速度大小相等，方向相反，那么火焰就会相对于管壁驻定下来。为了分析简单，下面只讨论驻定情况。

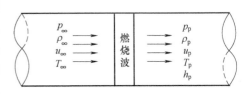

图 2-7 火焰在预混气中的传播

图中 p、ρ、T、u 分别表示可燃预混气的压力、密度、温度和速度。下标"∞"表示未燃混气参数；下标"P"表示已燃气体参数。

在一定近似假定条件下，根据连续性方程、动量守恒、能量守恒和气体状态方程等气体动力学理论，上述物理模型中各个参数应满足下列方程式：

$$\frac{\kappa}{\kappa-1}\left(\frac{p_P}{\rho_P}-\frac{p_\infty}{\rho_\infty}\right)-\frac{1}{2}(p_P-p_\infty)\left(\frac{1}{\rho_P}+\frac{1}{\rho_\infty}\right)=q \tag{2-20}$$

$$\frac{p_P-p_\infty}{\dfrac{1}{\rho_P}-\dfrac{1}{\rho_\infty}}=-m^2=-\rho_\infty^2 u_\infty^2=-\rho_P^2 u_P^2 \tag{2-21}$$

式中 κ——热容比，即定压热容 c_p 与定容热容 c_V 之比，$K=c_p/c_V$；

q——单位质量混气的反应热（单位）；

ρ——单位体积混气的密度；

m——单位时间单位截面面积上的质量流量。

其中式（2-20）称为雨果尼特方程，式（2-21）称为瑞利方程。将瑞利方程写成如下形式：

$$u_\infty^2 = \frac{p_P - p_\infty}{\rho_\infty^2 \left(\dfrac{1}{\rho_\infty} - \dfrac{1}{\rho_p} \right)} \tag{2-22}$$

声速公式：

$$c = K \frac{R}{M_S} T_\infty = \frac{K p_\infty}{\rho_\infty} \tag{2-23}$$

式（2-22）和式（2-23）两式相除得：

$$\kappa M_\infty^2 = \frac{\dfrac{p_P}{p_\infty} - 1}{1 - \dfrac{1/\rho_P}{1/\rho_\infty}} \tag{2-24}$$

式中 R——气体常数，常取 8.314 J/(mol·K)；

M_S——气体摩尔质量（kg/mol）；

M_∞——马赫数，为预混气速度 u_∞ 与当地声速 c 之比。

上式称为判别方程，用来判断燃烧波的传播速度是否大于声速。若给定可燃预混气的初始状态，即给定 p_∞、ρ_∞，则最终燃烧后的 p_P、ρ_P 必须同时满足雨果尼特方程和瑞利方程。

1. 正常火焰传播

（1）火焰前沿 假设一长管内充满均匀预混气，当用电火花或其他火源将其点燃，使其局部着火形成火焰，火焰产生的热量通过导热作用传递给周围的低温混气，使其温度升高，发生燃烧并形成新的火焰，一层一层新鲜预混气依此着火。在已燃区和未燃区之间有一道明显的分界线，这层薄薄的化学反应发光区称为火焰前沿。实验证明，火焰前沿厚度很薄，大约为 $10^{-5} \sim 10^{-4}$ m。

火焰前沿具有以下特点：

1）它可以分为两部分，即预热区和化学反应区。火焰前沿接触冷混气的一面，大部分是用来预热低温混气的，称为预热区。预热区内温度较低，化学反应速度很小，可以忽略。紧接预热区的是化学反应区，加热后的混气在该区域发生反应。

2）火焰前沿内存在强烈的导热和物质扩散。火焰前沿厚度很小，但是由于燃烧作用，其前后存在极大的温度梯度和浓度梯度，导致强烈的导热和未燃混气和燃烧产物的相互扩散。

关于火焰前沿的传播机理主要有热理论和扩散理论。热理论认为，火焰能在预混气中传播是由于燃烧放出的热量传播到低温混气中，使其温度升高，化学反应加速；而扩散理论则认为，火焰的传播是由于火焰中自由基向新鲜混气中扩散，使其发生链式反应。其中，热理论比较接近实际。

（2）火焰传播速度 基于以上可燃预混气燃烧的火焰前沿结构和火焰传播的热理论，可以得出火焰传播速度。

马兰特通过简化分析，假设由反应区导出的热量能使未燃混气的温度上升到某个着火温度 T_i，则火焰就能保持稳定传播。得出火焰传播速度表达式如下：

$$S_L = \sqrt{\frac{\kappa (T_m - T_i) K_{0s} \rho_\infty^{n-2} f_\infty^{n-2} e^{\frac{-E}{RT_m}}}{c_p (T_i - T_\infty)}} \tag{2-25}$$

式中　　n——反应级数；

　　　　S_L——层流火焰传播速度；

　　　　T_m——已燃气体温度；

　　　　K_{0s}——化学平衡常数；

　　　　E——反应自由能；

　　　　c_p——混气的热容。

根据 $p \propto \rho$ 的关系可以得出：

$$S_L \propto \sqrt{\rho_\infty^{n-2}} \propto \sqrt{p^{n-2}} = p^{\frac{n}{2}-1} \tag{2-26}$$

上式表明，对于二级反应，火焰传播速度与压力无关。应当指出，这一理论并不完善，假如未燃混气初温 T_∞ 等于着火温度 T_i，则火焰传播速度为无穷大，这显然是不符合实际的。

（3）正常火焰传播的特点与影响因素　正常火焰传播燃烧主要有以下特点：燃烧后气体压力要减少或接近不变；燃烧后气体密度要减少；燃烧波以亚音速进行传播。影响正常火焰传播速度的因素主要有以下几点：

1）可燃气与空气的比值。预混气中可燃气与空气的比值不同，火焰传播速度不同。理论上，当可燃气与空气的比值接近化学当量比时，火焰传播速度最快，但是实际燃烧中影响因素很多，其比值往往不等于化学当量比，而是有所差别。另外，火焰传播存在一个极限问题，即预混气中可燃气过多或者过少均不能发生火焰传播，这是测定可燃气爆炸极限的依据。

2）可燃气分子结构的影响。饱和烃的火焰传播速度与碳原子个数无关，S_L 约为 70cm/s；对于不饱和烃，随着碳原子数目的增加，火焰传播速度下降。当碳原子数大于 4 时，火焰传播速度下降缓慢，当碳原子数大于等于 8 时，火焰传播速度不再下降。

3）初始压力的影响。根据式（2-26）可知，当反应级数 $n=2$ 时，火焰传播速度与压力无关；反应级数 $n<2$ 时，火焰传播速度随压力的增加而下降；反应级数 $n>2$ 时，火焰传播速度随压力的增加而增加。

4）初始温度的影响。预混气的初始温度越高，化学反应速度越快，火焰传播速度越高。实验表明，通常 $S_L \propto T_\infty^n$，其中 $n=1.5 \sim 2$。

5）火焰温度的影响。火焰温度越高，分子离解反应越易进行，释放的自由基越多，反应速度加快，增加了火焰传播速度。

6）惰性气体的影响。预混气中的惰性气体的加入量越多，火焰传播速度越小。

7）预混气性质的影响。预混气的性质主要是指混气的比热容 c_p 和导热系数 K。混气导热系数 K 增加，火焰传播速度增加；比热容 c_p 增加，则火焰传播速度下降。这也是灭火剂要具有低导热系数和高热容的原因。

2. 爆轰

根据雨果尼特方程，预混气的燃烧有可能发生爆轰。爆轰实际上是一种激波，这种激波由预混气的燃烧产生，并靠燃烧时释放的化学反应能量维持。

如图 2-8 所示，假设有一等截面圆管，管内起初是静止气体，圆管左端有一活塞。0 时刻时，活塞由静止连续向右做加速运动，对管内空气进行压缩。此时紧靠活塞面的气体压强将逐渐升高。压强的升高对气体来说是一种压缩扰动，它将以压缩波的形式向前传播，压缩波传到之处，气体的压强和密度都有一个微小的提高。如果活塞连续做加速运动，就会产生一系列的连续压缩扰动，这些连续的压缩扰动均以压缩波的形式传播。每一个压缩波都会使得波前气体的密度、压强和速度产生一个微小的增量，因此后面的压缩波的波速比前面的要大。当圆管足够长，后方的压缩波有可能与前方的压缩波重叠，就形成了激波。

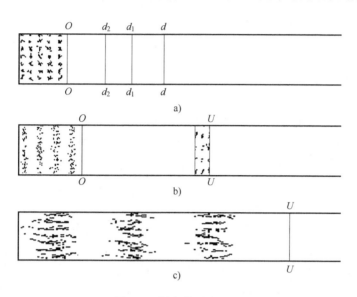

图 2-8　爆轰的形成过程

a）正常火焰传播（$O—O$ 前面形成一系列压缩波 $d—d$、$d_1—d_1$、$d_2—d_2$）　b）正常火焰传播（$O—O$ 前面爆轰波 $U—U$ 已形成）　c）正常火焰传播与爆轰波引起的燃烧合二为一

若有一根装有可燃预混气的长圆管，管子一端封闭，在封闭端点燃混气，形成一个燃烧波。开始时，燃烧波以正常火焰速度传播，燃烧产物由于温度升高，体积膨胀，相当于一个燃气活塞，压缩未燃气体，产生一系列的压缩波。压缩波向未燃气体传播，使其密度、温度、压力和速度均产生一个微小的增量。当管子足够长时，后面的压缩波与前方的压缩波重叠，产生激波。由于激波后面的压力非常高，使可燃气体着火，而后正常火焰传播与激波引起的燃烧合二为一。激波燃烧后的已燃气体又连续向前传递一系列压缩波，从而形成稳定的爆轰波。

爆轰燃烧的特点主要有：燃烧后气体压力和密度大幅增加，燃烧波以超音速进行传播。爆轰波的产生需要满足下列条件：

1）初始正常火焰传播能形成压缩扰动。

2）盛装可燃预混气的管子足够长或自由空间体积足够大。

3）可燃混气浓度处于爆轰极限浓度范围内。

4）管子直径大于爆轰临界直径，一般为 12～15mm。

由爆轰波的形成机理可以知道，其传播速度极快，压力、密度和温度短时间内迅速增加，破坏性极大。爆轰波主要有如下特点：

1）爆轰波传播速度很快，会使设备中的常用泄压装置失去作用。

2）爆轰波压力很大，特别是碰到器壁反射时压力会增加得更大，在管道的转弯处破坏性更大。

3）爆轰波实质上是一种激波，与冲击波相似，其对生物有着强烈的杀伤作用。

从爆轰波的形成机理来看，防止爆轰波产生的关键在于防止火焰向爆轰波转变，在未形成爆轰波前，阻止火焰的传播。可采用如下措施阻止爆轰波的产生：①在火焰传播途径中安装阻火器；②在爆轰波刚形成时，可将管径急剧增大，阻止压缩波的产生。

2.3 可燃液体火蔓延

一般来说，可燃液体的燃烧首先要经过蒸发这一过程，可燃液体蒸发变成可燃性蒸后有两种燃烧方式，一种是和空气预先混合，发生预混燃烧；另一种是可燃气体与空气边混合边燃烧，形成扩散燃烧。因此，可燃液体的燃烧实际上是可燃蒸气的燃烧，而液体能否发生燃烧，发生燃烧后燃烧速率的快慢与液体的蒸气压、闪点、沸点和蒸发速率有关。本节将介绍可燃液体的蒸发及引燃后的蔓延理论。

2.3.1 可燃液体的蒸发

蒸发就是物质从液态转化为气态的过程。从微观上看，蒸发就是液体分子从液体表面脱离进入空间的过程。将液体置于密闭的真空容器中，液体表面能量大的分子就会克服液面附近分子的吸引力，脱离液面进入液面以上空间这些进入液面以上空间的分子称为蒸气分子。进入空间的分子由于热运动，有一部分可能撞到液体表面，被液面吸收而凝结。开始时，由于液面上方空间内尚无蒸气分子，蒸发速度最大，凝结速度为零。随着蒸发过程的进行，蒸气分子浓度增加，凝结速度也增加，最后凝结速度和蒸发速度相等，液体与蒸气处于平衡状态。这种平衡是一种动态平衡，即液面分子仍在蒸发，蒸气分子仍在凝结，蒸发速度和凝结速度相等。

1. 蒸气压

在一定温度下，液体和它的蒸气处于平衡状态时，蒸气所具有的压力称为饱和蒸气压，简称蒸气压。蒸气压仅与液体的性质和温度有关，而与液体的数量及液面上方的空间大小无关。相同温度下，液体分子之间的引力强，则液体分子难以克服引力跑到空间中去，蒸气压就低，反之，蒸气压就高。液体蒸气压与温度之间的关系服从克劳修斯-克拉佩龙方程：

$$\ln p = -\frac{L_V}{RT} + C \tag{2-27}$$

式中　p——平衡时的蒸气压（Pa）；

　　　T——温度（K）；

　　　R——理想气体常数，常取 8.314kJ/k·mol 或 1.987kcal/k·mol；

　　　L_V——蒸发热（kJ）；

　　　C——常数。

克劳修斯—克拉佩龙方程仅适用于单一组分的纯液体，对于稀溶液，溶剂的蒸气压 p_A 等于纯溶剂的蒸气压 p 乘以溶液中溶剂的摩尔分数 x_A，此即为拉乌尔定律，如下式表示：

$$p_A = p x_A \tag{2-28}$$

任一组分在全部浓度范围内都符合拉乌尔定律的溶液称为理想溶液。对于非理想溶液，拉乌尔定律应修正：

$$p_i = p_i^0 a_i$$

$$a_i = r_i x_i \tag{2-29}$$

式中　p_i——溶液中 i 组分的蒸气压；

　　　p_i^0——纯 i 组分的蒸气压；

　　　a_i——i 组分的活度；

　　　r_i——i 组分的活度系数，理想溶液时 $r_i = 1$。

2. 蒸发热

液体蒸发时需要吸收热量。在一定温度和压力下，单位质量液体完全蒸发所吸收的热量称为液体的蒸发热。

蒸发热主要是增加液体分子动能以克服分子间引力而逸出液面。因此，分子间引力越大的液体，其蒸发热越高。此外，蒸发热还用于汽化时体积膨胀对外做的功。蒸发热越高的液体，越不利于蒸发和燃烧。

3. 沸点

当蒸气压低于环境压力时，蒸发仅限于液面部分进行；而当液体的蒸气压与外界压力相等时，蒸发在整个液体中进行，这种现象称为液体沸腾。也就是说，沸腾是指一定温度下液体内部和表面同时发生剧烈的汽化现象。

液体的沸点是指液体的饱和蒸气压与外界压力相等时液体的温度。显然，液体的沸点不仅与液体本身的性质有关，还与外界气压密切相关。

2.3.2　可燃液体着火理论

可燃液体着火主要有引燃和自燃两种方式。

1. 液体的引燃

一定温度的可燃液体所产生的蒸气和空气组成的可燃混气与火源接触后发生的连续燃烧的现象称为可燃液体的引燃着火。液体发生引燃着火时的最低温度称为该可燃液体的燃点或着火点。

可燃液体的蒸气与空气的混合气体被点燃后，要在液面上建立稳定火焰，液体的蒸发速度必须足够快才能保证燃烧的持续。液体的蒸发速度需满足下式：

$$G_L \leqslant \frac{\varphi \Delta H_c G_L + \dot{Q}_E - \dot{Q}_L}{L_V} \tag{2-30}$$

式中　G_L——燃烧速度或蒸发速度 [$g/(m^2 \cdot s)$]；

　　　ΔH_c——燃烧热（kJ/mol）；

　　　φ——液体燃烧放出的热量反馈到液面的百分数；

　　　$\dot{Q}_E$——单位面积液面上外界热源的加热速率（kW/m^2）；

　　　$\dot{Q}_L$——单位面积液面的热损失速率（kW/m^2）；

　　　L_V——液体的蒸发潜热（kJ/g）。

必须指出，液体的燃点不是一个物性常数。由上式可知，液体能否被引燃，除了与液体本身的性质（燃烧热、蒸发潜热等）有关，还受到外界条件的影响，如外界加热源和自身热损失。

对于低闪点的液体，即闪点低于环境温度的液体，由于液面上方的蒸气浓度已经达到着火温度，故其更易被火源引燃；对于高闪点的液体，即闪点高于环境温度的液体，此时外界点火源无法直接引燃液面，常用灯芯点火和继续加热使液体自燃。

2. 液体的自燃

液体的自燃是指无外界火源的情况下，靠自热或者外界加热达到一定温度后自发燃烧形成稳定火焰的燃烧现象，发生自燃的最低温度叫作自燃点。

（1）自燃点的影响因素　液体的自燃点也不是物性参数，它不仅与液体本身的性质有关，还受到其他因素的影响，具体有如下几点：

1）氧含量。提高空气中的氧含量将增加氧化还原反应速度，进而降低可燃液体的自燃点；反之，减少氧含量会导致液体的自燃点升高。

2）外界压力。外界压力越低，自燃点越高；反之，外界压力越高，自燃点越低。这是因为随着外界压力的增加，可燃蒸气和氧气的密度和浓度会增加，进而加快化学反应，降低自燃点。

3）容器特性。容器性质不同，其导热性能不同，因此同种液体盛放在不同材质的容器内自燃点不同。另外，容器尺寸对自燃点也有影响，容积大的容器中，表面积与体积之比较低，热损失速率也较低，因而自燃点较低；反之，容器的容积越小，自燃点越高。

4）催化剂。活性催化剂如铈、铁、钒、钴、镍等的氧化物，能加速氧化还原反应，从而降低可燃液体的自燃点；而钝性氧化剂，如油品抗震剂——四乙基铅等，能使可燃液体的自燃点升高。

（2）同类液体的自燃点变化规律　表 2-1 给出了同类液体自燃点的变化规律及原因。可以看出，同类液体的自燃点变化规律与闪点变化规律相反。这是因为液体自燃点主要取决于活化能的大小，而闪点主要受分子间力的大小影响。

表 2-1　同类液体自燃点的变化规律及原因

类　　别	自燃点变化规律	原　　因
烃类	饱和烃 > 相应的非饱和烃	非饱和烃中含有活跃的 π 键
同分异构体	异构体 > 正构体	由电子效应和空间效应造成
环烷类	环烷类 > 相应的烷类	环烷类分子结构更稳定
同系物	分子量越大，自燃点越低	分子量越大，化学键键能越小
其他	烃的含氧衍生物 > 相应的烷烃	含氧衍生物能析出氧加快化学反应速度

2.3.3　液体表面火蔓延

1. 含油液面火蔓延

如果大面积的水面上有一层薄薄的浮油，那么这层浮油燃烧时引起的火称为油面火。油面火与油池火有着很大区别，前者是一个不断扩大的过程，一旦着火便很快在整个油面上形成火焰，而后者主要集中在油池有限的范围内。下面主要介绍含油液面火蔓延的基本规律。

含油液面火蔓延可分为无风环境和有风环境两种情况。

无风环境中，油的初温对火焰蔓延速度有着显著影响。当油面初始温度较低时，油面火蔓延速度随油面初温的升高而逐渐变大，且蔓延速度几乎呈线性增长；当油面初始温度达到某个临界值时，油面火蔓延速度不再继续上升而是趋于某个常数。例如，对于无风环境中的甲醇油面火，甲醇的闪点为 11℃，当温度达到 20℃ 之后，火焰蔓延速度趋于常数，大约为 200cm/s（图 2-9）。

油的初温不同，所形成的燃烧类型也不一样。当油的初温低于闪点温度时，液面上方蒸气温度较低，为了维持燃烧，就要提高液体的蒸发速度，也就是说，火焰必须向火焰面前方的液体传递足够的热量，使该部分液体升温，这样在火焰前方的液体与火焰正下方的液体之间才能产生足够大的温度差，进而产生足够大的表面张力差，这样才能使得温度高的液体不断流向火焰面的前方，在这种情况下形成的燃烧形式多为扩散燃烧。当油的初温高于闪点温度时，液面上方蒸气浓度足够大，蒸气与空气预先混合，燃烧形式主要为预混燃烧。油面火中初温对传热过程的影响如图 2-10 所示。

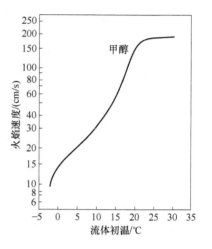

图 2-9　油面火蔓延与
初始温度的关系

在存在外界风的情况下，顺风时，火焰向未燃烧的

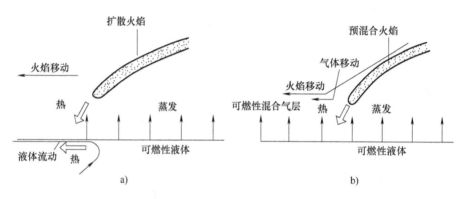

图 2-10　油面火中初温对传热过程的影响
a）扩散燃烧　b）预混燃烧

油面倾斜，倾斜角增大，强化了火焰对液面的辐射传热和对流换热，风速越大，火焰蔓延的速度越快。因此，顺风条件下液体初温对火焰蔓延速度几乎没有影响，火焰蔓延速度主要受风速影响。逆风时，火焰向已燃烧区倾斜，受逆向风的影响，辐射换热和对流传热的强化作用不明显，风速对火焰蔓延速度的影响不大，此时液体的初温对火焰蔓延速度有着显著影响。

2. 含油固面火蔓延

当油泄漏到地面上时，地面就成了含油可燃物的固面。在点火源的作用下形成含油固面火。含油固面火的燃烧特性与很多因素有关，例如可燃液体的闪点、火焰引起的对流情况、相对风速的大小及方向、火焰的蔓延方向、地面及可燃液体的温度、地面土质材料的热物理性能、地面土质的粒径分布及地面形状和倾斜角等。

（1）含油固面火的试验装置　研究含油固面火的试验装置如图 2-11 所示。试验装置中燃烧容器是一个长、宽、高分别为 60cm、12cm 和 1cm 的长方形容器，容器液体置于恒温槽内，以保证恒定的温度。为模拟不同的土质状态，燃烧容器中可以加入不同粒径的砂子，例

如当平均粒径为 $200\mu m$ 时，砂子的平均密度为 $2.68g/cm^3$，砂子之间的空隙为 $0.32cm/g$。为研究风速对含油固面火的影响，将恒温槽放入风洞中，该风洞的截面尺寸为 $60cm \times 45cm$，风洞的风速可根据试验需要进行调节。加入闪点为 $50℃$ 的煤油之后，就可以点火燃烧。

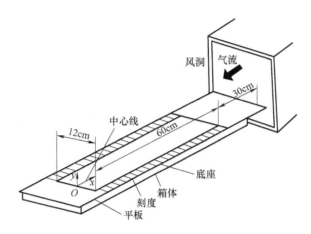

图 2-11　研究含油固面火用的试验装置

点火之前，要标定冷态条件下燃烧容器上方的流场状态。在砂层中埋入热电偶，记录火焰蔓延过程中的燃烧容器中央（$x = 30cm$ 处）的砂层温度变化。点火燃烧之后，用摄像机拍摄整个燃烧过程。

（2）含油固面火蔓延速度的影响因素

1）固面倾斜角。固面倾斜角发生变化时，火焰蔓延速度将有很大的变化。当固面倾斜角为负时，倾角值越大，火焰蔓延速度越慢；当固面倾斜角为正时，倾角值越大，火焰蔓延速度越快，且随着倾角值的增大，蔓延速度增加的速度也越来越快。

2）相对风速。当相对风速较小时，随着相对风速的增大，含油固面火蔓延速度先迅速减小，之后缓慢减小，而当相对风速达到一定值后，含油固面火蔓延速度又急速下降并趋于零。

3）粒径。随着粒径的增大，火焰蔓延速度不断减小并趋于稳定。粒径的大小会直接影响毛细管作用的强弱，粒径越小，毛细管作用越强，有利于液体的渗透，从而有利于火焰蔓延；粒径越大，毛细管作用越弱，不利于液体的渗透。

4）初始温度。较高的初始温度能加快液体的蒸发，同时减少火焰加热可燃液体的热损失，因此初温越高，含油固面火蔓延速度越快。

5）砂层的导热系数。砂层的导热系数也会影响含油固面火蔓延的速度。在砂层中加入不同数量的铜粉来改变其导热系数，砂层导热系数越高，含油固面火蔓延速度越高。

2.4　固体表面火蔓延

2.4.1　固体着火的一般过程

根据各类可燃固体的燃烧方式和燃烧特性，固体燃烧的形式可分为蒸发燃烧、分解燃烧、表面燃烧、阴燃和爆炸。需要指出的是，上述各种燃烧形式的划分并不是绝对的，有些可燃固体的燃烧往往包含两种或两种以上的燃烧形式。本书主要介绍可燃固体分解燃烧的燃烧机理及蔓延模型。

可燃固体的分解燃烧是指木材、煤、合成塑料等在受到火源加热时，先发生热分解，随后分解出的可燃挥发分与氧发生燃烧反应，本质上是可燃物受热逸出可燃挥发分与氧气发生燃烧。下面介绍可燃固体着火的一般过程。

可燃固体受到外界热源加热时，温度升高发生热分解，产生包括气体燃料在内的热解产物，通常是可燃挥发分和固定碳；生成的燃料蒸气穿过流体边界层向外扩散，并在边界层与周围空气混合；若可燃挥发分达到燃点或者受到点火源的作用，即发生明火燃烧；稳定明火的建立，又可以向固体燃料面反馈热量，从而使其热分解加强，撤掉点火源后，燃烧仍能持续进行；当固体本身温度达到较高值时，固定碳也开始燃烧。

2.4.2　固体表面火蔓延理论模型

固体表面火蔓延行为是气、固两相传输过程，固相热解和气相可燃气体与氧化物化学反应等过程共同作用的结果，这些行为导致了火蔓延行为的复杂性。在真实火灾场景中，火蔓延行为又受到很多因素的影响，比如环境风速、氧浓度、压力和辐射强度等。不同的环境下火蔓延行为可能受控于不同的控制机制，因此基于一定的合理假设或限定条件，建立了有其自身局限性的适用于某种特定情形的固体表面火蔓延模型。

可以根据模型适用的情形进行分类，根据火蔓延模型中是否考虑化学反应动力学过程，将模型划分为热输运理论模型和化学动力学火蔓延模型。根据火蔓延方向与环境气流方向的异同，将模型划分为逆流火蔓延模型和顺流火蔓延模型。根据火蔓延方向与重力方向的异同，将模型划分为水平火蔓延模型，向上火蔓延模型以及向下火蔓延模型。从本质上来说，向上火蔓延可以也可以看作是顺流火蔓延，而向下火蔓延则可以视作逆流火蔓延。向上火蔓延过程中，由于浮力诱导的气流与火蔓延方向一致，可以看作自然对流条件下的顺流火蔓延。而对于向下火蔓延，由于火蔓延方向与浮力诱导的气流方向相反，则可视作自然对流条件下的逆流火蔓延。

在很多情况下，化学反应速率要比物理传热传质速率快很多，因此热量传递过程成为限制固体表面火焰向前传播的主要因素，为此学者们建立了一种忽略化学反应动力学效应的火蔓延模型，即热输运模型。这些模型虽然忽略了化学反应动力学过程，但是对于很多情况采取热输运模型都能得到合理的预测结果，比如对于顺流火蔓延以及高压、高氧浓度、低环境流速等条件下的逆流火蔓延等。下面介绍的顺流火蔓延模型和逆流火蔓延模型等都属于热输运理论模型的范畴。

1. 逆流固体表面火蔓延理论模型

早在 1969 年，美国著名科学家 John de Ris 基于一系列简化假设和理论求解建立了最早的逆流固体表面火蔓延模型，后来著名教授 Bhattachajee 和 Quintiere 分别通过尺度分析和能量守恒方法也得出了固体表面逆流火蔓延模型，这些模型最终在形式上都是统一的。下面以 Bhattachajee 模型为例，介绍固体表面逆流火蔓延模型。

如图 2-12 所示，环境气流速度为 v_g，与火蔓延方向相反，固体表面火焰以速度 v_f 向前传播。火蔓延速度的大小主要取决于预热区固体材料的温度从环境温度加热到热解温度所需要的时间。预热区接收到的热量主要有两种途径：一是气相对固相的传热（包括火焰向预热区的辐射以及对流传热），二是来自热解区对预热区的固相热传导。

为了确定火蔓延过程中的时间尺度和长度尺度，主要关心火焰前锋处，也就是决定火焰传播速度大小的热量传递区域。在火焰前锋区主要包括两个控制体，一个是气相区控制体，大小为 $L_{gx} = L_{gy}$，另一个是固相区控制体，大小为 $L_{sx} = L_{sy}$。固体表面火蔓延前锋区控制示意图如图 2-13 所示。

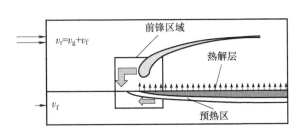

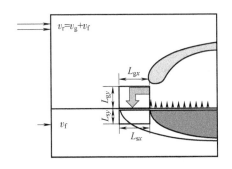

图 2-12   固体表面逆流火蔓延示意图   图 2-13   固体表面火蔓延前锋区控制体示意图

注：v_g 为环境气流速度；v_f 为固体表面火焰速度。

在气相控制体中，燃料气体和氧化物发生反应使得气体温度从环境温度 T_0 上升到火焰温度 T_f。对于固定火焰坐标系统来说，气相控制体内加热气体以 v_r 的速度向火焰运动，相应的气相特征时间尺度为 $t_g \sim L_{gx}/v_r$。在固相控制体中，固体燃料的温度从环境温度 T_0 上升到热解温度 T_p，并且以 v_f 的速度向火焰运动，相应的固相特征时间尺度为 $t_s \sim L_{sx}/v_f$。

为了简化分析过程，模型引用了两个主要的假设：

1）假设化学反应时间 t_{chem} 相对于气相传热时间尺度 t_g 来说很小，也就是假设气相化学反应速率无限快。

2）假设固相热解时间 t_{py}，相对于固相传热时间尺度 t_s 来说很小，也就是假设固相热解过程反应速率无限快。

基于上面的假设，模型中可以不考虑气相燃烧和固相热解等化学过程对火蔓延的影响，火蔓延过程主要受控于传热过程，这样的模型也就是热理论模型。

对于气相控制体中，根据热传导项和对流项的能量平衡，可以得到：

$$\frac{\partial}{\partial x}(\rho u T) \sim \frac{\lambda}{c_p}\frac{\partial^2 T}{\partial x^2} \tag{2-31}$$

代入相应的特征时间尺度和特征长度尺度，可以得到：

$$\frac{\rho_r v_r \Delta T}{L_{gx}} \sim \frac{\lambda_r \Delta T}{c_p L_{gx}^2} \tag{2-32}$$

故有：

$$L_{gx} \sim \frac{\alpha_g}{v_r} \tag{2-33}$$

对于气相控制体，其 y 方向特征长度尺度 L_{gy}：

$$L_{gy} \sim \sqrt{\alpha_g t_g} \sim \sqrt{\alpha_g \frac{L_{gx}}{v_r}} \sim \frac{\alpha_g}{v_r} \tag{2-34}$$

因此，可以定义气相控制体的特征长度尺度 L_g：

$$L_g \approx L_{gx} \approx L_{gy} \approx \frac{\alpha_g}{v_r} \tag{2-35}$$

对于固相控制体，由于一般情况下气相传热是火蔓延的主要传热机制，因此固相预热区的长度尺度 $L_{sx} \sim L_g$。y 方向的长度尺度 L_{sy}：

$$L_{sy} \sim \sqrt{\alpha_s \frac{L_g}{v_f}} \sim \sqrt{\alpha_s \frac{L_g}{v_f}} \sim \sqrt{\frac{\alpha_g \alpha_s}{v_r v_f}} \tag{2-36}$$

固体燃料的厚度为 d，如果材料厚度 d 小于 L_{sy}，那么可以认为该材料在整个厚度方向上被完全加热，也就是通常所说的热薄性材料；否则，则为热厚性材料。为了表述方便，这里引入一个参数 τ：

$$\tau \sim \min\left(d, \sqrt{\frac{\alpha_g \alpha_s}{v_r v_f}}\right) \tag{2-37}$$

对于固相控制体，根据能量平衡可以得到：

$$v_f \tau \rho_s c_s (T_v - T_\infty) \sim L_g \lambda_g \frac{(T_f - T_v)}{L_g} \tag{2-38}$$

对于热薄性材料，$\tau = d$，此时有：

$$v_{f,thin} \sim \frac{\lambda_g}{\rho_s c_s d} \frac{T_f - T_v}{T_v - T_0} \tag{2-39}$$

对于热厚性材料，$\tau \sim \sqrt{\frac{\alpha_g \alpha_s}{v_r v_f}}$，所以有：

$$v_{f,thick} \sim v_r \frac{\lambda_g \rho_g c_g}{\lambda_s \rho_s c_s} \frac{(T_f - T_v)^2}{(T_v - T_0)^2} \tag{2-40}$$

一般地，逆流火蔓延情况下，火蔓延速度相对于气流速度来说很小，有 $v_r = v_g$。则上式可以变成：

$$v_{f,thick} = v_g \frac{\lambda_g \rho_g c_g}{\lambda_s \rho_s c_s} \frac{(T_f - T_v)^2}{(T_v - T_0)^2} \tag{2-41}$$

而对于热薄性材料，这些模型形式可以统一如下：

$$v_{f,thin} \sim C \frac{\lambda_g}{\rho_s c_s d} \frac{T_f - T_v}{T_v - T_0} \tag{2-42}$$

式中　C——一个常数。

2. 顺流固体表面火蔓延理论模型

顺流固体表面火蔓延指的是火焰传播方向与来流方向一致的火蔓延情形，来流可能是外界气流也可能是由于沿倾斜表面蔓延由浮力诱导而产生的。通常来说，相对于逆流表面火蔓延，顺流火蔓延可能发生加速而且火蔓延速度会非常迅速。顺流固体表面火蔓延示意图如图 2-14 所示。

火蔓延过程中，固体材料包括三个部分：已燃区、热解区和预热区。其中，已燃区前锋坐标为 x_b，热解区前锋坐标为 x_p，而预热区是指从热解区前锋到固相温度为初始温度的距离处，这段距离用 δ_{ph} 表示。预热区长度依赖于火焰的长度，通常认为预热区为热解前锋到火焰前锋 x_f 之间这段区域。对于顺流火蔓延来说，预热区长度变化范围很大，可以从 0.1 ~

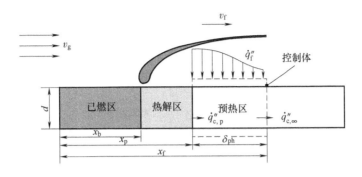

图 2-14 顺流固体表面火蔓延示意图

10m，远大于逆流火蔓延情况下预热区长度（1~3mm）。

选取预热区作为控制体对象进行能量平衡分析。控制体和外界的能量交换主要有以下几种方式：

1）来自火焰的对流和辐射热通量 $\dot{q}''_{\mathrm{f}}$。

2）来自热解区的固相热传导 $\dot{q}''_{\mathrm{c,p}}$。

3）控制体向新鲜燃料的固相热传导 $\dot{q}''_{\mathrm{c,\infty}}$，通常认为远离控制体以外的固相表面温度不再明显受到火焰加热的影响，因此此处的固相温度随 x 方向几乎不再变化，可以认为 $\partial T/\partial x = 0$。所以，控制体向远方新鲜燃料的固相热传导 $\dot{q}''_{\mathrm{c,\infty}}$ 可以近似认为等于 0。

4）固体表面的辐射热损失 $\dot{q}''_{\mathrm{r,loss}}$，一般来说，$\dot{q}''_{\mathrm{r,loss}}$ 要远小于火焰传递给固体表面的热通量 $\dot{q}''_{\mathrm{f}}$。

对于热薄性材料，其固相内部热传导 $\dot{q}''_{\mathrm{c,p}}$ 很小，可以忽略，为此可以得到控制体的能量平衡关系式：

$$\rho c_{\mathrm{p}} d v_{\mathrm{f}} (T_{\mathrm{p}} - T_{\mathrm{s}}) = \int_{x_{\mathrm{p}}}^{x_{\mathrm{f}}} (\dot{q}''_{\mathrm{f}} - \dot{q}''_{\mathrm{r,loss}}) \mathrm{d}x \tag{2-43}$$

如前所述，$\dot{q}''_{\mathrm{r,loss}}$ 要远小于 $\dot{q}''_{\mathrm{f}}$，另外要定义一个平均特征火焰热通量：

$$\dot{q}''_{\mathrm{f}} \delta_{\mathrm{ph}} = \int_{x_{\mathrm{b}}}^{x_{\mathrm{f}}} \dot{q}''_{\mathrm{f}} \mathrm{d}x \tag{2-44}$$

则可以得到热薄性材料顺流火蔓延模型

$$v_{\mathrm{f}} = \frac{\dot{q}''_{\mathrm{f}} \delta_{\mathrm{ph}}}{\rho c_{\mathrm{p}} d (T_{\mathrm{p}} - T_{\mathrm{s}})} \tag{2-45}$$

对于热厚性材料，固相内部温度存在分布梯度，为此不再选取整个试样厚度作为控制体进行分析，而是仅对热穿透厚度内控制体进行能量守恒分析。热厚型材料火蔓延过程能量平衡示意图如图 2-15 所示。

对控制体进行能量守恒分析，可以得到：

$$\rho c_{\mathrm{p}} d v_{\mathrm{f}} \int_{0}^{\delta_{\mathrm{T}}} (T_{\mathrm{p}} - T_{\mathrm{s}}) \mathrm{d}y = \dot{q}''_{\mathrm{f}} \delta_{\mathrm{ph}} \tag{2-46}$$

由于固相内部温度沿方向存在温度梯度，Quintiere 假设固相温度分布模式如下：

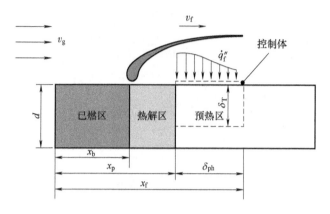

图 2-15　热厚型材料火蔓延过程能量平衡示意图

$$\frac{T - T_s}{T_p - T_s} = \left(1 - \frac{y}{\delta_T}\right)^2 \tag{2-47}$$

该假设满足边界条件：

$$y = 0, \quad T = T_p$$

$$y = \delta_T, \quad T = T_s, \quad \text{而且} \frac{\partial T}{\partial y} = 0 \tag{2-48}$$

根据上面的固相内部温度分布假设，可以得到：

$$\int_0^{\delta_T} (T_p - T_s)\mathrm{d}y = (T_p - T_s)\delta_T/3 \tag{2-49}$$

δ_T 是热穿透厚度，Quintiere 提出了一个合理的热穿透厚度表达式如下：

$$\delta_T = C\sqrt{\alpha_s t_s} \tag{2-50}$$

式中　C——系数，其大小依赖于固相内部的温度分布假设，变化范围为 1~4，Quintiere 建议 C 可以合理地取值为 2.7；

　　　α_s 和 t_s——固体材料的热扩散系数和固相特征时间尺度，$\alpha_s = k/\rho c_p$，而 $t_s = L_g/v_f = \delta_{ph}/v_f$。

这样就可以得到热厚性材料的顺流火蔓延模型：

$$v_f \approx \frac{4\dot{q}_f''^2 \delta_{ph}}{\pi k\rho c_p(T_p - T_s)^2} \tag{2-51}$$

2.4.3　固体表面火蔓延实验研究

1. 多参数火蔓延实验台简介

通常以小尺度实验研究的方法来研究多参数耦合作用下的固体表面火蔓延特性。研究的参数主要包括试样宽度、试样放置角度、外部辐射强度以及环境压力等。为了实现有规律地控制这些参数，需要基于一个可以同时调节多个参数的多参数火蔓延实验台。下面将简要介绍实验所用到的系统装置、测量的参数及对应的方法和原理。

为了研究不同参数特别是多个参数耦合作用下的固体表面火蔓延特性，中国科学技术大学火灾科学国家重点实验室依托项目建立了多参数火蔓延实验平台，实验系统装置示意图如图 2-16 所示。

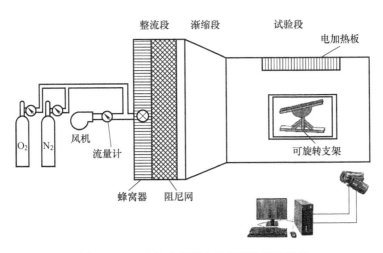

图 2-16　多参数火蔓延实验系统装置示意图

　　整个实验装置系统主要有两大部分组成：一部分是多参数调控系统；另一部分则是参数测量系统。其中，多参数调控系统主要包括四个参数调控子系统，即氧浓度调控系统、气流速度调控系统、外部辐射强度调控系统、试样放置角度和试样宽度调控系统。

　　氧浓度调控系统主要由氧气瓶、氮气瓶以及一个可以调节录入空气流率的风机组成，通过调节和录入空气流率成一定比例的氧气或氮气来改变混合气流的氧浓度。气流速度调节系统则主要由风机和流量计组成，通过调节变频风机的频率来满足实验所需要的风速，风速大小可以根据流量计来标定。通入的气流经过整流段和渐缩段之后以比较均匀的流速进入到试验段。在试验段的中间部位安装有一个可以调节功率的电加热板，电加热板固定在风洞的顶部，其尺寸设计为 $500\text{mm} \times 600\text{mm} \times 50\text{mm}$。此实验所用的电加热板能够提供的最大辐射热流为 60kW/m^2。试样放置角度和试样宽度调控系统主要通过一个可以旋转角度的支架来实现。可旋转试样支架的示意图如图 2-17 所示。实验过程中，将试样固定在一个可以旋转的底板上，试样的角度可以根据角度刻度盘来确定。另外，在固定试样的地板上还

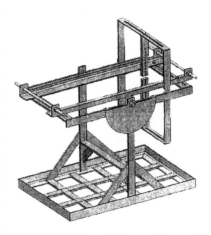

图 2-17　可旋转试样支架示意图

设置有两块可以水平滑动的夹板，通过移动夹板可以适应不同宽度的试样。

　　参数测量系统则由传感器系统、数据采集系统和数据处理系统三大部分组成，主要包括热电偶、热流计、数字摄像机（DV）、数据采集器以及计算机等。

　　2. 实验测量系统设计及布置

　　火蔓延实验中需要测量的参数主要有火焰形态特征、气相火焰温度与固相温度、表面热流以及火蔓延速度等。

　　火焰形态的测量主要采用图像处理方法，实验中利用数字摄像仪（DV）实时记录火蔓延过程中火焰形态的变化规律。为了方便后期的图片处理，在试样支架上设置一个水平标尺，一来可以方便火焰前锋的定位，二来也可以确定图片空间和实物空间之间的比例尺。这

样根据图像信息，利用图像处理软件获取火焰形态特征参数，比如火焰高度、火焰倾斜角度等。实验过程中将试样放置在试验段的中间部位，在试样支架前方的侧壁上安装有一扇玻璃观察窗。实验时将数字摄像机放置在观察窗的前方。

火蔓延过程中的气相火焰温度较高，最高温度可达 1400~1500℃，因此对热电偶的测温范围有严格要求。此实验中采用的气相火焰温度测量热电偶为直径 0.1mm 的 Pt/Rh13-Pt 丝焊接而成的 R 型热电偶，其最高测温上限可达 1800℃，而且该热电偶探点直径很小，对火焰结构扰动小且响应时间快，测量结果精度很高。实验中为了测量气相火焰温度，在试样的上方和下方都布置有一定数量的热电偶，具体的布置示意图如图 2-18 所示。热电偶测温测点距点火端 30cm，并位于试样中心面上。在木材下表面下方布置了 2 个热电偶 TC1 和 TC2，分别距离下表面 1.5cm 和 0.5cm。在木材上表面上方的气相空间中布置了 3 个热电偶 TC3、TC4 和 TC5，分别距上表面 2cm、4cm 和 6cm。同时为了测量火蔓延过程中固体内部温度变化规律，在木材内部布置了一个热电偶测点 TC0，距离上表面 1mm。测量固相温度所用的热电偶为 K 型热电偶，测温范围为 -200~1300℃。

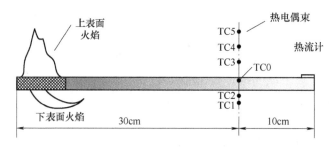

图 2-18　火蔓延过程中热电偶布置示意图

火蔓延过程中的固体表面热通量可以利用表面热流计来测量。实验中用到的热流计为薄片式热流计，其厚度仅为 0.3mm，这样就可以使热流计紧贴在固体表面上，使得测量的表面热通量尽可能与固体表面的实际值接近，减少实验测量的误差。因为热流计在实验过程中放置在固体表面，这样会对火蔓延过程造成影响，所以为了尽可能避免其对火蔓延行为造成影响，实验时将其置于远离试样点火端的另一端。

固体表面火蔓延速度的测量主要有两种方式，一种是目测法，另一种是图像法。实验前会在试样表面上标记一系列平行的刻度线，该刻度线垂直于火蔓延方向，每个刻度线之间间隔 2cm。在火蔓延过程中，一方面由实验人员实时记录火焰前锋或热解前锋到达到刻度线时的时刻，另一方面也用数字摄像机记录下火蔓延过程，在后期的图像处理过程中利用图像法得到火焰前锋或热解前锋的位置随时间的变化关系，利用这两种方法都可以得到火蔓延速度参数。

2.5 | 建筑火灾蔓延

2.5.1　建筑火灾蔓延机理

1. 热传导

房间隔墙一侧起火，钢筋混凝土楼板下方起火，或通过管道及其他金属容器内部的高温由墙、楼板和器壁的一侧表面传至另一侧表面，将靠近这些部位的可燃物点燃，并造成火灾蔓延。

2. 热对流

房间内的热烟与室外新鲜空气的密度不同，热烟的密度较小，形成上浮的羽流，由墙体上部开口流出，室外的冷空气由墙体下部开口进入室内燃烧区并参与燃烧，出现了冷热流体之间的对流并导致火灾蔓延。

3. 热辐射

任何物体都会以电磁波的形式向外辐射热量。由斯蒂芬—玻尔兹曼定律可知，物体向外辐射的热量与温度的 4 次方成正比，温度越高，辐射越强。热辐射是促进火灾在室内和建筑间蔓延的一种重要形式。

着火点附近可燃物，在未与火焰直接接触且无中间导热物体媒介的情况下起火燃烧，是热辐射造成的结果。

此外，火焰点燃（起火点火焰直接点燃周围可燃物的现象）和延烧（可燃物表面一点起火，火焰沿其表面不断向周围发展的现象）也属于火焰蔓延。通常情况下，这两种蔓延方式是热传导、热对流和热辐射综合作用的结果。

2.5.2　建筑内火灾蔓延途径

建筑内火灾蔓延的途径按不同的部位可分为水平火灾蔓延和垂直火灾蔓延。

1. 水平火灾蔓延途径

（1）内墙门和窗　建筑内某一房间起火，在火焰和高温烟气的作用下，房间的门和窗达到耐火极限并失效，不能阻挡火焰和高温烟气向外蔓延，最终蔓延至整个建筑物。

（2）房间隔墙　房间隔墙采用可燃材料制作，或者采用不燃、难燃材料制作且耐火性能较差时，在火灾高温作用下会失去隔火作用，使火焰蔓延至相邻房间或走道。

（3）走廊　房间门窗或者隔墙失效，使得火焰蔓延至走廊时，会引燃走廊内可燃物，使火灾沿走廊蔓延，或直接蔓延至另一侧房间内，威胁走廊两侧的房间。

（4）闷顶　由于火灾烟气温度较高，在浮力作用下向上运动，因此吊顶上的孔洞或者通风口是烟气的必经之处，高温烟气一旦进入闷顶空间内，由于闷顶内往往没有防火分隔墙，空间大，很容易造成火灾水平蔓延。

2. 垂直火灾蔓延途径

（1）竖井管道　由于建筑物功能的需要，建筑物内往往设置有各种竖井管道。建筑物内发生火灾时，竖井管道内容易形成烟囱效应，使得火灾迅速向上蔓延。试验研究表明，高温烟气在竖井内向上蔓延的速度为 3 ～ 5m/s。

（2）楼板孔洞和缝隙　室内发生火灾时，中性层以上部位处于高压力状态，该部位穿越楼板上的缝隙很容易把火或者高温烟气传播出去，造成火灾蔓延。

（3）外墙窗口　起火房间的温度很高时，如果烟气中含有过量可燃性气体，则高温烟气从外墙窗口排出后即会形成火焰，将会引起火势向上层蔓延。研究结果表明，此种火焰具有被拉向与其垂直墙面的性质，其火焰运动轨迹明显取决于窗宽与窗高之比。窗口越宽，越容易将上层房间点燃。为了防止火灾通过外墙窗口向上层蔓延，需要设置防火挑檐或加大上下层窗间墙的高度。

此外，起火建筑从外墙口喷出的热烟气和火焰，能通过热辐射将火灾传播到相当距离的相邻建筑。因此，在建筑物之间设置防火间距，主要是为了避免热辐射对相邻建筑的威胁。

思 考 题

1. 简述燃烧的本质及条件。
2. 阐述燃烧的物理基础。
3. 简述着火的基本理论。
4. 试阐述扩散燃烧与预混燃烧的特点，并对比二者的异同。
5. 液体着火的方式有哪些？
6. 固体燃烧的一般过程是什么？

3
第3章
建筑防火设计

3.1 建筑分类与耐火极限

　　建筑物的耐火等级根据其建筑高度、使用功能、重要性及火灾扑救难度等性质确定，根据建筑物的耐火等级确定建筑构件的耐火极限。建筑结构构件的耐火等级由建筑的耐火等级、构件的重要性和构件在建筑物中的部位三方面因素共同决定。建筑物的耐火极限是指在标准耐火试验条件下，建筑构件、配件或结构从受到火的作用时起，至失去承载能力、完整性或隔热性时止所用时间，用"小时（h）"表示。建筑物的耐火等级和耐火极限与建筑物的使用性质有关，本节主要介绍民用建筑的耐火等级和耐火极限。

　　建筑的耐火等级和耐火极限由建筑物的性质决定，不同性质建筑的耐火等级和耐火极限也不相同。《建筑设计防火规范》（GB 50016—2014，2018 年版）中，根据建筑高度和层数将民用建筑分为单层、多层民用建筑和高层民用建筑。其中高层民用建筑根据其高度、使用功能和楼层的建筑面积分为一类和二类。具体分类见表 3-1。

　　需要注意的是，上表中未列入的建筑，应根据上表类比确定其类别；宿舍、公寓等非住宅类居住建筑的防火要求应符合《建筑设计防火规范》有关公共建筑的规定；裙房的防火要求应符合《建筑设计防火规范》有关高层民用建筑的规定。

表 3-1 民用建筑分类

名　　称	高层民用建筑		单层、多层民用建筑
	一类	二类	
住宅建筑	建筑高度大于 54m 的住宅建筑（包括设置商业服务网点的住宅建筑）	建筑高度大于 27m，但不大于 54m 的住宅建筑（包括设置商业服务网点的住宅建筑）	建筑高度不大于 27m 的住宅建筑（包括设置商业服务网点的住宅建筑）
公共建筑	1. 建筑高度大于 50m 的公共建筑 2. 建筑高度 24m 以上部分任一楼层建筑面积大于 1000m² 的商店、展览、电信、邮政、财贸金融建筑和其他多种功能组合的建筑 3. 医疗建筑、重要公共建筑、独立建造的老年人照料设施 4. 省级及以上的广播电视和防灾指挥调度建筑、网局级和省级电力调度建筑 5. 藏书超过 100 万册的图书馆、书库	除一类高层公共建筑外的其他高层公共建筑	1. 建筑高度大于 24m 的单层公共建筑 2. 建筑高度不大于 24m 的其他公共建筑

　　基于上述分类，《建筑设计防火规范》规定，民用建筑耐火等级可分为一、二、三、四级。除该规范另有规定外，不同耐火等级建筑相应构件的燃烧性能和耐火极限不应低于表 3-2 的规定。

表 3-2 不同耐火等级建筑相应构件的燃烧性能和耐火极限 （单位：h）

构 件 名 称		耐 火 等 级			
		一级	二级	三级	四级
墙	防火墙	不燃性 3.00	不燃性 3.00	不燃性 3.00	不燃性 3.00
	承重墙	不燃性 3.00	不燃性 2.50	不燃性 2.00	难燃性 0.50
	非承重外墙	不燃性 1.00	不燃性 1.00	不燃性 0.50	可燃性
	楼梯间和前室的墙电梯井的墙住宅建筑单元之间的墙和分户墙	不燃性 2.00	不燃性 2.00	不燃性 1.50	难燃性 0.50
	疏散走道两侧的隔墙	不燃性 1.00	不燃性 1.00	不燃性 0.50	难燃性 0.25
	房间隔墙	不燃性 0.75	不燃性 0.50	难燃性 0.50	难燃性 0.25
柱		不燃性 3.00	不燃性 2.50	不燃性 2.00	难燃性 0.50
梁		不燃性 2.00	不燃性 1.50	不燃性 1.00	难燃性 0.50

（续）

构件名称	耐火等级			
	一级	二级	三级	四级
楼板	不燃性 1.50	不燃性 1.00	不燃性 0.50	可燃性
屋顶承重构件	不燃性 1.50	不燃性 1.00	可燃性 0.50	可燃性
疏散楼梯	不燃性 1.50	不燃性 1.00	不燃性 0.50	可燃性
吊顶（包括吊顶搁栅）	不燃性 0.25	难燃性 0.25	难燃性 0.15	可燃性

注：1. 除《建筑设计规范》另有规定外，以木柱承重且墙体采用不燃材料的建筑，其耐火等级应按四级确定。

2. 住宅建筑构件的耐火极限和燃烧性能可按现行《住宅建筑规范》（GB 50368）的规定执行。

除上表规定外，《建筑设计防火规范》（2018 版）对建筑结构构件的耐火等级还有如下规定：

1）建筑高度大于 100m 的民用建筑，其楼板的耐火极限不应低于 2.00h。

2）一、二级耐火等级建筑的上人平屋顶，其屋面板的耐火极限分别不应低于 1.5h 和 1.00h，其屋面板应采用不燃材料，但当采用可燃防火材料且铺设在可燃、难燃保温材料上时，防水材料或可燃、难燃保温材料应采用不燃材料作防护层。

3）二级耐火等级建筑内采用难燃性墙体的房间隔墙，其耐火极限不应低于 0.75h，当房间隔墙的建筑面积不大于 100m² 时，房间隔墙可采用耐火极限不低于 0.50h 的难燃性墙体或耐火极限不低于 0.30h 的不燃性墙体。

4）二级耐火等级多层住宅建筑内采用预应力钢筋混凝土的楼板，其耐火极限不应低于 0.75h。

5）二级耐火等级建筑内采用不燃材料的吊顶，其耐火极限不限。三级耐火等级的医疗建筑、中小学校的教学建筑、老年人照料设施及托儿所、幼儿园的儿童用房和儿童游乐厅等儿童活动场所的吊顶，应采用不燃材料，当采用难燃材料时，其耐火极限不应低于 0.25h。二、三级耐火等级建筑内门厅、走道的吊顶应采用不燃材料。

6）建筑内预制钢筋混凝土构件的节点外露部位，应采取防火保护措施，且节点的耐火极限不应低于相应构件的耐火极限。

3.2 建筑总平面布局

建筑总平面布局包括了不同建筑设计、位置、朝向等一系列信息，它不仅会影响人们的生活，还会对周边相邻建筑的使用功能和体验有一定的影响，是建筑安全防火设计的重要内容。从消防安全考虑，建筑总平面布局主要考虑防火间距、消防车道以及消防救援场地三个因素。

3.2.1 防火间距

防火间距是在一座建筑发生火灾后，能够防止火势蔓延到相邻建筑的间隔距离。它主要是指建筑物与相邻建筑物间的距离。通过设置防火间距可以防止火灾在相邻建筑物间相互蔓延，合理利用和节约土地，并为人员疏散、消防人员扑灭火灾以及救援提供一定的条件，减少烟气及热辐射对相邻建筑物内的人员造成危害。

1. 防火间距的影响因素

影响防火间距的因素有很多，如热辐射、热对流、室外风向、风速、外墙材料的燃烧性能及开口面积大小、室内堆放的可燃物种类与数量、相邻建筑物的高度、室内消防设施、着火时的气温及湿度、消防车到达的时间以及扑救情况等。

（1）热辐射　火灾高温辐射热是影响防火间距的主要因素，当火灾发展到充分燃烧阶段时，火焰温度及火灾烟气的温度达到最高值，其辐射强度及作用的范围也最大，高温烟气及火焰辐射也最为强烈，能够引燃的可燃物波及的范围更大，若伴有飞火，则火灾危险性更大。

（2）热对流　热对流是火灾高温烟气和火焰通过门窗等途径向外传播的主要方式。热对流受外界风速、风向的影响较大。无风时，因热气流的温度在离开窗口后会大幅度降低，热对流向相邻建筑物构成的威胁不大；若存在外界风时，其风速和风向均有利于火灾高温烟气和火焰向着火建筑其他部位以及相邻的建筑物蔓延。

（3）建筑物外墙门窗洞口的面积　建筑物外墙开口面积越大，发生火灾后，在可燃物的种类和数量都相同的条件下，由于通风好、燃烧快、火焰温度高，因而热辐射强度大。相邻建筑物接受的热辐射越多，越容易引燃上部楼层（空间）的可燃物，从而引起火灾向上部楼层（空间）蔓延。

（4）室内堆放的可燃物种类及数量　可燃物种类不同，热释放速率不同，在一定的时间内达到的最高温度不同；而发热量与可燃物的数量成正比，可燃物数量越多，发热量越大，热辐射越大。

（5）室外风速　外界风能够加速可燃物的燃烧，促使火灾加快蔓延。尤其当发生露天火灾时，外界风能够使燃烧的颗粒和碎片等飞散到数十米外，有强风时则飞散得更远。风也是影响火灾扑救的一个重要因素。

（6）相邻建筑物的高度　火灾通常是由下向上蔓延。两座相邻的建筑物中，若较高建筑物高出较低建筑物的部位着火时，对较低建筑物的影响较小；若相邻较高建筑的较低部位着火时，则容易相互影响。特别是当屋顶承重构件毁坏塌落、火焰穿出房顶时，其威胁更大。

（7）建筑物内的消防设施　若建筑物内设置了火灾自动报警系统以及消防灭火设施，则在发生火灾时，其系统可立即作用，将火灾扑灭在初级阶段，使建筑内损失影响较小，同时也相对较安全，在很大的程度上减少了火灾蔓延至其他建筑物的概率。

（8）灭火时间　建筑物发生火灾后，火场温度随着火灾延续时间及可燃物数量的变化而变化，可燃物量越充足，火灾延续时间越长，火场温度越高，蔓延至其他建筑物的可能性越大。若尽早地扑灭火灾，则蔓延至其他建筑物的可能性较小。

2. 防火间距的设置原则

防火间距的影响因素有很多，但在实际工程中不可能——考虑，确定建筑物防火间距主要有以下几个原则：

（1）考虑热辐射的作用 火灾实例表明，一、二级耐火等级的低层民用建筑，保持 7 ~ 10m 的防火间距，有消防队扑救的情况下，一般不会蔓延至相邻建筑物。

（2）考虑灭火救援的实际需求 建筑的高度不同，灭火使用的消防车也不同。对于低层建筑火灾，使用普通消防车即可；对于高层建筑火灾，需使用曲臂、云梯等登高消防车。防火间距应满足消防车的最大工作回转半径的需要。最小防火间距的宽度应能通过一辆消防车，一般宜为 4m。

（3）有利于节约用地 在消防队扑救的条件下，以能够阻止火灾向相邻建筑物蔓延为原则。

（4）防火间距计算 防火间距应按相邻建筑物外墙的最近距离计算，如果外墙有凸出的可燃构件，则应从其凸出部分外缘算起；若为储罐或堆场，则应从储罐外壁或堆场的堆垛外缘算起。

（5）其他 两座相邻建筑物较高的一面外墙为防火墙时，其防火间距不限。

具体不同建筑的防火间距数值可根据《建筑设计防火规范（2018 年版)》中相关规定选取。

3.2.2 消防车道

消防车道是供消防车灭火时通行的道路。设置消防车道的目的是一旦发生火灾时确保消防车畅通无阻，迅速到达火场，及时扑灭火灾创造条件。消防车道可以利用交通道路，但在通行的净高度、净宽度、地面承载力、转弯半径等方面应满足消防车与停靠的需求，并保证畅通。街区内的道路应考虑消防车的通行，室外消火栓的保护半径在 150m 左右，按规定一般设在城市道路两旁，故将道路中心间的距离设定为不宜大于 160m。

消防车道的设置应根据当地消防队使用的消防车辆的外形尺寸、载重、转弯半径等消防车技术参数，以及建筑物的体量、周围通行条件的因素确定。

1. 消防车道设置要求

（1）环形消防车道 高层建筑的平面布置、空间造型和使用功能往往复杂多样，给消防扑救带来不便。为了提高高层建筑灭火效率，使消防车辆能够迅速靠近高层建筑，展开有效的救助活动，高层建筑周围应设置环形消防车道。对于临街的高层建筑，其街道的交通道路可作为环形车道的一部分，环形车道如图 3-1 所示。

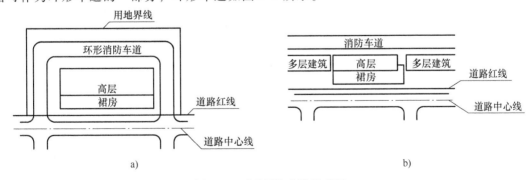

图 3-1 环形消防车道示意图

a）环形消防车道 b）交通道路并用的环形车道

当建筑物沿街道部分的长度大于150m或总长度大于220m时，应设置穿过建筑物的消防车道。确有困难时，应设置环形消防车道，周围应设置环形消防车道的建筑见表3-3。

表3-3　周围应设置环形消防车道的建筑

建筑类型		设置要求	备　注
民用建筑	单层、多层公共建筑	>3000座的体育馆	确有困难时，可沿建筑物的两个长边设置消防车道，如图3-2所示
		>2000座的会堂	
		占地面积>3000m²的商店建筑、展览建筑	
	高层建筑	均应设置	
厂房	单层、多层厂房	占地面积>3000m²的甲、乙、丙类厂房	
	高层厂房	均应设置	
仓库		占地面积>1500m²的乙、丙类仓库	

另外，对于高层住宅建筑和山坡地或河道边临空建造的高层建筑设置环形消防车道困难时，可沿建筑的一个长边设置消防车道，但该长边所在建筑立面应为消防车登高操作面。

（2）穿过建筑的消防车道　在住宅小区的建设和管理中，存在小区内道路宽度、承载能力或净空不能满足消防车通行需要的情况，给灭火救援带来不便。为了方便住宅人员通行以及消防人员快速便捷地进入建筑物进行灭火救援，小区的道路需要设置消防车道以便于消防车通行。

为了方便消防车进入建筑物以及回转通行，对于有封闭内院或天井的建筑物，当内院或天井的短边长度大于24m，宜设置进入内院或天井的消防车道，如图3-3所示；当该建筑物临街时，应设置连通街道和内院的人行通道（可利用楼梯间），其间距不宜大于80m，如图3-4所示；在穿过建筑物或进入建筑物内院的消防车道两侧不应设置影响消防车通行或人员安全疏散的设施。

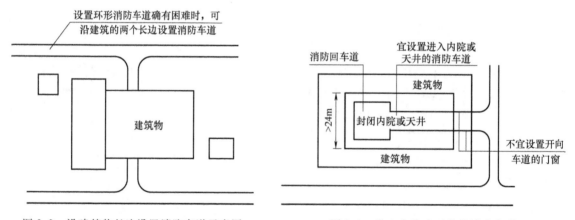

图3-2　沿建筑物长边设置消防车道示意图　　　　图3-3　进入内院或天井的消防车道

（3）消防水源地消防车道　由于消防车的吸水高度一般不大于6m，吸水管长度也有一定的限制，而多数天然水源与市政道路的距离难以满足消防车快速就近取水的要求，消防水池的设置也受地形限制，难以在建筑物附近就近设置或难以设置在可通行消防车的道路附近。所以针对这些情况，均要设置可接近水源的专门消防车道，方便消防车应急取水供应

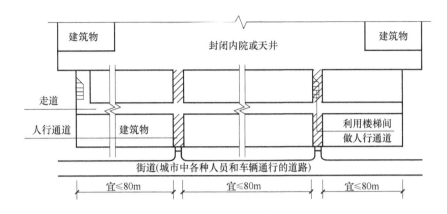

图 3-4 连通街道和内院的人行通道

火场。

考虑到建筑物发生火灾时，高层建筑高位消防水箱的水只够供水 10min，消防车内的水也不能满足一起火灾的全部用水量；许多规模较大的工业与民用建筑，可燃物多，火灾持续时间长，一旦火灾进入充分发展阶段，就要保证持续灭火所需的全部用水量。因此，设有消防车取水口的天然水源（江、河、湖、海、水库等），应设置消防车到达取水口的消防车道和消防车回车场或回车道。

供消防车取水的天然水源和消防水池应设置消防车道。消防车道的边缘距离取水点不宜大于 2m，如图 3-5 所示。

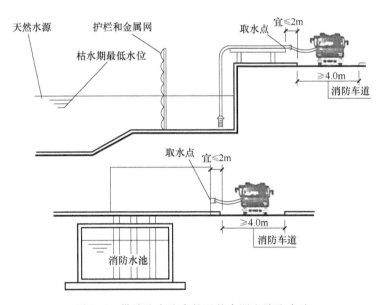

图 3-5 供消防车取水的天然水源和消防水池

（4）尽头式消防车道 当建筑和场所的周边受地形环境条件限制，难以设置环形消防车道或其他道路连通的消防车道时，可设置尽头式消防车道。在我国经济发展较快的大中城市中，超高层建筑（高度 > 100m）发展较快，应引进一些大型消防车辆。对需要大型消防车救火的区域，应从实际情况出发设计消防车道，还应注意设置尽头式消防车回车场，如图 3-6 所示。

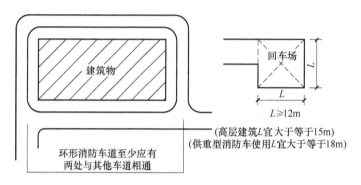

图 3-6　回车场的设置

尽头式消防车道应设置回车道或回车场，回车场的尺寸不应小于 12m×12m；对于高层建筑，不宜小于 15m×15m；供重型消防车使用时，不宜小于 18m×18m。

2. 消防车道技术要求

（1）消防车道的净宽度和净空高度　为保证消防车道能够满足消防车通行要求和扑救建筑火灾的需要，根据目前国内在役各种消防车辆的外形尺寸，按照单车道并考虑消防车快速通行的需要，消防车道的净宽度和净空高度均不应小于 4m，消防车道的坡度不宜大于8%。消防车道靠外墙一侧的边缘与建筑外墙的距离不宜小于 5m；消防车道的边缘与可燃材料堆垛的距离不应小于 5m。消防车道与建筑之间不应设置妨碍消防车操作的树木、架空管线等障碍物。

消防车道可利用城乡、厂区道路等，但该道路应满足消防车通行、转弯和停靠等要求。对于一些需要使用或穿过特种消防车辆的建筑物、道路桥梁，还应根据实际情况增加消防车道的净宽度与净空高度。

（2）消防车道的转弯半径　消防车道的转弯半径是指消防车回转时消防车的前轮外侧循圆曲线行走轨迹的半径。消防车道的转弯半径应满足消防车转弯的要求。

当前，在城市或某些区域内的大多数消防车道需要利用城市道路或居住小区内的公共道路，而消防车的转弯半径一般均较大。我国在役普通消防车的转弯半径为 9m，登高车的转弯半径为 12m，一些特种车辆的转弯半径为 16～20m。因此，无论是专用消防车道还是兼作消防车道的其他道路或公路，均应满足消防车的转弯半径的要求，设计时还应根据当地消防车的配置情况和区域内的建筑物建设与规划情况综合考虑确定，弯道外侧需要保持一定的空间，以保证消防车紧急通行。停车场或其他设施不能侵占消防车道的宽度，以免影响扑救工作。

（3）消防车道的荷载　在设置消防车道和灭火救援操作场地时，如果考虑不周，会存在路面或场地的设计承受荷载过小，或者道路下面管道深埋过浅，或者沟渠选用轻型盖板等情况，从而不能承受重型消防车的通行荷载。应当特别注意的是，当地下车库上方或有些情况需要利用裙房屋顶或高架桥等作为灭火救援场地或消防车通行时，要认真核算相应的设计承载力。

目前，我国使用的轻系列和中系列消防车最大总质量不超过 11t，重系列消防车的总质量为 15～50t。因此，消防车道的路面、救援操作场地、消防车道和救援操作场地下面的管道和暗沟等，应能承受重型消防车的压力。作为车道，不管是市政道路还是小区道路，一般都应能满足大型消防车的通行。

（4）消防车道的间距　室外消火栓的保护半径不应大于 150m，为便于消防车使用室外消火栓供水灭火，同时考虑消防队火灾扑救作业面展开的工艺要求，室外消火栓一般均设在城市道路两旁，因此消防车道的间距应为 160m。

其中，占地面积大于 30000m² 的可燃材料堆场应设置与环形消防车道相同的中间消防车道，消防车道的间距不宜大于 150m。液化石油气储罐区，甲、乙、丙类液体储罐区和可燃气体储罐区内的环形消防车道之间宜设置连通的消防车道。

消防车道不宜与铁路正线平交，一定需要平交时，应设置备用车道，且两车道间距不应小于一列火车的长度，如图 3-7 所示。

3.2.3　消防救援场地

场地中建筑的消防登高面、消防车登高操作场地和灭火救援窗是火灾时进行有效灭火救援行动的重要设施。

消防登高面即登高消防车能够靠近高层主体建筑，便于消防车作业和消防人员进入高层建筑进行人员抢救和火灾扑灭的建筑立面，也称为建筑的消防扑救面。

消防车登高操作场地即在高层建筑的消防登高面一侧的地面必须设置的消防车道和供消防车停靠并进行灭火救援的作业场地。

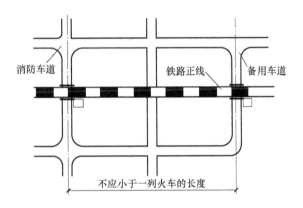

图 3-7　消防车道与铁路正线平交图

灭火救援窗即在高层建筑的消防登高面一侧外墙上设置的供消防救援人员快速进入建筑主体，且便于识别的灭火救援窗口。厂房、仓库、公共建筑的外墙应每层设置灭火救援窗。

1. 消防登高面的确定

对于高层建筑，应根据建筑的立面和消防车道等情况合理确定建筑的消防登高面。根据消防登高车的变幅角的范围以及实地作业，高度不大于 5m 且进深不大于 4m 的裙房不会影响登高车的操作。因此，高层建筑应至少沿一条长边或周边长度的 1/4 且不小于一条长边长度的底边连续布置消防车登高操作场地，该范围内的裙房进深不应大于 4m。对于建筑高度不大于 50m 的建筑，连续布置消防车登高操作场地确有困难时，可间隔布置，但间隔距离不宜大于 30m，且消防车登高操作场地的总长度应符合以上规定。

2. 消防车登高操作场地的设置要求

1）场地的长度和宽度不应小于 15m 和 10m。对于建筑高度大于 50m 的建筑，场地的长度和宽度分别不应小于 20m 和 10m。

2）场地及其下面的建筑结构、管道和暗沟等，应能承受重型消防车的压力；场地应与消防车道连通，场地靠建筑外墙一侧的边缘距离建筑外墙不宜小于 5m，且不应大于 10m，场地的坡度不宜大于3%。

3）厂房、仓库、公共建筑的外墙应在每层的适当位置设置可供消防救援人员进入的窗口。窗口净高度和净宽度均不应小于1m，下沿距室内地面不宜大于1.2m，间距不宜大于20m，且每个防火分区不应少于2个，设置位置应与消防车登高操作场地相对应。窗口的玻璃应易于破碎，并应设置在室外易于识别的明显标志，如图3-8所示。

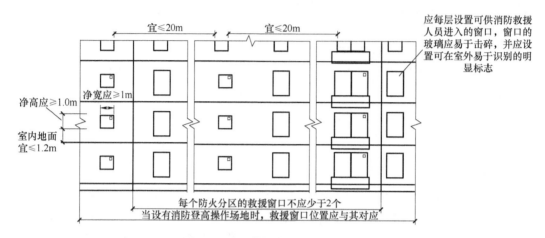

图3-8　消防救援窗口设计（立面）

3.3 建筑平面防火设计

当建筑内某个区域发生火灾后，其火势及烟气会随着门、窗、楼板缝隙以及楼梯等开口向其他区域蔓延，并逐渐扩散到整个建筑物，进而造成更大的损失。为了能够将火势及烟气控制在一定范围内而不对其他区域造成影响，需要在建筑的不同区域划分防火分区，以此来减少损失和人员伤亡。

3.3.1　防火分区设计

防火分区一般分为两类：水平防火分区和竖向防火分区。水平防火分区用于防止火灾在建筑内水平方向蔓延；竖向防火分区防止火灾在建筑的层与层之间竖向蔓延，其在多层、高层建筑中较为重要。

1. 单多层民用建筑

建筑面积过大，室内容纳的人员和可燃物的数量相应增大，火灾时过火面积大，燃烧时间长，热辐射强烈，对建筑结构的破坏严重，火势难以控制，对消防扑救和人员、物资疏散都不利。为了减少火灾损失，对建筑物防火分区的面积，按照建筑耐火等级的不同给予相应的限制。耐火等级高的建筑防火分区面积可以适当加大，耐火等级低的建筑防火分区面积可以适当减小。

一、二级耐火等级民用建筑的耐火性能好，除了未加防火保护的钢结构以外，导致建筑物倒塌的可能性较小，一般能较好地限制火灾蔓延，有利于人员安全疏散及火灾扑灭，因此规定其防火分区面积为2500m²。三级建筑物的屋顶是可燃的，可导致火灾蔓延扩大，其防火分区面积应比一、二级小，一般不超过 $1200m^2$。四级耐火等级建筑的构件大多数是难燃或可燃的，其防火分区面积较小，不宜超过 $600m^2$。除此之外，对不同功能的建筑，其防火分区划分可根据《建筑设计防火规范》（2018 年版）中相关规定。

2. 高层民用建筑

高层民用建筑的防火分区设计主要考虑以下几个因素：

1）一类高层建筑内部装修、陈设等可燃物多，设有贵重设备，并有空调系统等，一旦失火，则会迅速蔓延，疏散和扑救困难，容易造成人员伤亡和重大损失。所以，对其防火分区应从严控制，每个防火分区面积规定为 $1000m^2$。

2）二类高层建筑规模一般较小，内部装修、陈设等可燃物相对较少，火灾危险性比一类高层建筑相对较小。所以，防火分区面积可适当放宽，其最大允许防火分区面积规定为 $1500m^2$。

3）高层建筑的地下室用途较广泛，如用做商场、游乐场、仓库等，可燃物多，人流较大。从防火安全角度来看，地下室一般是无窗房间，其出入口（楼梯）要同时兼作人流疏散口、排烟口，以及消防救援的出入口，其路线交叉，不仅造成疏散、扑救困难，而且威胁上部建筑的安全。因此，地下室防火分区面积规定为 $500m^2$。

4）当设有自动报警、自动喷水灭火设施时，能及时发现和控制初期火灾，有效控制火势蔓延，使建筑物的安全程度大大提高。因此，防火分区最大允许建筑面积可增加 1 倍；当局部设置自动灭火系统时，该局部面积可增加 1 倍。

一、二级耐火等级建筑内的商店营业厅、展览厅应当设置自动灭火系统和火灾自动报警系统；采用不燃或难燃装修材料时，其每个防火分区的最大允许建筑面积应符合下列规定：①设置在高层建筑内时，不应大于 $4000m^2$；②设置在单层建筑或仅设置在多层建筑的首层内时，不应大于 $10000m^2$；③设置在地下或半地下时，不应大于 $2000m^2$。与高层建筑相连的裙房的建筑高度一般较低，火灾时疏散速度较快，扑救难度相对较低，火势易于控制，防火分区面积可适当扩大。

具体不同高层建筑类型的防火分区面积设置根据《建筑设计防火规范》（2018 年版）中相关规定。

3. 厂房

厂房的层数和面积是由生产工艺决定的，同时也受生产的火灾危险类别和厂房的耐火极限的制约。根据不同的生产火灾危险性类别正确选择厂房的耐火等级，合理确定厂房的层数和建筑面积，可以有效防止火势蔓延，减少损失。

甲类生产具有易燃、易爆的特性，容易发生火灾和爆炸，疏散和救援困难，如层数多则更难扑救，严重时可对结构造成严重破坏。因此，甲类厂房除因生产工艺需要外，要尽量采用单层建筑，少数因工艺生产需要，确需采用高层建筑的，必须通过必要的程序进行充分论证。

为适应生产发展，需要建设大面积厂房和布置连续生产线工艺时，防火分区采用防火墙分隔有时比较困难。对此，除甲类厂房外，允许采用防火分隔水幕或防火卷帘等进行分隔。

厂房内的操作平台、检修平台主要布置在高大的生产装置周围，在车间内多为局部或全部镂空，面积较小，操作人员或检修人员较少，且主要为生产服务的工艺设备设置，这些平台当使用人数少于 10 人时，可不计入防火分区的建筑面积。

厂房的防火分区面积应根据其生产的火灾危险性、厂房的层数等因素确定。各类厂房每个防火分区的最大允许建筑面积应遵守《建筑设计防火规范》（2018 年版）中相关规定。

4. 仓库

仓库物资储存比较集中，可燃物数量多，灭火救援难度大，一旦着火，往往整个仓库或防火分区就被全部烧毁，造成严重的经济损失。特别是甲、乙类物品着火后蔓延快、火势大。其中有不少物品还会发生爆炸，危害大。因此，要求甲、乙类仓库内的防火分区之间采用不开设门窗洞口的防火墙分隔，且甲类仓库应采用单层结构。除了对仓库总的占地面积进行限制外，仓库内防火分区之间的水平分隔必须采用防火墙，不能用其他分隔方式替代，这是根据仓库内可能的火灾强度和火灾延续时间，为提高防火墙分隔的可靠性确定的，这样更有利于控制火势蔓延，便于扑救，减少灾害。对于丙、丁、戊类仓库，在实际使用中确因物流等使用需要开口的部位，应需采用与防火墙等效的措施进行分隔，如甲级防火门或防火卷帘，开口部位的宽度一般控制在不大于 6m，高度宜控制在 4m 以下，以保证该部位分隔的有效性。

设置在地下、半地下的仓库，火灾时室内气温和烟气浓度比较高，热分解产物成分复杂、毒性大而且威胁上部建筑物的安全。因此，甲、乙类仓库不应附设在建筑物的地下室和半地下室内；对于单独建设的甲、乙类仓库，甲、乙类物品也不应储存在该建筑的地下、半地下。各类仓库的防火分区面积应符合《建筑设计防火规范》（2018 年版）中相关规定。

5. 汽车库防火分区

汽车库的建筑形式和体型多种多样，有单独建造的单层、多层、高层，也有附建在其他建筑物内的汽车库及附建在地下或半地下的汽车库。目前，国内新建的汽车库耐火等级一般均为一、二级，且安装了自动喷水灭火系统，这类汽车库发生大火的事故较少。单层的一、二级耐火等级的汽车库的疏散条件和火灾扑救都比其他形式的汽车库有利，其防火分区的面积大些，而对于三级耐火等级的汽车库，由于建筑物燃烧容易蔓延、扩大火灾，其防火分区控制小些。多层汽车库、地下和半地下汽车库及高层汽车库较单层汽车库疏散和扑救困难，其防火分区的面积相对要求更严，需符合《汽车库、修车库、停车场设计防火规范》（GB 50064—2014）中相关规定。

3.3.2 建筑平面防火布置

建筑物的平面布置应符合规范要求，合理分隔建筑内部空间，防止火灾在建筑内部蔓延，确保火灾时的人员生命安全，减少财产损失，其平面布置原则如下：

1）建筑内部某部位着火时，能限制火灾和烟气在（或通过）建筑内部和外部蔓延，并为人员疏散、消防人员的救援和灭火提供保护。

2）建筑物内部某处发生火灾时，减少对邻近（上下层、水平相邻空间）分隔区域的强热辐射和烟气的影响。

3）消防人员能方便进行救援，利用灭火设施进行灭火活动。

4）设置有火灾或爆炸危险的建筑设备的场所应采取措施，防止发生火灾或爆炸，及时控制灾害的蔓延扩大，尽可能防止对人员和贵重设备造成影响或危害。

建筑平面防火布置包括以下几种。

1. 设备用房的布置

由于建筑规模的扩大、用电负荷的增加和集中供热的需要，建筑所需锅炉的蒸发量和变配电设备越来越大。但锅炉在运行过程中又存在较大的火灾危险，发生事故后的危害也较大，特别是燃油、燃气锅炉，容易发生燃烧爆炸事故。油浸变压器由于存有大量可燃油品，发生故障产生电弧时，将使变压器内的绝缘油迅速发生热分解，析出氢气、甲烷、乙烯等可燃气体，压力骤增，造成外壳爆裂而大量喷油，或者析出的可燃气体与空气混合形成爆炸性混合物，在电弧或火花的作用下极易引起燃烧爆炸。变压器爆裂后，火灾将随高温变压器油的流淌而蔓延，容易形成大范围的火灾。因此，在建筑防火设计中应根据房间的使用性质和火灾危险性合理布置设备用房。

（1）锅炉房、变压器室　燃油或燃气锅炉、油浸变压器、充有可燃油的高压电容器和多油开关等，宜设置在建筑外的专用房间内；确需贴邻民用建筑布置时，应采用防火墙与所贴邻的建筑分隔，且不应贴邻人员密集场所，该专用房间的耐火等级不应低于二级；确需布置在民用建筑内时，不应布置在人员密集场所的上一层、下一层或与其贴邻，具体要求需符合《建筑设计防火规范》（2018 年版）中相关规定。

（2）柴油发电机房　布置在民用建筑内的柴油发电机房应符合下列规定：

1）宜布置在首层或地下一、二层。

2）不应布置在人员密集场所的上一层、下一层或贴邻人员密集场所。

3）应采用耐火极限不低于 2.00h 的防火隔墙和 1.50h 的不燃性楼板与其他部位分隔，门应采用甲级防火门。

4）机房内设置储油间时，其总储存量不应大于 $1m^3$，储油间应采用耐火极限不低于 3.00h 的防火隔墙与发电机间分隔；确需在防火隔墙上开门时，应设置甲级防火门。

5）应设置火灾报警装置。

6）应设置与柴油发电机容量和建筑规模相适应的灭火设施，当建筑内其他部位设置自动喷水灭火系统时，机房应设置自动喷水灭火系统。

（3）消防控制室　消防控制室是建筑物内防火、灭火设施的显示控制中心，是火灾扑救的指挥中心，是保障建筑物安全的要害部位之一，应设在交通方便和发生火灾时不易燃烧的部位。因此，防火规范对消防控制室位置、防火分隔和安全出口做了规定。我国目前已建成的高层建筑中，不少建筑都设有消防控制室。有些把消防控制室设于地下交通极不方便的部位，这样一旦发生大的火灾，在消防控制室坚持工作的人员就很难撤出大楼。因此，消防控制室应设置直通室外的安全出口。

一般情况下，火灾在起火 15～20min 之后开始蔓延燃烧，若消防队能在 20min 内赶到现场扑灭火灾，就必须在发现火情时迅速报警，片刻贻误都会造成巨大损失。当前，我国已有各类先进的防火监督系统。根据规定，应采用能够监控自动报警、自动灭火、机械排烟、消防电梯等设施的高层建筑消防控制中心。

消防控制室（中心）的位置与各服务点、消防点应有迅速联系的设备，以便尽快报警。同时，高层建筑内的广播系统可以在收到报警信号及核实灾情后，及时通知人们有组织地疏散，以避免伤亡。消防中心在火灾时能由电气设备进行控制，停止电梯运行，切断电源，接通事故照明电源，开启排烟风机，关闭防火阀、防火门，监控消防电梯及消防水泵工作情况。消防中心应设在地面一层、位置明显的地方，直通室外或靠近建筑入口处，便于消防队员尽快取得火灾情报。消防中心应采用耐火极限不低于2.00h的隔墙和1.50h的楼板与其他部位隔开。

（4）汽车库、修车库以及消防设备用房等　汽车库、修车库以及消防设备用房等的平面防火布置应符合《汽车库、修车库、停车场设计防火规范》和《建筑设计防火规范》（2018年版）中相关规定。

2. 人员密集场所布置

人员密集场所包括会议厅、多功能厅、歌舞娱乐放映游艺场所、剧场、电影院、礼堂、商店以及展览建筑，其平面布置均应符合《建筑设计防火规范》（2018年版）中相关规定，在此不一一介绍。

3. 生产性建筑附属用房布置

（1）办公室、休息室

1）员工宿舍严禁设置在厂房内。办公室、休息室等不应设置在甲、乙厂房内，确需贴邻本厂房时，其耐火等级不应低于二级，并应采用耐火极限不低于3.00h的防爆墙与厂房分隔，且应设置独立的安全出口。

2）办公室、休息室等严禁设置在甲、乙类仓库内，也不应贴邻。办公室、休息室设置在丙、丁类仓库内时，应采用耐火极限不低于2.50h的防火隔墙和1.00h的楼板与其他部位分隔，并应设置独立的安全出口。若隔墙上需开设相互连通的门时，应采用乙级防火门。

3）办公室、休息室设置在丙类厂房内时，应采用耐火极限不低于2.50h的防火隔墙和1.00h的楼板与其他部位分隔，并应至少设置1个独立的安全出口。若隔墙上需开设相互连通的门时，应采用乙级防火门。

（2）中间仓库和中间储罐

1）厂房内设置中间仓库时，甲、乙类中间仓库应靠外墙布置，其储量不宜超过1昼夜的需要量。甲、乙、丙类中间仓库应采用防火墙和耐火极限不低于1.50h的不燃性楼板与其他部位分隔。丁、戊类中间仓库应采用耐火极限不低于2.00h的防火隔墙和1.00h的楼板与其他部位分隔。

2）厂房内的丙类液体中间储罐应设置在单独房间内，其容量不应大于$5m^3$，设置中间储罐的房间，应采用耐火极限不低于3.00h的防火隔墙和1.50h的楼板与其他部位分隔，房间门应采用甲级防火门。

3.3.3 防火分隔设施

对建筑物进行防火分区的划分是通过防火分隔构件来实现的。具有阻止火势蔓延，能把整个建筑空间划分成若干较小防火空间的建筑构件称为防火分隔构件。防火分隔构件可分为固定式和可开启关闭式两种。固定式包括普通砖墙、楼板、防火墙等，可开启关闭式包括防火门、防火窗、防火卷帘、防火水幕等。

1. 防火墙

防火墙的耐火极限不应低于3.00h，其能在火灾初期和灭火过程中，将火灾有效地限制在一定空间内，将火灾阻断在防火墙一侧而不蔓延到另一侧。防火墙应从建筑基础部分就与建筑物完全断开，独立建造。但目前在各类建筑物中设置的大部分防火墙是建造在建筑框架上或与建筑框架相连接的，为保证防火墙在火灾时真正发挥作用，就应保证防火墙的结构安全且从上至下均应处在同一轴线位置，相应框架的耐火极限要与防火墙的耐火极限相适应。其具体设置要求应符合《建筑设计防火规范》（2018 年版）的相关规定。

2. 防火门、窗

（1）防火门分类　防火门是指具有一定耐火极限，且在发生火灾时能自行关闭的门。其作用是阻止火势和烟气扩散，为人员安全疏散和灭火救援提供条件。防火门还具有交通、通风、采光等功能。防火门按材质有木质、钢质、钢木质和其他材质防火门；按门扇结构有带亮子、不带亮子；单扇、多扇。建筑防火设计中所讲的防火门主要是按耐火等级来分的，表 3-4 为防火门按耐火性能分类。

表 3-4　防火门按耐火性能分类

名　称	耐火性能		代　号
隔热防火门（A 类）	耐火隔热性≥0.50h，耐火完整性≥0.50h		A0.50（丙级）
	耐火隔热性≥1.00h，耐火完整性≥1.00h		A1.00（乙级）
	耐火隔热性≥1.50h，耐火完整性≥1.50h		A1.50（甲级）
	耐火隔热性≥2.00h，耐火完整性≥2.00h		A2.00
	耐火隔热性≥3.00h，耐火完整性≥3.00h		A3.00
部分隔热防火门（B 类）	耐火隔热性≥0.50h	耐火完整性≥1.00h	B1.00
		耐火完整性≥1.50h	B1.50
		耐火完整性≥2.00h	B2.00
		耐火完整性≥3.00h	B3.00
非隔热防火门（C 类）	耐火完整性≥1.00h		C1.00
	耐火完整性≥1.50h		C1.50
	耐火完整性≥2.00h		C2.00
	耐火完整性≥3.00h		C3.00

（2）防火门的设计要求　建筑内设置防火门的部位，一般为火灾危险性大或性质重要的房间，以及防火墙、楼梯间和前室等。因此，建筑内设置的防火门既要能保持建筑防火分隔的完整性，又要能方便人员疏散和开启，其开启方式、开启方向等均要保证在紧急情况下人员能快捷开启，不会导致阻塞。同时，为避免烟气或火势通过门洞窜入疏散通道，并保证疏散通道在一定时间内的相对安全，防火门在平时要尽量保持关闭状态；为方便平时经常有人通行，需要保持常开的防火门在发生火灾时要采取措施使之能在着火时以及人员疏散后自行关闭，如设置与报警系统联动的控制装置和闭门器等。防火门的设置及要求应符合《建筑设计防火规范》（2018 年版）的相关规定。

（3）防火窗　防火窗是采用钢窗框、钢窗扇及防火玻璃制成，能起到隔离和阻止火势蔓延的窗。防火窗一般均设置在防火间距不足部位的建筑外墙上的开口处或屋顶天窗部位、建筑内的防火墙或防火墙上需进行观察和监控活动等的开口部位、需要防止火灾竖向蔓延的外墙开口部位。因此，防火窗需要具备在火灾时能自行关闭的功能，否则就应将防火窗的窗扇设计成不能开启的窗扇，即固定窗扇的防火窗。

为了使防火窗的窗扇能够开启和关闭，防火窗应安装自动和手动开关装置，防火窗的耐火极限与防火门相同。设置在防火墙、防火隔墙上的防火窗，应采用不可开启的窗扇或具有火灾时能自行关闭的功能。

（4）防火卷帘 防火卷帘是在一定时间内，连同框架能满足耐火稳定性和完整性要求的卷帘，由卷帘、卷轴、电动机、导轨、支架、防护罩和控制机构等组成，是一种活动的防火分隔设施，它可以有效地阻止火势从门窗洞口蔓延。

常见的防火卷帘有钢质防火卷帘和无机纤维复合防火卷帘。钢质防火卷帘有轻型和重型，钢板厚度分别为 0.5～0.6mm 和 1.5～1.6mm。复合防火卷帘中的钢质复合防火卷帘由内外双片帘板组成，中间填充防火保护材料。此外，还有非金属材料制作的复合防火卷帘，其主要材料为石棉。防火卷帘规格不一，钢质防火卷帘宽度可达 15m，非金属复合防火卷帘相对较轻，宽度更大。

一般防火卷帘需要设水幕保护。是否在两侧设置水幕保护，应根据防火墙耐火极限的判定条件来确定。当防火卷帘的耐火极限符合耐火完整性和耐火隔热性的判定条件时，可不设置自动喷水灭火系统保护；当防火卷帘的耐火极限仅符合耐火完整性的判定条件时，应设置自动喷水灭火系统。防火卷帘类型的选择应根据具体设置位置进行判断，一般不宜选用侧式防火卷帘。若防火卷帘需要与火灾自动报警系统联动时，还须同时检查防火卷帘的两侧是否安装手动控制按钮、火灾探测器及警报装置。

防火卷帘的设置要求应符合《建筑设计防火规范》（2018 年版）的相关规定，在此不一一介绍，读者可自行阅读规范。

（5）防火阀 防火阀是指安装在通风、空调系统的送、回风管路上，平时呈开启状态，火灾时当管道内气温达到 70℃ 时关闭，在一定时间内满足耐火稳定性和完整性要求，起隔烟阻火作用的阀门。为使防火阀能自行严密关闭，防火阀关闭的方向应与通风和空调的管道内气流方向相一致。采用感温元件控制的防火阀，其动作温度高于通风系统在正常工作的最高温度（45℃）时，宜取 70℃。

1）防火阀的设置部位主要有：

① 防火分区的防火分隔处，主要防止火灾在防火分区或不同防火单元之间蔓延。在某些情况下，必须穿过防火墙或防火隔墙时，需在穿越处设置防火阀，此防火阀一般依靠感烟火灾探测器控制动作，由电信号通过电磁铁等装置关闭，同时它还具有温度熔断器自动关闭以及手动关闭的功能。

② 风管穿越通风、空气调节机房或其他防火隔墙和楼板处，主要防止机房的火灾通过风管蔓延到建筑内的其他房间，或者防止建筑内的火灾通过风管蔓延到机房，此外，为防止火灾蔓延至重要的会议室、贵宾休息室、多功能厅等性质重要的房间或有贵重物品、设备的房间以及易燃物品实验室或易燃物品库房等火灾危险性大的房间，规定风管穿越这些房间的隔墙和楼板处应设置防火阀。

③ 穿越变形缝的两侧风管上，在该部位两侧风管上各设一个防火阀，主要为使防火阀在一定时间里满足耐火完整性和耐火稳定性要求，有效地起到隔烟阻火作用。

④ 竖向风管与每层水平风管交接处的水平管段上，主要为防止火势竖向蔓延。

⑤ 公共建筑的浴室、卫生间和厨房的竖向排风管，应采取防止回流措施并宜在支管上设置公称动作温度为 70℃ 的防火阀。

⑥ 公共建筑内厨房的排油烟管道宜按防火分区设置，且在与竖向排风管连接的支管处

应设置公称动作温度为150℃的防火阀。

2）防火阀的设置要求：

① 防火阀宜靠近防火分隔处设置。

② 防火阀暗装时，应在安装部位设置方便维护的检修口。

③ 在防火阀两侧各2m范围内的风管及其绝热材料应采用不燃材料。

④ 防火阀应符合现行《建筑通风和排烟系统用防火阀门》（GB 15930—2007）中相关规定。

（6）排烟防火阀　排烟防火阀是安装在排烟系统管道上起隔烟、阻火作用的阀门，它在一定时间内能满足耐火稳定性和耐火完整性的要求，具有手动和自动功能。当管道内的烟气达到280℃时排烟阀门自动关闭。

排烟防火阀设置场所：排烟管在进入排风机房处；穿越防火分区的排烟管道；排烟系统的支管。防火阀分类见表3-5。

表 3-5　防火阀分类

类　别	名　称	性能及用途
防火类	防火阀	采用70℃温度熔断器自动关闭（防火）可输出联动信号，用于通风空调系统风管内，防止火势沿风管蔓延
	防烟防火阀	靠感烟火灾探测器控制动作，用电信号通过电磁铁关闭（防烟），还可采用70℃温度熔断器自动关闭（防火），用于通风空调系统风管，防止烟火蔓延
	防火调节阀	70℃自动关闭，手动复位，0°~90°无级调节，可以输出关闭电信号
防烟类	加压送风口	靠感烟火灾探测器控制，电信号开启，也可手动（或远距离缆绳）开启，可设70℃温度熔断器重新关闭装置，输出电信号联动送风机开启，用于加压送风系统的风口，防止外部烟气进入
排烟类	排烟阀	电信号开启或手动开启，输出开启电信号联动排烟机开启，用于排烟系统风管上
	排烟防火阀	电信号开启，手动开启，输出动作电信号，用于排烟风机吸入口管道或排烟支管上。采用280℃温度熔断器重新关闭
	排烟口	电信号开启，手动（或远距离缆绳）开启，输出电信号联动排烟机机，用于排烟房间的顶棚或墙壁上，采用280℃重新关闭装置

3.4 地下建筑防火设计

地下空间具有抗震性好、稳定性好、防护性好等优点，还具有隐蔽、隔声和恒温等特点。地下空间是拓展人类生存空间的一种宝贵的自然资源，至今尚未被充分开发利用。在城市化建设过程中，为缓解用地紧张，地下空间的开发利用已经成为城镇化发展的重要组成部分。城市地下建筑的开发利用改善了城市生态环境，减轻地上交通拥堵，有效利用城市空间，为人们提供了更大的生活、娱乐、购物空间，改善了人们生存、生活空间的压力。国内对地下建筑的开发研究方面起步较晚，但发展很快，目前城市道路系统中的地下交通工程，地下商业综合体和地下步行街大量涌现，地下空间的开发利用逐步呈现系统化、多功能化、大面积化的发展趋势。

地下建筑具有的特点如下：处于潮湿的环境，空间相对封闭，容易引发火灾事故，疏散扑救困难，危害严重。对地下建筑进行科学合理的防火设计至关重要。

3.4.1　地下建筑火灾特点

1. 易发性

由于地下建筑内部比较潮湿，易加速各种电气设备绝缘老化。通风不良又造成局部烘烤的热量不易散发，易燃、易爆气体容易累积，火灾隐患多。

2. 火情发现难

地下建筑单体之间一般都是相互独立的，地上地下不易相互沟通。地下发生火情很难及时发现，往往贻误报警。

3. 火势蔓延快

火灾时地面建筑约有70%的烟、热通过门窗排出。地下建筑孔口面积小，起火后不易散热，易使温度骤升，较早地出现爆燃，接触高温的可燃物顷刻燃烧并蔓延。

4. 有害气体浓度高

地下建筑内发生火灾时，各种有害气体囤积于建筑之内，无法扩散、稀释。致使其浓度在火灾后的短时间内迅速提高，因而危害性更大。

5. 扑救难度大

地下建筑内火源难发现，火势大小就无法判别，消防部门扑救灭火方案缺乏可靠依据，使灭火手段的实施带有盲目性。地下建筑火灾中，由于出入口少，空间封闭，探测火情困难，导致指挥员的决策困难，通信指挥也受到严重影响，消防员进入火场也十分困难，灭火的设备和场地都受到限制，以至展开扑救受到很大的制约。

6. 人员疏散难

地下建筑不同于地面建筑有外门窗，无法利用外门窗进行疏散，只能从安全出口疏散出去；地下建筑依靠人工照明，火灾时，正常电源切断，靠事故照明和疏散标志灯进行疏散，照度明显不够，有的甚至无事故照明；烟雾从两方面影响疏散，一是遮挡光线，影响视线，使人看不清道路；二是烟气中产生的一氧化碳等有毒气体，直接威胁人身安全。

3.4.2　地下建筑防火设计要求

地下建筑防火设计要坚持"预防为主，防消结合"的方针，以重视火灾的预防和扑救初期火灾为出发点，制定正确的防火措施，建立比较完善的灭火设施，以确保地下空间的安全使用。

虽然不同类型功能的地下空间火灾特点不同，但其防火设计原理仍有许多相同之处，根据地下空间火灾的主要特点，其防火设计的基本要求可分为以下几点：

1. 合理的防火分区与防烟分区

（1）防火分区　针对不同使用功能的地下空间，依据规范设置相应的不同防火分区，既满足各功能使用需求，又符合消防规范要求，地下空间防火分区要求见表3-6。

表 3-6　地下空间防火分区要求

地下或半地下空间的功能类型		耐火等级	每个防火分区最大允许建筑面积/m²	备　注
厂房	生产的火灾危险性类别　丙	一、二级	500	
	丁	一、二级	1000	
	戊	一、二级	1000	
仓库	生产的火灾危险性类别　丙 1 项	一、二级	150	
	丙 2 项	一、二级	300	
	丁	一、二级	500	
	戊	一、二级	1000	
民用建筑	普通房间	一级	500	设备用房的防火分区最大允许建筑面积不应大于 1000m²
	剧场、电影院、礼堂	一级	1000	宜设置在地下一层，不应设置在地下三层及以下楼层（无论有无设置自动灭火和自动报警系统）
	营业厅、展览厅	一级	2000	设置自动灭火系统和火灾自动报警系统并采用不燃或难燃装修材料
	地下商业街	一级	20000	
汽车库		一级	2000	错层、斜板式的上下连通层面积应叠加计算，每个防火分区面积≤4000m²。半地下汽车库防火分区面积≤2500m²

注：1. 除冷库外，其余设置自动灭火系统的每个防火分区的最大建筑面积可按上表的规定增加 1.0 倍。

　　2. 局部设置自动灭火系统时，其防火分区的增加面积可按该局部面积的 1.0 倍计算。

（2）防烟分区　设置防烟分区时，面积不宜过大或过小，如果面积过大，会使烟气波及面积过大，增加受灾面，不利于安全疏散和扑救；如果面积过小，则会提高工程造价。因此，防烟分区应控制在一个适宜的规定范围内，公共建筑、工业建筑防烟分区的最大允许面积及其长边最大允许长度应符合表 3-7 的规定，当工业建筑采用自然排烟系统时，其防烟分区的长边长度尚不应大于建筑内空间净高的 8 倍。

表 3-7　公共建筑、工业建筑防烟分区的最大允许面积及其长边最大允许长度

空间净高/m	最大允许面积/m²	长边最大允许长度/m
$H \leqslant 3.0$	500	24
$3.0 < H \leqslant 6.0$	1000	36
$H > 6.0$	2000	60m；具有自然对流条件时，不应大于 75m

注：1. 公共建筑、工业建筑中的走道宽度不大于 2.5m 时，其防烟分区的长边长度不应大于 60m。

　　2. 当空间净高大于 9m 时，防烟分区之间可不设置挡烟设施。

　　3. 汽车库防烟分区的划分及其排烟量应符合现行国家规范《汽车库、修车库、停车场设计防火规范》的相关规定。

2. 安全疏散设置

（1）地下工业建筑

1）厂房的安全疏散设置应符合如下规定：

① 厂房内每个防火分区或一个防火分区内的每个楼层，其安全出口的数量应经计算确定，且不应少于 2 个；当地下或半地下厂房（包括地下或半地下室），每层建筑面积不大于 $50m^2$，且同一时间的作业人数不超过 15 人时，可设置 1 个安全出口。

② 地下或半地下厂房（包括地下或半地下室），当有多个防火分区相邻布置，并采用防火墙分隔时，每个防火分区可利用防火墙上通向相邻防火分区的甲级防火门作为第二安全出口，但每个防火分区必须至少有 1 个直通室外的独立安全出口。

③ 厂房内任一点至最近安全出口的直线距离不应大于表 3-8 的规定。

表 3-8　厂房内任一点至最近安全出口的直线距离　　　　（单位：m）

生产的火灾危险性类别	建筑耐火等级	地下或半地下厂房
丙	一、二级	30
丁	一、二级	45
戊	一、二级	60

④ 室内地面与室外出入口地坪高差大于 10m 或 3 层及以上的地下、半地下建筑（室），其疏散楼梯应采用防烟楼梯间；其他地下或半地下建筑（室），其疏散楼梯应采用封闭楼梯间。

2）仓库的安全疏散设置应符合如下规定：

① 地下或半地下仓库（包括地下或半地下室）的安全出口不应少于 2 个；当建筑面积不大于 $100m^2$ 时，可设置 1 个安全出口。

② 仓库的安全出口应分散布置。每个防火分区或一个防火分区的每个楼层，其相邻 2 个安全出口最近边缘之间的水平距离不应小于 5m。

③ 室内地面与室外出入口地坪高差大于 10m 或 3 层及以上的地下、半地下建筑（室），其疏散楼梯应采用防烟楼梯间；其他地下或半地下建筑（室），其疏散楼梯应采用封闭楼梯间。

④ 地下或半地下仓库（包括地下或半地下室），当有多个防火分区相邻布置并采用防火墙分隔时，每个防火分区可利用防火墙上通向相邻防火分区的甲级防火门作为第二安全出口，但每个防火分区必须至少有 1 个直通室外的安全出口。

（2）地下民用建筑

1）除人员密集场所外，建筑面积不大于 $500m^2$、使用人数不超过 30 人且埋深不大于 10m 的地下或半地下建筑（室），当需要设置 2 个安全出口时，其中 1 个安全出口可利用直通室外的金属竖向梯。

2）除歌舞娱乐放映游艺场所外，防火分区建筑面积不大于 $200m^2$ 的地下或半地下设备间、防火分区建筑面积不大于 $50m^2$ 且经常停留人数不超过 15 人的其他地下或半地下建筑（室），可设置 1 个安全出口或 1 部疏散楼梯。

3）除规范另有规定外，建筑面积不大于 $200m^2$ 的地下或半地下设备间、建筑面积不大于 $50m^2$ 且经常停留人数不超过 15 人的其他地下或半地下房间，可设置 1 个疏散门。

4）除剧场、电影院、礼堂、体育馆外的其他公共建筑，其房间疏散门、安全出口、疏散走道和疏散楼梯的各自总净宽度，应符合下列规定：

① 地下建筑内上层楼梯的总净宽度应按该层及以下疏散人数最多一层的人数计算，地下空间每层房间的门、安全出口、疏散走道和疏散楼梯的每百人最小疏散净宽度见表3-9。

表3-9　地下空间每层房间的门、安全出口、疏散走道和疏散楼梯的每百人最小疏散净宽度

（单位：m/百人）

建　筑　层　数		建筑耐火等级
		一级
地下楼层	与地面出入口地坪的高差 $\Delta H \leqslant 10\,\mathrm{m}$	0.75
	与地面出入口地坪的高差 $\Delta H > 10\,\mathrm{m}$	1.00

② 地下或半地下人员密集的厅、室和歌舞娱乐放映游艺场所，其房间疏散门、安全出口、疏散走道和疏散楼梯的各自总净宽度，应根据疏散人数按每百人不小于1.00m计算确定。

（3）汽车库

1）汽车库的人员安全出口和汽车疏散出口应分开设置。设置在工业与民用建筑内的汽车库，其车辆疏散出口应与其他场所的人员安全出口分开设置。

2）除室内无车道且无人员停留的机械式汽车库外，汽车库内每个防火分区的人员安全出口不应少于2个，Ⅳ类汽车库可设置1个。

3）汽车库的疏散楼梯应符合下列规定：

① 建筑高度大于32m的高层汽车库、室内地面与室外出入口地坪的高差大于10m的地下汽车库应采用防烟楼梯间，其他汽车库、修车库应采用封闭楼梯间。

② 楼梯间和前室的门应采用乙级防火门，并应向疏散方向开启。

③ 疏散楼梯的宽度不应小于1.1m。

4）汽车库室内任一点至最近人员安全出口的疏散距离不应大于45m，当设置自动灭火系统时，其距离不应大于60m。对于单层或设置在建筑首层的汽车库，室内任一点至室外最近出口的疏散距离不应大于60m。

5）除规范另有规定外，汽车库的汽车疏散出口总数不应少于2个，且应分散布置。

6）当符合下列条件之一时，汽车库的汽车疏散出口可设置1个：

① Ⅳ类汽车库。

② 设置双车道汽车疏散出口的Ⅲ类地上汽车库。

③ 设置双车道汽车疏散出口、停车数量小于或等于100辆且建筑面积小于4000m²的地下或半地下汽车库。

7）停车数量大于100辆的地下、半地下汽车库，当采用错层或斜楼板式，坡道为双车道且设置自动喷水灭火系统时，其首层或地下一层至室外的汽车疏散出口不应少于2个，汽车库内的其他楼层的汽车疏散坡道可设置1个。

3. 消防设施布置

（1）地下工业建筑与民用建筑

1）自动灭火系统。除规范另有规定和不宜用水保护或灭火的场所外，下列建筑或场所

应设置自动灭火系统，并宜采用自动喷水灭火系统：

① 建筑面积大于 $500m^2$ 的地下或半地下丙类厂房。

② 总建筑面积大于 $500m^2$ 的可燃物品地下仓库。

③ 一类高层公共建筑（除游泳池、溜冰场外）及其地下、半地下室。

④ 二类高层公共建筑及其地下、半地下室的公共活动用房、走道、办公室和旅馆的客房、可燃物品库房、自动扶梯底部。

⑤ 总建筑面积大于 $500m^2$ 的地下或半地下商店。

⑥ 设置在地下或半地下或地上四层及以上楼层的歌舞娱乐放映游艺场所（除游泳场所外）。

2）火灾自动报警系统。总建筑面积大于 $500m^2$ 的地下或半地下商店应设置火灾自动报警系统。

3）防烟和排烟设施。下列场所或部位应设置排烟设施：

① 地下或半地下的歌舞娱乐放映游艺场所。

② 地下或半地下建筑（室）、地上建筑内的无窗房间，当总建筑面积大于 $200m^2$ 或一个房间建筑面积大于 $50m^2$，且经常有人停留或可燃物较多时。

（2）汽车库

1）自动灭火系统的布置应符合如下要求：

① 除敞开式汽车库、屋面停车场外，停车数大于 10 辆的地下、半地下汽车库、机械式汽车库和采用汽车专用升降机作汽车疏散出口的汽车库应设置自动喷水灭火系统。

② 地下、半地下汽车库可采用高倍数泡沫灭火系统。停车数量不大于 50 辆的室内无车道且无人员停留的机械式汽车库，可采用二氧化碳等气体灭火系统。高倍数泡沫灭火系统、二氧化碳等气体灭火系统的设计，应符合现行国家标准《泡沫灭火系统设计规范》（GB 50151—2010）、《二氧化碳灭火系统设计规范》（GB 50193—1993）（2010 年版）和《气体灭火系统设计规范》（GB 50370—2005）的有关规定。

2）消防给水系统的布置应符合如下要求：

① 汽车库应设置消防给水系统，消防给水可由市政给水管道、消防水池或天然水源供给；利用天然水源时，应设置可靠的取水设施和通向天然水源的道路，并应在枯水期最低水位时，确保消防用水量。

② 耐火等级为一、二级且停车数量不大于 5 辆的汽车库可不设置消防给水系统。

③ 当室外消防给水采用高压或临时高压给水系统时，汽车库消防给水管道内的压力应保证在消防用水量达到最大时，最不利点水枪的充实水柱不小于 10m；当室外消防给水采用低压给水系统时，消防给水管道内的压力应保证灭火时最不利点消火栓的水压不小于 $0.1mPa$（从室外地面算起）。

④ 室内消火栓水枪的充实水柱不应小于 10m；同层相邻室内消火栓的间距不应大于 50m，地下汽车库、半地下汽车库室内消火栓的间距不应大于 30m；室内消火栓应设置在易于取用的明显地点，栓口距离地面宜为 1.1m，其出水方向宜向下或与设置消火栓的墙面垂直。

4. 应急系统设置

（1）消防应急照明系统

1）下列地下、半地下部位应设置疏散照明：

① 封闭楼梯间、防烟楼梯间及其前室、消防电梯间的前室或合用前室、避难走道、避难层（间）。

② 建筑面积大于 $100m^2$ 的地下或半地下公共活动场所。

③ 公共建筑内的疏散走道。

④ 人员密集的厂房内的生产场所及疏散走道。

2）系统应急启动后，在蓄电池电源供电时的持续工作时间应满足下列要求：

① 医疗建筑、老年人照料设施、总建筑面积大于 $20000m^2$ 的地下、半地下建筑，不应少于 1.00h。

② 其他建筑，不应少于 0.50h。

（2）疏散指示标志系统

1）地下或半地下建筑内的出口标志灯的设置应符合下列规定：

① 应设置在封闭楼梯间、防烟楼梯间、防烟楼梯间前室入口的上方。

② 地下或半地下建筑（室）与地上建筑共用楼梯间时，应设置在地下或半地下楼梯通向地面层疏散门的上方。

③ 地下或半地下建筑（室）采用直通室外的竖向梯疏散时，应设置在竖向梯开口的上方。

④ 需要借用相邻防火分区疏散的防火分区中，应设置在通向被借用防火分区甲级防火门的上方。

2）总建筑面积大于 $500m^2$ 的地下或半地下商店还需在疏散走道和主要疏散路径的地面上增设能保持视觉连续的灯光疏散指示标志或蓄光疏散指示标志。

思 考 题

1. 什么是建筑物的耐火等级和耐火极限？其决定因素是什么？
2. 概括建筑内防火间距的影响因素以及设计原则。
3. 什么情况下应设置环形消防车道？
4. 简要介绍建筑的平面防火布置原则。
5. 建筑内的防火分隔设施主要包括哪几种？
6. 简述地下建筑的火灾特点。
7. 简述地下民用建筑消防设施的布置要求。

4

建筑结构抗火

教学要求

了解建筑火灾的基本知识；理解建筑构件的耐火性能；了解结构抗火的设计原则；掌握钢结构构件的抗火设计方法；掌握钢筋混凝土构件的抗火设计方法；掌握钢-混凝土组合构件的抗火设计方法；了解建筑结构抗火保护措施

重点与难点

钢结构构件的抗火设计方法

钢筋混凝土构件的抗火设计方法

钢-混凝土组合构件的抗火设计方法

4.1 建筑火灾概述

火灾是在时间和空间上失去控制的燃烧。火灾类型主要有建筑火灾、森林火灾、生产设备火灾、交通工具火灾等，其中建筑火灾发生次数最多，损失最大，约占火灾总数的 80%。根据建筑空间的大小，建筑火灾大致可分为两类：一类是一般建筑室内火灾，房间体积约为 100m³，且房间长宽比较小，主要有客房、客厅、办公室、会议室、仓库以及计算机房和发电机房等。除此之外，车厢、船舱和飞机舱等也属于此类空间。另一类是高大空间火灾，如体育馆、歌剧院、机场、展览馆、车站、地下商场和隧道等，此类建筑的特点是空间高度高，空间面积大，可燃物较多，其燃烧特性与一般的受限空间有很大差别。

4.1.1 建筑火灾的发生与发展

单个房间的室内火灾是建筑火灾的基本形式。由于火灾发生发展的随机性和不确定性，整栋建筑的火灾以及高大空间火灾的发生发展可能与单室火灾略有差别，但都可以对比单室火灾进行分析。下面主要结合图 4-1 简要介绍单室火灾的发展过程。

建筑室内火灾中的可燃物直接影响火灾的严重性和持续时间，一般可分为固体、液体和气体三种形态。一般建筑火灾中初始火源以固体居多，如不慎掉在床上或者扔进垃圾桶的未熄灭烟头、炉内余火和等，但同时也有液体和气体的情况，如厨房烹饪物着火和气体泄漏，但比较少见。这里主要以固体可燃物为例分析室内火灾的发生和发展过程。

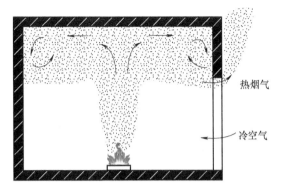

热烟气

冷空气

图 4-1　单室火灾发展过程

在固体火源的作用下，可燃物首先发生阴燃，随着温度和阴燃产生的可燃气体逐渐增加，阴燃就会转变为明火燃烧，明火出现后，燃烧效率大大增加，放出的热量迅速增多，可燃物上方形成高温稳定向上的火羽流。向上的火羽流不断卷吸周围的冷空气，二者发生相互掺混，在浮力驱动作用下，羽流质量流量不断增加，温度不断降低。

当上升的羽流到达房间顶棚，在顶棚阻挡作用下，羽流在顶棚下方向四周扩散开来并沿顶棚下表面平行流动，称为顶棚射流。顶棚射流温度比空气高，在扩展过程中也会卷吸下方冷空气，但卷吸量相对火羽流较少。当顶棚射流扩展到房间墙壁时开始向下流动，但是由于此时烟气温度仍较空气高，其下降较小距离后便又开始上浮，称之为反浮力壁面射流。

一般建筑空间都有通向室外的开口，如房间的门和窗，当烟气在顶棚下积累厚度超过开口上边缘时，烟气便开始流向室外，同时由质量守恒定律，室外空气通过开口下部进入房间内。随着室内火灾的发展，室内烟气层逐渐变厚，室内可燃物在火焰、热烟气以及房间壁面的热辐射作用下，热解出大量可燃气，放出大量的热量，室内温度不断升高，最终室内所有可燃物均开始燃烧，达到轰燃。

按照室内火灾发展的时间顺序，建筑火灾的发展大致可分为初期增长阶段、充分发展阶段和减弱熄灭阶段三个主要阶段，各阶段火灾特点如下：

（1）初期增长阶段　火灾初期，室内火灾燃烧与室外自由燃烧差不多，室内温度相对较低。随着火区面积逐渐扩大，室内温度逐渐升高，如果室内通风状况良好，火区面积继续扩大，最终达到室内所有可燃物均开始燃烧的轰燃状态。轰燃的发生是瞬间的，通常将其视为一个事件。

（2）充分发展阶段　室内火灾发生轰燃后，燃烧强度继续增强，热释放速率逐渐增加到某一峰值，室内温度可达800℃左右，同时开口处通常有火焰蹿出。该阶段会严重破坏建筑结构和室内设施设备，被困人员极难生还。

（3）减弱熄灭阶段　随着室内可燃物逐渐减少，热释放速率和温度逐渐下降，火灾强度逐渐减弱。通常认为，此阶段是从室内平均温度下降到其峰值的80%左右时开始的。最终室内可燃物不能维持明火燃烧，火焰熄灭，可燃固体变为炽热的焦炭。

火灾作为一种外部环境力对建筑有着很大的破坏作用，了解建筑火灾的发生发展过程对建筑结构抗火设计非常必要。

4.1.2 建筑火灾相关描述

1. 可燃物的热值

燃烧是可燃物与氧化剂之间发生的剧烈的化学反应，通常伴有发烟、发光并释放大量的热量。在研究室内火灾时，通常要知道室内可燃物能释放的总热量，室内可燃物燃烧释放的热量除了与可燃物的性质有关，还受房间尺寸、通风以及可燃物的布置等因素的影响，而材料燃烧释放的总热量通常取决于可燃物的性质，即与可燃物的热值有关。

可燃物的热值是单位质量的材料完全燃烧所释放的总热量，单位为 MJ/kg 或 MJ/m^3。表 4-1 给出了一些常见固体可燃物的热值。

表 4-1 一些常见固体可燃物的热值

材 料 名 称	热值/（MJ/kg）	材 料 名 称	热值/（MJ/kg）
无烟煤	31～36	赛璐珞塑料	17～20
沥青	40～42	环氧树脂	33～34
煤焦油	41～43	三聚氰胺树脂	16～19
纤维素	15～18	酚醛树脂	27～30
炭	34～35	聚酯	30～31
衣物	17～21	纤维增强聚酯	20～22
煤、焦炭	28～34	聚乙烯塑料	43～44
软木	26～31	聚苯乙烯塑料	39～40
棉花	16～20	聚碳酸酯	28～30
谷物	16～18	聚丙烯塑料	42～43
油脂	40～42	聚四氟乙烯	5.0
厨房垃圾	8～21	聚氨酯	22～24
皮革	18～20	聚氨酯泡沫	23～28
油毡	19～21	聚氯乙烯	16～17
纸、纸板	13～21	脲醛树脂	14～15
石蜡	46～47	泡沫	12～15
ABS 塑料	34～40	泡沫橡胶	34～40
聚丙烯酸酯	27～29	聚戊二烯橡胶	44～45
硫化橡胶	31～33	苯	40.1
聚醋酸乙烯酯	20～21	苯甲醇	32.9
聚酰胺	29～30	乙醇	26.9
聚甲醛	16～18	异丙醇	31.4
聚异丁烯	43～46	乙炔	48.2
丝绸	17～21	氰	20.9
稻草（秸秆）	15～16	一氧化碳	10.1
木材	17～20	氢气	119.7
羊毛	21～26	甲醛	18.6
硬纤维板	17～18	甲烷	50.0
石油	40～42	乙烷	48
汽油	43～44	丙烷	45.8
亚麻子油	38～40	丁烷	45.7
甲醇	19～20	苯甲酸	26.4
煤油	40～42	镁	27.2
酒精	26～28	磷	25.1

需要指出的是，火灾通常是不完全燃烧。一方面可燃物可能没有消耗完毕，另一方面，由于室内燃烧通风不足，生成了大量的不完全燃烧产物。因此，火灾时的实际放热情况需要结合具体的火灾场景适当修正。

2. 火灾荷载

火灾荷载对室内火灾温度发展有着很重要的影响，因此估计建筑物内火灾荷载并作为输入参数确定时间-温度曲线是结构抗火设计的一项重要任务。火灾荷载是指建筑物内所有可燃物燃烧所释放热量的总和。火灾荷载可分为可变火灾荷载（如家具、设备和储存的物品及货物等）和不变火灾荷载（如建筑结构和装修材料等）。一般来说，建筑物的火灾荷载越大，火灾危险性越高。可燃物释放的热量与材料的热值有关，火灾荷载一般表示为可燃物的数量与其对应热值的乘积的总和。

$$E = \sum m_i Q_i \tag{4-1}$$

式中　E——火灾荷载（MJ）；

　　　m_i——第 i 种可燃物的质量（kg）；

　　　Q_i——第 i 种可燃物的热值（MJ/kg）。

为了忽略建筑空间体积的影响，统一量度建筑物内火灾的危险性，引入火灾荷载密度的概念。火灾荷载密度是指建筑物内所有可燃物燃烧所释放的热量与房间的特征参考面积的比值。该特征参考面积一般采用建筑空间的地面面积 A_f。另外，考虑到发生火灾时，可燃物可能燃烧不完全，故火灾荷载密度应乘上一个修正系数 μ，因此火灾荷载密度可用下式表示：

$$q = \frac{1}{A_f}\mu \sum m_i Q_i \tag{4-2}$$

式中　q——火灾荷载密度（MJ/m²）；

　　　A_f——建筑物的特征面积（m²）；

　　　m_i——第 i 种可燃物的质量（kg）；

　　　Q_i——第 i 种可燃物的热值（MJ/kg）。

工程上通常将建筑物单位面积上的当量木材质量定义为火灾荷载密度，即：

$$q' = \frac{1}{A_f Q_0}\mu \sum m_i Q_i \tag{4-3}$$

式中　q'——单位面积上当量木材表示的火灾荷载密度（MJ/m²）；

　　　Q_0——标准木材的热值，一般取 18.4mJ/kg。

3. 火灾燃烧模型

可燃物引燃后，前期的火灾增长过程几乎总是加速的，通常假定火灾热释放速率是时间的平方的函数来描述火灾增长过程，即为火灾燃烧 t^2 增长模型：

$$Q = \alpha t^2 \tag{4-4}$$

式中　Q——火灾热释放速率（kW）；

　　　t——时间（s）；

　　　α——常数，与火灾增长类型有关，见表 4-2，火灾增长速度随时间变化图如图 4-2 所示。

表4-2 火灾增长速度

火灾增长速度	$\alpha/(kW/s^2)$	可燃物类型
超快速	0.1878	大部分聚合物家具、塑料垛、薄板家具
快速	0.04689	部分聚合物家具、木板垛
中速	0.01127	实木家具、塑料制品、化学纤维填充物
慢速	0.002931	密实木材、废纸篓

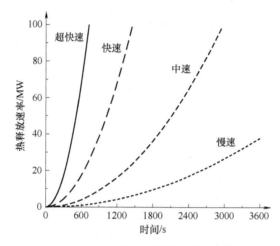

图4-2 火灾增长速度随时间变化图

4. 火灾持续时间

假定火灾热释放速率增长到最大值 Q_m 后，保持该值不变，直至可燃物燃烧完全。根据火灾燃烧 t^2 增长模型，可以粗略估计火灾持续时间。假设建筑物内可燃物的总热值（即火灾荷载）为 E。若 $E \leqslant E_1$，且 $E_1 = t_1 Q_m/3$，其中：

$$t_1 = \sqrt{\frac{Q_m}{\alpha}} \tag{4-5}$$

式中　α——火灾增长系数（kW/s^2）；

t_1——达到最大火灾热释放速率 Q_m 的时间。

则：

$$t_m = \left(\frac{3E}{\alpha}\right)^{\frac{1}{3}} \tag{4-6}$$

若 $E > E_1$，则：

$$t_m = t_1 + \frac{E - E_1}{Q_m} \tag{4-7}$$

式中　t_m——火灾持续时间。

5. 轰燃条件

当建筑物内可燃物数量充足且通风条件足够好时，明火可以逐渐蔓延到整个房间。轰燃的出现标志着火灾由初期增长阶段转为充分发展阶段，发生轰燃后，室内所有可燃物的表面几乎全部开始燃烧，此时室内温度急剧升高，对建筑结构破坏作用很大，被困人员极难生还。因此，了解轰燃的发生意义重大。

对于建筑结构抗火的设计，主要关心轰燃发生的临界条件。到目前为止，许多学者就轰燃现象展开了细致的研究，并提出了轰燃发生的临界条件，主要有如下几种判据：

1）温度判据。Hägglund、Fang 等人通过实验测得当顶棚温度达到 600℃ 时，可认为室内火灾发生轰燃。

2）热通量判据。Waterman 认为当地板平面接收到 $20kW/m^2$ 的热通量时，室内火灾发生轰燃。

3）热释放速率判据。有些学者认为当室内火灾热释放速率超过某一极限值时即可发生轰燃。Babrauskas、McCaffrey 和 Thomas 分别提出发生轰燃的临界热释放速率的计算公式：

$$Q_{\min} = 750A\sqrt{H} \tag{4-8}$$

$$Q_{\min} = 610\left(h_k A_T A\sqrt{H}\right)^{1/2} \tag{4-9}$$

$$Q_{\min} = 7.8\,A_T + 378A\sqrt{H} \tag{4-10}$$

式中　$Q_{\min}$——临界热释放速率（kW）；

　　　h_k——热烟气向内墙的有效传热系数［kJ/（$m^2 \cdot s \cdot K$）］；

　　　$A\sqrt{H}$——通风因子；

　　　A_T——着火房间内表面总面积（m^2）。

6. 通风控制与燃料控制

可燃物的燃烧速率受很多因素影响，如可燃物的性质、建筑空间的大小和通风状况等。建筑室内火灾在发展过程中通常可分为通风控制型火灾和燃料控制型火灾。可燃物的燃烧速率由流入室内的空气量控制的燃烧状况为通风控制型火灾。如果房间开口逐渐扩大，可燃物燃烧速率大小对通风的依赖性减弱，而转变为由可燃物的性质决定的燃烧状况为燃料控制型火灾。通常可用下式区分两种类型的火灾。

若：

$$\frac{\rho g^{1/2}A\sqrt{H}}{A_F} < 0.235 \tag{4-11}$$

此时为通风控制型火灾。

若：

$$\frac{\rho g^{1/2}A\sqrt{H}}{A_F} > 0.290 \tag{4-12}$$

此时为燃料控制型火灾。

式中　A_F——可燃物的表面积（m^2）。

4.1.3　建筑火灾升温曲线

火灾时室内烟气温度的分布及随时间的变化规律是进行结构抗火分析和设计的必要条件，一般用着火空间中各点温度随时间变化的关系或者平均温度随时间变化的温度—时间曲线作为结构抗火分析的温度边界条件。建筑构件的抗火性能最初是通过构件抗火试验来确定的。为了对试验测得的各个建筑构件的抗火性能进行比较分析，必须保证抗火试验具有相同的升温过程，为此许多国家和组织制定了相应的标准，以便进行建筑构件抗火试验和设计时使用。常见的建筑室内火灾升温曲线如下：

1）对于纤维类物质为主的火灾，升温曲线如下：

$$T_g - T_{g0} = 345 \lg(8t + 1) \qquad (4\text{-}13)$$

式中　T_g——火灾发展到 t 时刻的热烟气平均温度（℃）；

　　　T_{g0}——火灾前室环境的温度（℃），可取 20℃。

此为 ISO 834 标准升温曲线，如图 4-3 所示。

2）对于烃类物质为主的火灾，升温曲线如下：

$$T_g - T_{g0} = 1080 \times (1 - 0.325 e^{-t/6} - 0.675 e^{-2.5t}) \qquad (4\text{-}14)$$

标准升温曲线的提出为结构构件抗火试验和抗火设计带来了很大方便，但是需要注意的是，由于火灾环境的随机性和复杂性，火灾标准升温曲线有时候与真实火灾相差甚远，不能很好地反映火场环境对结构构件的破坏情况。为了解决这一问题，有学者提出了等效曝火时间，将真实火灾对构件的破坏程度等效成相同建筑在标准火灾升温曲线下作用该等效曝火时间后对构件的破坏程度。升温曲线图如图 4-4 所示，火灾传给结构构件的热量与火灾温度和持续曝火时间有关，一般认为若 t_e 时刻时标准升温曲线与时间轴所围多边形面积和真实火灾升温曲线与时间轴所围多边形面积相同，则 t_e 为与真实火灾 t 时刻等效的曝火时间。

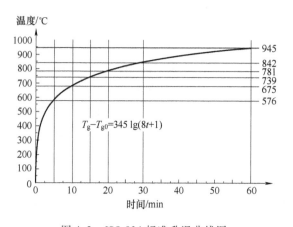

图 4-3　ISO 834 标准升温曲线图

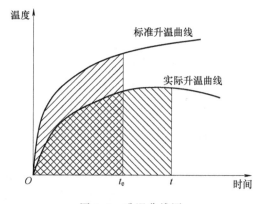

图 4-4　升温曲线图

需要指出的是，此种等效虽然考虑了火灾持续时间的影响，能在一定程度上反映火灾对结构构件的破坏程度，但是也存在缺陷。一方面，火灾时空气主要通过热对流和热辐射向构件传递热量，传递热量的大小与二者的温度差有关，因此该方法理论上是说不通的；另一方面，该方法也没有考虑升温速率对结构构件的破坏性，一般说来，升温速度快的火灾对结构的破坏程度较大。

4.2 | 火灾情况下结构构件的升温

传热方式主要有热传导、热对流和热辐射。火灾时热烟气主要通过热对流和热辐射向结构构件传递热量，建筑结构构件内部主要通过热传导方式传热。本小节主要介绍火灾时建筑构件的升温过程、钢构件升温的计算方法和钢-混凝土组合构件的升温计算方法。

1. 火灾时建筑构件的升温过程

发生火灾时，室内热烟气与建筑结构构件之间存在复杂的热交换。一方面，火焰和热烟气通过热对流和热辐射向构件传递热量，构件温度不断升高导致内部出现温度差，构件内部通过热传导传递热量；另一方面，构件也会通过热辐射向外界环境辐射热量，不过相比于外界输入的热量较低，因此宏观上表现为温度不断升高。火灾环境与构件表面间的热量交换如图 4-5 所示。

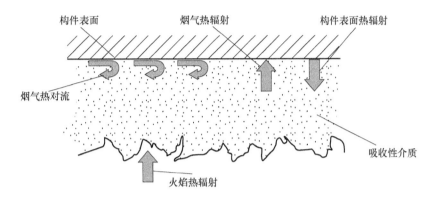

图 4-5　火灾环境与构件表面间的热量交换

上述热交换过程中，烟气以热辐射方式向构件传递的净热量用下式表示：

$$q_r = \phi \varepsilon_r \sigma [\, (T_g + 273)^4 - (T_b + 273)^4 \,] \tag{4-15}$$

式中　q_r——单位时间内向单位表面积构件上辐射的热量（W/m²）；

ϕ——形状系数，取 1.0；

ε_r——综合辐射系数，$\varepsilon_r = \varepsilon_f \varepsilon_m$；

ε_f——辐射系数，与着火房间有关，一般取 0.8；

ε_m——辐射系数，与构件表面特性有关，一般取 0.625；

σ——斯蒂芬-玻尔兹曼常数，$\sigma = 5.67 \times 10^{-8}$ W/(m²·K⁴)；

T_g——构件表面温度（℃）；

T_b——烟气温度（℃）。

由牛顿对流换热计算式，热烟气以热对流方式向构件传递的热量用下式表示：

$$q_c = \alpha_c (T_g - T_b) \tag{4-16}$$

式中　q_c——单位时间单位表面积构件上的对流换热量（W/m²）；

α_c——对流换热系数，一般取 25 W/(m²·℃)。

2. 钢构件的升温计算

根据钢构件的截面特性，可将其分为轻型钢构件和重型钢构件，一般用截面形状系数 A/V（单位长度构件的表面积和体积之比）来划分。对于轻型钢构件，可假定其截面温度均匀分布，而重型钢构件截面上各点温度不同。需要指出的是，判断钢构件属于哪种类型，主要看其截面温度分布是否均匀，而不能仅局限于截面形状系数。

实际工程中，通常会在钢结构表面加设隔热保护层，由此可将其分为有保护层钢构件和无保护层钢构件。如果保护层吸收热量相对钢构件可以忽略，则称之为轻质保护层；相反，如果保护层吸收热量相对于钢构件不可忽略，则称之为非轻质保护层。本小节主要讨论无保护层、有轻质保护层和有非轻质保护层条件下截面温度均匀分布时钢结构升温的计算方法。对于截面温度分布不均匀的情况，钢构件导热方程求解比较困难，通常用数值方法进行求解，在此不详细介绍。

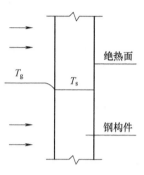

图 4-6　无保护层钢结构构件升温计算模型

（1）无保护层　无保护层钢结构构件升温计算模型如图 4-6 所示。

由于轻质钢构件内温度均匀，仅随时间变化，因此物体温度可用任一点温度表示，根据集总热容法建立热平衡方程如下：

$$Q = \rho_s c_s V \frac{\mathrm{d}T_s}{\mathrm{d}t} \tag{4-17}$$

式中　Q——单位时间内环境传给单位长度构件的热量（W/m）；

　　　ρ_s——钢构件密度（kg/m^3）；

　　　c_s——钢构件的比热容 [J/(kg·℃)]；

　　　V——单位长度钢构件的体积（m^3）；

　　　T_s——钢构件的温度（℃）；

　　　t——时间（s）。

由建筑构件的升温过程可知，$Q = Q_r + Q_c$。

其中，结合式（4-15）和式（4-16），令：

$$\alpha_r = \frac{\varepsilon_r \times 5.67 \times 10^{-8}}{T_g - T_s} \left[(T_g + 273)^4 - (T_s + 273)^4 \right] \tag{4-18}$$

则 Q_r 可表示为：

$$Q_r = A\alpha_r (T_g - T_s) \tag{4-19}$$

又知：

$$Q_c = A\alpha_c (T_g - T_s) \tag{4-20}$$

结合上述各式有：

$$\alpha(T_g - T_s) = \frac{\rho_s c_s V}{A} \frac{\mathrm{d}T_s}{\mathrm{d}t} \tag{4-21}$$

求该式的解析解比较困难，这里用增量法求出上式的数值解，其增量形式如下：

$$\Delta T_s = \alpha \frac{1}{\rho_s c_s} \frac{A}{V} (T_g - T_s) \Delta t \tag{4-22}$$

式中　Q_r——单位时间内通过热辐射向单位长度钢构件传递的热量（W/m）；

　　　Q_c——单位时间内通过热对流向单位长度钢构件传递的热量（W/m）；

　　　α_r——热对流传热系数 [W/(m^2·℃)]，可取 25W/(m^2·℃)；

　　　A——单位长度钢构件的受火表面积（m^2）；

　　A/V——无防火保护钢构件的截面形状系数，计算方法见表 4-3。

　　　α_c——热辐射传热系数 [W/(m^2·℃)]；

　　　α——综合热传递系数 [W/(m^2·℃)]，$\alpha = \alpha_r + \alpha_c$；

　　　Δt——时间步长（s），取值不应大于 5s；

ΔT_s——钢构件在时间步长 Δt 内的升温（℃）；

ε_r——综合辐射系数，$\varepsilon_r = \varepsilon_f \varepsilon_m$，可按表4-4取值。

表 4-3　无保护层构件的截面形状系数

截面形状	形状系数 A/V	备注	截面形状	形状系数 A/V	备注
	$\dfrac{2h + 4b - 2t}{A}$			$\dfrac{4}{d}$	
	$\dfrac{2h + 4b - 2t}{A}$			$\dfrac{a + b}{t(a + b - 2t)}$	
	$\dfrac{2(a + b)}{a \cdot b}$			$\dfrac{d}{t(d - t)}$	
	$\dfrac{2h + 3b - 2t}{A}$			$\dfrac{2h + 3b - 2t}{A}$	
				$\dfrac{b + a/2}{t(a + b - 2t)}$	

注：表中 A 为构件截面面积。

表 4-4　综合辐射系数 ε_r

钢构件形式			综合辐射率 ε_r
四面受火的钢柱			0.7
钢梁	上翼缘埋于混凝土楼板内，仅下翼缘、腹板受火		0.5
	混凝土楼板放置在上翼缘	上翼缘的宽度与梁高之比 ≥ 0.5	0.5
		上翼缘的宽度与梁高之比 < 0.5	0.7
箱梁、格构梁			0.7

（2）有轻质保护层　当构件表面覆盖有轻质保护层时，保护层本身吸收的热量相对于钢构件吸收热量较小，在计算钢结构构件升温时可以忽略。当保护层满足式（4-23）时，即为轻质保护层：

$$\rho_s c_s V \geqslant 2 \rho_i c_i d_i A_{in} \tag{4-23}$$

式中　ρ_i——保护层的比热容 [J/(kg·℃)]；

$\quad\quad c_i$——保护层的密度（kg/m³）；

$\quad\quad d_i$——保护层的厚度（m）；

$\quad\quad A_{in}$——有防火保护钢构件单位长度的受火表面积；对于外边缘型防火保护，取单位长度钢构件的防火保护材料内表面积；对于非外边缘型防火保护，取沿单位长度钢构件所测得的可能的矩形包装的最小内表面积。

附有轻质保护层的钢结构构件升温计算模型如图4-7所示。

显然，热烟气通过热对流和热辐射向单位长度保护层传递的热量用下式表示：

$$Q = (\alpha_r + \alpha_c) A_{out} (T_g - T_p) \tag{4-24}$$

式中　A_{out}——单位长度构件保护层外表面积（m²）；

$\quad\quad T_p$——构件保护层表面温度（℃）。

由傅里叶导热定律，从保护层向构件表面传递的热量用下式表示：

$$Q = \frac{\lambda_i}{d_i} A_{in} (T_g - T_s) \tag{4-25}$$

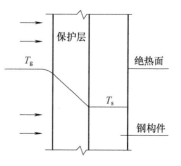

图 4-7　附有轻质保护层的钢结构构件升温计算模型

式中　λ_i——保护层的导热系数 [W/(m·℃)]；

$\quad\quad A_{in}$——单位长度构件保护层的内表面积（m²）。

根据式（4-24）和式（4-25）可得：

$$Q = \alpha A_{in} (T_g - T_s) \tag{4-26}$$

式中　α——综合传热系数 W/(m·℃)。

当防火保护层为非膨胀型防火涂料、防火板等时，有：

$$\alpha = \frac{1}{\dfrac{1}{\alpha_r + \alpha_c} + \dfrac{d_i}{\lambda_i}\dfrac{A_{out}}{A_{in}}} \approx \frac{1}{\dfrac{1}{\alpha_r + \alpha_c} + \dfrac{d_i}{\lambda_i}}$$

一般 $\alpha_r + \alpha_c$ 远远大于 λ_i / d_i，则上式可简化如下：

$$\alpha = \frac{\lambda_i}{d_i}$$

对于膨胀型防火涂料保护层，α 的值需要结合防火保护层材料的等效热阻 R_i 来确定，即：

$$\alpha = \frac{1}{R_i}$$

其中：

$$R_i = \frac{5 \times 10^{-5}}{\left(\dfrac{T_s - T_{s0}}{t_0} + 0.2\right)^2 - 0.044} \frac{A_{in}}{V}$$

式中　R_i——防火保护层的等效热阻，对应其厚度（m²·℃/W）；

$\quad\quad T_{s0}$——试验开始时钢试件的温度（℃），可取20℃；

T_s——钢试件的平均温度（℃），取 540℃；

t_0——钢试件的平均温度达到 540℃的时间（s）。

将式（4-25）代入式（4-17）可得：

$$\frac{\mathrm{d}T_s}{\mathrm{d}t} = \alpha \frac{1}{\rho_s c_s} \frac{A_{\mathrm{in}}}{V}(T_g - T_s) \qquad (4-27)$$

可求得上式的增量形式解为

$$\Delta T_s = \alpha \frac{1}{\rho_s c_s} \frac{A_{\mathrm{in}}}{V}(T_g - T_s)\Delta t \qquad (4-28)$$

（3）有非轻质保护层　当钢结构表面附有非轻质保护层时，此时满足：

$$\rho_s c_s V < 2\rho_i c_i d_i A_{\mathrm{in}} \qquad (4-29)$$

保护层吸收热量相对于钢结构吸收热量不可忽略，其升温计算公式与有轻质保护层时形式上完全相同，只是综合传热系数 α 按下式取值：

$$\alpha = \frac{1}{1 + \dfrac{\rho_i c_i d_i A_{\mathrm{in}}}{2\rho_s c_s V}} \frac{\lambda_i}{d_i} \qquad (4-30)$$

由于非轻质保护层综合传热系数 α 推导比较复杂，在此不做详述。

3. 钢-混凝土组合构件的升温计算

火灾发生时火焰和热烟气通过热辐射和热对流向建筑构件传递热量，同时构件内部由于温度差也会发生热传导形式的温度扩散。由于钢和混凝土的热物理特性的差异，钢-混凝土构件内部的温度分布很不均匀，随着火灾发展发生瞬态变化，一般用数值模拟程序来求解得出构件截面的温度场分布。

现有试验和计算结果表明，火灾温度分布比较均匀的情况下，梁、柱等杆系构件的温度场除端部区域外沿轴向几乎相同，可简化为横截面上的二维温度场；墙、板等平面构件在平面内几乎相同，可简化为沿厚度方向的一维温度场。常见的钢-混凝土组合构件主要有：钢-混凝土组合柱、钢-混凝土组合梁和压型钢板-钢筋混凝土楼板等。

钢-混凝土组合构件截面温度场的确定方法主要有实测法、查表法和数值分析法。

实测法即制作全尺寸实体构件在标准升温曲线下进行高温试验，但是这种方法费用过高，实际操作难度较大；查表法即基于现有的试验和计算数据，根据构件截面尺寸、受火时间和受火条件等可直接查表得出截面温度场，如果不符合条件，可按相邻条件查得温度曲线进行差值计算；对于某些简单构件，可以通过求解热传导方程，得出截面温度场的解析解，但是这只适用于极少数情况，因为在火灾环境下，钢-混凝土组合构件的热工参数和边界条件都随时间变化，是一个非线性瞬态问题，因此必须借助数值分析方法求解计算。

4.3 高温情况下结构材料特性

火灾时，高温环境对结构构件的性能有很大的影响，因此掌握高温条件下建筑构件的物性变化是进行结构抗火分析和设计的前提和基础。结构抗火设计计算中通常涉及构件的物理性能和力学性能变化，其中构件的物理性能主要有热膨胀系数、热传导系数、比热容和密度等；构件的力学性能主要有屈服强度、弹性模量、应力-应变关系、松弛与蠕变效应和泊松比等。本节主要介绍高温下钢材和混凝土的物理性能变化。

1. 高温下钢材的性能变化

钢材是现代建筑物中使用较多的建筑材料。根据加工工艺的不同，建筑常用钢材分类如图 4-8 所示，上述常用钢材在高温下的性能变化略有差别，但是在实际应用中不再加以区分。

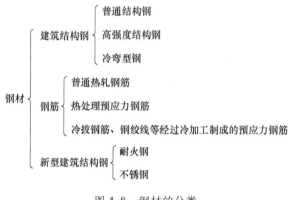

图 4-8 钢材的分类

（1）高温下钢材的物理特性

1）热膨胀系数。钢材在高温环境下受热膨胀，将产生变形与附加应力。热膨胀系数 α_s 是指温度每升高一个单位钢材的热膨胀量，单位为 m/（m·℃）。欧洲规范 EC3：Part 1.2 给出了钢材的热膨胀量：

$$\Delta l/l = \begin{cases} 1.2 \times 10^{-5} T_s + 0.4 \times 10^{-8} T_s^2 - 2.416 \times 10^{-4} & (20℃ \leq T_s \leq 750℃) \\ 1.1 \times 10^{-2} & (750℃ \leq T_s \leq 860℃) \\ 2 \times 10^{-5} T_s - 6.2 \times 10^{-3} & (860℃ \leq T_s \leq 1200℃) \end{cases} \quad (4\text{-}31)$$

上式关于温度 T_s 求导可得热膨胀系数计算公式：

$$\alpha_s = \begin{cases} 1.2 \times 10^{-5} + 0.8 \times 10^{-8} T_s & (20℃ \leq T_s \leq 750℃) \\ 0 & (750℃ \leq T_s \leq 860℃) \\ 2 \times 10^{-5} & (860℃ \leq T_s \leq 1200℃) \end{cases} \quad (4\text{-}32)$$

为了简化计算，《建筑钢结构防火技术规范》（GB 51249—2017）给出高温下钢材的热膨胀系数为 $\alpha_s = 1.4 \times 10^{-5} \text{m/（m·℃）}$。

2）比热容。比热容是指单位质量的物质每升高或降低 1℃ 时所吸收或释放的热量，单位为 J/（kg·℃）。欧洲规范 EC3：Part 1.2 给出了钢材的比热容：

$$c_s = \begin{cases} 425 + 0.773 T_s - 1.69 \times 10^{-2} T_s^2 + 2.22 \times 10^{-6} T_s^3 & (20℃ \leq T_s \leq 600℃) \\ 666 + \dfrac{13222}{741 - T_s} & (600℃ \leq T_s \leq 735℃) \\ 545 + \dfrac{18099}{T_s - 728} & (735℃ \leq T_s \leq 900℃) \\ 650 & (900℃ \leq T_s \leq 1200℃) \end{cases} \quad (4\text{-}33)$$

为了简化计算，《建筑钢结构防火技术规范》给出高温下钢材的比热容 $c_s = 600 \text{J/（kg·℃）}$。钢材的比热容在 750℃ 附近发生突变，这是因为在 750℃ 时，达到钢材的奥氏体化温度，材料发生相变，需要吸收大量的热能，体现为比热容的陡升。同样由于相变的原因，钢材的体积减小，此效应与热力学的膨胀相抵消，因此可大致认为体积无变化，这也解释了为什么式（4-32）中热膨胀系数在 750~860℃时为零。

3）热传导系数。热传导系数（导热系数）是指在稳定传热单位温度梯度条件下，单位厚度单位面积材料在单位时间内传递的热量，单位为 $W/(m \cdot ℃)$。欧洲规范 EC3：Part 1.2 给出了钢材的导热系数：

$$\lambda_s = \begin{cases} 54 - 3.33 \times 10^{-2} & (20℃ \leqslant T_s \leqslant 800℃) \\ 27.3 & (800℃ \leqslant T_s \leqslant 1200℃) \end{cases} \tag{4-34}$$

《建筑钢结构防火技术规范》给出高温下钢材的导热系数 $\lambda_s = 40W/(m \cdot ℃)$。

4）密度。国内外规范普遍认为，钢材密度不随温度的变化而变化，通常取恒定值 $\rho_s = 7850kg/m^3$。

（2）高温下钢材的力学性能

1）屈服强度。屈服强度是金属材料发生屈服现象时的屈服极限，也就是抵抗微量塑性变形的能力。《建筑钢结构防火技术规范》给出高温下普通钢材的屈服强度计算公式：

$$f_T = \eta_{sT}f \tag{4-35}$$

其中：

$$\eta_{sT} = \begin{cases} 1.0 & (20℃ \leqslant T_s \leqslant 300℃) \\ 1.24 \times 10^{-8}T_s^3 - 2.096 \times 10^{-5}T_s^2 + 9.228 \times 10^{-3}T_s - 0.2168 & (300℃ \leqslant T_s \leqslant 800℃) \\ 0.5 - T_s/2000 & (800℃ \leqslant T_s \leqslant 1000℃) \end{cases}$$

式中 f_T——高温下钢材的屈服强度设计值（MPa）；

f——常温下钢材的屈服强度设计值（MPa），按现行国家标准《钢结构设计规范》的规定取值；

T_s——钢材的温度（℃）；

η_{sT}——高温下钢材强度折减系数，取值见表 4-5。

表 4-5 高温下钢材强度折减系数

$T/℃$	310	320	330	340	350	360	370	380	390	400
η_{sT}	0.999	0.996	0.992	0.985	0.977	0.967	0.956	0.944	0.930	0.914
$T/℃$	410	420	430	440	450	460	470	480	490	500
η_{sT}	0.898	0.880	0.862	0.842	0.821	0.800	0.778	0.755	0.731	0.707
$T/℃$	510	520	530	540	550	560	570	580	590	600
η_{sT}	0.683	0.658	0.632	0.607	0.581	0.555	0.530	0.504	0.478	0.453
$T/℃$	610	620	630	640	650	660	670	680	690	700
η_{sT}	0.428	0.403	0.378	0.354	0.331	0.308	0.286	0.265	0.245	0.226
$T/℃$	710	720	730	740	750	760	770	780	790	800
η_{sT}	0.207	0.190	0.174	0.159	0.145	0.133	0.123	0.113	0.106	0.100

2）弹性模量。一般地，对弹性构件施加一个外部作用力，弹性构件会发生应变。弹性

模量是指单向应力状态下应力除以该方向上构件的应变。高温下普通钢材的弹性模量可表示如下：

$$E_{sT} = \chi_{sT} E_s \tag{4-36}$$

其中：

$$\chi_{sT} = \begin{cases} \dfrac{7T_s - 4780}{6T_s - 4760} & 20℃ \leqslant T_s < 600℃ \\[2mm] \dfrac{1000 - T_s}{6T_s - 2800} & 600℃ \leqslant T_s < 1000℃ \end{cases} \tag{4-37}$$

式中　E_{sT}——高温下钢材的弹性模量（N/mm^2）；

　　　E_s——常温下钢材弹性模量（N/mm^2），应按照现行国家标准《钢结构设计规范》的规定取值；

　　　χ_{sT}——高温下钢材弹性模量的折减系数，取值见表4-6。

表4-6　高温下钢材弹性模量的折减系数

$T_s/℃$	110	120	130	140	150	160	170	180	190	200
χ_{sT}	0.978	0.975	0.972	0.969	0.966	0.963	0.959	0.956	0.953	0.949
$T_s/℃$	210	220	230	240	250	260	270	280	290	300
χ_{sT}	0.945	0.941	0.937	0.933	0.929	0.924	0.920	0.915	0.910	0.905
$T_s/℃$	310	320	330	340	350	360	370	380	390	400
χ_{sT}	0.899	0.894	0.888	0.882	0.875	0.869	0.861	0.854	0.846	0.838
$T_s/℃$	410	420	430	440	450	460	470	480	490	500
χ_{sT}	0.830	0.821	0.811	0.801	0.790	0.779	0.767	0.754	0.741	0.726
$T_s/℃$	510	520	530	540	550	560	570	580	590	600
χ_{sT}	0.711	0.694	0.676	0.657	0.636	0.613	0.588	0.561	0.531	0.498
$T_s/℃$	610	620	630	640	650	660	670	680	690	700
χ_{sT}	0.453	0.413	0.378	0.346	0.318	0.293	0.270	0.250	0.231	0.214
$T_s/℃$	710	720	730	740	750	760	770	780	790	800
χ_{sT}	0.199	0.184	0.171	0.159	0.147	0.136	0.126	0.117	0.108	0.100

3）应力-应变关系。描述高温下钢材的应力-应变关系的模型很多。欧洲规范 EC3：Part 1.2 给出了不考虑钢材屈服后强化时的应力-应变关系和考虑钢材强化时的应力-应变关系模型，其曲线形状及表达式如图4-9和图4-10所示。

不考虑钢材屈服后的应力强化时，高温下钢材的应力-应变关系模型表示如下：

$$\sigma = \begin{cases} \varepsilon E_{sT} & (\varepsilon \leqslant \varepsilon_{pT}) \\[2mm] f_{pT} - c + \dfrac{b}{a}\sqrt{a^2 - \dfrac{(\varepsilon_{yT} - \varepsilon)^2}{b}} & (\varepsilon_{pT} < \varepsilon < \varepsilon_{yT}) \\[2mm] f_{yT} & (\varepsilon_{yT} \leqslant \varepsilon \leqslant \varepsilon_{tT}) \\[2mm] \left(1 - \dfrac{\varepsilon - \varepsilon_{tT}}{\varepsilon_{uT} - \varepsilon_{tT}}\right)f_{yT} & (\varepsilon_{tT} < \varepsilon < \varepsilon_{uT}) \end{cases} \tag{4-38}$$

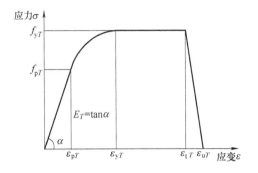

图 4-9　不考虑钢材屈服强化时应力-应变关系

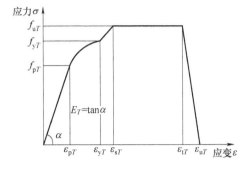

图 4-10　考虑钢材屈服强化时应力-应变关系

其中：

$$\varepsilon_{pT} = f_{pT}/E_{sT}, \varepsilon_{yT} = 0.02, \varepsilon_{tT} = 0.15, \varepsilon_{uT} = 0.2$$

$$a^2 = (\varepsilon_{yT} - \varepsilon_{pT})(\varepsilon_{yT} - \varepsilon_{pT} + c/E_{sT})$$

$$b^2 = c(\varepsilon_{yT} - \varepsilon_{pT})E_{sT} + c^2$$

$$c = \frac{(f_{yT} - f_{pT})^2}{(\varepsilon_{yT} - \varepsilon_{pT})E_{sT} - 2(f_{yT} - f_{pT})}$$

当钢材温度低于400℃时，可考虑钢材屈服后的应力强化。$\varepsilon_\sigma \leq 0.02$ 时，应力-应变关系与式（4-40）相同；$\varepsilon_\sigma > 0.02$ 时的应力-应变关系式为

$$\sigma = \begin{cases} 50(f_{uT} - f_{yT})\varepsilon + 2f_{yT} - f_{uT} & (0.02 < \varepsilon \leq 0.04) \\ f_{uT} & (0.04 \leq \varepsilon \leq 0.15) \\ f_{uT}[1 - 20(\varepsilon - 0.15)] & (0.15 \leq \varepsilon \leq 0.20) \\ 0 & (\varepsilon \geq 0.20) \end{cases} \quad (4\text{-}39)$$

式中　E_{sT}——温度为 T 时钢材的弹性模量（MPa）；

$\quad\quad f_{pT}$——温度 T 时钢材的比例极限（MPa）；

$\quad\quad f_{yT}$——温度 T 时钢材的屈服极限（MPa）；

$\quad\quad \varepsilon_{pT}$——温度 T 时钢材的比例应变；

$\quad\quad \varepsilon_{yT}$——温度 T 时钢材的屈服应变；

$\quad\quad \varepsilon_{tT}$——温度 T 时钢材对应屈服强度的最大应变；

$\quad\quad \varepsilon_{uT}$——温度 T 时钢材的极限应变。

4）高温下的蠕变与松弛。钢材在高温下的蠕变是指在温度和附加应力恒定的状态下，钢材应变随时间增大的过程；高温下的松弛是指在温度和钢材总应变恒定的状态下，应力随时间减小的过程。高温松弛试验要求保持总应变和温度恒定，难度较大，实施起来较为困难。

5）泊松比。泊松比是指材料在单向受拉或受压时，横向正应变与轴向正应变的绝对值的比值，也称为横向变形系数，它是反映材料横向变形的弹性常数。不同种类钢材的泊松比相差不大，其受温度的影响也比较小，通常认为泊松比不随温度变化，一般取 $\mu_s = 0.3$。

2. 高温下混凝土的性能变化

混凝土是我国建筑中使用最广泛的材料，它是由胶凝材料（水泥或添加剂）、水、粗细骨料按照适当比例混合搅拌，经过一段时间硬化后形成的一种人造石材。混凝土的组成成分在不同温度下会发生一系列的物理和化学变化，使得混凝土的性能也发生变化。

（1）高温下混凝土的物理性能

1）热膨胀系数。研究表明，混凝土的导热性能比钢材差，整个截面温度在短时间内很难达到稳定。混凝土的热膨胀数值不仅与混凝土本身的骨料类型有关，还与试件的尺寸大小、加热速率、试件密封等外部条件有关。欧洲规范 EC3：Part 1.2 给出硅质骨料混凝土的热膨胀量：

$$\Delta l/l = \begin{cases} 2.3 \times 10^{-11} T_c^3 + 9 \times 10^{-6} T_c - 1.8 \times 10^{-4} & (20℃ \leqslant T_c < 700℃) \\ 1.4 \times 10^{-2} & (700℃ \leqslant T_c \leqslant 1200℃) \end{cases} \quad (4-40)$$

钙质骨料混凝土的总膨胀量：

$$\Delta l/l = \begin{cases} 1.4 \times 10^{-11} T_c^3 + 9 \times 10^{-6} T_c - 1.2 \times 10^{-4} & (20℃ \leqslant T_c < 805℃) \\ 1.2 \times 10^{-2} & (805℃ \leqslant T_c \leqslant 1200℃) \end{cases} \quad (4-41)$$

热膨胀系数是指温度每升高1℃，单位长度构件的绝对伸长量。因此可以得出硅质骨料混凝土的热膨胀系数：

$$\alpha_c = \begin{cases} 9 \times 10^{-6} + 6.9 \times 10^{-11} T_c^2 & (20℃ \leqslant T_c < 700℃) \\ 0 & (700℃ \leqslant T_c \leqslant 1200℃) \end{cases} \quad (4-42)$$

钙质骨料混凝土的热膨胀系数：

$$\alpha_c = \begin{cases} 6 \times 10^{-6} + 4.2 \times 10^{-11} T_c^2 & (20℃ \leqslant T_c < 805℃) \\ 0 & (805℃ \leqslant T_c \leqslant 1200℃) \end{cases} \quad (4-43)$$

在简化计算中，普通混凝土的热膨胀系数通常取恒定值 1.8×10^{-5} m/（m·℃）；轻质骨料混凝土的热膨胀系数取 8×10^{-6} m/（m·℃）。

2）比热容。混凝土的比热容主要受混凝土的骨料类型、温度、配合比和含水量等因素的影响。研究表明，混凝土的比热容随着温度升高而升高。欧洲规范 EC2：Part 1.2 给出了普通混凝土的比热容计算公式：

$$c_c = \begin{cases} 900 & (20℃ \leqslant T_c < 100℃) \\ 900 + (T_c - 100) & (100℃ \leqslant T_c < 200℃) \\ 1000 + \dfrac{T_c - 200}{2} & (200℃ \leqslant T_c < 400℃) \\ 1100 & (400℃ \leqslant T_c < 1200℃) \end{cases} \quad (4-44)$$

《建筑钢结构防火技术规范》给出高温下混凝土的比热容：

$$c_c = 890 + 56.2\left(\frac{T_c}{100}\right) - 3.4\left(\frac{T_c}{100}\right)^2 \quad (4-45)$$

轻质混凝土通常取恒定值 840J/（kg·℃）。

3）导热系数。欧洲规范 EC2：Part 1.2 给出了普通混凝土导热系数的上下限如下：

$$\lambda_{c,upper} = 2 - 0.2451\left(\frac{T_c}{100}\right) + 0.0107\left(\frac{T_c}{100}\right)^2$$

$$\lambda_{c,lower} = 1.36 - 0.136\left(\frac{T_c}{100}\right) + 0.0057\left(\frac{T_c}{100}\right)^2 \quad (4-46)$$

《建筑钢结构防火技术规范》给出普通混凝土热传导系数的计算公式如下：

$$\lambda_c = 1.68 - 0.19\left(\frac{T_c}{100}\right) + 0.0082\left(\frac{T_c}{100}\right)^2 \tag{4-47}$$

轻质混凝土的导热系数：

$$\lambda_c = \begin{cases} 1.0 - \dfrac{T}{1600} & (20℃ \leqslant T_c < 800℃) \\ 0.5 & (800℃ \leqslant T_c < 1200℃) \end{cases} \tag{4-48}$$

4）密度。混凝土的密度随温度的升高而有轻微下降，这是因为混凝土丧失水分引起的。在计算静荷载时，可认为普通混凝土的密度不随温度变化，推荐值可取 2300kg/m³；轻质混凝土的密度根据实际情况通常在 1600～2300kg/m³。

（2）高温下混凝土的力学性能

1）抗压和抗拉强度。抗压强度是混凝土最基本也是最重要的力学性能指标之一，是确定混凝土强度等级的基本参数。《建筑钢结构防火技术规范》给出高温下混凝土的抗压强度计算公式：

$$f_{cT} = \eta_{cT} f_c \tag{4-49}$$

式中 f_{cT}——高温下混凝土的轴心抗压强度设计值（N/mm²）；

f_c——常温下混凝土的轴心抗压强度设计值（N/mm²）；

η_{cT}——高温下混凝土的抗压强度折减系数，按表4-7取值。

表 4-7　高温下混凝土的抗压强度折减系数

温度/℃	普通混凝土		轻骨料混凝土	
	χ_{sT}	η_{cT}	χ_{sT}	η_{cT}
20	1.00	1.00	1.00	1.00
100	0.625	1.00	0.625	1.00
200	0.432	0.95	0.432	1.00
300	0.304	0.85	0.304	1.00
400	0.188	0.75	0.188	0.88
500	0.100	0.60	0.100	0.76
600	0.045	0.45	0.045	0.64
700	0.030	0.30	0.030	0.52
800	0.015	0.15	0.015	0.40
900	0.008	0.08	0.008	0.28
1000	0.004	0.04	0.004	0.16
1100	0.001	0.01	0.001	0.04
1200	0	0	0	0

混凝土高温下的抗拉强度一般不予考虑。

2）弹性模量。混凝土的弹性模量随温度的升高而逐渐降低。《建筑钢结构防火技术规范》给出了高温下混凝土的弹性模量计算公式：

$$E_{cT} = \chi_{cT} E_c \tag{4-50}$$

式中　E_{cT}——高温下混凝土的弹性模量（N/mm^2）；

　　　E_c——常温下混凝土的弹性模量（N/mm^2）；

　　　χ_{aT}——高温下混凝土的弹性模量折减系数，按表4-7取值。

　　3）应力-应变关系。实验结果表明，混凝土构件从开始加载到破坏大致经历三个应力变形阶段：混凝土构件应力较低时，其应变随应力近似线性增大；当应力逐渐增大，构件变形逐渐增大，应力-应变曲线斜率逐渐减小，达到最大应力时切线斜率为零。应力达到峰值后，构件的承载力逐渐下降，应变继续增大，构件表面和内部裂缝不断扩大，下降段较为平稳。

　　欧洲规范 EC4 给出了不同温度下混凝土应力-应变曲线，如图4-11所示。显然，不同温度下混凝土构件的应力-应变关系变化符合上述分析的三个阶段，同时随着温度的升高，构件应力峰值逐渐下降并且向右移动，这表明随着温度的增大，混凝土构件的极限承载力不断下降。

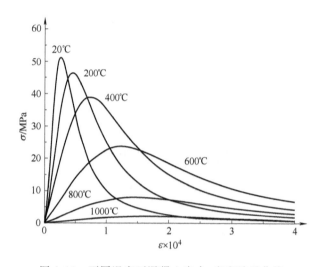

图4-11　不同温度下混凝土应力-应变关系曲线

4.4 | 结构抗火设计与保护措施

4.4.1　结构抗火设计原则

1. 相关概念

　　描述建筑与火灾关系的概念主要有防火、耐火和抗火。三者既相互联系，又有区别。现将各个概念的联系和不同做如下区分。

　　防火有"防止火灾"和"防火保护"两层含义，主要是指建筑内的防火分区、防火墙、防火门、防火涂料和防火板等建筑防火保护措施；耐火是指建筑在某一区域内发生火灾时能坚持多久而不造成火灾蔓延和结构破坏，主要突出时间上的概念，一般根据建筑构件的重要性和危险性，用建筑构件的耐火时间来表征其耐火极限；抗火是指建筑结构抵抗外界火场环境作用的能力，主要突出抵抗的意思，需要考虑火灾时建筑结构承载力随时间的变化。

　　结构抗火设计即设计相应的结构防火保护措施，使其满足外界火环境作用下的结构承载力要求，同时达到结构耐火极限要求。

2. 结构抗火设计目的及意义

工程上适当的结构抗火设计是减少火灾损失的重要手段，对建筑进行结构抗火设计具有十分重要的意义：第一，减轻结构构件在火灾中的破坏，尽量避免造成灭火和人员疏散困难；第二，避免结构整体或局部倒塌造成人员伤亡，同时避免火灾向毗邻建筑蔓延；第三，减少火灾后结构的修复和加固费用，缩短结构灾后功能的恢复，减少直接和间接经济损失。

3. 结构抗火设计要求

结构的基本功能是承受荷载。火灾时，随着结构内部温度的升高，结构的承载能力将会下降，结构的承载力极限状态可分为构件和结构两个层次，分别对应于建筑局部构件破坏和整体结构倒塌。

对于建筑结构的抗火设计，无论是构件层次还是整体结构层次均应满足如下要求：

1）承载力要求。在规定的结构耐火极限时间内，火灾时结构承载力应不小于组合荷载的作用。

2）耐火时间要求。在组合荷载作用下，结构的耐火时间应不小于规定的结构耐火极限。

3）极限温度要求。火灾时结构特征点的最高温度不应大于耐火极限时构件的最高温度。

上述三种要求本质上是一致的，均可统一表示为：结构抗火能力 ≥ 结构抗火需求。因此，在进行结构抗火设计时，满足三者中任意一种即可。

4. 结构抗火设计方法

结构抗火设计方法可分为：基于试验的构件抗火设计方法、基于计算的构件抗火设计方法、基于计算的结构抗火设计方法和基于性能化的结构抗火设计方法。

（1）基于试验的构件抗火设计方法　基于试验的抗火设计方法是世界各国最早采用的一种抗火设计方法。这种方法通过设置不同的构件类型（如设置不同防火涂料和保护层厚度的梁、板、柱和墙等建筑构件），在标准升温曲线下进行构件的抗火试验，得出构件的耐火极限，在设计中根据构件的耐火时间来选取相应的构件防火保护措施。

目前《建筑设计防火规范》（GB 50016-2014，2018 年版）就是采用这种方法。基于试验的构件抗火设计方法简单、直观、应用方便，但这种方法也存在诸多不足，主要有以下几个方面。

1）无法考虑构件端部的实际约束状态的影响。相关试验表明，构件的端部约束状态对构件的高温极限承载能力会产生较大的影响，然而建筑中结构构件端部约束相当复杂，火灾试验中完全模拟实际结构的端部约束状态比较困难。

2）无法考虑荷载大小及其分布的影响。构件上荷载大小和分布也会影响构件的耐火极限，由于实际建筑结构中作用于构件上的荷载大小和分布情况千变万化，无法进行统一的定量分析，因此火灾试验中的构件承载力情况和实际情况难以保持一致。

3）构件的火灾试验采用的是标准升温曲线，如 ISO 834 标准升温曲线、ASTM 119 火灾曲线和碳氢火灾试验曲线等。这些火灾曲线只有升温段，没有下降段，与实际火灾升温曲线有所差别。实际火灾发展曲线通常需要考虑燃烧材料的类型、数量和分布，着火空间的尺寸、高度、开口及开口尺寸，分隔材料的热工性能等诸多因素的影响。同时火灾升温的快慢，持续时间的长短等对构件的耐火极限具有重要影响。因此，实际构件在真实火灾情况下的承载能力与标准火灾试验将存在重大差别。

4）火灾试验炉的差别。标准试验炉中测定的温度是炉内气体的温度，但一般来说，炉内对试件的传热控制形式是炉壁的热辐射，而实际产生的热辐射状况对炉壁的物理性质和发射率反应很敏感。如果炉壁材料的热惯性较低，那么试验中其表面温度可以迅速升高，热辐射的严重性就被放大，实际上很难找到两个辐射能力完全相同的试验炉，这也是不同的火灾试验炉的试验结果有很大离散性的原因。

5）构件的火灾标准试验费用昂贵。由于火灾试验费用昂贵，不可能对所有的构件进行抗火试验。目前一般仅仅对结构中十分重要的构件按设计结构的实际状态进行抗火试验研究。而且，火灾试验中由于存在高温，对测试仪器的要求很高，国内能够进行构件抗火试验的实验室十分有限。

虽然基于试验的构件抗火设计存在诸多缺陷，但是目前结构抗火研究还处于初期阶段，其对于解决工程抗火的实际问题还是具有重要意义的。

（2）基于计算的构件抗火设计方法　基于试验的构件抗火设计方法存在诸多问题，通过相关理论研究对此方法进行改进，形成了基于计算的构件抗火设计方法。该方法主要通过热传导和结构分析等理论研究，以有限元和有限差分方法为主，考虑构件的受力大小和受力形状，构件的截面尺寸、约束形式和复杂的受火条件对构件抗火能力的影响，通过计算确定构件的抗火能力，更符合客观实际。

（3）基于计算的结构抗火设计方法　结构的主要功能是作为整体承载，火灾时单个构件的破坏并不意味着整体结构的破坏。结构中少数构件的破坏将在结构中产生内力重分布，结构作为整体仍然具有一定的继续承载能力。当结构抗火设计以防止整体结构倒塌为目标时，基于整体结构的承载能力极限状态进行抗火设计更加合理。目前，对于钢结构而言，以整体结构进行承载能力的研究刚刚起步，而对于混凝土结构而言则基本上是空白，这是目前火灾时整体结构分析的研究热点，目前尚没有工程实用方法被相关规范采纳。

（4）基于性能化的结构抗火设计方法　此方法根据具体的结构对象，直接以人员安全和火灾经济损失最小为目标，确定结构抗火需求，另外也考虑实际火灾升温及结构整体性能对结构抗火能力的影响。性能化方法以结构抗火需求为目标，最大限度地模拟结构的实际抗火能力，是一种先进的抗火设计方法。

4.4.2　钢结构构件抗火设计计算方法

钢结构构件建筑中常用的构件按照受力特性可分为轴心受力钢构件、单轴受弯钢构件、拉弯和压弯钢构件、钢框架的梁和柱。各类钢构件的抗火极限承载力验算原理和计算公式的推导与常温下基本相同，只是火灾时钢构件承载力计算考虑了温度对弹性模量、屈服强度和稳定系数等参数的影响。

火灾时的钢结构构件抗火设计要满足极限承载力、耐火时间和极限温度其中之一的要求，为了建立实用的钢结构构件计算与设计方法，需要采用以下几个基本假设：火灾时构件附近环境升温过程按照 ISO 834 曲线设置；钢构件为等截面构件且防火被覆均匀分布；钢构件内部截面的温度在各个时刻均匀分布；高温下普通钢结构构件的屈服强度折减系数和弹性模量降低系数按 4.3 节中的相关公式计算。

在不采取任何防火措施的情况下,钢结构构件的耐火极限不超过15min。工程中通常使用防火涂料延长钢结构构件的耐火极限,从而提高其抗火性能。因此,钢结构构件抗火设计的重要内容是防火涂料的类型和厚度设计。钢结构构件抗火设计的基本流程如图4-12所示。

根据经验先确定一个保护层厚度值,计算耐火极限状态下构件在外荷载和温度共同作用下的内力,然后进行构件耐火承载力极限状态的验算,判断选定保护层厚度下构件能否满足抗火要求,若不满足要求则调整保护层厚度重复上述计算过程,直至满足要求为止。

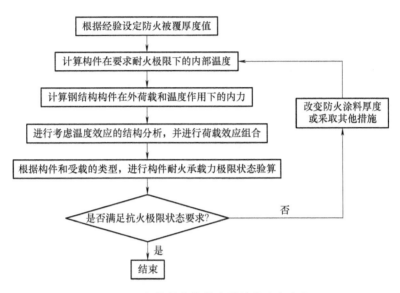

图4-12 钢结构构件抗火设计的基本流程

进行钢结构构件抗火计算与设计时,要确定钢构件的临界温度,并对钢构件的抗火承载力进行验算。下面介绍不同类型钢构件的临界温度与抗火极限承载力验算方法。

1. 轴心受力钢构件

轴心受拉钢构件根据其截面强度荷载比 R,可按表4-8确定构件的临界温度 T_{d},其中 R 可按下式计算:

$$R = \frac{N}{A_{\mathrm{n}}f} \tag{4-51}$$

式中 N——火灾时构件的轴向拉力设计值;

A_{n}——构件的净截面面积;

f——常温下钢材的强度设计值。

表4-8 按截面强度荷载比 R 确定的临界温度 T_{d}

R	0.30	0.35	0.40	0.45	0.50	0.55	0.60	0.65	0.70	0.75	0.80	0.85	0.90
结构钢构件的临界温度/℃	663	641	621	601	581	562	542	523	502	481	459	435	407
耐火钢构件的临界温度/℃	718	706	694	679	661	641	618	590	557	517	466	401	313

轴心受压钢构件的临界温度 T_d 取两个临界温度 T'_d 和 T''_d 中的较小者，其中

（1）临界温度 T'_d 的计算　与轴心受拉构件类似，根据受压构件截面强度荷载比 R，可按表 4-8 确定构件的临界温度 T'_d，其中 R 应按式（4-51）计算。

（2）临界温度 T''_d 的计算　根据构件稳定荷载比 R 以及构件长细比 λ，可按附录 A 确定构件的临界温度 T''_d，其中，R 按照下式计算：

$$R' = \frac{N}{\varphi A f} \tag{4-52}$$

式中　N——火灾时构件的轴向拉力设计值；

A——构件的毛截面面积；

φ——常温下轴心受压构件的稳定系数，按现行国家标准《钢结构设计规范》确定。

高温下，轴心受拉钢构件或轴心受压钢构件的强度应按下式验算：

$$\frac{N}{A_n} \leqslant f_T \tag{4-53}$$

式中　N——火灾时构件的轴向拉力或轴向压力设计值；

A_n——构件的净截面面积；

f_T——高温下钢材的强度设计值。

高温下，轴心受压钢构件的稳定性应按下式验算：

$$\frac{N}{\varphi_T A} \leqslant f_T \tag{4-54}$$

$$\varphi_T = \alpha_c \varphi \tag{4-55}$$

式中　N——火灾时构件的轴向压力设计值；

A——构件的毛截面面积；

φ_T——高温下轴心受压钢构件的稳定系数；

α_c——高温下轴心受压钢构件的稳定验算参数，按附录 B 确定；

φ——常温下轴心受压钢构件的稳定系数，按现行国家标准《钢结构设计规范》确定。

2. 单轴受弯钢构件

单轴受弯钢构件的临界温度 T_d 取两个临界温度 T'_d 和 T''_d 中的较小者。

（1）临界温度 T'_d 的计算　根据截面强度荷载比 R，可查附表 A-2 确定 T'_d，R 可按下式计算：

$$R = \frac{M}{\gamma W_n f} \tag{4-56}$$

式中　M——火灾时钢构件最不利截面处的弯矩设计值；

W_n——最不利截面的净截面模量；

γ——截面塑性发展系数。

（2）临界温度 T''_d 的计算　根据构件稳定荷载比 R' 以及常温下受弯构件的稳定系数 φ_b，可按附录 A 确定构件的临界温度 T''_d，其中，R' 按照下式计算：

$$R' = \frac{M}{\varphi_b W f} \tag{4-57}$$

式中　M——火灾时钢构件的最大弯矩设计值；

W——钢构件的毛截面模量；

φ_b——常温下受弯构件的稳定系数，应根据现行国家标准《钢结构设计规范》的有关规定计算。

高温下，单轴受弯钢构件的强度应按下式验算：

$$\frac{M}{\gamma W_n} \leqslant f_T \qquad (4-58)$$

式中　M——火灾时构件的最不利截面处的弯矩设计值；

W_n——钢构件最不利截面的毛截面模量；

γ——截面塑性发展系数。

高温下，单轴受弯钢构件的稳定性应按下式验算：

$$\frac{M}{\varphi_{bT} W_n} \leqslant f_T \qquad (4-59)$$

$$\varphi_{bT} = \begin{cases} \alpha_b \varphi_b & \alpha_b \varphi_b \leqslant 0.6 \\ 1.07 - \dfrac{0.282}{\alpha_b \varphi_b} \leqslant 1.0 & \alpha_b \varphi_b > 0.6 \end{cases} \qquad (4-60)$$

式中　M——火灾时构件的最大弯矩设计值；

W——按受压纤维确定的构件毛截面模量；

φ_b——常温下受弯构件的稳定系数，按现行国家标准《钢结构设计规范》的有关规定计算，但当所计算的 $\varphi_b > 0.6$ 时，φ_b 不做修正；

φ_{bT}——常温下受弯钢构件的稳定系数；

α_b——高温下受弯钢构件的稳定验算系数，按表4-9确定。

表 4-9　高温下受弯钢构件的稳定验算系数 α_b

温度/℃	20	100	150	200	250	300	350	400
结构钢构件	1.000	0.980	0.966	0.949	0.929	0.905	0.896	0.917
耐火钢构件	1.000	0.988	0.982	0.978	0.977	0.978	0.984	0.996
温度/℃	450	500	550	600	650	700	750	800
结构钢构件	0.962	1.027	1.094	1.101	0.961	0.950	1.011	1.000
耐火钢构件	1.017	1.052	1.111	1.214	1.419	1.630	2.256	2.640

3. 拉弯和压弯钢构件

拉弯钢构件根据其截面强度荷载比 R，可按表4-8确定构件的临界温度 T_d。其中，R 可按下式计算：

$$R = \frac{1}{f} \left[\frac{N}{A_n} \pm \frac{M_x}{\gamma_x W_{nx}} \pm \frac{M_y}{\gamma_y W_{ny}} \right] \qquad (4-61)$$

式中　N——火灾时构件的轴向拉力设计值；

M_x，M_y——火灾时最不利截面处的弯矩，分别对应于强轴 x 轴和弱轴 y 轴；

A_n——最不利截面的净截面面积；

W_{nx}，W_{ny}——对强轴和弱轴的净截面模量；

γ_x，γ_y——绕强轴和绕弱轴弯曲的截面塑性发展系数。

压弯钢构件的临界温度 T_d 可取以下三个临界量温度 T_d'、T_{dx}''、T_{dy}'' 中的较小者：

（1）临界温度T'_d的计算　根据截面强度荷载比R，可查附录 B 得T'_d值，其中R仍按上式计算。

（2）临界温度T''_{dx}的计算　根据绕强轴x轴弯曲的构件稳定荷载比R'_x以及长细比λ_x。其中R'_x按下式计算：

$$R'_x = \frac{1}{f}\left[\frac{N}{\varphi_x A} + \frac{\beta_{mx}M_x}{\gamma_x W_x(1 - 0.8N/N'_{Ex})} + \eta\frac{\beta_{ty}M_y}{\varphi_{by}W_y}\right] \tag{4-62}$$

$$N'_{Ex} = \pi^2 A E_s / (1.1\lambda_x^2) \tag{4-63}$$

式中　N——火灾时构件所受的轴向压力设计值；

M_x，M_y——火灾时所计算构件段范围内对强轴和弱轴的最大弯矩设计值；

A——构件的毛截面面积；

W_x，W_y——对强轴和弱轴的毛截面模量；

E_s——常温下钢材的弹性模量；

λ_x——对强轴的长细比；

φ_x——常温下轴心受压构件对强轴失稳的稳定系数；

φ_{by}——常温下均匀弯曲受弯构件对应于弱轴失稳的稳定系数，按现行国家标准《钢结构设计规范》的规定计算；

γ_x——绕强轴弯曲的截面塑性发展系数；

η——截面影响系数，对于闭口截面$\eta = 0.7$，对于其他截面$\eta = 1.0$；

β_{mx}——弯矩作用平面内的等效弯矩系数；

β_{ty}——弯矩作用平面外的等效弯矩系数。

临界温度T''_{dy}的计算。根据绕y轴弯曲的构件稳定荷载比R'_y以及长细比λ_y。其中R'_y按下式计算：

$$R'_y = \frac{1}{f}\left[\frac{N}{\varphi_y A} + \frac{\beta_{my}M_y}{\gamma_y W_y(1 - 0.8N/N'_{Ey})} + \eta\frac{\beta_{tx}M_x}{\varphi_{bx}W_x}\right] \tag{4-64}$$

$$N'_{Ey} = \pi^2 A E_s / (1.1\lambda_y^2) \tag{4-65}$$

式中　N'_{Ey}——绕弱轴弯曲的参数；

λ_y——钢构件对弱轴的长细比；

φ_y——常温下轴心受压构件对弱轴失稳的稳定系数；

φ_{bx}——常温下均匀弯曲受弯构件对强轴失稳的稳定系数，应按现行国家标准《钢结构设计规范》的规定计算；

γ_y——绕弱轴弯曲的截面塑性发展系数。

β_{my}——弯矩作用平面内的等效弯矩系数；

β_{tx}——弯矩作用平面外的等效弯矩系数。

上面两式中，弯矩作用平面内的等效弯矩系数β_{mx}，β_{my}应按下列规定采用（β_m表示β_{mx}、β_{my}）。

对于框架柱和两端支承的构件：

1）无横向荷载作用时：取$\beta_m = 0.65 + 0.35 M_2/M_1$，$M_1$和$M_2$为端弯矩，使构件产生同向曲率（无反弯点）时取同号；使构件产生反向曲率（有反弯点）时取异号，$|M_1| \geq |M_2|$。

2）有端弯矩和横向荷载同时作用时：使构件产生同向曲率时，$\beta_m = 1.0$；使构件产生反向曲率时，$\beta_m = 0.85$。

3）无端弯矩但有横向荷载作用时：$\beta_m = 1.0$。

对于悬臂构件和分析内力未考虑二阶效应的无支撑纯框架和弱支撑框架柱，$\beta_m = 1.0$。弯矩作用平面外的等效弯矩系数 β_{tx}，β_{ty} 应按下列规定采用（β_t 表示 β_{tx}、β_{ty}）。

对于在弯矩作用平面外有支承的构件，应根据两相邻支承点间构件段内的荷载和能力情况确定：

1）所考虑构件段无横向荷载作用时：$\beta_t = 0.65 + 0.35 \, M_2/M_1$，$M_1$ 和 M_2 为在弯矩作用平面内的端弯矩，使构件产生同向曲率（无反弯点）时取同号；使构件产生反向曲率（有反弯点）时取异号，$|M_1| \geqslant |M_2|$。

2）所考虑构件段有端弯矩和横向荷载同时作用时：使构件产生同向曲率时，$\beta_t = 1.0$；使构件产生反向曲率时，$\beta_t = 1.0$。

3）所考虑构件段无端弯矩但有横向荷载作用时：$\beta_t = 1.0$。

对于弯矩作用平面外为悬臂的构件，$\beta_t = 1.0$。

高温下，拉弯或压弯钢构件的强度应按下式验算：

$$\frac{N}{A_n} \pm \frac{M_x}{\gamma_x W_{nx}} \pm \frac{M_y}{\gamma_y W_{ny}} \leqslant f_T \tag{4-66}$$

式中　N——火灾时构件的轴力设计值；

　M_x，M_y——火灾时最不利截面处对应于强轴 x 轴和弱轴 y 轴的弯矩设计值；

W_{nx}，W_{ny}——对 x 轴和 y 轴的净截面模量；

　γ_x，γ_y——绕强轴和绕弱轴弯曲的截面塑性发展系数。

高温下，压弯钢构件的稳定性应按下式验算：

绕强轴 x 轴弯曲：

$$\frac{N}{\varphi_{xT} A} + \frac{\beta_{mx} M_x}{\gamma_x W_x (1 - 0.8 N/N'_{ExT})} + \eta \frac{\beta_{ty} M_y}{\varphi_{byT} W_y} \leqslant f_T$$

$$N'_{ExT} = \pi^2 E_{sT} A / (1.1 \lambda_x^2) \tag{4-67}$$

绕弱轴 y 轴弯曲：

$$\frac{N}{\varphi_{yT} A} + \frac{\beta_{my} M_y}{\gamma_y W_y (1 - 0.8 N/N'_{EyT})} + \eta \frac{\beta_{tx} M_x}{\varphi_{bxT} W_x} \leqslant f_T$$

$$N'_{EyT} = \pi^2 E_{sT} A / (1.1 \lambda_y^2) \tag{4-68}$$

式中　　N——火灾时构件的轴向压力设计值；

　M_x，M_y——火灾时所计算构件段范围内对强轴 x 和弱轴 y 的最大弯矩设计值；

　　A——构件的毛截面面积；

　W_x，W_y——对强轴和弱轴的毛截面模量；

N'_{ExT}，N'_{EyT}——高温下绕强轴弯曲和绕弱轴弯曲的参数；

　λ_x，λ_y——对强轴和弱轴的长细比；

　φ_{xT}，φ_{yT}——高温下轴心受压钢构件的稳定系数，分别对应于强轴失稳和弱轴失稳，按式（4-55）计算；

φ_{bxT}，φ_{byT}——高温下均匀弯曲受弯钢构件的稳定系数，分别对应于强轴失稳和弱轴失稳，按式（4-60）计算；

η——截面影响系数，对于闭口截面 $\eta = 0.7$，对于其他截面 $\eta = 1.0$；

β_{tx}，β_{ty}——弯矩作用平面外的等效弯矩系数，应按下列规定采用（β_t 表示 β_{tx}、β_{ty}）。

在弯矩作用平面外有支承的构件，应根据两相邻支承点间构件段内的荷载和能力情况确定：

1）所考虑构件段无横向荷载作用时：$\beta_t = 0.65 + 0.35 m_2/M_1$，$M_1$ 和 m_2 为在弯矩作用平面内的端弯矩，使构件产生同向曲率（无反弯点）时取同号；使构件产生反向曲率（有反弯点）时取异号，$|M_1| \geq |m_2|$。

2）所考虑构件段有端弯矩和横向荷载同时作用时：使构件产生同向曲率时，$\beta_t = 1.0$；使构件产生反向曲率时，$\beta_t = 0.85$。

3）所考虑构件段无端弯矩但有横向荷载作用时：$\beta_t = 1.0$。

弯矩作用平面外为悬臂的构件，$\beta_t = 1.0$。

4. 钢框架的梁和柱

钢框架梁的临界温度 T_d 可按表 4-8 确定。其截面强度荷载比 R 可按下式计算：

$$R = \frac{M}{W_p f} \tag{4-69}$$

式中　M——钢框架梁上荷载产生的最大弯矩设计值，不考虑温度内力；

　　　W_p——钢框架梁截面的塑性截面模量。

钢框架柱的临界温度 T_d 可按附录 D 确定。其构件稳定荷载比 R' 可按下式计算：

$$R' = \frac{N}{0.7\varphi A f} \tag{4-70}$$

式中　N——火灾时钢框架柱所受的轴压力设计值；

　　　A——钢框架柱的毛截面面积；

　　　φ——常温下轴心受压构件的稳定系数。

火灾时，受楼板侧向约束的钢框架梁的承载力可按下式验算：

$$M \leq f_T W_p \tag{4-71}$$

式中　M——火灾时钢框架梁上荷载产生的最大弯矩设计值，不考虑温度内力；

　　　W_p——钢框架梁截面的塑性截面模量。

火灾时钢框架柱的承载力可按下式验算：

$$\frac{N}{\varphi_T A} \leq 0.7 f_T \tag{4-72}$$

式中　N——火灾时框架柱所受的轴力设计值，应考虑温度内力的影响；

　　　A——框架柱的毛截面面积；

　　　φ_T——高温下轴心受压钢构件的稳定系数，按式（4-55）计算，其中钢框架柱计算长度应按柱子长度确定。

4.4.3　钢筋混凝土构件抗火设计计算方法

从理论上讲，混凝土结构构件抗火设计方法与钢结构构件相同，也分为处方式的设计方法和基于计算的结构构件抗火设计计算方法。实际上，混凝土结构在火灾时的行为分析也要遵循火场分析、热传递分析和结构高温分析的基本思路。其设计目标分为两个层次：在构件层次，要满足稳定性、完整性和隔热性要求；在整体层次，要保持结构稳定性以及防火区间的耐火要求。但是由于混凝土和钢材两种材料的特性相差较大，导致结构构件抗火设计存在较大的差别。钢结构构件截面小，材料导热性能强，升温快，抗火能力差，一般需要进行防火保护；而混凝土结构构件截面大，材料导热性能差，吸热能力强，抗火能力强，一般不需要进行防火保护就能达到 2h 左右的耐火极限。因此，传统上对混凝土的抗火性能的关注不如钢结构。目前，国内还没有颁布正式的混凝土抗火设计规范。目前的混凝土结构构件的高温计算基本依赖于经验和标准耐火试验。而欧洲规范对混凝土结构构件的高温下承载力计算有较为详细的规定。

钢筋混凝土构件抗火设计方法可分为 500℃等温线法、分区法和高级计算方法。其中高级计算方法一般是指有限元法。由于有限元法计算相对复杂，不易被工程技术人员掌握，因此下面仅仅介绍 500℃等温线法和分区法。由于目前国内还没有颁布正式的混凝土抗火设计技术规范，下面介绍的设计原则和验算方法基本依据欧洲规范 EC2：Part 1.2 给出。

1. 计算与设计方法

（1）500℃等温线法　500℃等温线法适用于承受弯矩和轴力作用的钢筋混凝土构件，对于承受轴力作用的情形，该方法仅考虑了轴力作用下的截面承载力。基本假定就是截面上超过 500℃的混凝土完全破坏，不参与承担荷载；对于温度不超过 500℃的混凝土，则假定其强度和弹性模量等与常温下的相同。这样对于原构件可以减少受损的混凝土部分称为剩余截面，对剩余截面可以按照常温下的正常界面进行抗火承载力验算。这个方法适用于标准火灾或任何能在构件截面产生类似温度分布的火场的混凝土构件剩余承载力验算，但对构件截面有最小尺寸限制，见表 4-10。

表 4-10　适用 500℃等温线的最小截面要求

标准火灾曲线	耐火性能	R60	R90	R120	R180	R240
	最小截面宽度/mm	90	120	160	200	280
参考火模型	火灾荷载密度/(MJ/m²)	200	300	400	600	800
	最小截面宽度/mm	100	140	160	200	240

当屈曲引起的轴力二阶效应明显时，应采用弯矩曲率法计算。500℃等温线法计算过程如下：

1）计算截面的温度分布。

2）根据温度分布确定 500℃等温线，将截面分为 500℃以上和以下两部分。假定 500℃以上部分不参与承载；对 500℃以下部分则假定温度对其没有影响，按常温计算。

3）去掉 500℃以上部分得到有效截面。对等温线的圆角部分可以近似做直角处理，得到新的截面尺寸 b_e 和 h_e（b_e 为有效宽度，h_e 为有效高度），如图 4-13 所示。

4）计算钢筋的温度，并根据钢筋的高温强度递减系数计算相应的高温下的钢筋强度。

5）根据有效的混凝土截面和考虑温度折减后的钢筋强度，即可依照常温下相应的方法计算构件截面的高温承载力。

（2）分区法　分区法可用于求解受弯和受压构件在高温下的截面承载力，它比 500℃等温线更加复杂，结果更加精确，尤其对于柱的求解。该方法仅适用于标准火灾曲线。其计算过程如下：

1）假定火灾对结构造成的损害为受火面厚度 a_z 范围内的混凝土，该截面在高温下的有

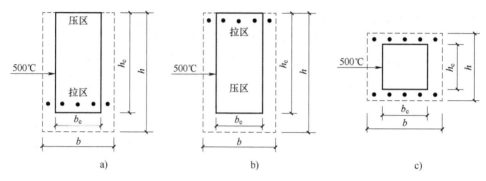

图 4-13　500℃等温混凝土构件有效截面示意图

a）三面受火—拉区受火　b）三面受火—压区受火　c）四面受火

效截面为除掉 a_z 厚度后的部分，如图 4-14 所示。

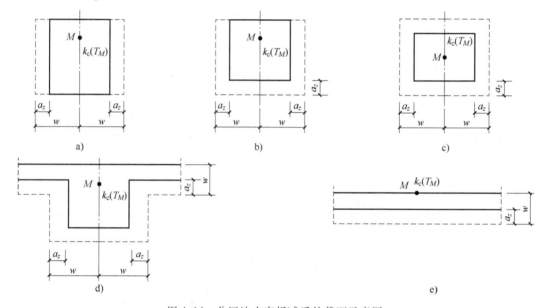

图 4-14　分区法火灾折减后的截面示意图

a）墙两面受火　b）梁三面受火　c）柱四面受火　d）梁及板下面受火　e）墙板单面受火

2）以双面受火的墙为例，M 点是截面中轴线上任意一点，用来确定整个截面折减后的强度。w 定义为 M 点到受火边缘的距离，因此对于单面受火的截面，它等于截面厚度；对于双面受火的截面，它等于截面厚度的一半，具体如图 4-14a 所示。

3）以双面受火墙为例，将有效截面分为 3 个以上厚度相等的平行区，如图 4-14b 所示，对每个区求解其平均温度以及相应混凝土平均抗压强度。

4）截面的平均强度折减系数为：

$$k_{cm} = \frac{1 - \dfrac{0.2}{n} \sum\limits_{i=1}^{n} k_c(T_i)}{n} \tag{4-73}$$

式中　k_{cm}——截面平均强度折减系数；

　　　n——宽度 w 范围内截面的分区数；

　$k_c(T_i)$——第 i 个分区的强度折减系数。

5）对于厚度为 a_z 的阴影部分后的有效截面，取温度为 T_M，强度降低系数为 k_{cm} 后，按常温下的计算方法计算其截面承载力。

关于 a_z 的取值，对于梁、板以及其他平面内剪力作用的构件，可以计算如下：

$$a_z = w\left(1 - \frac{k_{cm}}{k_c T_M}\right) \tag{4-74}$$

对于墙、柱等可能需要考虑轴力二阶效应的构件，可计算如下：

$$a_z = w\left[1 - \left(\frac{k_{cm}}{k_c T_M}\right)^{1.3}\right] \tag{4-75}$$

2. 不同类型钢筋混凝土构件抗火设计方法

（1）钢筋混凝土受压构件　规范中仅仅给出了有侧向支撑结构柱的设计，根据是否考虑轴力的二阶效应，柱的设计分为以下两类。

1）不考虑二阶效应的查表法。当不考虑轴力二阶效应时，可以采用简化方法中的 500℃ 等温线法以及分区法。柱的耐火极限也可以采用直接查表法，矩形或圆形截面柱的最小边长及保护层厚度见表 4-11。

表 4-11　矩形或圆形截面柱的最小边长及保护层厚度

标准耐火极限	最小截面尺寸（柱的最小边长 b_{min}/钢筋保护层厚度 a）/mm			
	多面受火柱			单面受火柱
	$\mu_{fi} = 0.2$	$\mu_{fi} = 0.5$	$\mu_{fi} = 0.7$	$\mu_{fi} = 0.7$
R30	200/25	200/25	200/32	155/25
			300/27	
R60	200/25	200/36	250/46	155/25
		300/31	350/40	
R90	200/31	300/45	350/53	155/25
	300/35	400/38	450/40 *	
R120	250/40	350/45 *	350/57 *	175/35
	350/35	450/40 *	450/51 *	
R180	350/45 *	350/63 *	450/70 *	230/55
R240	350/61 *	450/75 *	—	295/70

注：带 * 者至少 8 根钢筋。

表 4-11 的适用条件如下：

① 柱在火灾情况下的有效长度 $l_{0,fi} \leq 3\text{m}$。柱在火灾时的有效长度可取常温下的有效长度 l_0。对于有侧向支撑结构其耐火时间一般超过 30min，对于中间层柱其有效长度 $l_{0,fi}$ 可取 $0.5l$，顶层可取 $0.5l \leq l_{0,fi} \leq 0.7l$，其中 l 为柱的实际长度。

② 火灾状况下的偏心距 $e = \dfrac{M_{Ed,fi}}{N_{Ed,fi}} \leq e_{max}$，$0.15h\ (b) \leq e_{max} \leq 0.4h(b)$，推荐 $e_{max} = 0.15h(b)$。火灾时的构件偏心距可以近似按照常温下构件的偏心距计算，即取 $e = \dfrac{M_{Ed}}{N_{Ed}}$。其中，$e_{max}$ 为最大偏心距；M_{Ed} 为柱在常温下的一阶弯矩。

③ 配筋要求 $A_s \leqslant 0.04 A_c$。

表 4-11 中，μ_{fi} 称为柱的荷载率，按下式计算：

$$\mu_{fi} = \frac{N_{Ed,fi}}{N_{Rd}} \tag{4-76}$$

式中　$N_{Ed,fi}$——火灾状况下的轴力设计值；

　　　N_{Rd}——常温下轴力设计抗力，有关计算参考欧洲规范 EN 1992-1-1：2004 进行。

2）考虑二阶效应的查表法。

偏心距满足：

$$e = \frac{M_{Ed,fi}}{N_{Ed,fi}} \leqslant e_{max}$$

$$e_{max} = \min(0.25b, 0.25h, 100) \tag{4-77}$$

式中　$M_{Ed,fi}$——柱在火灾时的一阶弯矩；

　　　$N_{Ed,fi}$——柱在火灾时的轴力。

柱在火灾下的长细比：

$$\lambda_{fi} = \frac{l_{0,fi}}{i} \leqslant 30 \tag{4-78}$$

式中　$l_{0,fi}$——柱在火灾时的有效长度，对于有侧向支撑结构，其耐火时间一般超过 30min，对于中间层柱，其有效长度 $l_{0,fi}$ 可取 0.5l，顶层可取 0.5$l \leqslant l_{0,fi} \leqslant 0.7l$，其中 l 为柱的实际长度；

　　　i——柱的最小回转半径；

　　　λ_{fi}——柱在火灾时的长细比，可以假定等于常温下的长细比。

柱的耐火极限可以从附录 B 中得到，其中：

$$n = \frac{N_{Ed,fi}}{0.7(A_c f_{cd} + A_s f_{yd})}$$

$$\omega = \frac{A_s f_{yd}}{A_c f_{cd}} \tag{4-79}$$

式中　n——最小截面尺寸（mm）；

　　　A_c——柱的截面面积；

　　　f_{cd}——柱的混凝土强度设计值；

　　　A_s——柱配置的钢筋截面面积；

　　　f_{yd}——柱配置的钢筋强度的设计值；

　　　ω——柱在常温下配筋率。

不同截面柱的最小边长及保护厚度如附录 C 所示。

（2）钢筋混凝土受拉构件　当对混凝土受拉构件的轴向变形没有要求时，如果该构件的截面尺寸满足表 4-12 的要求，混凝土受拉构件可以满足耐火要求；如果该构件的轴向拉伸变形可能影响结构的整体稳定性，则构件中钢筋的温度应该限定在 400℃以下，用本章节所示方法计算钢筋保护层厚度。此外，受拉构件的截面尺寸不宜小于表 4-12 中的 $2b_{min}^2$。

（3）钢筋混凝土受弯构件　钢筋混凝土受弯构件的简化计算方法可以采用 500℃等温线法和分区法，这在前两节中已经进行了介绍。

钢筋混凝土梁的耐火极限也可以通过查表法得到，在查表法中所有梁均假定为三面受火，梁上部受到楼板的保护。在图表法中，钢筋群的平均保护层厚度 a 按下式进行计算：

$$a = \frac{\sum A_{si} a_i}{\sum A_{si}} \tag{4-80}$$

式中 A_{si}——第 i 根钢筋的截面面积；

a_i——第 i 根钢筋截面型心到受火面的距离，当有多个受火面时，取值为到最近受火面的距离。

1）简支梁。简支梁达到要求的耐火极限时需要的钢筋保护层厚度以及梁的最小宽度见表 4-12。表中 a 为钢筋群的平均保护层厚度，b_{min} 为梁的宽度，对于工字形截面，b_w 为梁腹板的厚度，表中 WA、WB 和 WC 对应不同的安全程度分级。

表 4-12 简支梁的最小尺寸和钢筋保护层厚度

标准耐火极限	最小截面尺寸/mm				腹板厚度 b_w/mm		
					WA	WB	WC
R30	$b_{min} = 80$	120	160	200	80	80	80
	$a = 25$	20	15	15			
R60	$b_{min} = 120$	160	200	300	100	80	100
	$a = 40$	35	30	25			
R90	$b_{min} = 150$	200	300	400	110	100	100
	$a = 55$	45	40	35			
R120	$b_{min} = 200$	240	300	500	130	120	120
	$a = 65$	60	55	50			
R180	$b_{min} = 240$	300	400	600	150	150	140
	$a = 80$	70	65	60			
R240	$b_{min} = 280$	350	500	700	170	170	160
	$a = 90$	80	75	70			

注：1. a 为平均保护层厚度；b_{min} 为梁宽度。

2. 对于角落处的钢筋，应有 $a_{sd} = a + 10$（mm），当 b_{min} 大于第 3 列的值时无须考虑。

2）连续梁。连续梁达到要求的耐火极限时需要的钢筋保护层厚度以及梁的最小宽度见表 4-13，表中变量同表 4-12。对比表 4-13 和表 4-12 可知，达到同样的耐火极限，对连续梁的要求相对较低，这是因为连续梁支座处的负弯矩钢筋在梁的上方，受火灾的影响较小，在火灾发生时，部分跨中弯矩可以转移到支座处。但为了保证支座附近有足够的抗弯承载力，应用表 4-13 时，连续梁还必须满足如下要求：①常温设计时弯矩重分配比例不得超过 15%；②在离中间支座两端 $0.3 l_{eff}$ 的范围内的负弯矩钢筋必须满足如下要求：

$$A_{s,req}(x) = A_{s,req}(0)\left(1 - \frac{2.5x}{l_{eff}}\right) \tag{4-81}$$

式中 $A_{s,req}$（0）——支座处负弯矩钢筋的截面面积；

$A_{s,req}$（x）——任意截面负弯矩钢筋的截面面积，x 为截面到支座的距离；

l_{eff}——连续梁的有效跨度。

表 4-13 连续梁的最小尺寸和钢筋保护层厚度

标准耐火极限	最小截面尺寸/mm				腹板厚度 b_w/min		
					WA	WB	WC
R30	$b_{min}=80$	160	—	—	80	80	80
	$a=15$	12					
R60	$b_{min}=120$	200	—	—	100	80	100
	$a=25$	12					
R90	$b_{min}=150$	250	—	—	110	100	100
	$a=35$	25					
R120	$b_{min}=200$	300	450	500	130	120	120
	$a=45$	35	35	30			
R180	$b_{min}=240$	400	550	600	150	150	140
	$a=60$	50	50	40			
R240	$b_{min}=280$	500	650	700	170	170	160
	$a=75$	60	50	50			

注：1. a 为平均保护层厚度；b_{min} 为梁宽度。

2. 对于角落处的钢筋，应有 $a_{sd}=a+10$（mm），当 b_{min} 大于第 3 列的值时无须考虑。

（4）钢筋混凝土墙

1）隔墙。当墙体的最小厚度满足表 4-14 的要求时，可认为满足隔热性和整体性要求。当混凝土为钙质骨料时，表中的最小厚度可以减少 10%。隔墙的高度与厚度的比值不应超过 40。

表 4-14 隔墙的最小墙体厚度要求

标准耐火极限/min	30	60	90	120	180	240
最小墙体厚度/mm	60	80	100	120	150	175

2）承重墙。承重墙的耐火极限可以采用 500℃ 等温线法和分区法。当应用图表法时，混凝土承重墙的厚度及钢筋的保护层厚度需满足表 4-15 的要求。表中 μ_{fi} 为墙体的荷载率，计算公式与式（4-76）相同。

表 4-15 承重墙的最小墙体厚度与保护层厚度

标准耐火极限	最小尺寸（墙体/保护层厚度）/mm			
	$\mu_{fi}=0.35$		$\mu_{fi}=0.7$	
	单面受火	双面受火	单面受火	双面受火
R30	100/10*	120/10*	120/10*	120/10*
R60	110/10*	120/10*	130/10*	120/10*
R90	120/20*	140/10*	140/25*	140/10*
R120	150/25	160/25	160/35	160/25
R180	180/40	200/45	210/50	200/45
R240	230/55	250/55	270/60	250/55

注：带*者保护层厚度由常温下的构造要求确定。

3）防火墙。防火墙除需要满足个体性能外，还需要满足一定的抗冲击性能。对普通混凝土防火墙的要求为：素混凝土墙最小厚度为 200mm，钢筋混凝土承重墙的最小厚度为 140mm，钢筋混凝土非承重墙最小厚度为 120mm，承重墙的钢筋保护层厚度最小为 25mm。

（5）钢筋混凝土楼板 两边或四边简支的楼板满足耐火极限 30 ~ 240min 的要求时，最小板厚和保护层厚度见表 4-16。表 4-16 中所要求的厚度为满足楼板的隔热性和完整性所需要的板厚，楼板的承载力性能满足常温下的设计即可。因此，表中厚度也可包含楼面外贴保温层的厚度。如果连续板满足以下条件，也可以用于连续板：

1）常温下的弯矩重分配比例不超过 15%。

2）离中间支座两端的 $0.3l_{eff}$ 范围内的负弯矩钢筋必须满足式（4-81）。

3）中间支座的负弯矩钢筋满足 $A_s \geqslant 0.005A_c$。

表 4-16 简支楼板的最小厚度及保护层厚度

标准耐火极限	最小尺寸			
	楼板厚度/mm	单向板/mm	双向板/mm	
			$L_x/L_y \leqslant 1.5$	$1.5 < L_x/L_y \leqslant 2.0$
REI 30	60	10	10*	10*
REI 60	80	20	10*	15*
REI 90	100	30	15*	20*
REI 120	120	40	20	25
REI 180	150	55	30	40
REI 240	175	65	40	50

注：L_x、L_y 是双向板的长跨和短跨；双向板中，a 是最底层钢筋的保护层厚度；带 * 者保护层厚度由常温下的构造要求确定。

在上述有关表格中，钢筋保护层厚度都是基于钢筋的临界温度（500℃）。在有些情况下，由于对构件变形的限制，可能对钢筋的要求更严格。当对钢筋的温度要求不为 500℃时，可以按下面的方法增加所需的钢筋保护层厚度：

$$\Delta a = 0.1(500 - T_{cr}) \tag{4-82}$$

式中 Δa ——钢筋保护层厚度增加值；

T_{cr} ——钢筋所要求的临界温度。

例如，如果需要控制钢筋的临界温度为 400℃，则保护层厚度需要增加 10mm。

4.4.4 钢-混凝土组合构件抗火设计计算方法

1. 钢管混凝土柱

目前工程中最常见的钢管混凝土柱截面形式主要是圆形、方形和矩形。其结构是外部是钢管，内部充填混凝土。由于钢管和其内部混凝土具有相互贡献、协同互补、共同工作、相辅相成的优点，这种结构具有良好的耐火性能。当钢管混凝土柱应用于高层建筑或工业厂房等结构中时，对其进行合理的结构抗火设计是非常重要和必要的。

由于钢筋混凝土柱外部钢材直接暴露在外部环境中，加上其导热速度快，吸热能力强的物理特性，容易达到屈服极限，因此钢筋混凝土柱的抗火设计的重点是外部钢材的抗火设计，常用方法是在钢材外部涂抹防火保护层。根据钢筋混凝土柱不同的截面形式和耐火极限，通过查表可以直接得出防火保护层厚度。

（1）钢管混凝土柱的防火保护层厚度

1）当圆形截面钢管混凝土柱保护层采用非膨胀型防水涂料时，其厚度可按附录 D 表 D-1 确定。

2）当矩形截面钢管混凝土柱保护层采用非膨胀型防火涂料时，其厚度可按附录 D 表 D-2 确定。

3）当圆形截面钢管混凝土柱保护层采用金属网抹 M5 普通水泥砂浆时，其厚度可按附录 D 表 D-3 确定。

4）当矩形截面钢管混凝土柱保护层采用金属网抹 M5 普通水泥砂浆时，其厚度可按附录 D 表 D-4 确定。

（2）钢筋混凝土柱的防火保护措施　火灾高温作用下，钢管混凝土柱内部混凝土中的自由水和分解水会蒸发。为了使得混凝土中的水蒸气顺利蒸发，防止其发生膨胀威胁结构安全，在钢管混凝土柱表面设置排气孔是必要的。

《建筑钢结构防火技术规范》规定：为保证发生火灾时核心混凝土中水蒸气的排放，每个楼层的柱均应设置直径为 20mm 的排气孔。其位置宜在柱与楼板相交处的上方和下方各 100mm 处，并沿柱身反对称布置。

2. 压型钢板-混凝土组合楼板

压型钢板-混凝土组合楼板由压型钢板、钢筋和混凝土多种形式的材料组合而成，在我国多层、高层钢结构民用建筑和多层厂房建筑中应用最为广泛。目前，组合楼板的抗火设计仍以在少数给定荷载下，通过耐火检测得到其耐火时间。然而影响楼板抗火性能的因素很多，如实际建筑中荷载的多变性和结构形式的复杂性，都会影响楼板的耐火时间。在对组合楼板进行抗火分析时，只考虑组合楼板的承载能力和抗变形能力，不考虑其绝热功能，即把组合板作为单纯的结构构件处理。当构件丧失承载能力或变形较大时即认为构件达到抗火极限状态。

压型钢板组合楼板的抗火设计方法主要有基于小挠度破坏准则的设计方法和考虑薄膜效应的设计方法。

（1）基于小挠度破坏准则的设计方法　该方法适用于不允许楼板产生大挠度变形的情形，根据下式计算组合楼板的耐火时间：

$$t_r = 114.06 - 26.8\eta_F$$

$$\eta_F = \frac{M_{max}}{R_{MC}}$$

$$R_{MC} = f_t W \tag{4-83}$$

式中　t_r——组合楼板耐火时间（min）；

η_F——组合板的内力指标；

M_{max}——火灾时单位宽度组合板内由荷载产生的最大正弯矩设计值；

R_{MC}——火灾时单位宽度组合板内素混凝土板的正弯矩承载力；

f_t——常温下混凝土的抗拉强度设计值；

W——单位宽度组合板内低于 700℃ 部分素混凝土板截面的正弯矩抵抗矩。

压型钢板-混凝土组合板在 ISO 834 标准升温条件下，各时刻的 700℃ 等温线在组合板内的移动过程如图 4-15 所示，其他时刻的 700℃ 等温线可以按内插值法得到。如果按式（4-83）计算所得 t_r 不小于楼板规定的耐火极限要求，则该楼板无须采用其他防火保护措施。如果计算所得小于楼板规定的耐火极限要求，则应采用防火材料保护，或楼板常温下的设计不应考虑压型钢板的组合作用，而另配受拉钢筋。

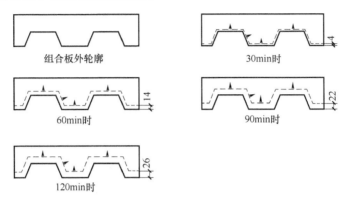

图 4-15　ISO 834 标准升温条件下 700℃ 等温线在组合板内的移动过程（单位：mm）

（2）考虑薄膜效应的设计方法　如果火灾中允许楼板产生较大的变形，则楼板通过薄膜效应还具有更大的抗火能力。在此情形下可采用考虑薄膜效应的抗火设计方法，以降低建筑防火设计成本。薄膜效应是指火灾时在部分支撑楼板的钢梁和压型钢板丧失承载力后，楼板在火灾时虽然产生很大的变形，单楼板依靠板内钢筋网形成的薄膜作用还可继续承受荷载，楼板未发生坍塌。

《建筑钢结构防火技术规范》规定：当钢结构中的楼板为普通现浇楼板或压型钢板组合楼板，且楼板的耐火极限不大于 1.5h 时，可考虑薄膜效应。考虑薄膜效应进行楼板的抗火设计时，应按下列要求将楼板划分为板块设计单元且满足下列要求：

1）板块应为矩形，且长宽比不大于 2。

2）板块四周应有梁支撑，且梁满足规定的抗火设计要求。

3）板块中应布置钢筋网，对于普通现浇楼板可为受力钢筋网，对于压型钢板组合楼板可为温度钢筋网。

4）板块内可有 1 根以上次梁，且次梁的方向一致。

5）板块内部区域不得有柱（柱可设在板块边界上）。

6）板块内开洞尺寸不得大于 300mm。

若划分的板块设计单元不符合以上要求，则不得按本方法进行楼板的抗火设计。

考虑薄膜效应时，板块的极限承载力可按下式计算：

$$q_r = e_T q_f + q_{b,T} \tag{4-84}$$

式中　e_T——高温下，考虑板的薄膜效应后板块承载力的增大系数，查图 4-16 可得；

　　　q_f——板块在常温下的极限承载力，对压型钢板组合楼板，按肋以上混凝土板部分并考虑负筋和温度钢筋的作用计算；

　　　$q_{b,T}$——板块中次梁在火灾中的承载力。

图中 μ 是板块短跨方向配筋率与长跨方向配筋率的比值，a 为板块长短跨长的比值，h_0

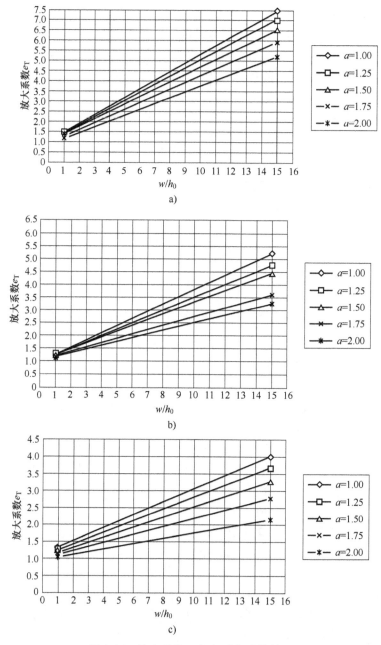

图 4-16　放大系数 e_T 与相对位移的关系

a)　$\mu = 0.5$　b)　$\mu = 1.0$　c)　$\mu = 1.5$

为楼板的有效厚度，即板厚减去钢筋保护层厚度。板块中心在 1.5h 时的竖向位移 ω，应按下式计算：

$$w = \frac{B}{10}\left(\sqrt{0.15 + 6\alpha_s \Delta T} + 0.15 - 0.064\lambda \right) \qquad (4\text{-}85)$$

式中　B——板块短跨尺寸（m）；

　　　α_s——钢筋热膨胀系数 [m/(m·℃)]；

λ——单位宽度组合楼板内负筋与温度钢筋的面积比;

ΔT——钢筋的温度（℃），取值见表 4-17。

表 4-17 普通现浇混凝土板钢筋在受火 1.5h 时的温度（℃）

d/mm	10	20	30	40	50	60	80	100
普通混凝土/℃	790	650	540	430	370	271	220	160
轻质混凝土/℃	720	580	460	360	280	225	185	135

3. 钢-混凝土组合梁

多高层钢结构建筑上一般设有混凝土楼板。如果混凝土板与钢梁之间没有任何连接，则在楼板上的竖向荷载作用下，楼板与钢梁将分别独立地发生弯曲变形。此时楼板与钢梁之间会产生相对剪切滑动，楼板与钢梁作为独立构件联合承受楼板上的竖向荷载。因此，在楼板与钢梁之间设置抵抗相对剪切滑动的抗剪连接件，使得混凝土楼板和钢梁形成一整体的工作梁，共同承受楼板上的竖向荷载。根据抗剪连接件能否保证组合梁充分发挥作用，又可将组合梁分为完全抗剪连接组合梁和部分抗剪组合梁。完全抗剪连接组合梁中楼板和钢梁之间的抗剪连接件的数量较多，组合梁的抗弯承载力能够充分发挥。组合梁主要有以下特点:

1) 可利用钢梁混凝土楼板的受压作用，增加了梁截面的有效高度，提高了梁的抗弯能力和抗弯刚度。

2) 混凝土楼板的热容大，升温慢，因而组合梁的抗火性能较好。

3) 组合梁的楼板对钢梁起到了侧向支撑作用，提高和保证了钢梁的整体稳定性。

由于上述优点，多高层钢结构建筑中通常采用组合梁，且一般采用完全抗剪连接组合梁。本节主要讨论钢—混凝土组合梁的抗火设计方法。

火灾下组合梁中混凝土楼板内的平均温度可按表 4-18 确定。

表 4-18 火灾时组合梁中混凝土楼板内的平均温度　　　　　　　（单位:℃）

混凝土顶板厚度/mm	受火时间/min			
	30	60	90	120
≤50	405	635	805	910
≥100	265	400	510	600

注: 1. 混凝土顶板厚度是指压型钢板肋高以上混凝土板厚度。

2. 对顶板厚度在 50～100mm 的混凝土楼板，其升温可通过线性插值得到。

为方便分析计算，可将组合楼板中的 H 型钢梁分成两部分:一部分为下翼缘与腹板组成的倒 T 形构件;另一部分为上翼缘。其中，上翼缘按三面受火考虑，下翼缘与腹板组成的倒 T 形构件按四面受火考虑。组合梁抗火承载力验算如下:

两端铰接时

$$M \leqslant M_T^+ \tag{4-86}$$

两端刚接时

$$M \leqslant M_T^+ + M_T^- \tag{4-87}$$

式中　M——火灾时组合梁的正弯矩设计值;

M_T^+——火灾时组合梁的正弯矩承载力;

M_T^-——火灾时组合梁的负弯矩承载力。

1）火灾时钢与混凝土组合梁的正弯矩承载力应计算。

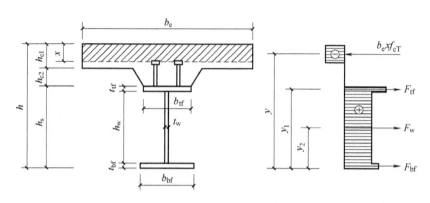

图 4-17　塑性中和轴在混凝土翼板内时组合梁截面的应力分布

注：h_{c1} 为混凝土翼板的厚度；h_{c2} 为压型钢板托板的高度；h_s 为钢梁的高度；x 为混凝土翼板受压区高度。

① 当塑性中和轴在混凝土翼板内（图 4-17），即 $b_e h_{cb} f_{cT} \geqslant F_{bf} + F_w + F_{tf}$ 时：

$$M_T^+ = (F_{tf} + F_w + F_{bf})y - F_{tf}y_1 - F_w y_2 \qquad (4\text{-}88)$$

其中：

$$F_{tf} = b_{tf} t_{tf} f_T$$

$$F_w = h_w t_w f_T$$

$$F_{bf} = b_{bf} t_{bf} f_T$$

$$y = h - \frac{1}{2}\left(t_{bf} + \frac{F_{bf} + F_w + F_{tf}}{b_e f_{cT}}\right)$$

$$y_1 = h_w + \frac{1}{2}(t_{bf} + t_{tf})$$

$$y_2 = \frac{1}{2}(t_{bf} + h_w)$$

式中　f_{cT}——高温下混凝土的抗压强度；

f_T——高温下钢材的强度设计值；

F_{tf}——高温下钢梁上翼缘的承载力；

F_w——高温下钢梁腹板的承载力；

F_{bf}——高温下钢梁下翼缘的承载力；

b_e——混凝土翼板的有效宽度，应按现行国家标准《钢结构设计规范》的规定确定；

b_{tf}——钢梁上翼缘的宽度；

b_{bf}——钢梁下翼缘的宽度；

h——组合梁的高度；

h_{cb}——混凝土翼板的等效厚度；

h_w——钢梁腹板的高度；

t_{tf}——钢梁上翼缘的厚度；

t_w——钢梁腹板的厚度；

t_{bf}——钢梁下翼缘的厚度；

y——混凝土翼板受压区中心到钢梁下翼缘中心的距离；

y_1——钢梁上翼缘中心到下翼缘中心的距离；

y_2——钢梁腹板中心到下翼缘中心的距离。

② 当塑性中和轴在钢梁上翼缘内（图 4-18），即 $F_{bf} + F_w - F_{tf} < b_e h_{cb} f_{cT} < F_{bf} + F_w + F_{tf}$ 时：

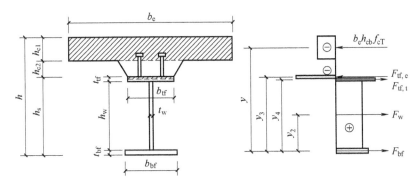

图 4-18　正弯矩作用下塑性中和轴在钢梁上翼缘内时的组合梁截面及应力分布

$$M_T^+ = b_e h_{cb} f_{cT} y + F_{tf,c} y_3 - F_{tf,c} y_3 - F_w y_2 \qquad (4-89)$$

其中：

$$F_{tf} = b_{tf} t_{tf} f_T$$

$$F_w = h_w t_w f_T$$

$$F_{bf} = b_{bf} t_{bf} f_T$$

$$F_{tf,c} = \frac{1}{2}(F_{tf} + F_w + F_{bf} - b_e h_{cb} f_{cT})$$

$$F_{tf,t} = \frac{1}{2}(F_{tf} - F_w - F_{bf} + b_e h_{cb} f_{cT})$$

$$y = h - 0.5 h_{cb} - 0.5 t_{bf}$$

$$y_2 = \frac{1}{2}(t_{bf} + h_w)$$

$$y_3 = \frac{1}{2} t_{bf} + h_w + t_{tf} - \frac{F_{tf} + F_w + F_{bf} - b_e h_{cb} f_{cT}}{4 b_{tf} f_T}$$

$$y_4 = \frac{1}{2} t_{bf} + h_w + \frac{F_{tf} - F_w - F_{bf} + b_e h_{cb} f_{cT}}{4 b_{tf} f_T}$$

式中　$F_{tf,c}$——钢梁上翼缘受压区的承载力；

　　　$F_{tf,t}$——钢梁上翼缘受拉区的承载力；

　　　y——混凝土翼板受压区中心到钢梁下翼缘中心的距离；

　　　y_2——钢梁腹板中心到下翼缘中心的距离；

　　　y_3——钢梁上翼缘受压区中心到下翼缘中心的距离；

y_4——钢梁上翼缘受拉区中心到下翼缘中心的距离。

2）火灾时钢与混凝土组合梁的负弯矩承载力计算。

如图 4-19 所示，计算时可不考虑楼板的作用，相应的组合梁抵抗弯矩可按下式计算：

$$M_\text{T}^- = F_\text{tf} y_1 + F_\text{w,t} y_6 - F_\text{w,c} y_5 \qquad (4\text{-}90)$$

其中：

$$F_\text{tf} = b_\text{tf} t_\text{tf} f_\text{T}$$

$$F_\text{w} = h_\text{w} t_\text{w} f_\text{T}$$

$$F_\text{bf} = b_\text{bf} t_\text{bf} f_\text{T}$$

$$F_\text{w,c} = \frac{1}{2}\left(F_\text{w} - F_\text{bf} + F_\text{tf}\right)$$

$$F_\text{w,t} = \frac{1}{2}\left(F_\text{w} + F_\text{bf} - F_\text{tf}\right)$$

$$y_1 = h_\text{w} + \frac{1}{2}\left(t_\text{bf} + t_\text{tf}\right)$$

$$y_5 = \frac{1}{2} t_\text{bf} - \frac{F_\text{w} - F_\text{bf} + F_\text{tf}}{4 t_\text{w} f_\text{T}}$$

$$y_6 = \frac{1}{2} t_\text{bf} + h_\text{w} - \frac{F_\text{w} + F_\text{bf} - F_\text{tf}}{4 t_\text{w} f_\text{T}}$$

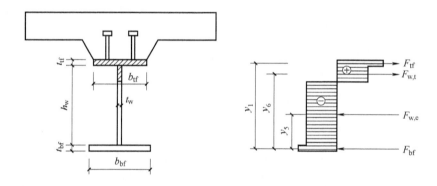

图 4-19　负弯矩作用下组合梁截面的应力分布

4.4.5　结构抗火保护措施

混凝土结构构件截面大，材料导热性能差，吸热能力强，抗火能力强，一般不需要进行防火保护就能达到 2h 左右的耐火极限。因此工程上一般不考虑混凝土结构的抗火保护，本节主要讨论钢结构的抗火保护措施。

一般来说，不加防火保护的钢构件的耐火极限仅为 10～20min，为了提高钢结构的耐火性能，需要采取相应的防火保护措施，使钢构件达到规定的耐火极限要求。钢结构防火保护措施应按照安全可靠、经济实用的原则选用，并应考虑下列条件：在要求的耐火极限内能有效地保护钢构件；防火材料应易于与钢构件结合，并对钢构件不产生有害影响；当钢构件受火产生允许变形时，防火保护材料不应发生结构性破坏，仍能保持原有的保护作用直至规定的耐火时间；施工方便，易于保证施工质量；防火保护材料不应对人体有毒害。

钢结构可采用下列防火保护措施：外包混凝土或砌筑砌体、涂敷防火涂料、防火板包覆、复合防火保护（即在钢结构表面涂敷防火除料或采用柔性毡状隔热材料包覆，再用轻质防火板作饰面板以及柔性毡状隔热材料包覆）等。

1）钢结构的防火保护措施应根据钢结构的结构类型、设计耐火极限和使用环境等因素，按照下列原则确定：

① 进行防火保护施工时，不产生对人体有害的粉尘或气体。

② 钢构件受火后发生允许变形时，防火保护不发生结构性破坏与失效。

③ 施工方便且不影响前续已完工的施工及后续施工。

④ 具有良好的耐久、耐候性能。

2）钢结构的防火保护可采用下列措施之一或其中几种的复（组）合：

① 喷涂（抹涂）防火涂料。

② 包覆防火板。

③ 包覆柔性毡状隔热材料。

④ 外包混凝土、金属网抹砂浆或砌筑砌体。

3）钢结构采用喷涂防火涂料保护时，应符合下列规定：

① 室内隐蔽构件，宜选用非膨胀型防火涂料。

② 设计耐火极限大于 1.50h 的构件，不宜选用膨胀型防火涂料。

③ 室外、半室外钢结构采用膨胀型防火涂料时，应选用符合环境对其性能要求的产品。

④ 非膨胀型防火涂料涂层的厚度不应小于 10mm。

⑤ 防火涂料与防腐涂料应相容、匹配。

4）钢结构采用包覆防火板保护时，应符合下列规定：

① 防火板应为不燃材料，且受火时不应出现炸裂和穿透裂缝等现象。

② 防火板的包覆应根据构件形状和所处部位进行构造设计，并应采取确保安装牢固稳定的措施。

③ 固定防火板的龙骨及黏结剂应为不燃材料。龙骨应便于与构件及防火板连接，黏结剂在高温下应能保持一定的强度，并应能保证防火板的包覆完整。

5）钢结构采用包覆柔性毡状隔热材料保护时，应符合下列规定：

① 不应用于易受潮或受水的钢结构。

② 在自重作用下，毡状材料不应发生压缩不均的现象。

6）钢结构采用外包混凝土、金属网抹砂浆或砌筑砌体保护时，应符合下列规定：

① 当采用外包混凝土时，混凝土的强度等级不宜低于 C20。

② 当采用外包金属网抹砂浆时，砂浆的强度等级不宜低于 M5；金属丝网的网格不宜大于 20mm，丝径不宜小于 0.6mm；砂浆最小厚度不宜小于 25mm。

③ 当采用砌筑砌体时，砌块的强度等级不宜低于 MU10。

思 考 题

1. 简述建筑室内火灾发生与发展的一般过程。

2. 阐述结构抗火设计的一般原则。

3. 防火、耐火与抗火三者有何区别与联系？

4. 简述钢结构构件抗火设计的基本流程。

5. 基于试验的构件抗火设计方法有何局限？

6. 钢筋混凝土构件抗火设计方法有哪些？

7. 阐述压型钢板组合楼板的抗火设计方法。

8. 试阐述钢结构的防火保护措施。

5

第5章
火灾烟气控制

教学要求

了解火灾烟气的组成；掌握烟气的相关表征参数；掌握烟气危害特性；了解烟气运动的驱动力；掌握烟囱效应；掌握烟气等效流通面积；掌握压力中性面的计算；理解火灾烟气蔓延机理；掌握火灾烟气流动预测和烟气流动影响因素的研究方法；掌握研究烟气流动的试验研究方法和模拟仿真技术

重点与难点

烟气的遮光性及其与能见度的关系

烟气的主要危害及其耐受极限值

烟囱效应及其对烟气流动的影响

烟气流动的预测分析

压力中性面的计算

加压防烟与机械排烟

大量的火灾案例证明，烟气是火灾中造成人员伤亡的主要原因，有80%以上受害人是由于火灾烟气直接或间接地致亡。科学合理地设计烟气控制系统，对于减缓火灾蔓延、争取安全疏散时间有着十分重要的意义，烟气控制已成为消防界和建筑设计领域重点关注的问题。

5.1 烟气的概念、特性与危害

烟气是火灾燃烧过程中一项重要的产物。除了极少数情况外，几乎所有火灾中都会产生大量烟气。高温烟气不但加速了火灾的蔓延，而且由于其本身具有毒性，可造成人员伤亡，并且降低了火场能见度，影响人员逃生。事故统计表明，火灾中80%以上死亡是由烟气导致，其中大部分是吸入了烟尘及有毒气体昏迷后致死的。因此，为了更好地开展火灾烟气控制工作，首先应对烟气的产生、特性和危害等有充分的了解。

5.1.1　烟气的概念

美国材料与试验学会（ASTM）给烟气下的定义是：某种物质在燃烧或分解时散发出的固态或液态悬浮微粒和高温气体。美国消防协会《购物中心、中庭和大面积建筑的烟气管理系统指南》（NFPA 92B）对烟气的定义则在上述定义基础上增加"以及混合进去的任何空气"。

概括起来，起火后包围着火焰的云状物称为烟气。烟气由三类物质组成：

1）燃烧物质释放出的高温蒸气和有毒气体，如未燃燃气、水蒸气、CO、CO_2 及多种有毒、有腐蚀性气体。

2）被分解和凝聚的未燃物质（烟从浅色到黑色不等）。

3）被火焰加热而带入上升卷流中的大量空气。

建筑物中大量建筑材料、家具、衣物、纸张等可燃物在火灾时受热分解，然后与空气中的氧气发生氧化反应，燃烧并产生各种生成物。完全燃烧所产生的烟气成分主要为二氧化碳、水、二氧化氮、五氧化二磷等，有毒有害物质较少，但是无毒烟气可能会降低空气中的氧浓度，影响人们的呼吸，造成人员逃生能力的下降，也可能直接造成人体缺氧窒息死亡。

火灾初期阶段常处于燃料的不完全燃烧阶段。不完全燃烧产生的烟气成分中，除了上述生成物外，还可以产生一氧化碳、有机磷、烃类、多环芳香烃、焦油以及碳屑等。颗粒的性质因可燃物的性质不同存在很大的差异。多环芳香烃碳氢化合物和聚乙烯可认为是火焰中碳烟颗粒的前身，并使得火焰发出黄光。这些小颗粒的直径为 $0.01 \sim 10 \mu m$。在温度和氧浓度足够高的前提下，这些碳烟颗粒可以在火焰中进一步氧化，否则直接以碳烟的形式离开火焰区。火灾初期阶段有焰燃烧产生的烟气颗粒几乎全部由固体颗粒组成，其中一部分颗粒是在高热通量作用下脱离固体的灰分，大部分颗粒则是在氧浓度较低的情况下，由于不完全燃烧和高温分解而在气相中形成的碳颗粒。这两种类型的烟气颗粒都是可燃的，在通风不畅的受限空间内一旦被点燃甚至可能引起爆炸。

油污的产生与碳素材料的阴燃有关。碳素材料阴燃产生的烟气与该材料加热到热分解温度所得到的挥发性产物类似。这种产物与冷空气混合时可浓缩成较重的高分子组分，形成含有碳粒和高沸点液体的薄雾。这些薄雾颗粒的中间直径 $D50$（反映颗粒大小的参数）约为 $1 \mu m$，在静止空气条件下，可缓慢沉积在物体表面，形成油污。

影响烟气产生的主要因素如下：

1）燃烧物的化学性质。燃烧物的化学性质对烟气产生有决定性因素，有机材料在特定条件下燃烧时可能会产生大量烟，含氧的有机物燃烧时产生的烟气比碳氢化合物燃烧时产生的烟气少。

2）环境。烟气的产生也受环境影响，如热辐射通量、含氧量、空气流通状况、可燃物几何尺寸及其含水率等，上述因素甚至在火灾的不同发展阶段对产烟量的影响不尽相同。

3）燃烧状态。烟气是不完全燃烧的产物，有焰燃烧生成的烟比阴燃少。

4）阻燃剂。对同种材料或制品，采取不同的阻燃处理方式会造成产烟性能的明显差异，阻燃材料的产烟量可能会比同类的未经阻燃处理的材料更高。

5.1.2　烟气的特性参数

表征烟气特性的常用参数有压力、温度、遮光性、光学密度以及烟气颗粒大小及粒径分布等。

1. 烟气的压力

在火灾发生、发展和熄灭的不同阶段，建筑物内烟气的压力分布是各不相同的。以着火房间为例，在火灾发生初期，烟气的压力很低，随着着火房间内烟气量的增加，温度上升，压力相应升高。当发生轰燃时，烟气的压力在瞬间达到峰值，门窗玻璃均可能被振破。一旦烟气和火焰冲出门窗孔洞，室内烟气的压力就很快降低下来，接近室外大气压力。据测定，一般着火房间内烟气的平均相对压力为 10～15Pa，在短时间可能达到的峰值为 35～40Pa。

2. 烟气的温度

建筑物内烟气的温度在火灾发生、发展和熄灭的不同阶段也各不相同。以着火房间为例，在火灾发生初期，着火房间内的温度不高，随着火灾发展，温度逐渐升高；当发生轰燃时，室内烟气的温度相应急剧上升，很快达到最高水平。试验表明，由于建筑物内部可燃材料的种类、门窗孔洞的开口尺寸、建筑结构形式等的差异，着火房间烟气的最高温度也各不相同。例如，小尺寸着火房间烟气的温度一般可达 600℃，高则 800～1000℃；地下建筑火灾中，烟气温度可达 1000℃以上。

3. 烟气的遮光性

烟气中的固体和液体颗粒对光有着散射和吸收作用，使得只有一部分光能透过烟气，造成火场能见度大大降低，这就是烟气的遮光性。由于烟气的减光作用，火灾烟气导致人们辨认目标的能力大大降低，并使事故照明和疏散标志的作用减弱。

烟气的遮光性可通过测量光束穿过烟气层后的强度衰减来确定，烟气遮光性测量装置示意图如图 5-1 所示。

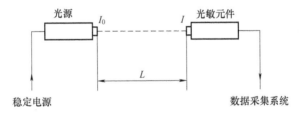

图 5-1　烟气遮光性测量装置示意图

设由光源射入测量空间的光束强度为 I_0，该光束由测量空间 L 射出后的强度为 I，则比值 I/I_0 称为该空间的透射率。若该空间没有烟气，则射入和射出的光强度几乎不变，即透射率等于 1。光束通过的距离越长，光束强度衰减的程度越大。根据郎伯比尔（Lambert-Beer）定律，有烟情况下的光强度 I 可用下式表示：

$$I = I_0 \exp(-K_c L) \tag{5-1}$$

式中　K_c——烟气的减光系数（m^{-1}），表征烟气的减光能力，其大小与烟气浓度、烟气颗粒的直径及分布有关；

　　　I_0——光源的光束强度（cd）；

I——光源穿过一定距离以后的光束强度（cd）；

L——光束穿过的距离（m）。

整理式（5-1）可得：

$$\ln I = \ln I_0 - K_e L \tag{5-2}$$

从上式可见，K_e 值越大时，光强强度 I 越小；L 值越大时，也即距离越远时，I 值就越小，这一点与人们在火场的体验是一致的。

此外，烟气的遮光性还可以用百分减光度来描述，其定义式如下：

$$B = \frac{I_0 - I}{I_0} \times 100\% \tag{5-3}$$

式中　$I_0 - I$——光强度的衰减值（cd）；

　　　B——百分减光度。

4. 烟气的光学密度

将给定空间中烟气对可见光的减光作用定义为光学密度 D，其定义式如下：

$$D = -\lg(I/I_0) \tag{5-4}$$

将式（5-1）代入式（5-4），得到：

$$D = K_e L / 2.303 \tag{5-5}$$

这表明烟气的光学密度与减光系数和光线行程长度成正比。为比较烟气浓度，通常将单位长度光学密度 D_0 作为描述烟气浓度的基本参数，单位为 m^{-1}，即表示为

$$D_0 = D/L = K_e / 2.303 \tag{5-6}$$

烟气的遮光性与烟气的光学密度可以相互转换，它们的对应关系见表 5-1。

表 5-1　烟气遮光性与光学密度的对应关系

透射率 I/I_0	百分减光度 B	长度 L/m	单位光学密度 D_0/m^{-1}	减光系数 K_e/m^{-1}
1.00	0	任意	0	0
0.90	10%	1.0	0.046	0.105
		10.0	0.0046	0.0105
0.60	40%	1.0	0.222	0.511
		10.0	0.0222	0.0511
0.30	70%	1.0	0.523	1.20
		10.0	0.0523	0.12
0.10	90%	1.0	1.00	2.30
		10.0	0.10	0.23
0.01	99%	1.0	2.00	4.61
		10.0	0.20	0.461

5. 烟气颗粒大小及粒径分布

烟气中颗粒的大小可用颗粒平均直径表示，通常采用颗粒的几何平均直径 d_{gn} 表示，其定义如下：

$$\lg d_{gn} = \sum_{i=1}^{n} N_i \lg d_i / N \tag{5-7}$$

式中　N——总的颗粒数（个）；

　　　N_i——第 i 个颗粒直径间隔范围内颗粒的数目（个）；

　　　d_i——颗粒直径（μm）。

颗粒尺寸分布标准差用 δ_g 表示，即：

$$\lg\delta_g = \left[\sum_{i=1}^{n} \frac{(\lg d_i - \lg d_{gn})^2 N_i}{N} \right]^{\frac{1}{2}} \tag{5-8}$$

如果所有颗粒直径都相同，则 $\delta_g = 1$。如果颗粒直径分布为对数正态分布，则占总颗粒数 66.8% 的颗粒的直径处于 $\lg d_{gn} \pm \lg\delta_g$ 的范围内。δ_g 越大，表示颗粒直径的分布范围越大。表 5-2 给出了一些木材和塑料在不同燃烧状态下烟气中的颗粒直径和标准差。

表 5-2　一些木材和塑料在不同燃烧状态下烟气中的颗粒直径和标准差

可　燃　物	$d_{gn}/\mu m$	δ_g	燃　烧　状　态
杉木	0.5 ~ 0.9	2.0	热解
杉木	0.43	2.4	明火燃烧
聚苯乙烯	0.9 ~ 1.4	1.8	热解
聚苯乙烯	0.4	2.2	明火燃烧
软质聚氨酯塑料	0.8 ~ 1.8	1.8	热解
硬质聚氨酯塑料	0.3 ~ 1.2	2.3	热解
软质聚氨酯塑料	0.5	1.9	明火燃烧
绝热纤维	2.0 ~ 3.0	2.4	阴燃

5.1.3　烟气危害

火灾时高温烟气的危害主要表现在三个方面，即能见度方面危害、呼吸方面危害及温度方面危害。前两种危害直接威胁人的生命安全，是造成火灾时人员伤亡的主要因素。

1. 能见度方面危害

烟气对能见度的影响主要有两方面：一是烟气的减光性使能见度降低，疏散速度下降；二是烟气有视线遮蔽及刺激效应，会助长人的惊慌心理，扰乱疏散秩序。许多情况下，逃生途径中烟气能见度往往比温度更早达到令人难以忍受的程度。

能见度指的是人们在一定环境下刚好能看到某个物体的最远距离。火灾烟气中往往含有大量的固体颗粒，从而使烟气具有一定的遮光性，这将大大降低建筑物中的能见度，影响疏散人员寻找出路和做出正确判断。能见度主要由烟气的浓度决定，同时还受到烟气的颜色、物体的亮度、背景的亮度以及观察者对光线的敏感程度等因素的影响。能见度与减光系数和单位光学密度有如下关系：

$$V = \frac{R}{K_c} = \frac{R}{2.303 D_0} \tag{5-9}$$

式中　V——能见度（m）；

　　　K_c——减光系数（m^{-1}）；

　　　R——比例系数，它反映了特定场合下各种因素对能见度的综合影响；

　　　D_0——单位长度光学密度（m^{-1}）。

大量火灾案例和试验结果表明，即便设置了事故照明和疏散标志，火灾烟气仍可导致人们辨识目标和疏散能力大大下降。研究人员金（Jin）曾对自发光标志和反光标志在不同烟气情况下的能见度进行了测试。他把目标物放在一个试验箱内，箱内充满了烟气。白色烟气是阴燃产生的，黑色烟气是明火燃烧产生的，发光标志的能见度与减光系数的关系如图 5-2 所示。通过白色烟气的能见度较低，可能是光的散射率较高。他建议对于疏散通道上的反光标志、疏散门以及有反射光存在的场合，R 取值 $2 \sim 4$，对于自发光标志、指示灯等，R 取值 $5 \sim 10$，由此可知，安全疏散标志最好采用自发光标志。

以上关于能见度的讨论并没有考虑烟气对眼睛的刺激作用。学者金（Jin）又对暴露于刺激性烟气中人的能见度和移动速度与减光系数的关系进行了一系列试验。图 5-3 表示在刺激性与非刺激性烟气中人的能见度与减光系数的关系。刺激性强的白烟是由木垛燃烧产生的，刺激性较弱的烟气是由煤油燃烧产生的。可见式（5-9）给出的能见度的关系式不适用于刺激性烟气，在较浓且有刺激性的烟气中，受试者无法将眼睛睁开足够长的时间以看清目标。

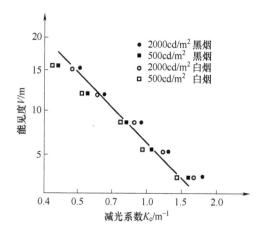

图 5-2　发光标志的能见度与
减光系数的关系

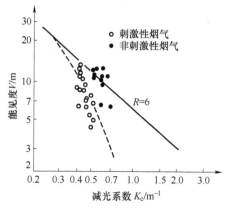

图 5-3　在刺激性与非刺激性烟气中
人的能见度与减光系数的关系

图 5-4 给出了暴露在刺激性与非刺激性的烟气中，人沿走廊的行走速度与烟气减光系数的关系。烟气对眼睛的刺激和烟气密度都对人的行走速度有一定影响。随着减光系数增大，人的行走速度减慢，在刺激性烟气环境下，行走速度减慢得更厉害。当减光系数为 $0.4 m^{-1}$ 时，人通过刺激性烟气时的行走速度仅是通过非刺激性烟气时的 70%。当减光系数大于 $0.5 m^{-1}$ 时，人通过刺激性烟气时的行走速度降至约 $0.3 m/s$，相当于普通人蒙上眼睛时的行走速度。行走速度下降是由于受试者无法睁开眼睛，只能走"之"字形或沿着墙

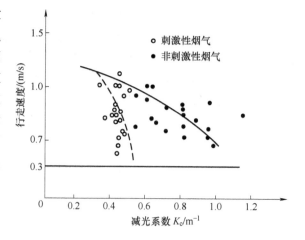

图 5-4　在刺激性与非刺激性烟气中人沿
走廊的行走速度与烟气减光系数的关系

壁一步一步地挪动。

火灾中烟气对人员生命安全的影响不仅仅是生理上的，还包括对人员心理方面的影响。当人员受到浓烟的侵袭时，在能见度较低的情况下，极易产生恐惧与惊慌，尤其当减光系数在 $0.1\mathrm{m}^{-1}$ 时，人员不能正确进行疏散决策，甚至会失去理智而采取不顾一切的异常行为。

表 5-3 给出了适用于小空间和大空间的人员可以耐受的能见度极限值。小空间内人员到达安全出口的距离短，人员对建筑物可能比较熟悉，要求就相对松一些。大空间内人员很可能对建筑物不熟悉，为了确定逃生方向，寻找安全出口需要看得更远，因此要求能见度更高。

表 5-3　人员可以耐受的能见度极限值

参　　数	小　空　间	大　空　间
光学密度/m^{-1}	0.2	0.08
能见度/m	5	10

2. 呼吸方面危害

（1）缺氧　人类习惯在氧气含量为 21%（体积分数，下同）的大气下自在活动。当氧气含量低至 17% 时，人的肌肉功能会减退，此为缺氧症现象。氧气含量在 10%~14% 时，人仍有意识，但显现错误判断力，且本身不易察觉。氧气含量在 6%~8% 时，人的呼吸停止，将在 6~8min 内窒息死亡。由于火灾引致的亢奋及活动量往往增加人体对氧气的需求，因此在氧气含量尚高时，实际上人可能已出现氧气不足症状。一般环境中氧气含量在 10% 以下，即导致人失能或死亡；而研究显示，当氧气含量低于 9.6% 时，人们无法继续进行避难逃生，而此值常作为人员需氧的临界值。空气中缺氧对人体的影响情况见表 5-4。现代建筑中房间的气密性大多较好，故有时少量可燃物的燃烧也会造成含氧量的大幅降低。

表 5-4　缺氧对人体的影响

大气中环境氧气含量	人 体 症 状
21%	活动正常
17%~21%	缺氧（Anoxia）现象（高山症），肌肉功能会减退
10%~17%	尚有意识，但显现错误判断力，神态疲倦本身不易察觉
10%	导致失能
6%~8%	呼吸停止，在 6~8min 内发生窒息（Asphyxiation）死亡

（2）有害气体　一般高分子材料热解及燃烧生成物成分种类繁杂，有时多达百种以上，然而对人体生理有具体毒害效应的气体生成物仅是其中一部分，这些气体的毒性成分基本上可分为三类：窒息或昏迷性成分、对感官或呼吸器官有刺激性成分、其他异常毒害性成分。表 5-5 给出了常见有机高分子材料燃烧所产生的有害气体。

表 5-5　常见有机高分子材料燃烧所产生的有害气体

燃烧材料来源	气体产生种类
所有高分子材料	一氧化碳、二氧化碳
羊毛、皮革、聚氨酯、尼龙、氨基树脂等含氮高分子材料	氧化氢、一氧化氮、二氧化氮、氨
羊毛、硫化橡胶、含硫高分子材料等	二氧化硫、二硫化碳、硫化氢

（续）

燃烧材料来源	气体产生种类
聚氯乙烯、含卤素阻燃剂的高分子材料、聚四氟乙烯	硫化氢、氟化氢、溴化氢
聚烯类及许多其他高分子	烷、烯
聚氯乙烯、聚苯乙烯、聚酯等	苯
酚醛树脂	酚、醛
木材、纸张、天然原木纤维	丙烯醛
聚缩醛	甲醛
纤维素及纤维产品	甲酸、乙酸

由火灾死亡统计资料得知，大部分罹难者是因吸入一氧化碳等有害气体致死的。此外，一部分试验显示，在许多情况下，任一种毒害气体尚未到达致死浓度之前，最低存活氧气含量或最高呼吸温度已先行到达临界值。表 5-6 列出了部分有害气体允许含量。多种气体共同存在可能加强毒害性，但目前综合效应的数据十分缺乏，而且结论不够一致。

表 5-6　部分有害气体允许含量

热分解气体的来源	主要的生理作用	短期（10min）估计致死含量（$\times 10^{-6}$）
木材、纺织品、聚丙烯腈尼龙、聚氨酯以及纸张等物质燃烧时分解出不等量氰化氢，本身可燃，难以准确分析	氰化氢（HCN）：一种迅速致死、窒息性的毒物	350
纺织物燃烧时产生少量的、硝化纤维素和赛璐珞（由硝化纤维素和樟脑制得，现在用量减少）产生大量的氮氧化物	二氧化氮（NO_2）和其他氮的氧化物：肺的强刺激剂，能引起即刻死亡以及滞后性伤害	>200
木材、纺织品、尼龙以及三聚氰胺燃烧产生；在一般的建筑中氨气的含量通常不高；无机物燃烧产物	氨气（NH_3）：刺激性、难以忍受的气味，对眼、鼻有强烈的刺激作用	>1000
PVC 电绝缘材料、其他含氯高分子材料及阻燃处理物	氯化氢（HCl）：呼吸道刺激剂，吸附于微粒上的 HCl 的潜在危险性较之等量的 HCl 气体要大	>500，气体或微粒存在时
氯化树脂类或薄膜类以及某些含溴阻燃材料	其他含卤酸气体：呼吸刺激剂	HF 约为 400 COF_2 约为 100 HBr >50
硫化物，这类含硫物质在火灾条件下的氧化物	二氧化硫（SO_2）：一种强刺激剂，在远低于致死浓度下即难以忍受	>500
异氰酸脲的聚合物，在实验室小规模试验中已报道有像甲苯-2，4-二异氰酸酯（TDI）类的分解产物，在实际的火灾中的情况尚无定论	异氰酸酯类；呼吸道刺激剂是异氰酸酯为基础的聚氨酯燃烧烟气中的主要刺激剂	约为 100
聚烯烃和纤维素在低温热解（400℃）而得，在实际火灾中的重要性尚无定论	丙醛；潜在的呼吸刺激剂	30~100

火灾中的各种产物及其含量因燃烧材料、建筑空间特性和火灾规模等不同而有所区别,各种组分的生成量及其分布比较复杂,不同组分对人体的毒性影响也有较大差异,在分析预测中很难精确予以定量描述。因此,工程应用中通常采用一种有效的简化处理方法来度量烟气中燃烧产物对人体的危害含量,即若烟气的光学密度不大于 0.1m^{-1} 或能见度大于等于 10m,则可认为各种有害燃烧产物的含量在 30min 内不会达到人体的耐受极限,通常以 CO 的含量为主要的定量判定指标。

(3)一氧化碳 一氧化碳被人吸入后和血液中的血红蛋白结合成为一氧化碳血红蛋白。当一氧化碳和血液 50% 以上的血红蛋白结合时,便能造成脑和中枢神经严重缺氧,继而失去知觉,甚至死亡。即使吸入量在致死量以下,也会因缺氧而头痛无力及呕吐等,导致不能及时逃离火场而死亡。

人体暴露在一氧化碳含量为 2000mg/L 的环境下约 2h,将失去知觉进而死亡;若含量高达 3000mg/L,则约 30min 可致死(表 5-7)。然而,即使浓度在 700mg/L 以下,长时间暴露也会造成身体危害。1995 年,戴维德(David)提出空气中 CO 含量与人体暴露的临界忍受时间,可作为危害评估的参考。CO 对人体失能忍受时间表达式如下:

$$t = \frac{30}{8.2925 \times 10^{-4} \times (X_{CO} \times 10^4)^{1.036}}$$

(5-10)

式中 t——人体的忍受时间(min);

X_{CO}——烟气中 CO 含量,以百分比表示。

表 5-7 一氧化碳对人体的影响

含　　量	暴 露 时 间	危 害 效 应
100ppm	8h 内	尚无感觉
400～500ppm	1h 内	尚无感觉
600～700ppm	1h 内	感觉头痛、恶心、呼吸不畅
1000～2000ppm	2h 内	意识蒙眬、呼吸困难、昏迷,逾 2h 即死亡
3000～5000ppm	30min 内	死亡
10000ppm	1min 内	死亡

注:1ppm 为百万分之一,即 10^{-6},表中数值表示百万分浓度。

(4)二氧化碳 随着二氧化碳浓度及暴露时间的增加,将对人体造成严重影响。例如,当 CO_2 含量在 10% 时,人体在其中暴露 2min,将导致意识模糊(表 5-8)。

表 5-8 二氧化碳对人体的影响

CO_2 含量	暴 露 时 间	危 害 效 应
17%～30%	1min 内	丧失控制与活动力、无意识、抽搐、昏迷、死亡
10%～15%	1min 至数分钟	头昏、困倦、严重肌肉痉挛
7%～10%	1.5min～1h	无意识、头痛、心跳加速、呼吸短促、头昏眼花、冒冷汗、呼吸加快
6%	1～2min	心悸、视力模糊
	16min	头痛、呼吸困难
	数小时	颤抖

（续）

CO_2含量	暴露时间	危害效应
4%～5%	数分钟内	头痛、头昏眼花、血压升高、呼吸困难
3%	1h	轻微头痛、冒汗、静态呼吸困难
2%	数小时	头痛、轻微活动下呼吸困难

3. 高温危害

（1）火焰与温度　烧伤可能因火焰的直接接触及热辐射引起。由于火焰很少与燃烧物质脱离，故只对邻接区域内人员产生直接威胁，这点与烟气不同。

烟气温度对于火场内及邻近区域的人员皆具危险性。姑且不论氧气消耗或毒害性效应，由火焰产生的热空气及气体，也能引致烧伤、热虚脱、脱水及呼吸道闭塞（水肿）。人在95℃的环境中，会出现头晕，但可暴露1min以上，此后就会出现虚脱；在120℃的环境中的暴露时间超过1min就会烧伤；当在呼吸水平高度时，生存极限的呼吸温度约为131℃；一旦室内气温高达140℃时生理机能逐渐丧失，在超过180℃时则呈现失能状态。然而对于呼吸而言，超过66℃的温度一般民众便难以忍受，而该温度范围将使消防人员救援及室内人员逃生迟缓。

对于健康、着装整齐的成年男子，克拉尼（Cranee）推荐了温度与极限忍受时间的关系式：

$$t = 4.1 \times 10^8 / T^{3.61} \tag{5-11}$$

式中　t——极限忍受时间（min）；

T——烟气温度（℃），目前在火灾危险性评估中推荐数据为：短时间脸部暴露的安全温度极限范围为65～100℃。

（2）热辐射　研究表明，火灾中火源释放的热量近70%通过热对流的方式进入烟气层。若火场中烟气不能及时排出，当聚集的烟气温度达到较高温度时（通常认为达到600℃时），烟气将辐射大量的热作用于火场中尚未点燃的物体，致使其裂解出可燃气体，当裂解出的可燃气体足够多时，可能致使火场中绝大多数可燃物在短时间内燃烧起来，即出现轰燃现象。

轰燃现象表明火场中作用于人体的热量主要来自于烟气层的热辐射，因此控制烟气温度对火场中的人员疏散有积极意义。人可忍受的辐射临界值取决于许多不同变量，辐射值10kW/m²一直被视为人类无法存活的指标，而2.5kW/m²则为人类危害忍受度临界值（表5-9）。辐射值2.5kW/m²的烟气相对于上部烟气层的温度达到180～200℃，所以通常认为：在火场中，烟气层距地面或楼板2m高度以上时，烟气层平均温度200℃时为人体耐受极限。

表 5-9　人体对辐射的耐受极限

热辐射强度	<2.5kW/m²	2.5kW/m²	10kW/m²
忍受时间	>5min	30s	4s

（3）热对流　火场中人员呼吸的空气已经被火源和烟气加热，吸入的热空气主要通过热对流的方式与人体尤其是呼吸系统换热。实验表明，呼吸过热的空气会导致热冲击（即高温情况下导致人体散热不畅出现的中暑症状）和呼吸道灼伤，表5-10给出了不同温度和湿度时人体热对流的耐受极限。

表 5-10　人体热对流的耐受极限

温度和含水量	<60℃，水分饱和	100℃，水分含量<10%	180℃，水分含量<10%
耐受时间	>30min	12min	1min

由于灭火用水和燃烧产生的水在高温下汽化，火场中空气的绝对湿度会比正常环境下高很多。湿度对热空气作用于呼吸系统的危害程度影响很大，如在120℃下，饱和湿空气对人体的伤害远远大于空气造成的危害。研究表明，火场中吸入空气的温度不高于60℃才认为是安全的。

5.2 烟气流动

建筑物发生火灾后，在烟囱效应、浮力、膨胀力、外界风等驱动下，烟气可由着火区向非着火区蔓延，与起火区相连的走廊、楼梯间及电梯井等处都将会迅速充满烟气，对人员逃生和消防扑救造成非常不利的影响。为有效地控制烟气在建筑物内的流动，减小烟气的危害，有必要深入了解和掌握火灾时烟气在建筑物内的流动规律以及控制措施。

5.2.1　烟气蔓延特性

1. 烟气具有向建筑物顶部流动蔓延的特性

在火灾燃烧中，火源上方的火焰及燃烧生成烟气的流动称为火羽流（Fire Plume），火焰区的上方为烟气的羽流区，其流动完全受浮力效应控制，一般称其为浮力羽流（Buoyant Plume），或称烟气羽流（Smoke Plume）。当烟气羽流撞击到房间的顶棚后便形成沿顶棚下表面的顶棚射流（Ceiling Jet）。

如果相邻流体之间存在温度梯度，便会出现密度梯度，从而产生浮力效应，在浮力作用下，密度较小的流体将向上运动。对于火羽流而言，轻流体为烟气，重流体为空气。烟气上升时还会受到流体黏性力的影响，浮力与黏性力的相对大小由格拉晓夫数 Gr 确定。浮力羽流的结构由它与周围流体的相互作用决定。

羽流内的温度取决于火源（或热源）强度（即热释放速率）和离开火源（或热源）的高度。

一般认为在稳定的开放环境中点火源产生的为理想羽流，它是轴对称的，竖直向上伸展，一直到达浮力减得十分微弱以至于无法克服黏性阻力的高度。而在受限空间内，浮力羽流可受到顶棚的遮挡。但是如果热源的强度不大或顶棚之下的空气较热（例如在夏天），则羽流只能达到有限的高度。一个常见的例子是在温暖静止的房间内香烟烟气的分层流动。由于羽流上浮流动的卷吸作用，其周围较冷的空气进入羽流中，从而使其受到冷却。在羽流温度降低的同时，羽流的质量流量增大（表现为羽流直径的加粗）及向上的流动速度降低。

如果竖直扩展的火羽流受到顶棚阻挡，热烟气将形成水平流动的顶棚射流。顶棚射流是种半受限的重力分层流。当烟气在水平顶棚下积累到一定的厚度时，便发生水平流动。浮力羽流与顶棚的相互作用如图 5-5 所示。羽流在顶棚上的撞击区大体为圆形，刚离开撞击区边缘的烟气层不太厚，顶棚射流由此向四周扩散。顶棚的存在将表现出固壁边界对流动的黏性影响，因此在十分贴近顶的薄层内，烟气的流速较低；随着垂直向下离开顶棚距离的增加，其速度不断增大；而超过一定距离后，速度便逐渐降低为零，这种速度分布使得射流前锋的烟气转向下流，然而热烟气仍具有一定的浮力，还会很快上浮。于是顶棚射流中便形成一连串的旋涡，它们可将烟气层下方的空气卷吸进来，因此顶棚射流的厚度逐渐增加，而速度逐渐降低。

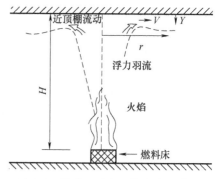

图5-5　浮力羽流与顶棚的相互作用

顶棚射流内的温度分布与速度分布类似。在热烟气的加热下，顶棚由初始温度缓慢升高，但总比射流中的烟气温度低。随着竖直离开顶棚距离的增加，射流温度逐渐升高，达到某一最高值后又逐渐降低到下层空气的温度。

2. 建筑物内开口位置决定了烟气蔓延的方向

热烟层在向下蔓延的过程中，当其底部遇到房间的开口部位时，会从开口部位、房间结构的薄弱处或其他空隙的上沿向其他建筑物或建筑物的其他房间和部位以及周围其他的建筑物蔓延。烟气一旦进入建筑物内部的公共环流空间，便会沿着开敞的楼梯间、管道井以及其他结构未完全密封的空隙向上蔓延，达到建筑物的最高平面。当顶部没有烟气释放的渠道时烟又会逆向向楼层内蔓延，形成整个建筑物内的烟气蔓延。

3. 烟气是不完全燃烧产物，具有易引起轰燃的特性

热烟气在建筑物内蔓延时，由于高温热烟气的作用，会引燃蔓延路径上的其他可燃物，并由于烟气本身含有未完全燃烧的物质，在蔓延的过程中，遇到充足的空气后会发生新的燃烧。因此，建筑内火灾容易引起轰燃。

4. 烟气蔓延速度与气流速度、房间高度及障碍物有关

当外界风速较大或气流速度较大时，烟气流动相对也较快。这样加速了烟气的流动速度，从而更容易形成火灾的蔓延。因此，在强风天气，容易形成大面积的火灾蔓延。此外，房间越高，烟气扩散到顶棚时，形成的烟气层越均匀，但同时烟气蔓延到顶棚的时间延长，在一定程度上会延误报警。此外，建筑物内的障碍物会对烟气蔓延起到遮挡作用，同时也会吸收一部分烟气、热量等，从而影响和延缓了烟气蔓延。

5.2.2　烟气流动的驱动力

虽然烟粒的特性与气体特性显著不同，但由于其所占比例较小，即使烟气浓度达到使能见度降到几乎为零的程度，也不足以改变流动的整体方式，其仍可视为理想气体流动。烟气流动的驱动力包括室内外温差引起的烟囱效应、燃气的浮升力和膨胀力、外界风的影响、通风空调系统的影响、电梯的活塞效应及扩散。其中扩散是由于浓度差产生的质量交换，火区的烟粒子或其他有害气体的浓度大，必然向浓度低的区域扩散。但是由于扩散引起的烟粒子或其他有害气体的迁移比起其他因素来说弱得多，故这里主要讨论除扩散外的其他因素对烟气流动的影响。

1. 烟囱效应

当建筑物室内发生火灾时，室内外存在明显的温差，在烟气和空气的密度差作用下引起垂直通道（如楼梯井、电梯井、竖直机械管道及通信槽等）内的气体自动持续向上输运，气体的上升运动十分显著，这一现象就称为烟囱效应，又称为烟道作用、热风压等。其实质就是由于热浮力而导致的烟气输运。现结合如图 5-6 讨论烟囱效应的计算。

假设中性面的高度为 h，管外温度为 T_0、空气密度为 ρ_0，管内温度为 T_s、烟气密度 ρ_s，且 2-2 面为中性面，即在该截面位置，内外压力相同，均为 p_m，g 是重力加速度常数，对于一般建筑的高度而言，可认为重力加速度不变，则：

1）当管内温度等于管外温度，即 $T_0 = T_s$，$\rho_0 = \rho_s$ 时，管内外流体处于平衡状态，不产生流动，则根据平衡方程有：

$$p_0 = p_s = p_m + \rho_0 gh = p_m + \rho_s gh \tag{5-12}$$

2）当管内温度不等于管外温度，即 $T_0 < T_s$ 时，有：

$$p_0 = p_m + \rho_0 gh \qquad p_s = p_m + \rho_s gh \tag{5-13}$$

$$\rho_s < \rho_0 \qquad p_0 > p_s$$

$$p_s = \frac{\rho_s R T_s}{M_s} \qquad P_0 = \frac{\rho_0 R T_0}{M_0} \tag{5-14}$$

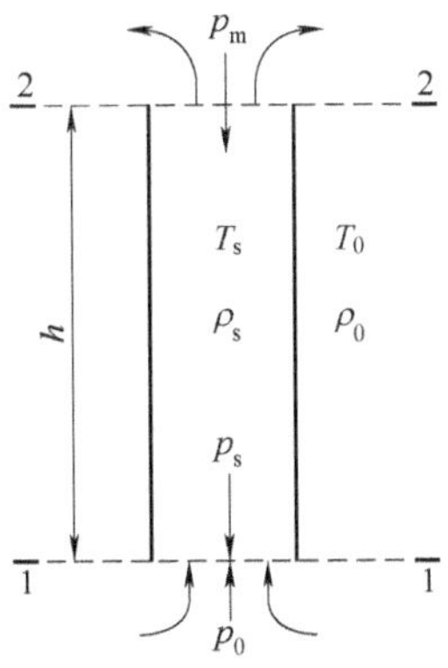

图 5-6　烟囱效应

于是有管内外的压力差：

$$\Delta p = p_s - p_0 = gh(\rho_s - \rho_0) \tag{5-15}$$

$$\Delta p = gh\left(\frac{p_s M_s}{R T_s} - \frac{p_0 M_0}{R T_0}\right) \tag{5-16}$$

多数建筑的开口截面面积都比较大，相对于浮力引起的压差而言，气体在竖井内流动时的摩擦阻力可以忽略不计，由此可认为竖井内气体流动的驱动力仅为静压差。

然而，如果建筑物的外部温度比内部温度高，例如在盛夏时节，安装空调的建筑内的气体是向下运动的，有些建筑具有外竖井，而外竖井内的温度往往比建筑内的温度低得多，在其中也可观察到内部气体向下输运的现象，一般将这种内部气流下降的现象称为逆烟囱效应（$T_s < T_0$），将内部气流上升的现象称为正烟囱效应（$T_s > T_0$）。

建筑物内外的压力差变化与大气压 p_{atm} 相比要小得多，因此可根据理想气体定律用 p_{atm} 计算气体的密度。一般认为烟气也遵循理想气体定律，假设烟气分子量与空气的平均分子量相同，即等于 0.0289kg/mol，则：

$$p_0 = p_s = p_{atm}$$

$$M_s = M_0$$

于是有：

$$\Delta p = gh\left(\frac{p_s M_s}{R T_s} - \frac{p_0 M_0}{R T_0}\right) \approx \frac{gh p_{atm} M_0}{R}\left(\frac{1}{T_s} - \frac{1}{T_0}\right) \tag{5-17}$$

式中　T_0——外界空气的热力学温度（K）；

　　　T_s——竖井中空气的热力学温度（K）；

　　　R——通用气体常数，与气体的种类有关系，对于空气取值为 287.1J/（kg·K）。

$$\Delta p = K_s h\left(\frac{1}{T_s} - \frac{1}{T_0}\right) \tag{5-18}$$

式中　K_s——修正系数（Pa·K/m），为 3460Pa·K/m。

图 5-7 为通常温度范围内的烟囱效应的压力计算图。

可见，管道的 h 越高、内外温差越大，则下端 1-1 平面的压力差就越大，烟囱效应就越明显。这种烟囱效应对高层建筑发生火灾时的危害很大。据实测，火灾烟囱效应引起的烟气向上的垂直速度可达 2~4m/s，热烟气在 1min 内充满几十层的大楼。

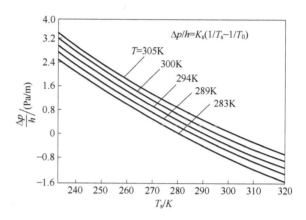

图 5-7　烟囱效应的压力计算图

烟囱效应是建筑火灾中烟气流动的主要因素。在正烟囱效应作用下，当火灾发生在低于中性面以下时，火源产生的烟气将随着建筑内的空气流入竖井，并沿着竖井上升。井内气温受流入竖井的高温烟气加热而升高，产生的浮力作用增大，上升气流加强。升到中性面以上烟气便从竖井流出，输运到建筑的上部楼层，进而通过各楼层的对外开口排出。如果楼层间的缝隙可忽略，则中性面以下的楼层，除了着火层外都将没有烟气；但如果楼层间有较大缝隙存在，则着火层产生的烟气将会向上一层大量渗透，中性面以下楼层的烟气将随空气进入竖井向上流动，如图 5-8a 所示。若中性面以上的楼层发生火灾，正烟囱效应产生空气流动会直接抑制烟气的流动，空气流从竖井流入着火层阻止了烟气流进竖井，如图 5-8b 所示；如果着火层的燃烧强烈，且楼层间存在缝隙时，热烟气的浮力克服了竖井内的烟囱效应，则烟气仍可进入竖井继而流入上层烟气，如图 5-8c 所示。

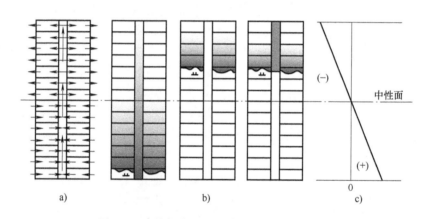

图 5-8　建筑物中正烟囱效应引起的烟气流动
a）空气流　b）烟气流动　c）压差 Δp_T

逆烟囱效应作用下，若火灾发生在中性面以上，由于火灾初始阶段烟气温度较低，逆烟囱效应的空气流驱使比较冷的烟气向下运动，烟气被带到中性面以下，然后随气流进入各楼层中，进入竖井的高温烟气会不断加热井内空气，导致井内气温高于室外气温，浮力较大，浮力作用克服了竖井内的逆烟囱效应，竖井内的烟气转而向上流动。

2. 浮升力驱动

处于火源附近的烟气与空气的混合物密度比常温气体低得多，与室外空气形成密度差，具有向上的浮升力而引起烟气流动，其实质是着火房间与室外形成热压差，导致着火房间的烟气与邻室或室外的空气相互流动，中性面以上的室内的热烟气向外流出，而外部新鲜空气从中性面以下流入。在火灾充分发展阶段，着火房间窗口两侧形成的热压差与式（5-18）的形式相同，关系式如下：

$$\Delta p_{fT} = K_s h \left(\frac{1}{T_s} - \frac{1}{T_0} \right) \tag{5-19}$$

式中　T_0——外界空气的热力学温度（K）；

　　　T_s——竖井中空气的热力学温度（K）；

　　　K_s——修正系数（Pa·K/m），取值为 3460；

　　　h——中性面以上的距离（m）。

学者 Fung 进行了一系列的全尺寸室内火灾试验来测定压力的变化，发现当着火房间较高时，中性面以上的距离 h 也较大，则会产生较大的压差。图 5-9 给出了不同烟气温度对应的浮升力值。

烟气沿着壁面蔓延的过程会受到冷却作用的影响，烟气温度逐渐下降，使得整个室内环境周边都分布了烟气，浮升力的作用会受烟气的流动和烟气浓度被稀释而逐渐减弱。

除此之外，燃烧释放的热量也使得烟气明显膨胀并引起气体运动。

3. 膨胀力驱动

气体受温度升高而膨胀是影响烟气流动的另一重要因素。若着火房间只有一个小的墙壁开口与建筑物其他部分相连时，烟气将从开口的上部流出，外界空气将从开口下部流进。由燃料燃烧所增加的质量与流入的空气质量相比很小，一般将其忽略；再假设烟气的热性质与空气相同，则烟气流出与空气流入的体积流量之比可表达为绝对温度之比，可用下式表示：

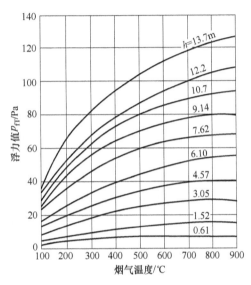

图 5-9　不同烟气温度对应的浮升力值

$$\frac{Q_{out}}{Q_{in}} = \frac{T_{out}}{T_{in}} \tag{5-20}$$

式中　Q_{out}——从着火房间流出的烟气体积流量（m³/s）；

　　　Q_{in}——流入着火房间的空气流量（m³/s）；

　　　T_{in}——流入空气的绝对温度（K）；

　　　T_{out}——烟气的绝对温度（K）。

由上式可以得到几组特定温度值对应的热膨胀系数，见表 5-11。

表 5-11　几组特定温度值对应的热膨胀系数

空气温度/℃	烟气温度/℃	热膨胀系数
20	250	1.8
20	500	2.6
20	600	3

由此可见，火灾燃烧过程中，受热膨胀会产生大量体积烟气。若着火房间的门窗都开着，由于流动面积较大，热气膨胀引起的开口处的压差较小，可忽略。若着火房间的开口较小，并假定其中有足够多的氧气支持较长时间的燃烧，那么烟气膨胀引起的压差就较为重要了，烟气膨胀引起的压差使烟气通过各个存在的缝隙流向非着火区。

4. 外界风驱动

建筑物周围由于风的存在产生不同的压力分布，而这种压力分布能够影响建筑物内的烟气流动。建筑物外部的压力分布受到多种因素的影响，主要包括风的速度、方向、建筑物的高度和几何外形等。风的影响通常会比其他烟气驱动力作用更显著。通常地，朝向建筑物吹来的风会在建筑物的迎风侧产生较高的滞止压力，由此增强了建筑物内的烟气向下风向的流动。压力差的大小与风速的平方成正比，即：

$$\Delta p_w = \frac{1}{2} C_w \rho_0 v^2 \tag{5-21}$$

式中　Δp_w——风作用下建筑物表面的压力（Pa）；

ρ_0——空气密度（kg/m^3）；

v——风速（m/s）；

C_w——无量纲风压系数。

将上式使用标准大气压状态下的空气温度表示：

$$\Delta p_w = 177 C_w v^2 / T_0 \tag{5-22}$$

式中　T_0——环境温度（K）。

一般地，风压系数 C_w 取值在 $-0.8 \sim 0.8$，迎风墙为正，背风墙为负。根据以上公式，当温度为 293K 的风以 7m/s 的速度吹到建筑物表面，将产生约 30Pa 的压力差，显然它要影响建筑物内燃烧或烟囱效应引起的烟气流动。通过计算，得到如图 5-10 所示的不同室外风速对建筑物产生的风压值。

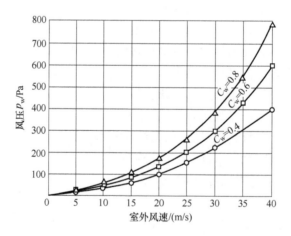

图 5-10　不同室外风速对建筑物产生的风压值

风压系数 C_w 取正，表示该处的压力比大气压力升高了 Δp_w；C_w 取负，表示该处压力比大气压力减少了 Δp_w。该系数的大小由建筑物的几何形状及当地的挡风状况决定，并且在墙壁表面的不同部位有不同的值。表 5-12 给出了附近没有障碍物时，矩形建筑物的各个壁面的平均压力系数。

表 5-12 矩形建筑物各个壁面的平均压力系数

建筑物的高宽比	建筑物的长宽比	风向角	不同墙壁上的风压系数			
			正面	背面	侧面	侧面
$H/W \leqslant 0.5$	$1 < L/W \leqslant 1.5$	0°	+0.7	-0.2	-0.5	-0.5
		90°	-0.5	-0.5	+0.7	-0.2
	$1.5 < L/W \leqslant 4$	0°	+0.7	-0.25	-0.6	-0.6
		90°	-0.5	-0.5	+0.7	-0.1
$0.5 < H/W \leqslant 1.5$	$1 < L/W \leqslant 1.5$	0°	+0.7	-0.25	-0.6	-0.6
		90°	-0.6	-0.5	+0.7	-0.25
	$1.5 < L/W \leqslant 4$	0°	+0.7	-0.3	-0.7	-0.7
		90°	-0.5	-0.5	+0.7	-0.1
$1.5 < H/W \leqslant 6$	$1 < L/W \leqslant 1.5$	0°	+0.8	-0.25	-0.8	-0.8
		90°	-0.8	-0.5	+0.8	-0.25
	$1.5 < L/W \leqslant 4$	0°	+0.7	-0.4	-0.7	-0.7
		90°	-0.5	-0.5	+0.8	-0.1

注：H 为屋顶高度，L 为建筑物的长边，W 为建筑物的短边。

由风引起的建筑物两个侧面的压差：

$$\Delta p_{wT} = \frac{1}{2}(C_{w1} - C_{w2})\rho_0 v^2 \qquad (5\text{-}23)$$

式中 C_{w1}——迎风墙的压力系数；

$\quad\quad\ C_{w2}$——背风墙的压力系数。

上述各计算公式都用到了风速 v，通常风速随高度的变化用如下指数方程表达：

$$\frac{v}{v_0} = \left(\frac{Z}{Z_0}\right)^n \qquad (5\text{-}24)$$

式中 Z_0——参考高度，机场和气象站等一般在离地面高度 10m 处测量风速，本书也取参
考高度为 10m；

$\quad\quad\ Z$——测量风速时所在高度（m）；

$\quad\quad\ v$——实际风速（m/s）；

$\quad\quad\ v_0$——参考高度处的风速（m/s）；

$\quad\quad\ n$——无量纲风速指数。

气象学认为，在离地面一定高度处，若风速不再随高度增加，则视该处为等速风。从地
面到等速风之间的气体流动是一种大气边界层流动。地势或挡风物体（如建筑物、数目等）
都会影响边界层的均匀性，不同地形条件、不同地区的大气边界层厚度差别很大，故采用不
同的风速指数。在平坦地带（如空旷的野外）风速指数约取 0.16，在不平坦的地带（如周
边有树木的村镇）风速指数约取 0.28，在很不平坦的地带（如市区）一般取值 0.4。

在设计烟气控制系统时，涉及如何选择参考风速的问题。有资料表明，大部分地区的平
均风速为 2 ~ 7m/s，但此值对于设计烟气控制系统未必可用，大量证据表明，约半数以上的

火灾中实际风速大于此值。建筑设计部门一般把当地的最大风速作为建筑安全设计参考值，取值在 30 ～ 50m/s，然而一般发生火灾且伴有大风的概率较小，故此值选取过大。通常建议参考风速取当地平均风速的 2 ～ 3 倍。

高层建筑发生火灾时，往往会伴随着外窗玻璃破碎，若开口处于迎风面，高风压作用会将大量新鲜空气带入建筑内部，将驱动整个高层建筑内的热烟气迅速流动，促进火灾的蔓延，不利于人员安全疏散和消防灭火；若开口处于背风面，建筑背面的强大负压将热烟气从建筑内抽走，为建筑内的人员提供更多的可用安全疏散时间。

5. 通风空调系统驱动

现代建筑中大多安装了采暖、通风和空气调节系统（Heat Ventilation and Air Condition，简称 HVAC）。在火灾情况下，即使风机不开动，HVAC 系统的管道也能成为烟气流动的通道。在前面所说的几种力（尤其是烟囱效应）的作用下，烟气将会沿管道流动，从而促使烟气在整个楼内蔓延。若此时 HVAC 系统仍在工作，HVAC 系统会将烟气送到建筑物的其他部位，从而使尚未发生火灾的空间受到烟气的影响。对于这种情况，一般应立即关闭 HVAC 系统管道的防火阀和风机，切断着火区与其他部位的联系。这种方法虽然防止了向着火区的供氧及在机械作用下烟气进入通风管的现象，但并不能避免由于压差等因素引起的烟气沿通风管道扩散。

6. 电梯的活塞效应

电梯在电梯井中运动时，能够在井内产生瞬时的压力变化，即电梯的活塞效应（Elevator Piston Effect）。当电梯向下运动时，电梯以下空间向外排气，电梯以上空间向内吸气。由活塞效应引起的电梯上方与外界的压差 Δp：

$$\Delta p = \frac{\rho}{2} \left[\frac{A_0 v}{N_a C A_e + C_c A_a \left[1 + (N_a/N_b)^2 \right]^{1/2}} \right]^2 \tag{5-25}$$

式中　　ρ——电梯井内空气密度（kg/m^3）；

A_0——电梯井的截面面积（m^2）；

A_a——电梯周围的自由流通面积（m^2）；

A_e——在每层电梯井与外界的有效流通面积（m^2）；

v——电梯的速度（m/s）；

N_a——电梯以上的楼层数；

N_b——电梯以下的楼层数；

C——无量纲的建筑物缝隙的流通系数。

C_c——无量纲的电梯周围的流体的流通系数。对于电梯井内存在两部电梯的情况，若只有一部电梯运动时 C_c 取 0.94；两部电梯同时运行时 C_c 取 0.83。

5.2.3　等效流通面积

等效流通面积是指某一种流体在一定压差作用下流过系统的总的当量流通面积。与电路系统的电阻类似，一个系统中烟气蔓延的流动路径有并联、串联，或是串、并联相结合的混联等形式。在假定通过某一孔口的烟气温度不变和收缩系数相同的条件下，分别讨论各种形式下等效流通面积的计算，具体如下。

1. 并联流动

如图 5-11 所示的加压空间有 3 个并联出口，每个出口的压差 Δp 都相同，总流量 Q_T 为三个出口的流量之和：

$$Q_T = Q_1 + Q_2 + Q_3 \tag{5-26}$$

根据 Q_T，可用下式确定这种情况下的有效流通面积 A_e：

$$Q_T = \alpha A_e (2\Delta p/\rho)^{1/2} \tag{5-27}$$

式中　α——流通系数；

　　A_e——有效流通面积（m^2）；

　　Δp——出口两侧的压差（Pa）；

　　ρ——流动介质的密度（kg/m^3）。

通过 A_1 的流量 Q_1：

$$Q_1 = \alpha A_1 (2\Delta p/\rho)^{1/2} \tag{5-28}$$

同理可得 Q_2、Q_3 的表达式。将 Q_1、Q_2、Q_3 代入式（5-26）可得：

$$Q_T = \alpha (A_1 + A_2 + A_3)(2\Delta p/\rho)^{1/2} \tag{5-29}$$

因此

$$A_e = A_1 + A_2 + A_3 \tag{5-30}$$

若独立的并行出口有 n 个，则有效流通面积就是各出口的体积流动面积代数和，即：

$$A_e = \sum_{i=1}^{n} A_i \tag{5-31}$$

2. 串联流动

如图 5-12 所示的加压空间有 3 个串联出口。通过每个出口的体积流率 Q 是相同的，从加压空间到外界的总压差 Δp_T 是经过 3 个出口的压差 Δp_1、Δp_2、Δp_3 之和：

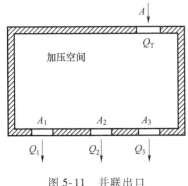

图 5-11　并联出口

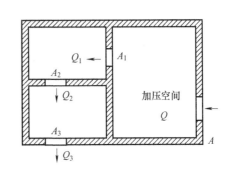

图 5-12　串联出口

$$\Delta p_T = \Delta p_1 + \Delta p_2 + \Delta p_3 \tag{5-32}$$

串联流动的有效流通面积是基于流量 Q 和总压差 Δp_T 的流动面积，因此 Q 可以写成：

$$Q = \alpha A_e (2\Delta p/\rho)^{1/2} \tag{5-33}$$

写成求 Δp_T 的形式：

$$\Delta p_T = \frac{\rho}{2} [Q/(\alpha A_e)]^2 \tag{5-34}$$

经过 A_1 时的压差可表示如下：

$$\Delta p_1 = \frac{\rho}{2} \left[Q/(\alpha A_1) \right]^2 \tag{5-35}$$

同样可得到 Δp_2、Δp_3 的表达式。将它们代入 (5-32)，得到：

$$A_e = (1/A_1^2 + 1/A_2^2 + 1/A_3^2)^{-1/2} \tag{5-36}$$

以此类推，可以得到 n 个出口串联时的有效流通面积：

$$A_e = \left[\sum_{i=1}^{n} (1/A_i^2) \right]^{-1/2} \tag{5-37}$$

在烟气控制系统中，两个串联出口最为常见，其有效流通面积常表示如下：

$$A_e = A_1 A_2 / \sqrt{A_1^2 + A_2^2} \tag{5-38}$$

3. 混联流动

在计算其等效流通面积时，应首先分析气体在流动过程中的流动路径，根据流动路径分析其中的串并联关系，然后利用以上的串并联基本公式，逐步计算即可得出混联流动的等效流通面积。图 5-13 为某并、串混联系统。可见 A_2 与 A_3 并联，组合等效流通面积：

$$A_{23e} = A_2 + A_3 \tag{5-39}$$

A_4、A_5 也是并联，其等效流通面积：

$$A_{45e} = A_4 + A_5 \tag{5-40}$$

这两个等效流通面积又与 A_1 串联，所以系统的总等效流通面积：

$$A_e = \left[1/A_1^2 + 1/A_{23e}^2 + 1/A_{45e}^2 \right]^{-1/2} \tag{5-41}$$

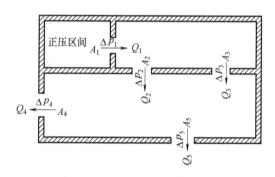

图 5-13　混联气流通路

5.2.4　压力中性面

中性面理论不仅适用于正常情况下建筑物的通风，而且适用于火灾情况下建筑物的排烟。在防排烟工程中，若确定压力中性面的位置，就可确定其上下方烟气的不同流动状况，从而制定不同的烟气控制策略，实现烟气的有效控制。

在发生火灾时，着火房间内的气体温度总是高于室外空气的温度，故本节主要讨论正烟囱效应下中性面位置的确定方法，并采用有效面积法对其扩展到建筑物中性面进行分析。使用烟气流动的串联模型，根据中性面的位置，可以估计流过建筑物的气体流速和压差。

1. 具有连续侧向开缝的竖井

假设一个竖井（与地面相通的垂直通道），从其顶部到底部有连续的宽度相同的侧向开缝与外界连通，竖井内温度高于竖井外温度，由正烟囱效应而引起的该竖井内气流状况如图 5-14 所示。

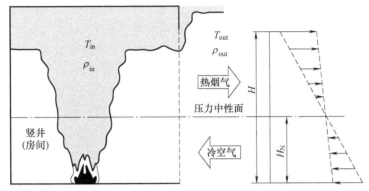

图 5-14　与外界具有连续开缝竖井的气流状况

竖井侧向开口高度为 $H(m)$，中性面 N 到竖井下缘的垂直距离为 $H_N(m)$ 室内外气体温度分别为 T_{in}、T_{out}。则在距中性面 N 上方垂直距离 h 处的竖井内外压力差：

$$\Delta p = |\rho_{out} - \rho_{in}| gh \tag{5-42}$$

式中　ρ_{out}——外界空气的密度（kg/m^3）；

　　　ρ_{in}——室内空气的密度（kg/m^3）。

从 h 处起向上取微元高 dh，设 ω 为竖井开口宽度。根据流量平方根法则，通过该微元面积向外排出的气体质量流量：

$$dm_{out} = \alpha\omega\sqrt{2\rho_{in}\Delta p}dh = \alpha\omega\sqrt{2\rho_{in}bh}dh \tag{5-43}$$

其中：

$$b = gp_{atm}(1/T_{out} - 1/T_{in})/R \tag{5-44}$$

则从竖井中性面至上缘之间的开口面积中排出的气体质量流量：

$$m_{out} = \int_0^{H-H_N} dm_{out} = \int_0^{H-H_N} \alpha\omega\sqrt{2\rho_{in}bh}dh \tag{5-45}$$

积分得：

$$m_{out} = \frac{2}{3}\alpha\omega(H-H_N)^{\frac{3}{2}}\sqrt{2\rho_{in}b} \tag{5-46}$$

同理，可以得到从竖井中性面至下缘之间的开口面积中流入的空气质量流量：

$$m_{in} = \frac{2}{3}\alpha\omega H_N^{\frac{3}{2}}\sqrt{2\rho_{out}b} \tag{5-47}$$

式中　α——竖井的收缩系数。

假设竖井除了连续开缝与大气相通外，其余各处密封均较好，则流入与流出房间的烟气流量相等。联立式（5-46）和式（5-47），消去相同的项，根据理想气体定律（$p_{atm} = \rho RT$）整理得：

$$\frac{H_N}{H} = \frac{1}{1 + (T_{in}/T_{out})^{\frac{1}{3}}} \tag{5-48}$$

式中　T_{in}——竖井内空气的温度（K）；

　　　T_{out}——外界空气的温度（K）。

2. 具有上下双开口的竖井

设有一竖井具有上下两个开口，其中的正烟囱效应气流状况如图 5-15 所示，此类情况类似于着火房间与室外具有上、下两个开口的情况。为了简化分析，假设两个开口间的距离比开口本身的尺寸大得多，这样可忽略沿开口自身高度的压力变化。

根据流量平方根法则，当 $T_{in} > T_{out}$ 时，通过下部流入口流进竖井的空气质量流率：

$$m_{in} = \alpha_1 A_1 \sqrt{2\rho_{out}\Delta p_1} \tag{5-49}$$

通过上部排出口流到外界的气体质量流率为

$$m_{out} = \alpha_2 A_2 \sqrt{2\rho_{in}\Delta p_2} \tag{5-50}$$

式中 A_1，A_2——上部和下部开口的面积（m^2）。

令上述两式相等，得：

$$\frac{H_N}{H} = \frac{1}{1 + (T_{in}/T_{out})(A_1/A_2)^2} \tag{5-51}$$

式（5-51）表明了中性面位置与上下开口面积、竖井内气体温度及外界空气温度之间的关系。显而易见，火灾温度越高，中性面越往下移；下部开口面积增大，中性面也往下移。中性面下移，有利于对外排烟。所以，在进行自然排烟设计时，应适当加大竖井底部的开口面积，这样有利于上层的对外排烟。

3. 具有连续侧向开缝和一个上部侧向开口的竖井

设某竖井具有连续侧向开缝和一个上部侧向开口，则竖井内由正烟囱效应所引起的气流流动状况如图 5-16 所示（此种情况类似于着火房间通向室外的单个门窗开启，且有一个上部开口）。设上部侧向开口的面积为 A_V，其中心到地面的高度为 H_V。开口位于中性面之下时也可做类似分析。为简化起见，认为开口的自身高度与竖井高 H 相比很小，这样可认为流体流过开口时的压力差不变。流出房间的烟气质量是由门孔中性面至上缘之间的开口面积中流出的烟气质量与由上部开口流出的烟气质量之和，即：

$$m_{out} = \frac{2}{3}\alpha\omega(H - H_N)^{\frac{3}{2}}\sqrt{2\rho_{in}b} + \alpha A_V\sqrt{2\rho_{in}b(H_V - H_N)} \tag{5-52}$$

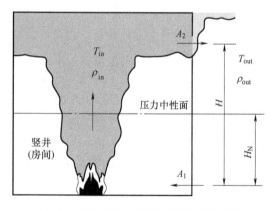

图 5-15 具有上下双开口竖井的气流状况

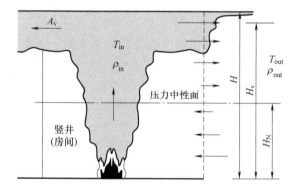

图 5-16 具有连续开缝及一个
上开口竖井的气流状况

同理，可以得到从窗孔中性面至下缘之间的开口面积中流入的空气质量流量：

$$m_{in} = \frac{2}{3}\alpha\omega H_N^{\frac{3}{2}}\sqrt{2\rho_{out}b} \qquad (5\text{-}53)$$

根据质量守恒原理，流出房间的烟气质量应等于流入的质量，即 $m_{in} = m_{out}$。

联立式（5-52）和式（5-53），消去相同的项，并将理想气体定律关于密度和温度的关系代入，得：

$$\frac{2}{3}\alpha\omega(H-H_N)^{\frac{3}{2}} + A_V(H-H_N)^{\frac{1}{2}} = \frac{2}{3}\omega H_N^{\frac{3}{2}}(T_{in}/T_{out})^{\frac{1}{2}} \qquad (5\text{-}54)$$

当 $A_V \neq 0$ 时，此式可进一步整理得到：

$$\frac{2}{3}\frac{\omega(H-H_N)^{\frac{3}{2}}}{A_V H} + (H-H_N)^{\frac{1}{2}} = \frac{2}{3}\frac{\omega H H_N^{\frac{3}{2}} T_{in}^{\frac{1}{2}}}{A_V H T_{out}^{\frac{1}{2}}} \qquad (5\text{-}55)$$

对于较大的开口，比值 $\omega H/A_V$ 趋近于零。而当 $\omega H/A_V$ 接近于零时，式（5-55）中的第一、三项接近于零，于是得到 $H_N = H$，这样中性面就位于上部开口处。显然，由上述各式决定的中性面位置受流通面积影响较大，而受温度影响较小。

无论开口在中性面上部还是下部，其位置将位于式（5-51）所给的无开口时的高度与开口高度 H_V 之间。$\omega H/A_V$ 的值越小，中性面的位置就越接近于 H_V。

4. 中性面以上楼层内的烟气浓度

火灾烟气蔓延到建筑物的上部楼层后，空气中的有害污染物浓度也将发生变化。在某些需要考虑烟气控制的情况下，人们需对这些物质的影响有所认识。现结合中性面以上楼层讨论其估算方法。

尽管有害污染物的浓度在不断变化，但仍近似认为烟气的质量流量是稳定的。中性面位置可由前面讨论的方法确定，并设外界温度低于竖井内的温度（$T_{out} < T_{in}$）。因为楼层之间没有缝隙，所以由竖井流进各层的质量流量等于从各层流到外界的质量流量：

$$m = \alpha A_e \sqrt{2\rho_{in}\Delta p} \qquad (5\text{-}56)$$

式中 m——质量流量（kg/s）；

     α——收缩系数（无量纲，一般取值约为 0.65）；

     A_e——竖井与外界间的等效流通面积（m^2）；

     ρ_{in}——竖井内气体密度（kg/m^3）；

     Δp——竖井与外界的压差（Pa）。

式（5-36）表示的计算等效流通面积的方法仅适用于两条路径串联且流体温度相同的情况，但这种分析可扩展到流体温度不同的情况，可用下式表示：

$$A_e = \left[\frac{1}{A_s^2} + \frac{T_f}{T_s}\frac{1}{A_a^2}\right]^{-\frac{1}{2}} \qquad (5\text{-}57)$$

式中 A_e——竖井与外界的等效流通面积（m^2）；

     A_s——竖井与房间的等效流通面积（m^2）；

     A_a——房间与外界的等效流通面积（m^2）；

     T_f——楼层内的温度（K）；

     T_s——竖井内的温度（K）。

压差由烟囱效应方程给出：

$$\Delta p = K_s(1/T_{out} - 1/T_s)Z \tag{5-58}$$

式中　T_{out}——外界空气的温度（K）；

　　　T_s——竖井内气体的温度（K）；

　　　Z——中性面以上的距离（m）；

　　　K_s——系数（Pa·K/m），当外界压力为标准大气压时，K_s取值为3460Pa·K/m。

在中性面以上的某一楼层中，污染物的质量守恒方程如下：

$$\frac{dC_f}{dt} = \frac{m}{V_f\rho_f}(C_s - C_f) \tag{5-59}$$

式中　C_f——中性面以上某楼层内污染物浓度；

　　　C_s——竖井内污染物浓度；

　　　t——时间（s）；

　　　m——质量流量（kg/s）；

　　　V_f——该楼层容积（m³）；

　　　ρ_f——该楼层内的气体密度（kg/m³）

C_f 和 C_s 可用任意适当的量纲表示，但二者量纲统一。

此微分方程的解如下：

$$C_f = C_s(1 - e^{-\lambda t}) \tag{5-60}$$

$$\lambda = \frac{m}{V_f\rho_f} \tag{5-61}$$

【例5-1】　请按正烟囱效应示意图（图5-8a）所示的结构形式讨论中性面以上任一楼层内有毒气体浓度的计算。设竖井内CO的含量（体积分数）为1%，外界空气温度 $t_{out} = -18℃$，竖井内气体温度 $t_{in} = 93℃$，某楼层在中性面以上的高度 $h = 18.3m$，该层气体温度 $t_f = 21℃$，竖井与房间的开口面积 $A_s = 0.186m^2$，房间与外界之间的开口面积 $A_a = 0.279m^2$，该层容积 $V_f = 561m^3$，求该楼层内的CO浓度。

【解】　气体密度由理想气体定律计算，设大气压力 $p = 101325Pa$，气体常数 $R = 287.0J/(kg·K)$，可得密度 $\rho_s = 0.964kg/m^3$，$\rho_f = 1.20kg/m^3$。根据式（5-57）可算出 $A_e = 0.160m^2$，由式（5-58）可得 $\Delta p = 0.75Pa$，由式（5-56）可得 $m = 1.25kg/s$，由式（5-61）可得 $\lambda = 0.183 1/s$。

该楼层内 C_{CO} 随时间的变化由式（5-60）计算，部分结果见表5-13。

表5-13　有毒气体含量计算结果

时间/min	C_{CO} ($\times10^{-6}$)	平均 C_{CO} ($\times10^{-6}$)	时间/min	C_{CO} ($\times10^{-6}$)	平均 C_{CO} ($\times10^{-6}$)	时间/min	C_{CO} ($\times10^{-6}$)	平均 C_{CO} ($\times10^{-6}$)
0	0	0	8	5851	5341	16	8279	8067
2	1974	987	10	6670	6261	18	8618	8449
4	3559	2767	12	7328	6999	20	8891	8755
6	4830	4195	14	7855	7919			

5.3 防排烟原理与技术

　　烟气控制的主要目的是为建筑物内创造无烟或烟气含量极低的疏散通道或安全区。烟气控制的实质是控制烟气合理流动，也就是使烟气不流向疏散通道、安全区和非着火区，而向室外流动。

　　控制烟气有防烟和排烟两种方式。防烟是防止烟的进入，是被动的；相反，排烟是积极改变烟的流向，使之排出户外，是主动的，两者互为补充。防烟措施主要有两种：①限制烟气的产生量；②设置机械加压送风防烟系统。烟气控制的具体方式有隔断或阻挡、加压防烟、空气净化、机械防烟，自然排烟、机械排烟、空气流、非火源区的烟气稀释等。排烟措施主要有两种：①充分利用建筑物的结构进行自然排烟；②利用机械装置进行机械排烟。其中，机械加压送风防烟系统和机械排烟系统均需要通过管道送风和排风。一个设计优良的机械排烟系统在火灾中能排出80%的热量，使火灾温度大大降低，对人员安全疏散和灭火起到重要作用。因而防排烟系统的管路设计非常重要，设计适当才能在火灾发生时起重要作用，最大限度地减少人员伤亡和财产损失。

5.3.1 防烟系统原理与技术

1. 隔断或阻挡

　　隔断或阻挡防烟是指在烟气扩散流动的路线上设置某些耐火性能好的构件（如隔墙、隔板、楼板、梁、挡烟垂壁等）把烟气阻挡在某些限定区域，不让其流到可对人对物产生危害的地方。这种方法适用于建筑物与起火区没有开口、缝和漏洞的区域。

　　挡烟垂壁常设置在烟气扩散流动路线上烟气控制区域的分界处，有时也在同一防烟分区内采用，以便和排烟设备配合进行更有效的排烟。

　　挡烟垂壁从顶棚向下的下垂高度一般应距顶棚面50cm以上，称为有效高度。当室内发生火灾时，产生的烟气由于浮力作用而聚积在顶棚下面，随时间的推移，烟层越来越厚。当烟层厚度小于挡烟垂壁的有效高度 h_0 时，烟气就被阻挡在垂壁和墙壁所包围的区域内而不能向外扩散，如图5-17a所示。有时，即使烟层厚度小于挡烟垂壁的有效高度 h_0，当烟气流动高于一定速度时，由于反浮力壁面射流的形成，烟层可能克服浮力作用而越过挡烟垂壁的下缘继续水平扩散。当挡烟垂壁的有效高度 h_0 小于烟气层厚度 h 或小于烟气层厚度 h 与其下降高度 Δh 之和时，挡烟垂壁防烟失效，如图5-17b所示。

　　烟气流动的动能与所克服的浮力有如下关系：

$$\frac{\rho_y v_y^2}{2} \geqslant (\rho_k - \rho_y)g\Delta h \tag{5-62}$$

式中　v_y——烟气水平流动的速度（m/s）；

　　　ρ_y——烟气的密度（kg/m³）；

　　　ρ_k——空气密度（kg/m³）；

　　　Δh——烟气层下降的高度（m）。

　　烟气层的下降高度 Δh 与烟气的温度有很大关系，由式（5-62）可以看出，在相同的流速下，烟气温度越低，烟气下降的高度越大。当挡烟垂壁的有效高度小于烟气层厚度 h 及其

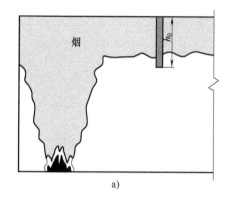 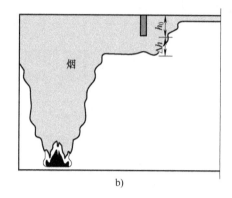

图 5-17 挡烟垂壁的作用机理

a) 烟层厚度小于挡烟垂壁的有效高度 h_0 b) 挡烟垂壁的有效高度 h_0 小于
烟气层厚度 h 或小于烟气层厚度 h 与其下降高度 Δh 之和

下降高度 Δh 之和时，挡烟垂壁是无效的，故挡烟垂壁凸出顶棚的高度应尽可能大。

2. 加压防烟

加压防烟是指采用强制性送风的方法，使疏散路
线和避难所空间维持一定的正压值，防止烟气进入的
一种方式，即在建筑物发生火灾时，对着火区以外的
走廊、楼梯间等疏散通道或避难场所进行加压送风，
使其保持一定的正压，以防止烟气侵入。此时着火区
应处于负压，着火区开口部位必须保持如图 5-18 所
示的压力分布，即开口部位不出现中性面，开口部位
上缘内侧压力的最大值不能超过外侧加压疏散通道的
压力。

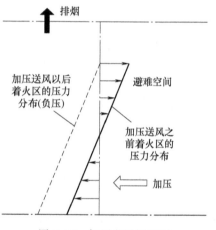

图 5-18　加压送风原理图

加压送风防烟主要有两种机理，一种是使用风机
可在防烟分隔物的两侧造成压力差从而抑制烟气，另
一种是直接利用空气流阻挡烟气。

加压送风采用的主要方式有两种：当建筑物某墙上的门关闭时，设门的左侧是疏散通道
或避难区，通过风机可使该侧形成一定的正压，以阻止门右侧的热烟气通过各种建筑缝隙
（诸如建筑结构缝隙、门缝等）侵入到正压侧（图 5-19a）；当门开启时，空气以一定风速从
门洞流过，以防止烟气进入疏散通道或避难区（图 5-19b）。

在挡烟物两边形成一定的压差称为加压。加压的结果是使空气在门缝和建筑结构缝隙中
正向流动，从而阻止热烟气通过这些缝隙逆向蔓延。实际上，对有较大开口的挡烟物而言，
在设计计算和验收试验过程中，空气流速都是很容易控制的物理量。而当挡烟物只有很小的
缝隙时，在实际中要想确定缝隙中的空气流速是十分困难的，在这种情况下选择压差作为烟
气控制的设计参数则相当方便。因此，在不同情况下，对上述两个原则应做单独考虑。

（1）加压　通过建筑结构缝隙、门缝以及其他流动路径的空气体积流率正比于这些流
径两端压差的 n 次方。对于几何形状固定的流动路径，理论上 n 在 $0.5 \sim 1.0$。对于极窄的

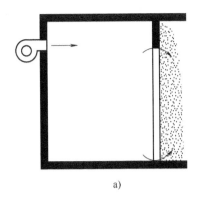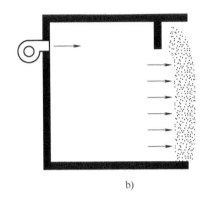

图 5-19 加压防烟示意图
a) 门关闭时 b) 开启时

狭缝以外的所有流动路径，均可取 $n = 0.5$。根据伯努利方程，可以近似地计算出通过门缝等的空气泄漏量：

$$W = CA \left(\frac{2\Delta p}{\rho} \right)^{\frac{1}{2}} \tag{5-63}$$

式中 W——空气漏风量（m^3/s）；

A——流动面积（m^2），通常等于流动路径的截面面积；

Δp——流动路径两端的压差（Pa）；

ρ——流动空气的密度（kg/m^3）；

C——流动系数，它取决于流动路径的几何形状及流动的湍流度，其值通常在 $0.6 \sim 0.7$。

若 C 取 0.65，ρ 取 $1.2kg/m^3$，则上述方程可表示如下：

$$W = K_f A \left(\Delta p \right)^{\frac{1}{2}} \tag{5-64}$$

式中 K_f——系数，$K_f = 0.839$。

也可利用图 5-20 来确定空气的体积流量。例如，关闭的门周围缝隙的面积为 $0.01m^2$，两边压差为 $2.5Pa$ 时，空气体积流量约为 $0.013m^3/s$。当压差增至 $75Pa$ 时，空气体积流量增至 $0.073m^3/s$。

在烟气控制系统的现场测试中，隔墙或关闭的门两边的压差常在 $\pm 5Pa$ 范围内波动，这通常被认为是风的影响。另外，采暖通风和空调系统以及其他原因也可能引起这种波动。压差的波动及其引起的烟气运动是目前有待研究的课题之一。从克服压差波动、烟囱效应、烟气浮力以及外部风影响的角度而言，烟气控制系统所能提供的压差应该足够大，然而在门窗敞开的情况下，这是难以做到的。

（2）空气气流　从理论上而言，合理利用空气气流能够有效地阻止烟气向任何空间蔓延。目前，采用气流来控制烟气运动的方法被普遍用于门口和走廊。托马斯（Thomas）提出了阻止烟气侵入走廊所需临界气流速度的经验计算式，具体如下：

$$v_k = k \left(\frac{gE}{\rho \omega c_p T} \right)^{\frac{1}{3}} \tag{5-65}$$

式中 v_k——阻止烟气扩散的临界气流速度（m/s）；

E——走廊中能量进入的速率（kW），取其为火源热释放率中的对流换热部分 Q_c；

ω——走廊的宽度（m）；

ρ——上游空气密度（kg/m³）；

c_p——下游气体的比热容 [kJ/(kg·℃)]；

T——下游气体的热力学温度（K）；

k——量纲为 1 的常数；

g——重力加速度（m/s²）。

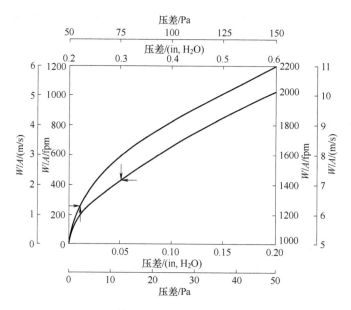

图 5-20　空气的体积流量与压差和缝隙面积关系图

注：1fpm = 0.00508m/s

考虑到距火区较远处物性参数在流动截面上的分布近似均匀，若取 $\rho = 1.3\ \text{kg/m}^3$，$c_p = 1.005\ \text{kJ/(kg·℃)}$，$T = 300\ \text{K}$，$g = 9.81\ \text{m/s}^2$，$k = 1$，则临界气流速度用下式表示：

$$v_k = k_v \left(\frac{Q_c}{\omega}\right)^{\frac{1}{3}} \tag{5-66}$$

系数 k_v 取 0.292。此计算式适用于火区在走廊以及烟气通过敞开的门、透气窗和其他开口进入走廊的情况。但是，它不适用于水喷淋作用下的火灾情况，因为这时上游空气和下游气体之间的温差很小。图 5-21 给出了式（5-66）的图解。

例如，当 1.22m 宽的走廊中烟气的能量进入速率为 150kW 时，可得到临界气流速度约为 1.45m/s。而在同样的走廊宽度下，若烟气的能量进入速率增至 2.1MW，则得到临界气流速度约为 3.50m/s。一般要求的气流速度越高，烟气控制系统设计的难度就越大，造价也越高。许多工程设计者认为，如果要求流经门的气流速度保持在 1.5m/s 以上，则相应烟气控制系统的造价就会难以承受。

尽管空气气流的运用能够控制烟气蔓延，但这并不是最基本的方法，因为它需要大量的空气才能发挥效用。这里所说的"最基本的方法"是指通过在门、隔墙以及其他建筑构件两边产生压差来控制烟气蔓延。

使用空气气流导致氧气的供入是人们普遍关心的问题。休盖特（Huggett）曾对多种天然与合成的固体材料燃烧时的 O_2 消耗量做了计算。他发现在建筑火灾中绝大多数物质燃烧时，每消耗 1kg 的 O_2 所放出的热量约为 $13.1 \times 10^6 J/kg$。O_2 在空气中的质量比是 23.3%，所以若 1kg 空气中的 O_2 全部消耗掉，约放出 3.0MJ 的热量。由此可以看出，阻止烟气逆流的空气量可支持强度相当大的火灾。在商用和住宅楼里经常堆放着许多可燃物（如纸、木板、家具等），一旦起火，其燃烧强度相当大。即使一般情况下楼内可燃物数量不太多，但在短期内存放较多的可燃物也经常发生（如楼房装修、货物交接等）。因此，建议在建筑物内一般不要采用空气流来控制着火区的烟气。

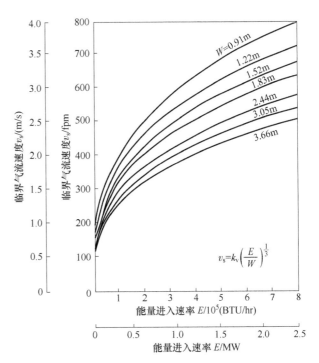

图 5-21　走廊内临界气流速度与走廊宽度和能量进入速率

注：1BTU/hr = 1055.06J

3. 空气净化

在理想情况下，门只是在人员疏散时期内短暂敞开，可以通过向被保护的区域供入新鲜空气达到稀释和净化空气的目的。然而，实际火灾中的疏散门总是处于开启状态，因此通过提供足够强的空气流来阻止烟气经过敞开的门进入被保护区域的目的很难实现。

假设有一个由挡烟墙和可自动关闭的门与火区隔离的房间，当所有的门关闭时，无烟气进入该房间。当房间的一扇或多扇门窗处于敞开状态，而又没有足够强的空气流时，来自火区的烟气则会进入该房间。为了便于分析，假设整个房间中烟气浓度分布均匀。在所有的门重新关闭后一段时间，房间中污染物的浓度可表示如下：

$$\frac{C}{C_0} = e^{\alpha t} \tag{5-67}$$

式中　C、C_0——初始和 t 时刻污染物浓度，可根据所考虑的污染物不同采用任何合适的单位，但必须一致；

　　　α——净化速率，其含义为每分钟内空气的变化量；

　　　t——门关闭后的时间（min）。

根据一系列测试和已有的人体对烟气的耐受极限，估算表明，火灾环境中的最大烟浓度比人体所能承受的极限烟浓度约大 100 倍，因此单从火灾环境烟气浓度的角度来看，理论上的安全区域内环境烟浓度不应超过火区附近烟浓度的 1%。很明显，用新鲜空气来稀释烟气的同时也将减少环境气体中有毒烟气组分的浓度。烟气的毒性是一个更为复杂的问题，目前尚无有关的数据和结论能够从烟气毒性的角度来说明如何稀释烟气才能确保安全的环境。

式（5-67）可改写为求取净化速率的形式，如下式所示：

$$\alpha = \left(\frac{1}{t} \right) \ln \left(\frac{C_0}{C} \right) \qquad (5\text{-}68)$$

例如，敞开门后房间中污染物的浓度达到着火房间的 20%，随即将门关闭，要求 6min 后房间中污染物的浓度降至着火房间的 1%，由式（5-67）可求得这种情况下该房间所需的空气净化速率约为 0.5/min。

实际上，污染物浓度在整个房间中是不可能均匀分布的。由于浮力作用，很可能在顶棚附近的污染物浓度较高，因此将排气管道的入口接近顶棚安置，而将供气道的出口接近地板安置，可得到比以上计算结果更高的空气净化速率。同时，供气管道出口应远离排气管道入口，以免造成"短路"。

此外，在烟气控制系统的设计中，应充分考虑要预留烟气排放通道，保障烟气受热膨胀的情况下起到泄压作用。应当注意，在火区稀释烟气并不意味着达到了烟气控制的目的，因为简单地向火区大量充气和从火区大量排气的做法尽管有时可以净化烟气，但是很难确保火区的气体适宜人体吸入，而在与火区隔离的区域内，这种充气和排气的做法的确能够很大程度上限制空气当中的烟气含量。

5.3.2 排烟系统原理与技术

1. 自然排烟

这种方式利用墙面、顶棚、中庭或天井顶部的开口让烟从风管排出或直接排出建筑物外。此开口平时可由挡板控制开或关，遇有火灾时则自动或手动开启。

在进行自然排烟设计时，经常配合其他烟控方法，如挡烟垂壁的设置配合、储烟区的规划等，由此可对烟气进行更有效的控制。另外，若在进入楼梯间前设置前室，且其墙壁是外墙，则可于外墙上设排烟口，使将要进入楼梯间的烟气在楼梯间前室自然排出，以保持楼梯间为无烟状态，让人员顺利逃生。

图 5-22 是利用可开启的外窗进行排烟，如果外窗不能开启或无外窗，可以专设排烟口进行自然排烟。专设的排烟口也可以是外窗的一部分，它在火灾时可以手动开启或自动开启，开启的方式也有多样，如可以绕一侧轴转动，或绕中轴转动等。

自然排烟的优点是：构造简单、经济，不需要专门的排烟设备及动力设施；运行维修费用低，外窗排烟口可以兼做平时通风换气使用，避免设备的闲置；对于顶棚较高的房间（中庭），若在顶棚上开设排烟口，自然排烟的效果很好。其缺点是：排烟的效果不稳定；对建筑设计的制约；存在火势蔓延至上层的可能性；要确保充分的补风量等。

（1）排烟的效果不稳定　由于自然排烟是利用热烟气的浮力作用、室内外温差引起的热压作用和外部风力作用，而这些因素本身又是不稳定的，如火灾时烟气温度随时间发生变化、室外风向和风速随季节变化、高层建筑的热压作用随季节发生变化等，这就导致自然排烟的效果不稳定。特别是当排烟口设置在建筑物的迎风面时，不仅排烟效果大大降低，还可能出现烟气倒灌现象，并使烟气扩散蔓延到未着火的区域，如图 5-23 所示。

（2）对建筑设计的制约　由于自然排烟是通过外墙或顶棚上的外窗或专用的排烟口将烟气直接排至室外，所以需要排烟的房间必须靠室外，而且房间的进深不能太大，且排烟口还需要一定的开窗面积。这样，即使有明确要求分隔的房间，也必须设置外窗或排烟口，因此带来诸如隔声、防尘、防雨等问题。

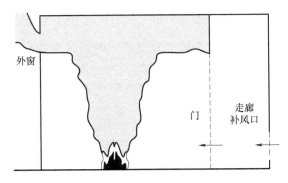

图 5-22　利用可开启的外窗进行排烟

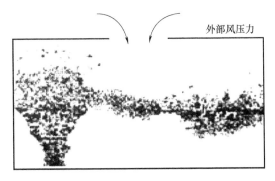

图 5-23　自然排烟时烟气倒灌现象

由于自然排烟是依靠浮力通过可开启的外窗、排烟竖井将烟气排出，这就要求烟气流动距离不能太长，以免浮力降低导致烟气滞留室内。

另外，建筑排烟使用自然排烟方式时，其设置高度是个必须考虑的问题。随着烟气的上升，其浮力下降后，出现"层化现象"，这将不利于排烟。因此，我国规定可以采用自然排烟的中庭的最大高度是 12m。但目前关于自然排烟的最大高度还没有形成统一的认识，例如日本对自然排烟没有限定高度，关于自然排烟系统的设计使用也未限定高度。

（3）存在火势蔓延至上层的可能性　由外窗或排烟口向外排烟时，若烟气排出时的温度很高，如果烟气中含有大量未燃尽的可燃物质，则烟气排至室外后会形成火焰。因为火焰四周补气条件不同，靠近外墙面的火焰内侧，空气得不到补充，造成负压区，致使火焰有扑向墙壁面造成贴壁现象。

此外，起火建筑物从外墙口喷出的热烟气和火焰，能通过辐射把火灾传播给一定距离内的相邻建筑。因此，在建筑物之间设置防火间距主要是为了避免热辐射对相邻建筑的威胁。

（4）要确保充分的补风量　自然排烟系统有效性的前提条件之一就是要确保充分的补风量。排烟口打开后，以可靠的方式迅速进风是必需的。排烟过程是烟气与空气的对流置换过程，从理论上讲，当自然排烟系统的进、出空气量一样时，该系统才是正常的系统。补风最简单的办法是通过直接通向外部的开口进行补风。例如对于敞开的门或窗户，从实用的角度看，进风口可设计成下述的任一种或几种组合的方式：

1）利用邻近的非着火区域的进风口向着火区域自然送风。

2）在着火区域的下部空间开设入风口，使其与上部的排烟口实现气流循环。

3）在建筑的相关部位设置若干可在火灾中自动开启的门，以保证外部新鲜空气的流入。

为了能达到建筑排烟系统的设计功能，需要在低水平位置设置大量的新鲜空气进口。目前国内外还没有关于补风口面积的具体规定。有试验结果表明，当上部热层温度高于环境温度 400℃时，若进风与排烟面积比为 1:1，则排烟流量可达到预定流量的 80%；面积比为 2:1 时可达到 90%。当上部热层温度相对较低时，如高于环境温度 200℃，如果进风与排烟面积比为 1:1，可达到定排烟流量的 70%；面积比为 2:1 时可达到 90%。

另外，在实际火灾情况中，可以用于补风的开口在发生火灾时通常不能全部用于补风，往往被疏散人流或门窗堵塞，所以在设定自然排烟的补风面积时应注意使用于补风的开口总面积不小于自然排烟口面积。

2. 机械排烟

（1）机械排烟的形式　机械排烟是指利用电能产生的机械动力迫使室内的烟气和热量及时排出室外的一种方式。机械排烟的优点是能有效地保证疏散通路的安全，使烟气不向其他区域扩散。其缺点在于火灾猛烈发展阶段排烟效果会降低，排烟风机和排烟管道需耐高温，投资和维修费用高。

机械排烟可分为局部排烟和集中排烟两种方式。局部排烟方式是指在每个需要排烟的部位设置独立的排烟风机直接进行排烟；集中排烟方式是指将建筑物划分为若干个区域，在每个区域内设置排烟风机，烟气通过排烟口进入排烟管道，由排烟风机直接排至室外（图5-24）。由于局部机械排烟方式投资大，排烟风机分散，维修管理麻烦，所以很少采用。若采用，一般与通风换气要求结合，即平时可兼作通风排风使用。

根据补气方式的不同，机械排烟可分为机械排烟-自然进风、机械排烟-机械进风两种方式，图5-25和图5-26分别表示了这两种方式。机械排烟-自然进风方式适

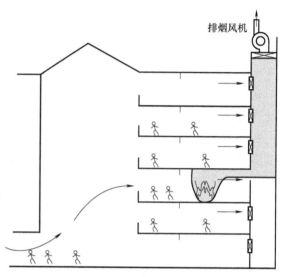

图5-24　机械集中排烟方式

用于大型建筑空间的烟气控制；机械排烟-机械进风方式则多用于性质重要、对防排烟设计较为严格的高层建筑或大型建筑空间的烟气控制。

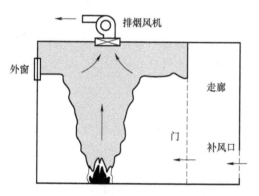

图5-25　机械排烟-自然进风方式

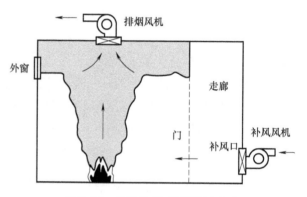

图5-26　机械排烟-机械进风方式

机械排烟-自然进风方式是指在需要排烟的房间上部安装某种排烟风机，风机的启动可使进烟管口处形成低压，从而使烟气排出。而房间的门、窗等开口便成为窗外新鲜空气的补充口。使用这种方式需要在进烟管口处形成相当大的负压，否则难以将烟气吸过来。如果负压程度不够，在室内远离进烟管口区域的烟气往往无法排出。若烟气生成量较大，烟气仍然

会沿着门窗上部蔓延出去。另外，由于这种方式下风机直接接触高温烟气，所以风机应当能耐高温，同时还应当在进烟管中安装防火阀，以防烟气温度过高而损坏风机。这种排烟方式的设计、安装都比较方便，因此成为目前采用最多的机械排烟方式。

机械排烟-机械进风方式也可称为全面通风排烟方式。使用这种方式时，通常让送风量略小于排烟量，即让房间内保持一定的负压，从而防止烟气的外溢或渗透。全面通风排烟方式的防排烟效果良好，运行稳定，且不受外界气象条件的影响。但由于使用两套风机，其造价较高，且在风压的配合方面需要精心设计，否则难以达到预定的排烟效果。

（2）负压排烟时的吸穿现象　为了有效地排除烟气，通常要求负压排烟口浸没在烟气层之中，当排烟口下方存在足够厚的烟气层或排烟口处的排烟风速较小时，烟气能够顺利排出。当排烟口下方无法聚积起较厚的烟气层或排烟口处的排烟风速较大时，在排烟时就有可能发生烟气层的吸穿现象（图 5-27）。此时，有一部分空气被直接吸入排烟口中，导致机械排烟效率下降。同时，风机对烟气与空气交界面处的扰动更为直接，可使得较多的空气被卷吸进入烟气层内，增大了烟气的体积。

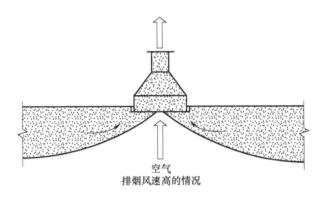

空气
排烟风速高的情况

图 5-27　负压排烟时烟气层的吸穿现象

欣克利（Hinckley）提出可以采用无量纲量 F（弗罗得数）来描述自然排烟时的吸穿现象，其定义如下：

$$F = \frac{u_v A}{\left(g \dfrac{\Delta T}{T_0}\right)^{\frac{1}{2}} h_e^{\frac{5}{2}}} \tag{5-69}$$

式中　F——弗罗得数；

　　　u_v——通过自然排烟口流出的烟气速度（m/s）；

　　　A——排烟口面积（m²）；

　　　h_e——排烟口下方的烟气层厚度（m）；

　　　ΔT——烟气层温度与环境空气温度的差值（K）；

　　　T_0——环境空气温度（K）；

　　　g——重力加速度（m/s²）。

刚好发生吸穿现象时的 F 值可记为 $F_{critical}$。摩根（Morgan）和嘉德纳（Gardiner）的研究表明，当排烟口位于蓄烟池中心位置时，$F_{critical}$ 可取 1.5；当排烟口位于蓄烟池边缘时，$F_{critical}$ 可取 1.1。发生吸穿现象时，排烟口下方的临界烟气层厚度可表示如下

$$h_{\text{critical}} = \left[\frac{u_{\text{v}}}{\left(g \Delta T / T \right)^{1/2} F_{\text{critical}}} \right]^{\frac{2}{5}} \tag{5-70}$$

式中　　h_{critical}——发生吸穿现象时排烟口下方的临界烟气层厚度。

应当指出，防烟与排烟是烟气控制的两个方面，二者是一个有机的整体，综合应用防排烟方式比采用单一方式效果更佳。

5.4 | 烟气控制研究方法

火灾是一个包含了流动、燃烧、传热、传质、化学反应等分过程的复杂现象，火灾的发生发展遵循着质量、动量、能量、组分等基本守恒定律。这些基本守恒定律可以采用一组数学方程来描述，通过分析求解这些方程就能够解释火灾过程的基本规律。目前除了理论方法分析，对火灾科学的确定性规律的研究中常用的方法有两类，即试验模拟方法和数值模拟方法。

试验研究是火灾科学研究的一种非常重要的手段，某些特殊的问题单纯依靠理论分析或推导无法得到满意的解答，通过理论分析或数值模拟等手段得到的结果也需要针对性的试验来验证其可信程度。因此，试验研究在火灾科学研究中有着非常重要的地位。试验模拟方法能直观地展现火灾发展的全过程，测得丰富的试验数据，是火灾科学研究的一项重要手段。通过火灾试验可对火灾的分过程进行研究，比如材料热解、可燃物着火、火羽流发展、烟气流动、烟气层沉降等，也可以对特殊火灾现象和火行为进行研究，如建筑火灾中的轰燃，回燃，热障，森林火灾中的火旋风等。可以利用各种仪器和装置对关键位置的温度、速度、压力、烟气成分等参数随时间的变化开展测量，并建立相关模型。通过开展火灾试验还能检验实际建筑火灾探测系统、烟气控制系统和灭火系统的有效性，以及为开发消防新产品提供数据支持。

与试验模拟方法相比，数值模拟方法具有易于开展、成本低的优点。近年来，随着计算机技术的快速发展，计算流体动力学（Computational Fluid Dynamics，简称CFD）技术被广泛地应用到建筑空间的火灾过程模拟研究中，已成为一项重要的研究方法。

5.4.1　理论方法分析

火灾烟气的流动为非定常的三维湍流流动，描述烟气流动的物理量主要为：烟气速度在三个方向上的分量 u，v 和 w，烟气压力 p、烟气温度 T 和密度 ρ。火灾烟气运动研究的理论基础是流体动力学，在流体动力学中，为了方便处理工程问题，经常忽略流体黏性的存在，即作为理想流体来处理。理想流体的基础理论方程包括连续性方程（欧拉连续方程）、动量守恒方程（欧拉运动方程）、能量守恒方程、气体状态方程和组分守恒方程。各方程如下：

连续性方程：

$$\frac{\partial \rho}{\partial t} + \frac{\partial \rho u_j}{\partial x_j} = 0 \tag{5-71}$$

动量守恒方程：

$$\frac{\partial \rho u_i}{\partial t} + \frac{\partial \rho u_i u_j}{\partial x_j} = \rho f_i - \frac{\partial p}{\partial x_i} + \frac{\partial \tau_{ij}}{\partial x_j} \tag{5-72}$$

能量守恒方程：

$$\frac{\partial \rho h}{\partial t} + \frac{\partial \rho h u_j}{\partial x_j} = \frac{\partial p}{\partial t} + u_j \frac{\partial p}{\partial x_j} + \varepsilon - \frac{\partial \dot{q}_j''}{\partial x_j} + \dot{q}''' \tag{5-73}$$

气体状态方程：

$$p = \frac{\rho R T}{M} \tag{5-74}$$

组分守恒方程：

$$\frac{\partial \rho Y_\alpha}{\partial t} + \frac{\partial \rho Y_\alpha u_j}{\partial x_j} = \frac{\partial}{\partial x_j}\left(\rho D_\alpha \frac{\partial Y_\alpha}{\partial x_j}\right) + \dot{m}_\alpha''' \tag{5-75}$$

式中　ρ——烟气密度（kg/m³）；

　　　f_i——体积力（N/m³）；

　　　p——烟气压力（Pa）；

　　　M——气体混合物分子量；

　　　u_j——速度（m/s）；

　　　h——显焓（J/kg）；

　　　τ_{ij}——切应力（Pa）；

　　　ε——耗散函数（W/m³）；

　　　$\dot{q}''$——导热、辐射以及扩散引起的热流（W/m²）；

　　　$\dot{q}'''$——单位体积燃烧的热量（W/m³）；

　　　R——气体常数［J/(kg·K)］；

　　　D_α——组分 α 的扩散系数（m²/s）；

　　　Y_α——组分 α 的质量分数；

　　　$\dot{m}_\alpha'''$——组分的单位体积消耗率或生成率［kg/(m³·s)］；

　　　T——温度（K）。

其中：

$$\tau_{ij} = -2\mu\left(S_{ij} - \frac{1}{3}\delta_{ij}\frac{\partial u_k}{\partial x_k}\right), \delta_{ij} = \begin{cases} 1 & i=j \\ 0 & i \neq j \end{cases} \tag{5-76}$$

式中　μ——动力黏度（Pa·s）；

　　　S_{ij}——变形速率张量。

$$S_{ij} = \frac{1}{2}\left(\frac{\partial u_i}{\partial x_j} + \frac{\partial u_j}{\partial x_i}\right) \quad (i,j = 1,2,3) \tag{5-77}$$

$$\varepsilon = \tau_{ij}\frac{\partial u_i}{\partial x_j} = 2\mu\left[S_{ij}S_{ij} - \frac{1}{3}\left(\frac{\partial u_i}{\partial x_j}\right)^2\right] = 2\mu\left(S_{ij}^2 - \frac{1}{3}S_{kk}^2\right) \tag{5-78}$$

$$\dot{q}'' = -\lambda\frac{\partial T}{\partial x_j} - \sum_\alpha h_\alpha \rho D_\alpha \frac{\partial Y_\alpha}{\partial x_j} + \dot{q}''_r \tag{5-79}$$

式中　λ——导热系数［W/(m·K)］；

　　　$\dot{q}''_r$——辐射热流（W/m²）。

为了方便求解，上面的方程可用一个通用的方程来表示：

$$\frac{\partial}{\partial t}(\rho\phi) + \frac{\partial}{\partial x_j}(\rho U_{j\phi}) = \frac{\partial}{\partial x_j}\left(\varGamma_\phi \frac{\partial\phi}{\partial x_j}\right) + S_\phi$$

(1)   (2)   (3)   (4)

(5-80)

式中　$\dfrac{\partial}{\partial t}(\rho\phi)$——变化率项；

$\dfrac{\partial}{\partial x_j}(\rho U_{j\phi})$——对流项；

$\dfrac{\partial}{\partial x_j}\left(\varGamma_\phi \dfrac{\partial\phi}{\partial x_j}\right)$——扩散项；

S_ϕ——源项；

ϕ——因变量，不同的因变量表示不同的方程；

$\varGamma_\phi$——ϕ 的扩散系数。

方程右端的第一项是由 ϕ 的梯度引起的扩散项，由其他变量梯度产生的扩散都应包括在源项内。

由于火灾现象的复杂性，建立的微分方程组往往不能完全反映所有影响因素。实际上，如果将所有因素都考虑进去，会使方程组过于复杂，而对所要求解问题的精度也是不必要的。因此，相似模拟必然是不完全相似的。相似模拟方法是一种需要忽略一些次要因素，抓住所要研究的问题的本质，研究火灾及其烟气运动过程的手段。为了简化结果进行如下假设：

1）将燃烧着的火焰处理为一热源。

2）由于研究的是燃烧区域以外火烟羽流的发展，因此不考虑火灾时燃烧过程以及化学反应引起烟气成分的变化。

3）不计紊流脉动的影响，采用紊流时均值。

4）不考虑辐射传热的影响。

5）烟气运动是浮力驱动下的流动，浮力影响采用布辛涅司克（Boussinesq）近似，$\rho_a - \rho = \beta(T - T_a)$。其中，$\rho_a$ 为环境空气密度；T_a 为环境温度。

6）不计烟气的可压缩性，烟气与空气热物理性质相同。

7）由于热扩散、黏性耗散、压力功等对烟气流动的影响较小，将这些因素的影响也忽略不计。

5.4.2　试验研究

科学试验是指根据研究目的，利用科学仪器和设备，人为模拟自然现象，排除干扰，突出主要因素，在有利于研究的条件下探索自然规律的认识活动。科学试验最基本的特点是目的性和干预性，目的性是指试验要目的明确，干预性是指试验者要积极干预自然现象。因为几乎所有自然现象在发生过程中同时有许多过程和力量在起作用，绝大多数自然现象都是多种原因共同造成的。为了解自然过程，人们希望能对每个原因所造成的影响单独进行研究，试验在某种程度上就是隔离和控制。仅对自然现象进行观察和分析而不主动干预的研究活动不能称为试验。试验研究中应该遵循的原则主要有：条件性、精准性、再现性等。

　　火灾科学的试验研究，从试验尺寸上可分为缩尺寸模型试验和全尺寸试验。建造全尺寸试验平台或开展实体建筑现场试验是非常困难和不经济的，原型试验规模较大、需要测试的参数很多，所花费的人力、物力、财力都很大，且可能具有危险性，还有不少过程无法进行原型试验。考虑到经济性和科学性的统一，目前国内外学者较多地采用缩尺寸模型试验。

1. 缩尺寸模型试验

　　缩尺寸模型试验是根据物理现象之间的相似性，通过建立火灾现象的相似准则，设计出缩尺寸建筑模型，通过在缩小尺寸的模型中开展试验，研究各种火灾现象，并推知在与其相似的实际建筑中的同类现象。这种试验方法不仅经济，而且可以开展重复性验证，由于在实验室条件下开展研究，还可以使用更精密的测量仪器设备和先进的测量方法。目前缩尺寸模型试验已成为火灾科学研究中最有力的工具。

　　模型试验结果要推广到实际应用中，必须遵守相似理论。相似理论是说明自然界和工程中各种相似现象相似原理的学说，理论基础是相似三定律。若要流体在模型中的运动过程与原型中的流动情况具有相似性，必须要求两者的流体动力学相似。

　　值得注意的是，缩尺寸模型试验显现的现象以及得到的规律都是在特定条件下得到的，为了将相关结果运用到实际工程中，需要相似理论的指导。可以说，模拟试验的成功与否很大程度上依赖于模型系统和原系统之间是否具有相似性。

　　（1）流体相似性原理　相似的概念最早出现于几何学中，随着科学技术的发展，又陆续出现运动相似、动力相似、热相似、物理现象之间的相似。物理现象的相似通常有三种：

　　① 同类相似。同类相似是指两个物理现象遵从相同的自然规律，可用相同的数学方程组描述，而且两个物理现象所包含物理量具有相同的物理性质。

　　② 异类相似。异类相似是指两种不同类物理现象虽然在形式上可用相同的数学方程组描述，但方程所含参数具有不同性质。

　　③ 差拟相似或者称为变态相似。

　　两个流动的相应点上的同名物理量（如速度、压强、各种作用力等）具有各自的固定比例关系，则这两个流动就是相似的。模型和原型保证流动相似，应满足几何相似、运动相似、动力相似、初始条件和边界条件相似。

　　1）几何相似。几何相似是指原型和模型两个流场的几何形状相似，即原型和模型及其流动所有相应的线性变量的比值均相等。这包括二者边长成比例，用公式表示如下：

$$\frac{l_{p1}}{l_{m1}} = \frac{l_{p2}}{l_{m2}} = \cdots = C_l \qquad (5-81)$$

式中　l——边长尺度；

　　　　m——原型参数；

　　　　p——模型参数。

　　对应边的几何夹角相等

$$\alpha_1 = \alpha_2, \beta_1 = \beta_2, \gamma_1 = \gamma_2 \qquad (5-82)$$

　　2）运动相似。运动相似指流体运动的速度场相似，即两流场各个相应点（包括边界上各点）的速度及加速度的方向相同，且大小各具有同一比值。

速度相似：

$$\frac{v_{p1}}{v_{m1}} = \frac{v_{p2}}{v_{m2}} = \cdots = C_v \tag{5-83}$$

加速度相似：

$$\frac{a_{p1}}{a_{m1}} = \frac{a_{p2}}{a_{m2}} = \cdots = C_a \tag{5-84}$$

3）动力相似。动力相似是指两流动各相应点上流体质点所受的同名力方向相同，其大小比值相等。

$$\frac{F_{p1}}{F_{m1}} = \frac{F_{p2}}{F_{m2}} = \cdots = C_F \tag{5-85}$$

式中 C_l、C_v、C_a、C_F——无量纲常数。

4）初始条件和边界条件相似。初始条件适用于非恒定流；边界条件有几何、运动和动力三个方面的因素。例如，固体边界上的法线流速为零，自由液面上的压强为大气压强等。

（2）N-S 方程和动力相似准则　N-S 方程是通过一组微分方程来描述流体的流动，N-S 方程建立了流体粒子动量的改变率（加速度）和作用在流体内部压力的变化、耗散黏性力以及引力之间的关系。这样，N-S 方程可以描述作用于流体任意给定区域的力的动态平衡。下面分别给出原型系统流动和模型系统流动在 x 投影方向的 N-S 方程：

$$\frac{\partial v_{px}}{\partial t_p} + v_{px}\frac{\partial v_{px}}{\partial x_p} + v_{py}\frac{\partial v_{py}}{\partial y_p} + v_{pz}\frac{\partial v_{pz}}{\partial z_p} = x_p - \frac{1}{\rho_p}\frac{\partial p_p}{\partial x_p} + \frac{\mu_p}{\rho_p}\left(\frac{\partial^2 v_{px}}{\partial x_p^2} + v_{py}\frac{\partial^2 v_{py}}{\partial y_p^2} + v_{pz}\frac{\partial^2 v_{pz}}{\partial z_p^2}\right)\frac{\partial v_{mx}}{\partial t_m} +$$

$$v_{mx}\frac{\partial v_{mx}}{\partial x_m} + v_{my}\frac{\partial v_{my}}{\partial y_m} + v_{mz}\frac{\partial v_{mz}}{\partial z_m} = x_p - \frac{1}{\rho_m}\frac{\partial p_m}{\partial x_m} + \frac{\mu_m}{\rho_m}\left(\frac{\partial^2 v_{mx}}{\partial x_m^2} + v_{py}\frac{\partial^2 v_{my}}{\partial y_m^2} + v_{pz}\frac{\partial^2 v_{mz}}{\partial z_m^2}\right) \tag{5-86}$$

为保证原型系统和模型系统流动相似性，所有同类物理量需要成比例，即

$$x_p = C_1 x_m, x_p = C_1 y_m, x_p = C_1 z_m$$
$$v_{px} = C_v v_{mx}, v_{py} = C_v v_{my}, v_{pz} = C_v v_{mz}$$
$$x_p = C_g x_m, t_p = C_t t_m, \rho_p = C_\rho \rho_m, \mu_p = C_\mu \mu_m \tag{5-87}$$

式中 t_p——模型时间；

t_m——原型时间；

x_p——N-S 方程模型在 x 方向的投影；

x_m——N-S 方程原型在 x 方向的投影；

C_g、C_ρ、C_μ——相似比系数。

将式（5-87）代入式（5-86）得：

$$\frac{C_v}{C_t}\frac{\partial v_{mx}}{\partial t_m} + \frac{C_v^2}{C_l}\left(v_{mx}\frac{\partial v_{mx}}{\partial x_m} + v_{my}\frac{\partial v_{my}}{\partial y_m} + v_{mz}\frac{\partial v_{mz}}{\partial z_m}\right) = C_g x_m - \frac{C_\rho}{C_\rho C_l}\frac{1}{\rho_m}\frac{\partial p_m}{\partial x_m} + \frac{C_\mu C_v}{C_\rho C_l^2}\frac{\mu_m}{\rho_m}\left(\frac{\partial^2 v_{mx}}{\partial x_{pm}^2} + v_{my}\frac{\partial^2 v_{my}}{\partial y_m^2} +\right.$$

$$\left. v_{mz}\frac{\partial^2 v_{mz}}{\partial z_m^2}\right)\frac{\partial v_{mx}}{\partial t_m} + v_{mx}\frac{\partial v_{mx}}{\partial x_m} + v_{my}\frac{\partial v_{my}}{\partial y_m} + v_{mz}\frac{\partial v_{mz}}{\partial z_m} = x_m - \frac{1}{\rho_m}\frac{\partial p_m}{\partial x_m} + \frac{\mu_m}{\rho_m}\left(\frac{\partial^2 v_{mx}}{\partial x_m^2} + v_{py}\frac{\partial^2 v_{my}}{\partial y_m^2} + v_{pz}\frac{\partial^2 v_{mz}}{\partial z_m^2}\right)$$

$$\tag{5-88}$$

为保证式（5-88）中两式均成立，应该满足：

$$\frac{C_v}{C_t} = \frac{C_v^2}{C_l} = C_g = \frac{C_\rho}{C_\rho C_t} = \frac{C_\mu C_v}{C_\rho C_t^2} \tag{5-89}$$

式中　C_t——相似比系数。

由力学知识可知，流体中的声速：

$$c = \sqrt{\frac{\partial p}{\partial \rho}} \qquad (5\text{-}90)$$

因此，声速相似可表示如下：

$$C_c^2 = \frac{C_p}{C_\rho} \qquad (5\text{-}91)$$

将式（5-91）代入式（5-89），并将每项均除以 $\dfrac{C_v^2}{C_l}$，可以得出：

$$\frac{C_l}{C_v C_t} = 1 = \frac{C_l C_g}{C_v^2} = \frac{C_p}{C_\rho C_v^2} = \frac{C_c^2}{C_v^2} = \frac{C_\mu}{C_\rho C_l C_v} \qquad (5\text{-}92)$$

由上式可得知如下相似准则：

1）非定常性相似准则（斯特劳哈尔准则）。

$$\frac{C_l}{C_v C_t} = 1 \Rightarrow \frac{\dfrac{l_p}{l_m}}{\dfrac{v_p}{v_m}\dfrac{t_p}{t_m}} = 1 \Rightarrow \frac{l_p}{v_p t_p} = \frac{l_m}{v_m t_m} = \frac{l}{vt} = Sr \qquad (5\text{-}93)$$

斯特劳哈尔（Strouhal）数反映了非定常流动中，当地惯性力与迁移惯性力的比值。两种非定常流动相似，它们的斯特劳哈尔数必定相等，这就是非定常相似准则，又称为斯特劳哈尔准则。

2）重力相似准则（弗洛德准则）。

$$\frac{C_l C_g}{C_v^2} = 1 \Rightarrow \frac{\dfrac{l_p g_p}{l_m g_m}}{\left(\dfrac{v_p}{v_m}\right)^2} = 1 \Rightarrow \frac{v_p^2}{l_p g_p} = \frac{v_m^2}{l_m g_m} = \frac{v^2}{gl} = Fr \qquad (5\text{-}94)$$

弗洛德（Froude）数反映了惯性力和重力的比值。两种流动的重力作用相似，两种弗洛德数必定相等，反之亦然，这就是重力相似准则，又称弗洛德准则。弗洛德准则主要用来描述重力起主要作用的流动，如火灾烟气的水平蔓延过程。

3）黏性力相似准则（雷诺准则）。

$$\frac{C_\rho C_v C_l}{C_\mu} = 1 \Rightarrow \frac{P_v l}{\mu} = \frac{v_m^2}{l_m g_m} = \frac{vl}{v} = Re \qquad (5\text{-}95)$$

雷诺（Reynolds）数反映了惯性力与黏性力的比值。两种流动的黏性力作用相似，它们的雷诺数必定相等，反之亦然，这就是黏性力相似准则，又称雷诺数准则。雷诺准则描述受流体阻力即黏滞力作用的流体流动。对于有压流动，重力不影响流速分布，主要受黏滞力的作用，这类流动相似要求雷诺数相似。

2. 全尺寸试验

虽然缩尺寸模型试验研究和数值模拟研究具有投入少、操作相对简单、可反复多次进行等优点，但是由于在研究过程中引入了较多的假设和近似，而全尺寸或大尺寸试验能比较合理地模拟隧道火灾，结果真实可信。国内外已经开展了很多全尺寸试验。早在 1976 年，Heselden 等人就在废弃的格拉斯哥隧道内进行了 5 次试验，该隧道长 620m，宽 7.6m，高

5.2m，试验采用油盘作为火源。之后研究人员在挪威的一条长 2.3km、宽 6.5m、高 5.5m 的废弃矿道内进行了一系列的全尺寸试验。在这组试验中，研究人员考虑了隧道内的实际燃烧物，并在一次试验中燃烧了一列实际的火车车厢作为火源，其火源功率达到了 100MW；1993 年，研究人员进行了 9 组针对性的全尺寸试验，这次试验的主要目的是获得纵向风和火灾烟气逆流的相互作用情况，以对 CFD 模拟的结果进行验证，该隧道的尺寸为长 366m、高 2.56m、横截面面积为 5.4m^2；1995 年在美国弗吉尼亚州的一条废弃的长 850m 的双车道隧道中进行的一系列的全尺寸试验中，对横向、半横向、纵向排烟方式下 20MW、50MW 和 100MW 火灾环境下的温度、流场分布情况进行了采集；在 2001 年和 2003 年，日本和挪威的隧道火灾科学研究者开展了隧道火灾的全尺寸试验，这两次试验的主要目的是研究隧道火灾的探测、扑救系统和大型载货汽车在隧道内发生火灾时的火源功率以及温度增长情况；2004~2006 年，中国科学技术大学胡隆华等人在我国西南的高速公路隧道上开展了多次隧道火灾试验，研究了烟气层温度沿隧道的纵向衰减规律、顶射流温度分布规律、烟气逆流距离及纵向临界抑制风速。

虽然全尺寸试验有着很多优势，但需要投入较多的人力、物力，费用大，周期长，试验的测量手段复杂，且对于拟建或在建的隧道，现场试验难以开展；同时也难以调整隧道几何参数，测量结果不具备一般性；试验受到诸多条件的限制，某些复杂空间的实体燃烧试验难以实现。另外，现场测试一般受到自然风影响，如果时间较短应无太大问题，但如果试验时间比较长，特别是做重复比较试验，隧道内自然风可能发生变化，则结果没有很好的可比性。

5.4.3　数值模拟

20 世纪 80 年代以来，数值模拟已经逐渐成为研究火灾普遍的方法，其中最主要的原因就是计算机的快速发展，以及同火灾试验相比，数值模拟需要的经费更加合理，而且可以得到其他方式无法得到的详细数据。

1. 基本控制方程和模型

火灾是一个含流动、传热传质、燃烧等分过程的复杂问题，而这些分过程均应满足基本物理守恒定律，这些基本守恒定律包括质量守恒、动量守恒及能量守恒。控制方程是这些守恒定律的数学描述。这三个守恒定律在流体力学中由相应的方程来描述，并且对具体的研究问题有不同的表达形式。基本控制方程的具体形式可参见前一节理论方法分析的相关内容。

（1）湍流模型　湍流是自然界中非常普遍的流动类型，湍流运动的特征是在运动过程中流体质点具有不断的随机的相互掺混的现象，速度和压力等物理量在空间上和时间上都具有随机性质的脉动。火灾中的绝大部分燃烧以及烟气流动都处于湍流状态。

前面所叙述的连续性方程、动量方程、能量方程和组分质量守恒方程，无论对层流还是湍流都是适用的。但是对于湍流，最根本的模拟方法就是在湍流尺度的网格尺寸内求解三维瞬态的控制方程，这种方法称为湍流的直接模拟（Direct Numerical Simulation，简称 DNS）。直接模拟需要分辨所有空间尺度上涡的结构和所有时间尺度上涡的变化，对所需要的网格数（约为雷诺数的 9/4 次方量级）和时间步长的要求都是非常苛刻的，对于如此微小的空间和如此巨大的时间步长，现有计算机的能力还很难实现，DNS 对内存空间及计算速度的苛刻要求使得它目前还只能用于一些低雷诺数的流动机理研究，无法用于真正意义上的工程计算。

针对目前的计算能力和某些情况下对湍流流动精细模拟的需要，形成了大涡模拟方法（Large Eddy Simulation，简称 LES），即放弃对全尺度范围上涡的运动模拟，而只将比网格尺度大的湍流运动通过直接求解瞬态控制方程计算出来，而小尺度的涡对大尺度运动的影响则通过建立近似的模型来模拟。总体而言，LES 方法对计算机内存以及 CPU 速度的要求仍然较高，但大大低于 DNS 方法，而且可以模拟湍流发展过程中的一些细节。目前 LES 在火灾燃烧和烟气流动的模拟中已经得到了广泛的运用。

在工程设计中通常只需要知道平均作用力和平均传热量等参数，即只需要了解湍流所引起的平均流场的变化。因此，可以求解时间平均的控制方程组，而将瞬态的脉动量通过某种模型在时均方程中体现出来，即 RANS（Reynolds Averaged Navier-Stokes）模拟方法。经过时均之后，方程中出现了雷诺应力等关联项，如式（5-96）中最后一项所示。为了封闭方程，一种方法是导出雷诺应力等关联项的输运方程，即雷诺应力模型；另一种方法是将湍流应力与黏性应力类比，把雷诺应力表示成湍流黏性和应变的关系式，再寻求模拟湍流黏性的方法。常见的 RANS 模型包括单方程（Spalart-Allmaras）模型、双方程模型（k-ε 模型系列：标准 k-ε 模型，RNG（重整群方法）k-ε 模型，可实现 k-ε 模型；k-ω 模型系列：标准 k-ω 模型和 SSTk-ω 模型），雷诺应力模型等。

$$\frac{\partial(\rho u_i)}{\partial t} + \frac{\partial(\rho u_i u_j)}{\partial x_j} = -\frac{\partial p}{\partial x_i} + \frac{\partial}{\partial x_j}\left[\mu\left(\frac{\partial u_i}{\partial x_j} + \frac{\partial u_j}{\partial x_i} - \frac{2}{3}\delta_{ij}\frac{\partial u_k}{\partial x_k}\right)\right] + \frac{\partial}{\partial x_j}(-\rho\overline{u_i'u_j'}) \quad (5\text{-}96)$$

式中　δ——流层厚度。

目前还没有一种湍流模型能模拟所有湍流流动，通常是某个湍流模型更合适模拟某种湍流现象，具体选择哪种湍流模型，需要根据所研究的物理问题、所拥有的计算资源、所掌握的理论知识和对湍流模型的理解来综合考虑。

（2）燃烧模型　在对火灾燃烧的数值模拟中常常使用湍流燃烧模型来计算燃烧过程的化学反应速率。对于实际燃烧的化学反应过程，由于其过程非常复杂，很难全面考虑其化学反应机理，因此在实际的工程计算中往往采用简单化学反应系统的假设，即

$$1\text{kg 燃料} + s\text{kg 氧化剂} \rightarrow (1+s)\text{kg 产物} \quad (5\text{-}97)$$

式中　s——燃料与氧化剂的化学当量比。

由于求解无源方程比求解有源方程更简便，因此可以通过定义混合分数以及简单化学反应体系假设，根据燃料和氧化剂组分方程导出混合分数的无源方程：

$$\frac{\partial(\rho f)}{\partial t} + \frac{\partial}{\partial x}(\rho u f) + \frac{\partial}{\partial y}(\rho v f) + \frac{\partial}{\partial z}(\rho w f) =$$
$$\frac{\partial}{\partial x}\left(\frac{\mu}{\delta_f}\frac{\partial f}{\partial x}\right) + \frac{\partial}{\partial y}\left(\frac{\mu}{\delta_f}\frac{\partial f}{\partial y}\right) + \frac{\partial}{\partial z}\left(\frac{\mu}{\delta_f}\frac{\partial f}{\partial z}\right) \quad (5\text{-}98)$$

目前的燃烧模型主要有湍流扩散燃烧模型和湍流预混燃烧模型两种。湍流扩散燃烧模型以 Spalding 的 k-ε-g 模型为代表。该模型用湍流流动的 k-ε 模型描述湍流的输运过程，建立混合分数 f 和湍流脉动方均值 g 的控制微分方程，引入概率密度函数的概念并假定了 f 的概率分布，并根据燃料和氧化剂不能瞬时共存的思想，根据 f 和 g 导出燃料和氧化剂的瞬时值和平均值，最后由总焓的解求出温度。

在 k-ε-g 湍流扩散燃烧模型中，其混合分数 f 的湍流脉动方均值 g 表示如下：

$$\frac{\partial(\rho g)}{\partial t} + \frac{\partial}{\partial x}(\rho u g) + \frac{\partial}{\partial y}(\rho v g) + \frac{\partial}{\partial z}(\rho w g) =$$

$$\frac{\partial}{\partial x}\left(\frac{\mu}{\delta_g}\frac{\partial g}{\partial x}\right) + \frac{\partial}{\partial y}\left(\frac{\mu}{\delta_g}\frac{\partial g}{\partial y}\right) + \frac{\partial}{\partial z}\left(\frac{\mu}{\delta_g}\frac{\partial g}{\partial z}\right) + C_{g1}G_g - C_{g2}\rho\frac{\varepsilon}{k}g \tag{5-99}$$

式中　ε——紊流脉动动能的耗散率；

k——紊流脉动动能；

C_{g1}、C_{g2}——模型常量，

G_g 可用下式表示：

$$G_g = \mu_1\left[\left(\frac{\partial f}{\partial x}\right)^2 + \left(\frac{\partial f}{\partial y}\right)^2 + \left(\frac{\partial f}{\partial z}\right)^2\right] \tag{5-100}$$

湍流预混模型的代表是 Spalding 提出的 EBU 漩涡破碎模型，该模型认为在湍流燃烧区内充满了大量的未燃气微团和已燃气微团，而化学反应就发生在这两种微团的交界面上，反应速率则由未燃气微团在湍流的作用下破碎成更小微团的速度决定，未燃气微团的破碎速度与湍流脉动动能的衰变率成正比：

$$R_{fu,EBU} = -C_{EBU}\rho\sqrt{g}\frac{\varepsilon}{k} \tag{5-101}$$

式中　C_{EBU}——模型常数。

在湍流预混燃烧过程中可能存在平均流速度梯度较大、温度低、化学反应不剧烈的区域，这时 EBU 模型不能给出合理的燃烧速率，因此在实际计算中，燃烧速率取阿伦尼乌斯公式和 EBU 模型二者中的较小值，即：

$$R_{fu} = -\min(|R_{fu,EBU}|, |R_{fu,A}|) \tag{5-102}$$

$$R_{fu,A} = -Z\rho^2 m_{fu}m_{ox}\exp\left(-\frac{E}{RT}\right) \tag{5-103}$$

（3）辐射模型　热辐射是传热的三种基本方式之一，在火灾燃烧过程中热辐射是一种很重要的换热方式。在受限空间内的火灾燃烧中，周围热源（如烟气层、高温壁面等）的热辐射往往是燃烧的主导因素，故在数值模拟计算中需要考虑热辐射的影响。在工程上比较成熟的辐射模型包括辐射通量模型和离散传播模型。

Schuster 于 1905 年提出了一维通量模型的思想，1947 年 Hamaker 对其进行了完善，Spalding 在此基础上将模型拓展至多维的情形。辐射通量模型的基本思想是将介质各个方向的辐射效应简化为坐标轴上正负两个方向的通量。对于一维模型，假设 I，J 分别是 x 轴正、负两个方向上的辐射通量，取长度为 dx 的微元体，考查辐射强度通量通过微元体后的变化，假设散射是各向同性，那么 I 增加量是 $aEdx$ 和 $a_sJdx/2$，减少量是 $a_sIdx/2$ 和 $aIdx$。综合起来可得：

$$\begin{cases} \dfrac{dI}{dx} = -(a+a_s)I + aE + \dfrac{a_s}{2}(I+J) \\ \dfrac{dJ}{dx} = (a+a_s)J - aE - \dfrac{a_s}{2}(I+J) \end{cases} \tag{5-104}$$

式中　a——介质的吸收系数和发射系数；

a_s——介质的散射系数；

E——黑体的发射功率。

对于三维的问题，则简化为六个方向上的通量，记为 I，J，K，L，M，N，分别对应 x、y 轴正、负方向上的射通量，为了公式简洁引入三个合变量：

$$R_x = \frac{1}{2}(I+J), \quad R_y = \frac{1}{2}(K+L), \quad R_z = \frac{1}{2}(M+N) \tag{5-105}$$

那么辐射控制微分方程可简化为六通量辐射模型的组合形式：

$$\begin{cases} \dfrac{\mathrm{d}}{\mathrm{d}x}\left(\dfrac{1}{a+a_s}\dfrac{\mathrm{d}R_x}{\mathrm{d}x}\right) = -a(R_x - E) + \dfrac{a_s}{3}(2R_x - R_y - R_z) \\[3mm] \dfrac{\mathrm{d}}{\mathrm{d}y}\left(\dfrac{1}{a+a_s}\dfrac{\mathrm{d}R_y}{\mathrm{d}y}\right) = -a(R_y - E) + \dfrac{a_s}{3}(2R_y - R_x - R_z) \\[3mm] \dfrac{\mathrm{d}}{\mathrm{d}z}\left(\dfrac{1}{a+a_s}\dfrac{\mathrm{d}R_z}{\mathrm{d}z}\right) = -a(R_z - E) + \dfrac{a_s}{3}(2R_z - R_x - R_y) \end{cases} \tag{5-106}$$

采用流通量模型后，辐射对总焓方程源项的贡献是：

$$S_h = 2a(R_x + R_y + R_z - 3E) \tag{5-107}$$

式中　S_h——辐射对总焓方程源项的贡献值。

离散传播模型是 Lockwood 于 1981 年提出的，其基本思想是将辐射在介质各方向的效应集中到有限条射线上，即只有在这些射线上才具有辐射能。假设介质为灰体，不考虑介质的散射，边界为漫射表面，那么沿射线的辐射传播方程为

$$\frac{\mathrm{d}I}{\mathrm{d}S} = -aI + a\frac{\delta T^4}{\pi} \tag{5-108}$$

式中　a——介质的吸收系数和发射系数；

　　　δ——波尔兹曼常量。

如一束射线穿过第 n 个网格，对上式积分可知辐射强度计算的递推公式：

$$I_{n+1} = \frac{\delta T^4}{\pi}(1 - e^{-aS}) + I_n e^{-aS_h} \tag{5-109}$$

因此，已知离开发射面的辐射强度即可利用上式推导出接收面的辐射强度。

2. 计算区域离散化与网格划分

描述流体流动及传热等物理问题的基本方程为偏微分方程，在绝大多数情况下想要得到它们的解析解或近似解析解是非常困难的，甚至是不可能的，但为了对这些问题进行研究，可以借助于代数方程组求解方法。离散化的目的就是将连续的偏微分方程组及其定解条件按照某种方法遵循特定的规则在计算区域的离散网格上转化为代数方程组，以得到连续系统的离散数值通解，离散化包括计算区域的离散化和控制方程的离散化。

（1）计算区域的离散化　通过计算区域的离散化，把参数连续变化的流场用有限个点代替。离散点的分布取决于计算区域的几何形状和求解问题的性质，离散点的多少取决于精度的要求和计算机可能提供的存储容量。

最常用的方法是，在计算区域中，做三维坐标面，它们两两相交得出的三组交线分别与三个坐标轴平行，这些交线构成了求解域中的差分网格。各个交点称为网格的节点，两相邻节点之间的距离称为网格的步长。图 5-28 表示了节点 P 及其周围与它相邻的六个节点 E，W，N，S，H 和 L，一般来说，网格的步长是不相等的。在时间坐标上，也可定出有限个离散点，相邻两个离散点之间的距离称为时间步长，图 5-29 是网格线不与坐标

轴平行的例子。

在计算过程中，这些网格一般是固定不变的，但有时也采用所谓的浮动网格，即网格节点和边界的位置随流动而改变。

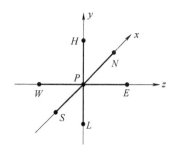

图 5-28　网格节点 P 及其周围的节点

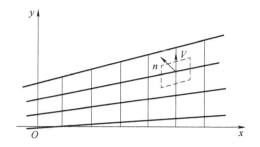

图 5-29　网格线不与坐标轴平行的例子

（2）网格划分　为了在计算机上实现对连续物理系统的行为或状态的模拟，连续的方程必须离散化，在方程的求解域上（时间和空间）仅仅需要有限个点，通过计算这些点上的未知量而得到整个区域上的物理量的分布。有限差分、有限体积和有限元等数值方法都是通过这种方法来实现离散化的。这些数值方法非常重要的一部分就是实现对求解区域的网格划分。网格划分技术已经有几十年的发展历史，到目前为止，结构化网格技术发展得比较成熟，而非结构化网格技术由于起步较晚、实现比较困难等方面的原因，还处于逐步成熟的阶段。

（3）网格独立性检验　在对火灾的数值模拟过程中，网格的独立性是计算中的一个非常重要的问题，网格的独立性将直接影响计算结果的误差，甚至会影响计算结果是否定性合理。对网格独立性进行检验的方法是以某一比例让网格数逐步增加，当网格数量增加到一定数值后，再增加网格数量，计算结果变化将越来越小甚至不再变化，比较相近网格的计算结果，如果计算结果趋近一致，则可认为方程达到独立解，这样在一定程度上既减少计算机资源的浪费，又能得到合理的计算结果。

3. 控制方程的离散化

微分方程的数值解就是用一组数字表示待定变量在定义域内的分布，离散化方法就是对这些有限点的待求变量建立代数方程组的方法。根据实际研究对象，可以把定义域分为若干个有限的区域，在定义域内连续变化的待求变量场由每个有限区域上的一个或若干个点的待求变量值来表示。

由于所选取的节点间变量 Φ 的分布形式不同，推导离散化方程的方法也不同。在各种数值方法中，控制方程的离散方法主要有有限差分法、有限元法、有限体积法、边界元法、谱方法等。这里主要介绍最常用的有限差分法、有限元法及有限体积法。

（1）有限差分法　有限差分法（Finite Difference Method，FDM）是计算机数值模拟最早采用的方法，至今仍被广泛运用，该方法将求解域划分为差分网格，用有限个网格节点代替连续的求解域。有限差分法以泰勒级数展开等方法，把控制方程中的导数用网格节点上的函数值的差商代替进行离散，从而建立以网格节点上的值为未知数的代数方程组。该方法是一种直接将微分问题变为代数问题的近似数值解法，数学概念直观，表达简单，是发展较早且比较成熟的数值方法。对于有限差分格式，从格式的精度来划分有一阶格式、二阶格式和高阶格式。从差分的空间形式来考虑，可分为中心格式和逆风格式。考虑时间因子的影响，差分格式还可以分为显格式、隐格式、显隐交替格式等。目前常见的差分格式主要是上述几种形式的组合，不同的组合构成不同的差分格式。差分方法主要适用于有结构网格，网格的步长一般根据地形的实际情况和柯朗稳定条件来决定。

（2）有限元法　有限元法（Finite Element Method，简称 FEM）与有限差分法都是广泛应用的流体力学数值计算方法。有限元法的基础是变分原理和加权余量法，其基本求解思想是把计算域划分为有限个互不重叠的单元，在每个单元内，选择一些合适的节点作为求解函数的插值点，将微分方程中的变量改写成由各个变量或其导数的节点值与所选用的插值函数组成的线性表达式，借助于变分原理或加权余量法，将微分方程离散求解。采用不同的权函数和插值函数形式，便构成不同的有限元方法。

有限元方法最早应用于结构力学，后来随着计算机的应用逐渐用于流体力学的数值模拟。在有限元方法中，把计算域离散剖分为有限个互不重叠且相互连接的单元，在每个单元内选择基函数，用单元基函数的线性组合来逼近单元中的真解，整个计算域上总体的基函数可以看作由每个单元基函数组成的，则整个计算域内的解可以看作是由所有单元上的近似解构成。常见的有限元计算方法有里兹法和伽辽金法、最小二乘法等。根据所采用的权函数和插值函数的不同，有限元方法也分为多种计算格式。从权函数的选择来说，有配置法、矩量法、最小二乘法和伽辽金法，从计算单元网格的形状来划分，有三角形网格、四边形网格和多边形网格，从插值函数的精度来划分，又分为线性插值函数和高次插值函数等。不同的组合同样构成不同的有限元计算格式。

（3）有限体积法　有限体积法（Finite Volume Method，简称 FVM）又称为控制容积法，是近年发展非常迅速的一种离散化方法，其特点是计算效率高，目前在 CFD 领域得到了广泛的应用。其基本思路是：将计算区域划分为网格，并使每个网格点周围有一个互不重复的控制体积；将待解的微分方程（控制方程）对每一个控制体积分，从而得到一组离散方程。其中的未知数是网格点上的因变量，为了求出控制体的积分，必须假定因变量值在网格点之间的变化规律。从积分区域的选取方法看来，有限体积法属于加权余量法中的子域法，从未知解的近似方法看来，有限体积法属于采用局部近似的离散方法。简言之，子域法加离散，就是有限体积法的基本方法。

有限体积法的基本思路易于理解，并能得出直接的物理解释。离散方程的物理意义是因变量在有限大小的控制体积中的守恒原理，如同微分方程表示因变量在无限小的控制体积中的守恒原理一样。有限体积法得出的离散方程要求因变量的积分守恒对任意一组控制体积都得到满足，则整个计算区域自然也得到满足。就离散方法而言，有限体积法可视作有限单元法和有限差分法的中间物。

控制体积法是着眼于控制体积的积分平衡，并以节点作为控制体积的代表的离散化方法。由于需要在控制体积上积分，所以必须先设定待求变量在区域内的变化规律，即先假定变量的分布函数，然后将其代入控制方程，并在控制体积上积分，便可得到描述节点变量与相邻节点变量之间的关系的代数方程。由于是出自控制体积的积分平衡方程，所以得到的离散化方程将在有限尺度的控制体积上满足守恒原理。也就是说，不论网格划分的疏密情况如何，它的解都能满足控制体积的积分平衡。这个特点使得在不失去物理上的真实性的条件下，选择控制体积尺寸有更大自由度，所以它被广泛地应用于传热与流动问题的数值求解计算。

4. 初始条件与边界条件

对于实际火灾过程的模拟，除了要满足基本控制方程，还要指定边界条件，对于非定常问题还要指定初始条件，目的是使方程有唯一确定的解。初始条件就是待求的非稳态问题在初始时刻待求变量的分布，它可以是常值，也可以是空间坐标的函数。关于边界条件的给定，通常有三类：第一类边界条件是给出边界上的变量值；第二类边界条件是给出边界上变量的法向导数值；第三类边界条件是给出边界上变量与其法向导数的关系式。不管是哪一类问题，只有当边界的一部分（哪怕是个别点）给出的是第一类边界条件，才能得到待求变量的绝对值。对于边界上只有第二类或第三类边界条件的问题，数值求解也只能得到待求变量的相对大小或分布，不能求得它的唯一解。

（1）初始条件　初始条件是指待求的非稳态问题在初始时刻待求变量的分布，它可以是常值，也可以是空间坐标的函数。在非稳态过程的一开始，初始条件的影响很大，但随时间的推延，它的影响逐渐减弱，并最终达到一个新的稳定状态。在最终的稳定状态解中再也找不到初始条件影响的痕迹，而主要由边界条件决定。因此，对于稳态问题的求解是不需要初始条件的。但在火灾过程的数值模拟中，通常关心的是火灾发生与发展的过程，而不是关心火灾的流动和传热最终发展到的稳定阶段，因此初始条件必须准确全面地给出。从另一个意义上说，初始条件也可以是一种边界条件，只不过它是在对时间进行离散化时给出的关于时间的一个边界条件。

（2）边界条件　边界条件是场模拟所必需的输入项。火灾过程涉及的边界条件主要包括流动的进（出）口边界条件和壁面边界条件，其中进出口边界条件是指在计算控制体与环境之间存在流动的区域。可能存在的边界条件分为以下几类。

1）速度入口边界条件。速度入口边界条件用于定义流动速度和流动入口的流动属性相关的标量。这一边界条件适用于不可压缩流，如果用于可压缩流会导致非物理结果，这是因为它允许驻点条件浮动。应注意不要让速度入口靠近固体妨碍物，因为这会导致流动入口驻点属性具有太高的非一致性。

2）压力入口边界条件。压力入口边界条件用于定义流动入口的压力和其他标量属性，适用于可压缩流和不可压缩流。压力入口边界条件可用于压力已知但是流动速度未知的情况，可用于浮力驱动的流动等许多实际情况。压力入口边界条件也可用来定义外部或无约束流的自由边界。

3）质量流动入口边界条件。质量流动入口边界条件用于已知入口质量流速的可压缩流动。在不可压缩流动中不必指定入口的质量流率，因为密度为常数时，速度入口边界条件就确定了质量流条件。当要求达到的是质量和能量流速而不是流入的总压时，通常就会适用质量入口边界条件。

4）压力出口边界条件。压力出口边界条件需要在出口边界处指定表压（Gauge Pressure）。表压值的指定只用于亚声速流动。如果当地流动变为超声速，就不再使用指定表压了，此时压力要从内部流动中求出，包括其他的流动属性。在求解过程中，如果压力出口边界处的流动是反向的，回流条件也需要指定。如果对于回流问题指定了比较符合实际的值，收敛困难问题就会不明显。

5）压力远场边界条件。压力远场边界条件用于模拟无穷远处的自由流条件，其中自由流马赫数和静态条件被指定。这一边界条件只适用于密度规律与理想气体相同的情况，对于其他情况要有效地近似无限远处的条件，必须将其放到所计算物体的足够远处。例如，在机翼升力计算中远场边界一般都要设到 20 倍弦长的圆周之外。

6）质量出口边界条件。当流动出口的速度和压力在解决流动问题之前是未知时，可使用质量出口边界条件来模拟流动。

7）壁面边界条件。壁面边界条件包括壁面流动边界条件和壁面热边界条件。对于黏性流动问题，考虑流动与壁面之间的流动边界层，壁面一般认为是无滑移条件，但在一些情况下（如边界平移或旋转运动时），也可以通过指定壁面切向速度或给出壁面切应力来模拟壁面滑移；壁面热边界条件包括固定温度、固定热通量、对流换热系数、外部辐射换热与对流换热等。

实际火灾中，火源燃烧所释放出的大量热量和有害烟尘是对火场中人员和建筑最为危险的因素，因此火源的热释放过程和有害组分的迁移输运规律是火灾研究的重点对象。火源的燃烧是一个非常复杂的过程，它涉及化学反应动力学、流体动力学和传热传质等方面的内容。为了对火源燃烧过程进行简化，一些研究者根据一些试验结果、以往经验结合可燃物形式推算出火焰的形状、温度、发热量以及产物中各组分的生成量，以热源模拟火源。大量的计算结果表明，此种方法对于模拟火灾初期的烟气运动是可行的。这样，火源成为一个特殊的边界条件。

边界条件给出的形式一般有三种：第一类是直接给出边界上的变量值，如流动进（出）口边界条件中的直接给出速度和温度边界条件以及壁面热边界条件中直接给出壁面温度条件等；第二类是给出边界上变量的法向导数值，如壁面热边界条件中的给出的仅考虑壁面热传导的固定热通量条件；第三类是给出边界上变量与其法向导数的关系式，如有对流和辐射换热的壁面边界等。

5. 模拟方法

现阶段国内外对火灾烟气进行数值模拟的模型主要包括经验模型、区域模型、网格模型和场模型。各种模型的优缺点和常用软件见表 5-14。

表 5-14 各种模型的优缺点和常用软件

模型种类	优 点	缺 点	常 用 软 件
经验模型	其准确性高并对计算能力要求较低，能够对火源空间以及关联空间的火灾发展过程进行评估	描述火源空间的一些特征物理参数（如烟气温度、浓度、热流密度等）随时间变化	计算烟羽流温度的 Aplert 模型以及计算火焰长度的 Hasemi 模型
区域模型	通常把房间分成两个控制体，即上部区域模拟烟气层与下部冷空气层，这与真实试验的观察非常近似	通常把房间分成两个控制体，即上部某些局部的状况变化	ASET、COMPF2、CSTBZI、FIRST、FPETOOL、CFAST 等
网格模型	该模型充分考虑不同建筑特点、室内外温差、风力、通风空调系统、电梯的活塞效应等因素对烟气传播造成的影响	火灾烟气的处理手法十分粗糙，适用于远离火区的建筑各区域之间的烟气流动场所	NIST 发布的 CFAST 软件、典型模型包括 ASCOS 模型、CONTAM 模型
场模型	将建筑空间划分为上千万、相互关联的小控制体，对每个小控制体建质量方程、动量方程和能量方程，可以得出比较细致的变化情况	目前高层建筑、综合体越来越多，若是每个受限空间都运用场模型，计算量大，误差也较大	美国国家标准与技术研究所 NIST 开发的 FDS（Fire Dynamics Simulator）、PHOENICS、FLUENT

6. 模拟软件介绍

目前国内用于受限空间火灾的数值模拟研究方法主要包括场模拟软件 FDS、FLUENT、PHOENICS。这几种软件对受限空间中温度、烟气浓度等各种参数的模拟结果的准确性已得到了大量的试验证实，可信度较高。下面就对这三种软件进行介绍。

（1）FDS（Fire Dynamics Simulator）简介　FDS 是一种以火灾中流体运动为主要模拟对象的流体动力学计算软件，由 NIST 开发。该软件采用数值方法求解受火灾浮力驱动的低马赫数流动的 N-S 方程，重点计算火灾中的烟气和热传递过程。由于 FDS 程序是开放的，其准确性得到了大量试验的验证。

FDS 提供了两种数值模拟方法，即直接数值模拟（Direct Numerical Simulation，DNS）和大涡模拟（Large Eddy Simulation，LES）。直接数值模拟是通过直接求解湍流的控制方程，对流场、温度场及浓度场的所有时间尺度和空间尺度进行精确描述。此种方法能得到比较精确的结果，而且不需要引入任何湍流模型，但计算量相当大，在目前的计算条件下，只能用于对层流及较低雷诺数湍流流动的求解。大涡模拟把包括脉动在内的湍流瞬时运动通过某种滤波方法分解成大尺度运动和小尺度运动两部分，大尺度量通过数值求解微分方程直接计算出来，小尺度运动对大尺度运动的影响通过建立亚格子模型来模拟，这样就大大简化了计算工作量和对计算机内存的需求。

大尺度涡是载能涡，且各向异性，大尺度运动通过对 Navier-Stokes 方程式直接求解；亚尺度涡是耗散涡，且各向同性，亚尺度运动对大尺度运动的影响将在运动方程中表现为类似于雷诺应力的应力项，称为亚尺度雷诺应力，通过建立模型进行计算来实现能量耗放。以下简述大涡模拟的基本理论。

二维脉动量的动量控制方程如下：

$$\frac{\partial \overline{u_i}}{\partial t} + \frac{\partial \overline{u_i u_j}}{\partial x_j} = -\frac{1}{\rho}\frac{\partial \overline{p}}{\partial x_i} + v\frac{\partial^2 \overline{u_i}}{\partial x_i x_j} \tag{5-110}$$

$$\frac{\partial \overline{u_i}}{\partial x_i} = 0 \tag{5-111}$$

默认采用的燃烧模型为混合分数（Mixture Fraction）燃烧模型。如果采用了 DNS 模式，则可以选择其他的燃烧模型。混合分数燃烧模型假定大尺度的对流和热传递能够被直接模拟，而以一种近似的方法来模拟小尺度物理现象。

由于实际燃烧过程的化学反应速率难以确定，此模型假定燃烧热释放速率直接与氧气消耗量相关，燃料与空气混合后瞬时反应。

控方程理论基础：

1）质量守恒方程：

$$\frac{\partial \rho}{\partial t} + \nabla \cdot \rho\vec{u} = 0 \tag{5-112}$$

式中　ρ——流体密度（kg/m^3）；

$\vec{u}$——流体速度矢量（m/s）；

t——时间。

2）组分守恒方程：

$$\frac{\partial}{\partial t}(\rho Y_i) + \nabla \cdot (\rho Y_i \vec{u}) = \nabla \cdot (\rho D_i \nabla Y_i) + \dot{m}_i''' \tag{5-113}$$

式中　Y_i——第 i 种组分的质量分数；

　　　D_i——第 i 种组分的扩改系数（m^2/s）；

　　　$\dot{m}_i'''$——单位体积内第 i 种组分的质量生成率 $[kg/(m^3 \cdot s)]$。

3）动量守恒方程：

$$\rho\left[\frac{\partial \vec{u}}{\partial t} + (\vec{u} \cdot \nabla)\vec{u}\right] + \nabla p = \nabla g + \vec{f} + \nabla \cdot T \tag{5-114}$$

式中　p——压力（Pa）；

　　　g——重力加速度（m/s^2）；

　　　$\vec{f}$——作用于流体上的重力除外的外力（N）；

　　　T——黏性力张量（N）。

4）能量守恒方程：

$$\frac{\partial}{\partial t}(\rho h) + \nabla \cdot (\rho h \vec{u}) = \frac{\partial p}{\partial t} + \vec{u} \cdot \nabla p - \nabla \cdot q_r + \nabla(k \cdot \nabla T) + \sum_i \nabla(h_i \rho D_i \nabla Y_i) \tag{5-115}$$

式中　h——比焓（J/kg）；

　　　q_r——热通量（J/s）；

　　　k——导热系数 $[W/(m \cdot K)]$。

以上方程为流体动力学基本方程，可以准确地描述烟气的流动与传热。在进行数值求解时，FDS 对空间坐标的微分项采用二阶中间差分法离散，对时间坐标的微分项采用二阶 Runge-Kutta 法离散，对 Pisson 方程形式的压力微分方程则采用傅里叶变接法直接求解，可以得到比校准确的求解结果。

FDS 输出数据的图形显示由一个名为 Smoke View 的程序来处理。模型还提供了多个图形输出模式，有助于直观地观察数据，如"截面文件""等值面""热电偶"以及"边界文件"。

FDS 是一个由政府权威机构开发的公认的模型，并且未受到任何特定经济利益及与之关联的特定行业的影响及操纵。有相当多的关于该模型的文献资料，而且该模型经过了大型及全尺寸火灾试验的验证。因此，它在火灾科学领域得到了广泛应用。

（2）PHOENICS 简介　PHOENICS（Parabolic Hyperbolic or Elliptic Numerical Integration Code Series）软件是世界上第一套计算流体与计算传热的商用软件。它是英国皇家学会 D. B. SPALDING 教授及 40 多位博士倾注 20 多年心血的典范之作，可用于求解零维、一维、二维和三维空间内可压缩或不可压缩单相或多相流体的稳态或非稳态流动，确定流体空间内的质量、动量、热量、浓度的传递与分布，已广泛应用于航空航天、船舶、汽车、安全、暖通空调、环境、能源动力、化工等各个领域。PHOENICS 软件的 FLAIR 模块中具有成型的火灾模块，可直接设置火源、风机、洒水喷头等。

PHOENICS 软件由前处理模块、计算模块和后处理模块组成。

SATELLITE 为 PHOENICS 的前处理模块，主要功能是将用户关于某一特殊流动模拟的指令翻译成 EARTH 能够懂的语言，通过数据文件将信息传送给 EARTH。新版 PHOENICS 有四种前处理方式：VR（虚拟现实）窗口（VR-EDITOR）、菜单、命令、Fortran 程序。

EARTH 为 PHOENICS 的计算模块，包含了主要的流动模拟程序，是软件真正进行模拟的部分。为显示流体流动模拟生成结果而设计的后处理模块包含四种处理工具。其中 PHO-

TON 是交互式的图形程序，使用户可以创建图像以显示计算结果，完成各种不同求解区域的可视化作图；AUTOPLOT 也是 PHOENCS 的一种图形程序，主要用于计算结果的线型图形处理，便于模拟计算结果与试验结果或结果的比较分析；VR 图形界面系统也可用于显示计算结果，称为 VR-VIEW；此外，数值模拟结果也可生成 RESULT 文件，便于用户采用其他手段分析处理。

控制方程理论基础：

1）通用形式的微分方程：该软件的数学基础与其他 CFD 软件相同，即描述流体流动的一组微分方程。它包含有热、质传递、流体流动、湍流，即：

$$\frac{\partial p(\rho \Phi)}{\partial t} + div(\rho u \Phi) = div(\Gamma_\Phi \mathrm{grad}\Phi) + S_\Phi \tag{5-116}$$

式中　Φ——因变量；

ρ——流体密度（kg/m^3）；

u——速度矢量（m/s）；

Γ_Φ——扩散系数（$N \cdot s/m^2$）；

S_Φ——源项。

2）计算区域与控制方程的离散。PHOENICS 采用有限容积法进行区域离散化，其方程离散通用的表达式为：

$$\alpha_P \Phi_P = \alpha_N \Phi_N + \alpha_S \Phi_S + \alpha_E \Phi_E + \alpha_W \Phi_W + \alpha_H \Phi_H + \alpha_L \Phi_L + \alpha_T \Phi_T + S \tag{5-117}$$

其中：$\alpha_P = \alpha_N + \alpha_S + \alpha_E + \alpha_W + \alpha_H + \alpha_L + \alpha_T$

式中　α——系数；

S——源项；

下角标 N、S、E、W、H、L、T——North、South、East、West、High、Low、Time。

离散格式可选择一阶迎风、混合格式、QUICK 格式等。

3）求解方法。PHOENICS 采用交错网格法进行控制方程的离散，进行流场计算采用压力与速度耦合的 SIMPLEST 算法，对两相流纳入了 IPSA 算法（适用于两种介质互相穿透时）及 PSI-CELL（粒子跟踪法）。代数方程组的求解可以采用点迭代（Point by Point）、块迭代（Slab-wise）或整场求解法（Whole-field）。

安全分析是 PHOENICS 软件一个十分重要的应用领域，其可用于通风—排烟分析，消防安全分析，可燃、毒性气体的泄漏分析，污染物扩散分析等方面。PHOENICS 应用于消防安全分析的有效性和准确性已被众多的试验所证实。已有很多应用实例，如英国伦敦温布利（Wembley）体育场、马德里 Xanadu 购物中心、美国 Memorial 隧道、英国国王十字地铁站等。

利用 PHOENICS 进行消防安全分析有以下优点：

① 可设置各种不同的热释放速率曲线；

② 可以对多种火灾参数（如能见度、有害气体浓度等）的情况进行模拟；

③ 具有多种成熟的实体模型，如火源、普通风机、射流风机、喷头等；

④ 建模方便，可以直接从 CAD 软件中导入模型，因此所建模型可以十分精细，能够很好地反映实际情况；

⑤ 有丰富的湍流模型，如 $k\text{-}\varepsilon$ 模型、Prandtl 混合长度（零方程）模型等；

⑥ 具有多种燃烧模型，如 3 Gases Mixing、7 Gases 等模型，以及木材、油类等物质的燃烧模型；

⑦ 有多种辐射模型，如 Immersol, 6-flux 等模型。其中 Immersol 模型经过多项工程应用验证，其在模拟火灾环境下的辐射传热时具有较高的准确性；

⑧ 具有多种网格系统，包括直角、圆柱、曲面（包括非正交和运动网格）、多重网格、精密网格等。因此，能够对各种不同形状的模型划分出有利于计算的网格。

（3）Fluent 简介　Fluent 是由美国 FLUENT 公司于 1983 年推出的 CFD 软件。它是继 PHOENICS 软件之后的第二个投放市场的基于有限体积法的软件。Fluent 是目前功能最全面、适用性最广、国内使用最广泛的 CFD 软件之一。

Fluent 提供了非常灵活的网格特性，让用户可以使用非结构网格，包括三角形、四边形、四面体、六面体、金字塔形网格来解决具有复杂外形的流动，甚至可以用混合型非结构网格。它允许用户根据解的具体情况对网格进行修改（细化/粗化），非常适于模拟具有复杂几何外形的流动。除此之外，为了精确模拟物理量变化剧烈的大梯度区域，如自由剪切层和边界层，Fluent 还提供了自适应网格算法。该算法既可以降低前处理的网格划分要求，又可以提高计算求解的精度。Fluent 可读入多种 CAD 软件的三维几何模型和多种 CAE 软件的网格模型。

Fluent 可用于二维平面、二维轴对称和三维流动分析，可完成多种参考系下的流场模拟、定常或非定常流动分析、不可压缩或可压缩流动计算、层流或湍流流动模拟、牛顿流体或非牛顿流体流动、惯性与非惯性坐标系中的流体流动、传热和热混合分析、化学组分混合和反应分析、多相流分析、固体与流耦合传热分析、多孔介质分析、运动边界层追踪等。针对上述每一类问题，Fluent 都提供了数值模拟格式供用户选择。因此，Fluent 已广泛应用于化学工业、环境工程、航天工程、汽车工业、电子工业和材料工业等。

Fluent 可让用户定义多种边界条件，如流动入口及出口边界条件、壁面边界条件等，可采用多种局部的笛卡尔和圆柱坐标系的分量输入，所有边界条件均可以随着空间和时间变化，包括轴对称和周期变化等。Fluent 提供的用户自定义子程序功能，可让用户自行设定连续方程、动量方程、能量方程或组分输运方程中的体积源项，自定义边界条件、初始条件、流体的物性、添加新的标量方程和多孔介质模型等。Fluent 的湍流模型包括 $k\text{-}\varepsilon$ 模型、Reynolds 应力模型、LES 模型、标准壁面函数、双层近壁模型等。

Fluent 是用 C 语言写的，可实现动态内存分配及高级数据结构，具有很大的灵活性与很强的处理能力。此外，Fluent 使用 Client/Server 结构，它允许同时在用户桌面工作站和服务器上分离地运行程序。在 Fluent 中，解的计算与显示可以通过交互式的用户界面来完成，用户界面是通过 Scheme 语言写的，高级用户可以通过写菜单宏及菜单函数自定义及优化界面。用户还可以使用基于 C 语言的用户自定义函数功能对 Fluent 进行扩展。

Fluent 提供了非耦合求解、耦合隐式求解以及耦合显示求解三种方法。非耦合求解方法用于不可压缩或低马赫数压缩性流体的流动。耦合求解方法则可以用在高速可压缩流体的流动。Fluent 默认设置是非耦合求解，但对于高速可压流动，或需要考虑体积力（浮力或离心力）的流动，求解问题时网格要比较密，建议采用耦合隐式求解方法求解能量和动量方程，可较快地得到收敛解，缺点是需要的内存比较大（是非耦合求解迭代时间的 1.5 ~ 2.0 倍）。当必须要耦合求解，但机器内存不够时，可以考虑用耦合显示解法器求解问题。该解法器也耦合了动量、能量及组分方程，但内存却比隐式求解方法小，缺点是收敛时间比较长。

利用 Fluent 软件进行求解的步骤如下：

1）定几何形状，生成计算网格。

2）选择求解器（2D 或 3D 等）。

3）输入并检查网格。

4）选择求解方程：层流或湍流（或无黏流），化学组分或化学反应，传热模型等。确定其他需要的模型，如风扇、热交换器、多孔介质等模型。

5）确定流体的材料物性。

6）确定边界类型及边界条件。

7）设置计算控制参数。

8）流场初始化。

9）求解计算。

10）保存计算结果，进行后处理。

思 考 题

1. 影响烟气产生的主要因素包括哪些？

2. 表征烟气特性的常用参数是什么？并分别做简要说明。

3. 火灾时高温烟气的危害主要表现在哪些方面？

4. 说明火灾时烟气在建筑物内的蔓延特性。

5. 烟气流动的驱动力包括哪几部分？

6. 论述串联、并联及混联流动下的等效流通面积的分析方法。

7. 如何理解压力中性面？

8. 防排烟原理与技术主要包括哪两部分内容？

9. 缩尺寸模型试验研究方法遵守的相似准则。

10. 简述火灾烟气数值模拟各种模型的优缺点和常用软件。

6

第6章
人员疏散

教学要求

    掌握人员安全疏散准则；了解安全疏散设施及人员特性对安全疏散的影响；了解安全疏散模拟研究软件；掌握高层建筑人员疏散方式；了解高层建筑疏散的影响因素及其疏散效率的提高方式；掌握大型商场、公路隧道、铁路隧道及地铁隧道的人员疏散方式

重点与难点

    人员疏散模拟软件的使用步骤

    高层建筑的人员疏散方式

    不同隧道火灾时人员疏散途径

6.1 人员疏散理论

在发生火灾时，人员的生命安全往往是需要考虑的重点，即首先需要保证人员疏散的安全，在火灾达到对人体造成危害之前将人员疏散至安全区域。本节主要对安全疏散进行理论研究，分析人员安全疏散准则和途径，可以为后续特殊建筑火灾时人员疏散研究提供理论基础。

6.1.1 人员疏散准则

在火灾发生时，建筑内部设施应能够为被困人员提供足够的时间疏散至安全出口处，并在整个过程中人员不会受到伤害。

安全疏散主要针对的参数是时间，一般分为可用安全疏散时间（ASET）和必需安全疏散时间（RSET）。其中可用安全疏散时间为：火灾发生时到温度上升或烟气浓度上升或能见度下降到能够对人体构成危害时所用的时间。

当发生火灾时，其产物会对人体造成不同程度的伤害，如火焰产生的高温气体可引起灼伤、中暑、脱水和呼吸道阻塞（水肿）。暴露在火焰或热源直接辐射的范围内可引起灼伤，如果保持在 66℃ 以上的温度或辐射热下 $3W/cm^2$ 以上，仅须 1s 就会引起皮肤灼伤；另外，火焰温度和热辐射可能导致人立即或其后死亡。人体对高温的耐受情况见表 6-1。

表 6-1　人体对高温的耐受情况

烟气温度/℃	人体耐受时间
65	可短时间忍受
110	大约忍受 13min
150	大约忍受 5min
180	忍受时间小于 1min

人体对 CO 浓度的耐受情况见表 6-2。

表 6-2　人体对 CO 浓度的耐受情况

CO 浓度/（mg/L）	人体生理特征或症状
200	经 2～3h 后出现轻度头痛
400	1h 后出现头痛和恶心
800	45min 后出现头晕、头痛、恶心
1300	有强烈的头痛，皮肤出现樱桃红
1600	30min 时头痛、头晕，超过 2h 引起死亡
2000	1h 危险或引起死亡
3200	5～10min 头痛、头晕，30min 后死亡
6400	在 10min 内死亡
>10000	超过 3min 死亡

一般将温度参数界定为达到 60℃，CO 浓度参数界定为达到 500mg/L，能见度参数界定为下降到 10m 时所用的时间称为可用安全疏散时间。

必需安全疏散时间为从火灾发生到被困人员疏散至安全区域所需要的时间，其中包括火灾发生时建筑内部广播或自动报警系统的动作时间、被困人员的反应时间和行走至安全出口的时间。

报警时间一般是指从火灾发生到火灾报警系统报警的这段时间，一般设为 60s。触发报警器的方式有三种，具体如下：

1）自动喷水灭火系统的喷头破裂触发报警。

2）探测器探测到火灾而报警。

3）人员感知到火灾发生后手动启动报警设备。

根据经验总结出的各种用途建筑内采用不同火灾报警系统时的人员响应时间见表 6-3。

表 6-3　各种用途建筑内采用不同火灾报警系统时的人员响应时间

建筑物用途及人员状态	响应时间/min		
	报警系统类型		
	W1	W2	W3
办公楼、商业或工业厂房、学校 建筑内人员处于清醒状态，熟悉建筑物及其报警系统和疏散措施	< 1	3	> 4
商店、展览馆、博物馆、休闲中心等 建筑内人员处于清醒状态，不熟悉建筑物、报警系统和疏散措施	< 2	3	> 6
旅馆或寄宿学校 建筑内人员可能处于睡眠状态，但熟悉建筑物和疏散措施	< 2	4	> 5
旅馆、公寓 建筑内人员可能处于睡眠状态，不熟悉建筑物、报警系统和疏散措施	< 2	4	> 6
医院、疗养院及其他社会公共福利设施 有相当数量的人员需要帮助	< 3	5	> 8

注：W1——实况转播指示，采用声音广播系统，如闭路电视设施的控制室。

　　W2——非直播（预录）声音系统、和/或视觉信息警告播放。

　　W3——采用警铃、警笛或其他类似报警装置的报警系统。

在火灾时所遵循的安全疏散准则即可用安全疏散时间（ASET）＞必需安全疏散时间（RSET）。人员疏散时间图如图 6-1 所示。

6.1.2　人员疏散设备设施

不同类型的建筑应根据其使用功能、规模和建筑特点等因素合理设置安全疏散设施，其安全出口和疏散门的位置、数量、宽度及疏散方式的选择，应满足人员安全疏散的要求。常用的安全疏散设施有安全出口、疏散楼梯、疏散滑梯、疏散走道、疏散横通道和避难层/避难间。

1. 安全出口

安全出口是指符合规范的疏散楼梯或直通室外地平面的出口。为了在发生火灾时在地面楼层形成合理的疏散路径，能够迅速安全地疏散人员和搬出贵重物资，减少火灾损失，在建筑内必须设置符合规范规定数量的安全出口。安全出

图 6-1　人员疏散时间图

口一般用于单层、多层或高层建筑内，与疏散楼梯直接连接或直通室外。

建筑内的安全出口和疏散门应分散布置，且建筑内每个防火分区或一个防火分区的每个楼层、每个住宅单元的每层相邻的两个安全出口以及每个房间相邻的两个疏散门最近边缘之

间的水平距离不应小于5m。公共建筑内每个防火分区或一个防火分区的每个楼层的安全出口的数量应经计算确定，且不应少于2个，若符合《建筑设计防火规范》（2018年版）中公共建筑的相关规定，安全出口设置1个即可。

2. 疏散楼梯

疏散楼梯是指有足够的防火能力可作为竖向通道的室内楼梯和室外楼梯。作为安全出口的楼梯是建筑物中的主要垂直交通空间，它既是人员避难、垂直方向安全疏散的重要通道，又是消防队员灭火的辅助进攻路线。当建筑物发生火灾时，普通电梯没有采取有效的防火、防烟措施，且供电中断，一般会停止运行，上部楼层的人员只有通过楼梯才能疏散到室外的安全区域，因此楼梯是最主要的垂直疏散设施。常用于单层、多层及高层建筑和隧道中。可作为疏散楼梯的有：敞开楼梯、封闭楼梯间、防烟楼梯间、室外疏散楼梯和隧道中疏散楼梯等。

（1）敞开楼梯　敞开楼梯即普通室内楼梯，通常是在平面上三面有墙、一面无墙无门的楼梯间，敞开楼梯的隔烟阻火能力最差，在建筑中作为疏散楼梯时，需要限制其使用范围。

（2）封闭楼梯间　设有能阻挡烟气的双向弹簧门（针对单、多层建筑）或乙级防火门（针对高层建筑）的楼梯间称为封闭楼梯间，其设置应符合以下规定：

1）楼梯间靠外墙，并直接天然采光和自然通风，当不能直接天然采光和自然通风时，按防烟楼梯间规定设置。

2）楼梯间的首层紧接主要出口时，可将走道和门厅等包括在楼梯间内，形成扩大的封闭楼梯间，但应采用乙级防火门（针对高层建筑）等防火措施与其他走道和房间隔开。

（3）防烟楼梯间　平面设计时，在楼梯间入口之前设有能阻止烟火进入的前室（或设有专供排烟用的阳台、凹廊等），且通向前室和楼梯间的门均为乙级防火门的楼梯间称为防烟楼梯间，其设置应符合以下规定：

1）楼梯间入口处设置前室、阳台或凹廊。

2）前室面积不得小于$6m^2$。

3）前室和楼梯间的门均为乙级防火门，并向疏散方向开启。

4）前室设有防排烟设施。

受平面布置的限制，前室不能靠外墙设置时，必须在前室和楼梯间采用机械加压送风装置，以保障楼梯间的安全。防烟楼梯间前室不仅起到防烟防火作用，还要使不能同时进入楼梯间的人员在前室能够短暂地等待，以缓解楼梯间的拥挤程度。

（4）室外疏散楼梯　室外疏散楼梯的特点是设置在建筑外墙上，全部开敞于室外，且常布置在建筑端部，它不易受到烟气和火势的威胁，既可供人员疏散使用，又可供消防人员登上高楼扑救使用。在结构上，它利用简单的悬挑方式，不占据室内有效的建筑面积。此外，侵入室外楼梯处的烟气能迅速被风吹走，不受风向的影响。因此，室外疏散楼梯的防烟效果和经济性都较好，但由于只设一道防火门而防护能力较差，且易造成心理上的高空恐怖感，人员拥挤时还有可能发生二次事故，所以安全性不高，应与前两种疏散楼梯配合使用。

（5）隧道中疏散楼梯　疏散楼梯也常用于隧道中，通常设置在盾构段一侧，且根据规定其设置间距不得大于250m。在发生火灾时，人们可前往附近的疏散楼梯口，拉开盖板，沿疏散楼梯向下行走至下层疏散通道，并通过附近的竖井或通往室外的楼梯逃生至安全区域。

总之，疏散楼梯必须有较好的防烟、防火效果。防烟楼梯间前室和封闭楼梯间的内墙除了在同层开设通向公共走道的疏散门外，不应开设通向其他房间的门窗，且其墙体本身应具有较好的耐火性能，其耐火极限不应小于 2h。

3. 疏散滑梯

疏散滑梯是一种特殊滑梯，在遇到火灾等突发情况时，人们顺势滑下进行逃生。疏散滑梯常用于隧道中，它和隧道中疏散楼梯作用相似，通常设置在盾构段一侧。因利用疏散滑梯时下滑速度受人员年纪及身体状况影响因素较小，所以疏散速度比疏散楼梯稍快，但人员只能从上往下，消防队员无法利用疏散滑梯进入火场进行救援，因此疏散滑梯需与疏散楼梯结合使用，且根据规定其设置间距不得大于 120m。

4. 疏散走道

疏散走道是疏散时人员从房间内至房间门，或从房间门至疏散楼梯或外部出口等安全出口的室内走道。在火灾情况下，人员要从房间等部位向外疏散，首先通过疏散走道，所以疏散走道是疏散的必经之路，通常为疏散的第一安全地带。其设置要求为：

1）走道要简明直接，尽量避免弯曲，尤其不要往返转折，否则会造成疏散阻力和产生不安全感。

2）疏散走道内不应设置阶梯、门槛、门垛和管道等凸出物，以免影响疏散。

3）因为疏散走道是火灾发生时人员疏散的必经之路，为第一安全地带，所以必须保证它的耐火性能。走道中墙面、顶棚、地面的装修应符合《建筑内部装修设计防火规范》的要求。同时，走道与房间隔墙应砌至梁、板底部并填实所有空隙。

5. 疏散横通道

疏散横通道分为车行横通道和人行横通道，常用于隧道疏散中，常设置在隧道明挖暗埋段处，用于作为联络通道来连接两个隧道。在隧道发生火灾时，车辆通过车行横通道行驶至相邻的安全隧道中，并驶离隧道到达安全区域；车辆堵塞的情况下，人员可通过行走至人行横通道到达相邻的安全隧道中，逃生至安全区域。根据规定人行横通道设置间距宜取 250m，设有辅助疏散设施和泡沫喷雾设施时，其间距可加大，但不应大于 500m；车行横通道设置间距可取 750m，并不应大于 1000m。

6. 避难层/避难间

避难层是建筑内用于人员暂时躲避火灾及其烟气危害的楼层，同时避难层也可以作为运动有障碍的人员暂时避难等待救援的场所。要求设置避难层的建筑包括建筑高度大于100m 的住宅和公共建筑；高层病房楼二层及以上的病房楼层和洁净手术部。第一个避难层（间）的楼地面至灭火救援场地地面的高度不应大于 50m，以便对火灾时不能经楼梯疏散而要停留在避难层的人员可采用消防云梯车进行救援。避难层的具体规定应符合相关规范规定。

在隧道中常独立设置的具有一定防火、防烟功能，火灾时专门用于人员临时避难的房间，称为避难间。

避难层（间）按其维护方式大体分为四种类型：

（1）敞开式避难层　敞开式避难层是指四周不设维护构件的避难层，一般设于建筑顶层或平屋顶上，但防护能力较差，不能保证烟气绝对不侵入，也不能阻挡雨雪风霜，比较适用于温暖地区。

（2）半敞开式避难层　四周设有高度不低于1.2m的防护墙，上部开设窗户和固定的金属百叶窗。这种避难层既能防止烟气侵入，又具有良好的通风条件，可以进行自然排烟，但它仍具有敞开式避难层的缺点，不适用于寒冷地区。

（3）封闭式避难层（间）　封闭式避难层（间）四周及隔墙采用耐火防护墙，室内设有独立的空调系统和防排烟系统，外墙及隔墙一般不开门窗，若需开启门窗，则应采用甲级防火窗。封闭式避难层（间）可防止烟气和火焰的侵害以及免受外界气候的影响。

（4）避难桥　避难桥主要适用于两幢或多幢高层建筑物之间，通过架设天桥既可以获得疏散通道同时又作为避难空间使用。

以上为不同建筑内常用的安全疏散设施，具体设置可参考相关规范。

6.1.3　人员行为特性对安全疏散的影响

在火灾情形下，建筑内人员安全疏散受人员密度、对建筑物的熟悉程度、社会经验、身体各项条件以及心理因素等状态的影响，不同因素对火灾安全疏散的影响见表6-4。

表6-4　不同因素对火灾安全疏散的影响

因　素	对安全疏散影响
建筑物的熟悉程度	在发生火灾时，熟悉建筑物的人员能够较为容易地找到逃生疏散的路径；在同样情形下，不熟悉建筑物的人员通常是寻找进来的路径并由此逃生，但这些路径并不一定通往正确的逃生疏散口，则路径选择的正确与合理性受到影响
警惕性	由于火灾现场往往有背景音乐或噪声，而且每个人的状态也不相同，这些都必然影响人员及时发现火情和正确判断火灾的危险性从而选择及时逃生。疏散人员拥有越高的警惕性，则火灾就会越早被发现
活动能力	其受如性别、年龄及身体条件等很多因素的影响。数据研究显示，女性在火灾疏散中一般会通知别人或打火警电话寻求帮助，等待进一步的信息和离开房间；而男人则会想办法灭火，搜寻火灾中的人和进行营救。人的年龄超过65岁时，活动能力和速度会降低，儿童的活动能力和速度与成人相比都要低。研究表明：25～34岁的人安全逃生的概率最高，而小于5岁和大于65岁的人在火灾中安全逃生的概率最低
社会关系	火灾疏散时，人们通常会和自己平时有血缘或是其他联系的人如家庭成员、朋友等聚集在一起组建团体逃生。火灾被迅速发现偶尔会得益于此，但人员疏散的不确定性就会因此展开，且通常情况下疏散速度最慢的人速度会影响一个团体的整体速度
人流密度	人流密度对火灾中的疏散速度有很重要的影响，人们的距离越大，密度越小，疏散人员移动就会越快
人员素质特征	例如行走的方向、年龄、反应灵敏性、速度等人员素质特征决定个人在火灾中将要采取的疏散行为。按着火场场景内的反应灵敏性可将人员分为十分敏捷的、反应一般的、反应较迟钝的几种类型；按着对有毒气体的忍耐性可将人员分为特别忍耐性、一般忍耐性、不能忍耐性等

（续）

因　素		对安全疏散影响
心理因素	恐惧心理	在火灾疏散中，这种恐惧心理特征通常表现为目瞪口呆看着火和周围的人、不知该如何应对、在火场中横冲直撞找不到逃生路径、情绪无法平静和做出正确选择，紧急情况下运动速度比平时要快且没有头绪，人员彼此之间相互推挤出现无法协调和拥堵等，这些都会拖延疏散时间
	习惯性心理	在疏散中，人们有习惯于走向平时经常用到的疏散口和楼梯的特点，但这些疏散口和楼梯不一定是火灾时的安全出口或安全疏散楼梯，比如人们在通常用到的电梯和自动扶梯等，火灾情形时就不能保证它们的安全性，不能像平时那样使用
	趋光心理	趋光性本能使得人倾向于走向开阔敞亮的方向和空间，这种本能在火灾情况下更甚。火场的能见度因为火灾烟气的减光性可能降到很低，甚至什么也看不见，通常这时黑暗中人们就会迅速走向发出一丝光亮的地方，但这种极有可能恰恰为燃烧放出的火光和光亮，致使越是接近这些亮光的地方，人们遇到危害的可能性越强
	就近心理	人们在火场内通常会选择经过最近的疏散出口和疏散楼梯疏散撤离，而这些并非一定是符合消防防火设计的相关规范要求，专门设计使用的、通常具有一定时间的耐火极限，并能阻碍火灾烟气流动到疏散出口和疏散楼梯内的专业疏散部分，当人们进入那些虽然距离近但是安全性不高、不规范的出口和楼梯时，将影响安全疏散撤离
	从众心理	火场中恐惧紧张不知所措的心理使得人们不能像平时一般正常地行走或做出判断，会有盲目跟随其他疏散人员的行为，极容易造成拥堵，也不一定判断正确，影响安全疏散

目前，针对人员疏散时间还没有具体的统计计算方法，根据《SFPE 消防工程手册》中介绍，人员的行走速度是人员密度的函数：当人员密度在 0.54 ～ 3.8 人/m² 时，人员疏散速度可用下式表示：

$$S = k(1 - 0.266D) \tag{6-1}$$

式中　S——人员疏散速度（m/s）；

　　　k——常数，取值见表 6-5；

　　　D——人员密度（人/m²）。

表 6-5　公式中常数 k 的取值

疏散路径因素		k
走道、走廊、斜坡、门口		1.40
楼梯		
梯级高度/cm	梯级宽度/cm	
19	25	1.00
18	28	1.08
17	30	1.16
17	33	1.23

根据上式可得：人员密度在 0.54 ～ 3.8 人/m² 时，对应的水平疏散速度和在楼梯下行时的疏散速度，具体见表 6-6。

表6-6 《SFPE消防工程手册》确定的人员疏散速度

人员密度/(人/m²)	<0.54	0.54~1	1~2	2~3	3~3.8
水平疏散速度/(m/s)	1.2	1.2~1.0	1.0~0.66	0.66~0.28	0.28~0
楼梯下行速度/(m/s)	0.86	0.86~0.73	0.73~0.47	0.47~0.20	0.20~0

针对人员在楼梯间的疏散速度,加拿大的Pauls等学者曾对不同场所的人员进行过多次疏散试验,结果表明人员上楼梯速度为0.5m/s,人员下楼梯速度为0.8m/s。也有相关的文献介绍,人员上楼梯速度为正常行走速度的0.4倍,人员下楼梯速度为正常行走速度的0.6倍。

另外,对于不同类型的人员疏散速度,爱丁堡大学的研究成果不但给出了四类人员(成年男士、成年女士、儿童和老者)的平均形体尺寸,还给出了四类人员的步行速度推荐值,结果表明:后三类人员,即成年女士、儿童和老者的水平疏散速度和沿坡道、楼梯上下行的疏散速度分别为第一类人员即成年男士的85%、66%和59%。不同行动力的人员疏散时的速度也有差别,见表6-7。

表6-7 人员行动能力分类表

人员特点	群体行动能力			
	平均步行速度/(m/s)		流动系数/(人/m)	
	水平	楼梯	水平	楼梯
仅靠自力难以行动的人;重病人、老人、婴幼儿、智力障碍者、身体残病者等	0.8	0.4	1.3	1.1
不熟悉建筑内的隧道、出入口等部位的人员,旅馆的客人、商店顾客、通行人员等	1.0	0.5	1.5	1.3
熟悉建筑物内的隧道、出入口等位置的健康人,建筑物内的工作人员、职员、保卫人员等	1.2	0.6	1.6	1.4

6.2 人员疏散研究方法

对于火灾时人员安全疏散研究,通常会通过利用软件建立模型和模拟演练进行分析、计算可用安全疏散时间和必需安全疏散时间,以此来判断火灾时人员是否能够安全逃生,并分析可用的人员疏散路径,为决策者在紧急情况下确定救援预案提供理论基础。

1. 用于人员疏散计算的疏散模型分类

(1)按疏散计算模型应用特征分类 可分为优化类模型、模拟类模型及风险评估类模型。优化类模型将疏散人群作为整体考虑而忽视个体行为特性的影响,假设人员疏散以最有效的方式进行,忽略外部环境及人员非疏散行为的影响。模拟类模型在模拟实际疏散行为和运动时,不仅可得出较准确的模拟结果,也能较真实地反映出疏散时人员选择的逃生路线。风险评估类模型识别火灾时与疏散有关的危险或相关事故,并对最后的风险进行量化,通过多次计算,能评估改变防火分区设计、消防措施等参数的效果。

(2)按人员特征的表示方式分类 可分为群体分析模型、个体分析模型。群体分析模型将模型中疏散人群视为具有共同特性的群体进行分析和模拟，忽视人员个体特性的影响。个体分析模型允许随机模型中疏散人员的个体特性，更加接近人员的决定和运动过程的实际情况。

（3）按模型中人员疏散行为决定方法分类　可分为函数模拟行为模型、无行为准则模型、复杂行为模型、行为准则模型和人工智能模型。函数模拟行为模型中疏散人员的疏散行为特性用一个或多个方程表示，人员运动及行为差异可修正计算方程。无行为准则模型以疏散人群运动和建筑物空间的物理特性表示人员疏散情况，并以此做出预测。复杂行为模型通过对人员心理和社会影响的统计数据处理疏散人员的行为特性。行为准则模型承认人员个体差异，允许人员按照事先确定的疏散行为准则来运动。

（4）按基于模型物理空间的模拟方法分类　可分为连续性模型、网络模型及网格模型。连续性疏散模型假设疏散人员均具备对周围环境做出正确判断及反应的能力，利用力学模型对疏散人员在恐慌下拥挤的动力学特性进行模拟。网络疏散模型所设置的网络节点为房间或疏散通道，模型按照建筑物中的实际情况用弧线（即疏散出口）将网络节点连接起来，模型中弧线设置的权值为该疏散通道的通过能力。网格疏散模型将建筑空间划为网格或网点，在人员疏散模拟过程中，任何时刻模型中的每个疏散人员对应一个准确的空间位置。精细网格疏散模型可精确地表示建筑空间几何形状及障碍物的空间位置。精细网格疏散模型不足之处是不能模拟疏散人员在疏散通道处的拥堵状况。目前，大多数模型属于网络模型。

1）网络模型。在设置疏散路径时，将每个结构单元设置成为一个点，然后将所有的单元用线段相连，疏散路径表现为类似网状的结构，故称作网络路径模型。在此类型的疏散模型中，人员从一个结构单元移动到另外一个结构单元，较少考虑人员在移动过程中的相互作用。

美国学者 Chalmet、Francis、Gunnar、Mac Grego 等人在网络疏散模型方面做了大量的研究。美国佛罗里达大学的 T. M. Kisko 采用的 EVACNET4 模型就属于此类模型。EVACNET4 在定义模型的疏散路径时，用一系列的节点和线段来描述建筑物的结构，节点代表建筑物内的不同单元，线段表示各个单元之间的通道，所有的节点和路径相连，就形成了它的疏散路径。对于每个节点，该模型都定义了发生火灾时该单元的实际人数和该单元所能够容纳的最大人数。对于每条线段，用户必须设定通过该线段所用的时间和单位时间内人员的流率。在人员行走方向的选择上，它采用的是人员从高危险度的区域疏散到低危险度的区域的理论。

2）网格模型。网格疏散模型是根据人员疏散路径的选择而言的。它根据模型和计算需要，将要疏散的单元（通常是该结构单元的二维空间）分为很多网格，每个网格设置为有人或没人状态，再根据一定的规则进行人员行走的模拟。这些网格的大小和形状是随着不同疏散模型而有所区别的。

在运用网格疏散模型模拟人员疏散时，一个大的结构单元将被划分为很多小的结构单元，这些小的结构单元既可以是网格疏散模型中的最小单元，也可以是这些最小单元的组合。通过这种方式来定义疏散路径，就能精确地模拟出建筑的结构特征、建筑物中障碍物的大小与位置，以及疏散过程中不同时刻建筑物内人员所处的位置。

不同的疏散模型的疏散算法是不相同的，如 Exodus 模型在模拟人员行走时考虑的是某网格内人员受与其相邻的 8 个网格内的人员的影响；而 Simulex 在模拟人员行走时考虑的是某网格内人员受与其相邻的 16 个网格内的人员的影响。城市大学 GS. Z hi 和武汉大学方正教授等采用的空间网格疏散模型也是将整个建筑物划分为不同粗细的网格空间，属于网格模拟疏散计算方法。它将某个结构单元划分成比较细小的网格，每个网格只能容纳一个人，每个人向前移动时的速度大小取决于其所在空间一定范围内的人口密度，而其方向则与前方网格是否被"占据"有关。在疏散逃生群体中，某一人的逃生速度受到前后拥挤和左右拥挤两方面的影响。

总之，网格疏散模型能够比较好地模拟疏散过程中人员的个体特征、疏散个体与疏散个体之间的相互作用等。但是，火灾所产生的危险状态对人员的影响，在当前还没有具体的结论。火灾产物对人员疏散的影响以及对人员心理的影响，这些工作都是网格疏散模型待完善的内容。

3）社会力模型。社会力模型属于连续性模型，该模型假定组成人群的个体具有思考和对周围环境做出反应的能力，把人的主观愿望、人与人之间的相互关系以及人与环境之间的相互影响用社会力的概念来描述，即将促使行人在运动过程中改变运动状态的各种原因统称为社会力。社会力的方向和大小将随着行人对自身位置、环境以及运动目标认识的变化而改变。

社会力模型最早由德国交通专家 Helbing 提出，他把人员的心理反应量化为作用力（社会力），并引入到人员疏散模型中，研究人员疏散的期望速度、期望速度方向对疏散时间的影响，成功地再现了拱形阻塞、群体效应、"欲速则不达"等典型的人员疏散行为。其中主要讨论了三种作用力：①用来描述人员向期望速度加速的力；②用来描述人员与其他人员和墙壁之间保持一定距离的排斥力；③用来描述吸引作用的力（存在于朋友、亲人之间等）。

社会力模型考虑了冲撞、挤压、恐慌和可视范围，通过模型模拟结果的分析发现，在平时以正常速度行走时可以安全通过的出口，当紧急情况下人员速度增加时，反而会形成拥塞，即"快就是慢"的现象，也称为"欲速则不达"现象。社会力模型从行人与环境之间相互作用的角度出发，考虑了影响人员决定自身运动状态的各种因素，从而成功地描述了人流演化过程中出现的各种自组织现象。但是由于该模型的方程很复杂，要求得解析解十分困难，即便是采用计算机模拟，编程过程也非常烦琐，而且不论是要加入其他随机因素还是要改变系统参数都必须重新建立模型，因此在灵活性上不具有优势，不利于推广应用。

2. 常用模型

（1）Pathfinder 人员疏散仿真软件　Pathfinder 人员疏散仿真软件是由美国的 Thunderhead Engineering 公司研发的基于 Agent 的一款用于人员疏散研究的仿真软件，该软件的人员运动环境是 3D 的三角网格环境，并且可以结合仿真建筑的实际情况设定人员参数，其中包括人员肩宽等个人参数、人员行走速度、疏散出口选择等方面，从而为每一个疏散人员制定一套独有的运动模式。同时，该软件提供 3D 界面，实现可视化的结果分析。

在 Pathfinder 软件中，人员的运动模式主要包括 SFPE 模式和 Steering 模式两种。前者在疏散中对疏散路径选择的定义为以即将行走的路径长度为主要参考标准，疏散人员将根据就近原则选择疏散出口，并且在仿真过程中自动感知疏散空间内的人员密度，适时调整移动速度；而后者则采用路径规划与人员碰撞相结合的处理机制制订人员疏散策略，人员疏散过程中会根据疏散距离和人员之间的距离确定疏散路径。因此，Steering 模式更符合人员疏散的实际心理，在疏散仿真中该模型也被更加广泛地应用。

该软件设计的是三维空间模型，且划分为紧密相连的不规则三角形组成的二维网格以表示模型中的障碍物。仿真过程中，该软件利用 A* 算法与二维网格为疏散人员安排路径，并采用 String pulling 技术使路径更加平滑。其中，A* 算法是一种在静态网格中计算最短路径的方法，该算法的计算公式如下：

$$f(n) = g(n) + h(n) \tag{6-2}$$

式中　$f(n)$——节点 n 从出发点到目标节点的估价函数；

　　　$g(n)$——出发节点到节点 n 的实际代价；

　　　$h(n)$——节点 n 到目标节点最优路径的估计代价，是能否找到最优路径的决定性因素。若该估计值不超过实际值，则算法搜索的范围大，因此虽然其效率低但能得到最优解；当该估计值比实际值大时，搜索的范围将缩小，只能够高效地得到近似解，但不一定能得出最优解。

总的来说，Pathfinder 仿真软件包含以下几个适用于人员疏散仿真的特点：

1）能实现快速的内部建模，并可以直接导入 FDS、DXF、Pyrosim 等图形文件，有助于快速建模以及保证模型的准确度。

2）利用 3D 效果形象地反映人员疏散过程中的场景，为人员疏散结果的分析提供更丰富的素材。

3）将建筑物按功能区域划分，并且能够展示出各区域内人员疏散过程中的路径选择。

4）充分利用虚拟图形仿真技术，对每一个疏散人员的运动进行虚拟演练，以便更加精确地确定各疏散人员在特定情况下的最优疏散路径以及最短的安全疏散时间。

（2）Exit 89 疏散模型　1994 年，国际防火协会的研究人员开发了 Exit 89 疏散模型，主要用于模拟大型建筑、高密度人群的疏散。Exit 89 疏散模型考虑不同人员（包括行动不便人员和儿童）的行动能力，并可跟踪个体行动轨迹；人员开始疏散时间差异的延迟时间既包括疏散前期的准备时间，也包括随机时间；路径功能可模拟计算出最短路径，可模拟经训练人员协助的疏散过程，指定路径疏散过程及使用熟悉的疏散出口的疏散过程；步速选择功能可模拟正常移动和突发事件下人员移动的差异；反向流动功能可模拟疏散路径堵塞时的情况；上下楼梯选择功能扩展了该模型的适用范围。

（3）Evacnet 4 疏散模型　美国佛罗里达大学研究人员研究开发的 Evacnet 4 疏散模型，可模拟疏散人员在建筑内行走并疏散至安全区域的全过程。Evacnet 4 疏散模型可模拟计算整个建筑物内人群疏散完所需的时间、各个楼层内人群疏散完所需的时间、各个节点内人群疏散完所需的时间、人群在各个疏散出口的人数分配比例及整个疏散过程中的瓶颈等情况。

Evacnet 4 疏散模型将人群的疏散作为一个整体运动处理，忽略人员个体特性，并将人员疏散过程做如下优化假设：

1）疏散人员在疏散开始时刻同时并有序地进行疏散，且整个过程不出现返回选择别的疏散路径的情况。

2）疏散人员行为特性相同，并均具备疏散到安全地点的身体素质。

3）疏散人流流量与疏散通道宽度成正比分配。

4）每个可用的疏散出口都有人员进行疏散。

5）所有疏散人员的疏散速度相同，并保持不变。

此外，本模型为弥补疏散过程中的人员个体差异影响，设置了安全系数（一般为 1.5 ~ 2.0）来计算疏散时间乘以安全系数后的数值。

（4）Simulex 疏散模型　苏格兰研究人员开发的 Simulex 疏散模拟软件，主要用于模拟大量人群在多层建筑中的疏散过程。Simulex 疏散软件可模拟上千人在大型、几何形状复杂、有较多楼层的建筑物内的疏散过程。它将一个多层建筑设置为通过楼梯连接的一系列二维楼层。该疏散模型要求从每一个楼层进入楼梯出口都要在楼层平面窗口和楼梯窗口进行指定，疏散模型中的人员可经过连接从楼层到达楼梯，反之亦然。Simulex 疏散模型中人员移动特性是基于对人员穿过建筑时位置的精确模拟（包括正常无遮挡行走，由于各种原因引起的步速降低、超越他人、身体旋转和避让他人等）。

（5）Steps 疏散模型　作为三维疏散模型的 Steps 疏散软件可模拟办公楼、体育馆、大型商场和地铁等人员密集场所在突发事件下的快速疏散过程。Steps 疏散模型可灵活模拟各种大型建筑类型。建筑物内的自然瓶颈可以与自动扶梯和电梯等一起被模拟，可按要求更改它们的速度、方向及运输能力。Steps 疏散模型可分配具有不同特性人员的耐心等级和适应性，也可设置不同的年龄及性别。

（6）Building Exodus 疏散模型　格林尼治大学的研究学者开发的 Building Exodus 模型是精细网格模型。该模型主要用于模拟大型商场、车站、电影院、医院、航站楼、危险建筑、学校等场所。该模型可设置各种人员的生理、心理、行为属性等行为特征，还可设置浓烟、温度、毒气危害等火灾危险特性，以模拟出更加符合实际状况的人员疏散模拟结果。

Building Exodus 疏散模型不仅能模拟火灾时人员的疏散行为，还能分析出哪些人员最容易在疏散中丧生。该模型在充分利用建筑空间前提下，以拥挤的人群、内部障碍及设有报警设备等状况下对突发事件下的人员疏散进行全过程模拟。该疏散模型在人员疏散模拟中考虑了疏散人员个体由于年龄、性别、身体状况及对疏散通道熟悉度等方面的差异而造成的疏散行为的差异。该疏散模型分析了疏散人员开始疏散位置与疏散路径选择、疏散人群的拥堵程度、疏散人员的反应时间及疏散人群到达出口的时间、各疏散出口人数、人员疏散行动时间与疏散出口流量记录等信息，对于未能涉及的因素以最不利情况进行模拟。根据研究成果证实，Building Exodus 疏散模型能模拟计算出与实际灾害下的疏散情况基本一致的人员疏散结果。

6.3 高层建筑火灾人员疏散

由于高层建筑垂直方向上的建筑高度较大，结构复杂，人员密集，且大部分已建和在建的高层建筑都位于繁华的城市中心地带，一旦发生火灾，人员疏散困难，救援难度较大，将带来极大的人员伤亡和财产损失。因此，合理、高效的疏散策略是人们生命安全的重要保障。

6.3.1　疏散方式

高层建筑火灾中造成人员伤亡的原因之一就是被困人员对疏散路线不够了解，而高层建筑常用的疏散方式有楼梯、避难层、直升机和自救逃生设备四种。国外也有一些采用消防电梯进行人员疏散的成功案例，但目前该疏散方式在我国尚未彻底推广。

1. 采用楼梯疏散

高层建筑中平时使用的垂直交通运输工具主要为电梯，但发生火灾时，除消防电梯因为设有专线供电仍能使用外，其余普通电梯由于断电和烟、火等原因而停止运行，这时楼梯就成为纵向疏散的主要方式。作为纵向疏散通道的室内外楼梯是高层建筑中的主要垂直交通空间，是安全疏散的重要通道。楼梯间的防火和疏散能力的大小，直接关系到人们的生命安全与消防队员的灭火救援工作。但根据高层建筑防火设计的要求，可将楼梯间分为敞开楼梯间、封闭楼梯间、防烟楼梯间和室外楼梯间四种形式，其中只有封闭楼梯间和防烟楼梯间可以作为高层建筑发生火灾时的人员疏散通道。

目前世界各国针对高层建筑火灾人员疏散方式主要是楼梯疏散，且疏散路线主要是"房间→走廊→疏散楼梯→室外"。但采用楼梯疏散方式仍然存在局限性，具体如下：

1）火灾时的疏散路线与平时的交通路线相互分离。当火灾等紧急情况发生时，由于人们对疏散路线不熟悉，往往会造成人员的慌乱和盲从，这就大大降低了人员疏散的效率。

2）逃生者依靠自身体力利用楼梯进行疏散时，体力损耗大，疏散效率低。

3）楼梯间空间狭窄，容易出现堵塞的情况，造成二次事故。

4）对于体力的要求相对较高，不利于弱势群体的疏散逃生。

2. 利用避难层进行疏散

避难层是指高层建筑中发生火灾时供逃生人员临时避难使用的楼层。根据规定，建筑高度超过 100m 的高层建筑应设置避难层。高层建筑内一般人员众多，疏散困难，而且很难保证在短时间内将全部人员撤离出去。为使人员免受伤害，可在高层建筑的一定楼层设置避难层，一时难以撤离的人员可以在其中暂时躲避，等待火灾被扑灭或消防人员的救援。

避难层内需设有以下消防设施以保证避难人员的生命安全：

1）火灾自动报警系统。根据不同部位设置点型感烟火灾探测器、点型感温火灾探测器和火焰探测器，且应为控制中心报警系统。

2）自动喷水灭火系统。根据不同部位设置湿式、干式、预作用和雨淋系统，并在必要位置设置水炮灭火系统。

3）室内外消火栓系统和消防软管卷盘或轻便消防水龙。

4）消防水泵接合器。

5）消防专线电话和应急广播系统。

6）设置消防电梯出口，并应设置消防电梯间前室，其疏散门应设置乙级防火门（建议设置甲级防火门），不得设置防火卷帘。

7）设置疏散指示标志和应急照明系统，且其备用电源的连续供电时间不应少于 1.5h，疏散照明的地面最低水平照度不应小于 3.0lx，对于病房楼或手术部的避难间不应低于 10lx。

8）防烟和排烟设施。

以上消防设施均需满足相关规范的规定。

3. 利用停机坪疏散

直升机平台是高层建筑发生火灾时供直升机救援屋顶平台上的避难人员时停靠的设施。建筑高度超过 100m，且标准层面积超过 1000m² 的旅馆、办公楼、综合楼等公共建筑屋顶宜设直升机停机坪。

4. 利用逃生设备进行疏散

高层建筑发生火灾时人员疏散需穿过的垂直高度较大，当传统的疏散方式存在局限时，可采用自救逃生设备进行疏散，如无动力循环式救生梯、缓降器、救生滑道、防毒面罩、避火毯等，这些疏散设备已在美国、日本等国家和我国部分高层建筑中应用。

1）无动力循环式救生梯。无动力循环式救生梯是一种无动力滚梯，它是一种新型的防火通道（安全通道、安全出口），能在发生火灾或紧急情况时发挥巨大的功能，可在短时间内连续将高层被困人员安全地疏散至地面，适用于新建、扩建、改建和已正常使用的民用和工业建筑，尤其适用于狭窄、无防火通道（安全通道、安全出口）的楼房增设防火通道（安全通道、安全出口）。

2）缓降器。当高层建筑发生火灾时，被疏散人员首先将缓降器固定于窗口、阳台、室内等牢固处，然后将缠绕索的绳轮抛至地面，拴好安全背带，最后拉紧滑动绳至合适位置，然后进行依次轮流降落。该疏散方式基本不受年龄、性别限制，各类人群均适用。

3）救生滑道。救生滑道采用高强度氨纶制成，内衬防静电，外罩防护套，使用方便、快捷。在高层建筑发生火灾时，被困人员可通过膝部、肘部、双臂和肢体形态的变化调整下滑速度，快速地脱离危险区域，其主要配合消防云梯车、登高平台车作为移动式救援器材。

4）防毒面罩。当发生火灾时，可燃物品燃烧会产生大量的 CO 等有毒气体，对人体危害性极大，而防毒面罩由面罩、导气管和滤毒罐组成，其可以过滤有毒气体，将人体皮肤和外界隔离开，在人员逃生过程中不至于因高温有毒气体而使人体受到伤害，极大地提高人员的逃生率。

5）避火毯。避火毯是用经过特殊处理的耐火玻璃纤维织物制作的一种最简便的灭火器材。其材质看上去像厚帆布，平时叠放于储物柜内。遇火警时只要将其展开披在身上，用两手分别抓住避火毯罩住头部，就可穿过已着火的部位，若和防毒面罩配合使用则效果更好。

新型自救逃生设备目前逐渐应用于高层建筑火灾逃生中，其虽具有独特的优势和巨大的发展潜力，但也有一定的局限性，如其使用方法需要专业培训，普通人员缺乏经验，国家法律法规未有明确规定，产品类型少。

6.3.2 疏散影响因素

高层建筑发生火灾时，其建筑内部环境及本身内部结构都将会对疏散效率造成一定的影响。

1. 烟雾扩散对人员疏散的影响

高层建筑的垂直距离高，越往高处自然风速越大，当发生火灾时，烟气因烟囱效应的影响逐渐向上蔓延，且蔓延速度逐渐升高，平均速度可达到 3~5m/s，并形成恶性循环。且由于烟气高温，能见度低和有毒性等特点，在自然风速的影响下烟雾迅速扩散，对被困人员的身体和心理造成不利影响，进而降低人员疏散效率。

2. 建筑内部结构布置对人员疏散的影响

高层建筑内结构材料特性及耐火极限、疏散设施布置及消防设施等均会对人员疏散造成影响。

（1）建筑内部材料特性及耐火极限对人员疏散的影响　建筑内部材料的特性决定其耐火极限，进而影响火灾时人员疏散的可用安全疏散时间。如果火灾荷载越大，建筑内部使用的材料易燃程度越高，则燃烧速度就会越快，当火灾发生时，火势发展较快，可供人员疏散的时间就越少。

（2）建筑内疏散设施布置对人员疏散的影响　建筑内疏散设施，包括疏散口、疏散走道、疏散楼梯等的布置是直接影响人员疏散效率的因素。疏散设施的布置需满足相关规范规定，且疏散走道应尽可能地布置成环状，并有明确的疏散路径指示标志，防止人员在疏散过程中因对路径不熟悉出现走到死角或迷路的情况，同时疏散设施在使用时需保持通畅，不得有杂物堵塞或封闭疏散通道等增加人员疏散时间的行为。

（3）消防设施对人员疏散的影响　消防设施的布置可以在火灾发生时对火势及烟气起到一定程度的控制作用，为人员逃生提供较安全的环境。当建筑内设置自动灭火系统和防火分隔时，可及时控制火势不再向其他部位蔓延，且可降低室内温度，保证了疏散空间不被缩小的同时，避免人员在疏散时因温度过高而伤亡。而建筑内的防排烟系统可有效地控制烟气蔓延，同时在人员疏散过程中进行补风，避免烟气进入疏散通道内威胁逃生人员的生命安全。

3. 人的行为特征对疏散的影响

在火灾发生时，人员往往会出现积极逃生和消极恐慌两种心理，若人员接受过相关的逃生训练，往往可以快速地找到安全疏散通道，进行有条不紊的逃生，极大地提高了人员疏散效率。但是若逃生人员因烟气、火光等产生恐慌心理，慌不择路，不仅无法快速地找到疏散路径，更会出现拥挤、踩踏等二次事故的情况，严重时会增加人员伤亡。

6.3.3　提高疏散效率的措施

提高疏散效率理论上是从增加人员可用安全疏散时间，减少人员必需安全疏散时间着手。可用安全疏散时间一般取决于建筑内结构材料、耐火极限、发生火灾时的热释放速率以及建筑内消防系统的动作情况，前三种因素大多在建筑建成之后就已确定，因此提高人员疏散效率主要是从提高消防系统动作效率和减少人员必需安全疏散时间来考虑。

在建筑内布置符合规范要求的消防自动灭火系统和防排烟系统，可有效地控制火势蔓延和烟气流动，防止高温和有毒烟气对人体造成伤害，增加人员可用安全疏散时间。

减少必需安全疏散时间的主要措施为减少火灾探测、报警时间和人员行走时间，如火灾自动报警系统、应急照明系统、疏散指示标志、通信设施等都对人员疏散的时间和效率起着至关重要的作用。

1. 火灾自动报警系统

完善的火灾自动报警系统可在火灾发生时迅速动作，缩短报警时间，并能探测到准确的火情，提供详细的火情信息，帮助决策者快速制定疏散路径。因此，要定期巡视自动报警系统是否能够正常工作，保证其始终处于准工作状态下。

2. 应急照明及疏散指示系统

疏散指示灯光能指示人员离开危险区域，但应避免灯饰与指示灯颜色相近或相同，否则会误导人员的安全疏散。最好使用双向指示，疏散指示灯可以与感烟探测器联动或由消防控制中心控制，通过闪烁的方式指示疏散出口的位置和疏散方向，同时还需确保应急照明及疏散指示设施的数量、位置、照度、续航时间满足安全需求，以提高人员对疏散指示标志的识别能力。

3. 通信设施

火灾事故广播系统能准确、迅速发布信息，缓解人们的紧张情绪，引导人员进行有序的疏散，缩短疏散行动开始和进行的时间。

4. 疏散通道的布置及宽度要求

建筑内疏散通道的布置及宽度需满足规范要求，应合理设定疏散走廊的数量、宽度、距离、形状、位置及疏散标识；疏散通道越宽、越平直就越利于人员疏散，少转弯或以不小于90°的直角转角，避免阻塞，保证火灾时人流疏散畅通，同时疏散通道尽可能地设置成环状，以保证人流可以双向疏散，提高疏散速度。疏散通道内禁止堆放杂物，以防止造成堵塞，导致人流无法安全疏散至安全区域。

6.4 大型商场火灾人员疏散

随着经济的发展，人们对于生活水平的要求越来越高，大型商场因集购物、娱乐、休闲等功能于一身而颇受人们喜爱，但其作为密集场所，安全性要求也颇高，同时其可燃物多，人员密集，建筑位置多为城市繁华地带等，导致一旦发生火灾将会对人们的生命、财产安全造成巨大的威胁。因此，对于大型商场火灾时人员疏散的研究将显得至关重要。

6.4.1 大型商场人员疏散的特点

人员密集场所就是人员密集度较高的场所。这里包含一明一隐两层含义，明显的意思就是说人员密集度较高，而隐含的意思则是人员数量庞大。大型商场作为人员密集场所之一，不但具有人员密集场所人员密集度高和人员数量庞大的两个一般性特点，还具有自身的其他一些特点，这些特点主要有以下几个方面

1. 人员更新频率较高

现代化的大型商场虽然集合了购物、娱乐、健身以及休闲综合性服务功能，但其中最主要的功能还属购物项目，这势必造成商场内人员来往流通量加大，内部人员更新频率较高。

2. 人员对于环境的熟悉能力相对较弱

大型商场为了更为有效地利用营业面积，内部摊位、零售店布局相对较为杂乱，用于人员通行的过道或走道错综复杂，这势必会导致人员熟悉环境的能力大幅度地下降，进而影响人员的安全疏散。另外，对于单一功能建筑（如住宅、办公楼、学校等）内部的人员，由于长期居住、工作以及学习，对于建筑内部的环境都较为熟悉，在火灾发生时人员的恐慌程度相对要低，疏散过程不会受到大的影响；而大型商场内人员类型复杂，且场所内人员总处于不断的变化中，很多人可能是首次前来消费，对于内部环境根本就是陌生的，不能够及时掌握安全疏散的相关信息，如疏散楼梯、安全疏散走道、安全出口的位置、数量及宽度等信息。在此种状况下发生火灾，人员的行为效应将显得尤为突出，如盲目从众、趋光向阔及原路脱险等。

6.4.2 大型商场疏散设施的设置

1. 安全疏散标志

安全疏散标志对于缩短人员疏散行动时间有着重要意义，因此大型商场必须加强疏散指示标志的设置：在商场入口、服务台、顾客休息厅等处应张贴永久的不可破坏的疏散示意图，标示出通道、楼梯间、当前位置等，帮助顾客了解商场的疏散设施。在商场消防控制中心内应有建筑平面图，除疏散通道、楼梯外，还应标示出主要隔断、各种设备间、有特殊危

险的其他房间等位置，以利于消防队员的救护和灭火行动。

商场营业厅内的疏散通道及安全出口都要做醒目的标志，以便在烟雾条件下提供有效的指示。在疏散通道的地面或靠近地面的货架上还应设置灯光型或蓄光自发光型疏散指示标志带，形成视觉连续。疏散指示标志应指向最近的安全出口，在地面设置时，宜沿着疏散通道连续设置，当间断设置时，灯光型标志的间距不应大于 5m，蓄光自发光型标志的间距不应大于 1.5m；在墙面设置时，标志的上边缘距室内地坪不应大于 1m；灯光型标志的间距不应大于 15m，蓄光自发光型标志的间距不应大于 5m；在营业厅内悬挂设置时，疏散指示标志的间距不应大于 20m；当营业厅净空高度大于 4m 时，标志下边缘距室内地坪不应大于 3m，标志不应小于 800mm×250mm；当营业厅净空高度小于 4m 时，标志下边缘距室内地坪不应大于 2.5m，标志不应小于 600mm×200mm，且应设置在风管等设备管道的下部；室内的广告牌、装饰物等不应遮挡疏散指示标志。

安全出口标志应设置在门的上部或门框边缘，并应符合下列要求：设置在门的上部时，标志的下边缘距门框不应大于 0.15m；设置在门框侧边缘时，标志的下边缘距室内地坪不应大于 2.0m；由于商场内广告灯具众多，容易引起混乱，疏散指示标志的亮度应相应提高，标志上的字和底面应采用对比度强的颜色，一般用绿、蓝、红和黄、黑的组合；字的大小应考虑人的"视认距离"要求；疏散标志灯一般应采用反射型灯具，并应加设玻璃或其他不燃材料做成的保护罩。电致发光型疏散指示标志宜采用蓄电池作为备用电源，蓄电池连续供电时间不少于 30min，并应采用消防设备供电回路进行正常供电。

2. 辅助疏散设备

（1）声光火灾警报装置　大型商场每个防火分区至少应设置一个声光火灾警报装置，警报器的位置宜设在各楼层走道靠近楼梯出口处，警报装置宜采用手动或自动控制方式。选择、设计报警信号音频时，应考虑这些情况：人耳最敏感的声音频率为 500～3000Hz；传播途中能量不易被空气吸收、传播距离较远的声音频率为 1000Hz；低于 500Hz 的低频声可以绕过屏障物或分隔物。考虑到商场内的嘈杂环境，报警信号的频率与背景噪声中最强的频率还应相互区别，声音警报器的声压级应高于背景噪声 15dB。为引起注意，报警声音信号可使用调制信号，如连续的嘟嘟声或颤音，尽可能使用复合音调而不是用简谐波，以利于商场厅内人们及时识别报警信号。

（2）广播系统　大型商场内应设置火灾事故广播系统，以便准确、及时进行信息广播，有助于消除火警带给人们的紧张情绪，引导商场内的人员进行有序的疏散，缩短疏散行动开始和进行的时间。火灾事故广播应注意以下几点：

1）广播信息应使用通俗的语言，广播语速应平缓，所有重要的指示重复两遍以上。发布紧急通知，建议用女性声音；而发出指示，宜用受过训练的男性声音。

2）应急广播扬声器的数量应保证从本层的任何部位到最近一个扬声器的步行距离不超过 25m，每个扬声器的额定功率不应小于 3W。

（3）消防应急照明　商场内应设置完善的火灾事故照明系统，减少火灾对人员心理造成的恐慌，也有利于人员的迅速疏散。楼梯间的消防应急照明应设在平台的墙面或休息平台楼板下；疏散门的消防应急照明一般设在门口上部；疏散走道、营业厅的消防应急照明则应设在墙面或顶棚下，间隔不超过 20m。火灾事故应急照明应保证地面的最低水平照度不低于 5lx，也不得引起眩光。应急照明系统宜采用集中电源型的消防应急照明系统，并应采用消防设备供电回路进行正常供电。

6.4.3　大型商场人员疏散方式

大型商场的人员疏散方式同高层建筑水平疏散方式类似，因其高度没有高层建筑高，所以在竖直疏散上主要采用楼梯进行疏散，且疏散路线应满足"双向疏散"原则，火灾发生时可以保证每个区域至少向两个方向进行疏散。

6.4.4　针对大型商场的消防紧急预案的制定

为保护商场内人身和财产安全，提高灭火效能、技术水平和快速反应能力，及时有效地扑灭火灾，迅速稳妥地疏散人员，将危害控制在最小范围，损失减小到最低限度，依据《中华人民共和国消防法》，大型商场应制定消防应急预案，具体如下：

1. 组织机构及职责

商场成立处置突发火灾、爆炸事故临时指挥部，指挥部下设：灭火行动组、通信联络组、疏散引导组、安全救护组。发生火灾时，现场最高级别的领导即为火灾现场的指挥员，没有领导在场时，本岗位的负责人或工作人员就是火灾现场的临时指挥员，负责指挥灭火工作，在场的所有人员要服从指挥。当消防人员到达后，指挥权自动移交。最先到达现场的临时指挥员要及时、如实地向消防人员反映情况，协助做好火灾现场的后勤保障工作。各小组负责人员由现场指挥员临时指定，可分为以下几组：

（1）临时指挥部

1）职责：收集火场信息，决定灭火对策，调整灭火力量，协调战斗行动。

2）指挥员：最先到达事故现场的商场最高级别的工作人员为现场临时指挥员。商场领导及商场稳定安全工作领导小组成员到达现场后，指挥权自动移交。

3）成员：办公室、保卫部及现场的其他工作人员。

（2）灭火行动组

1）职责：负责火灾现场初始火灾的灭火工作及消防人员赶到现场后协助消防人员灭火。

2）成员：保安部及相关部门人员。

（3）通信联络组

1）职责：负责及时向商场领导及上级有关部门简要汇报事故情况，并根据事故现场情况及商场领导意见及时通知有关部门到达事故现场。

2）成员：办公室、宣传部与值班人员。

（4）疏散引导组

1）职责：负责火灾现场的人员疏散工作，将被困人员及时疏散引导到安全地带。

2）成员：宣传部、保安部及现场人员。

（5）安全救护组

1）职责：负责事故现场受伤人员的简单救治及与"120"急救中心联系，将受伤人员送到医院救治。

2）成员：办公室车队。

2. 报警和接警处置程序

1）发生火灾时，最先发现火情的人员要立即拨打"119"向消防队报警，同时向商场保安部值班人员报警。报警时要讲清火灾的具体位置、着火部位、火势情况、燃烧物质等情况，及报警电话号码。

2）发生火灾后，门卫要迅速打开商场大门，一名保卫队员负责大门周围秩序，一名保卫队员负责引导消防车到达火灾现场，并保证商场内道路的通畅。

3）保安部值班人员接到火灾报警后，要以最快的速度迅速赶到事发现场，同时通知保安部领导及其他人员，并立即将情况报给商场办公室。

4）现场指挥员要指派一名人员迅速通知配电中心切断火灾区域的电源。同时，通知水泵房保证消防供水。

5）现场总指挥要根据现场人员情况，合理安排各小组成员开展灭火、救助工作。各小组要按照现场指挥员的要求，迅速到达指定部位，做好应急准备。根据具体情况，采取相应的处置方案。

3. 扑救火灾的程序和措施

灭火行动组根据现场总指挥的安排迅速进入工作状态，查明以下情况：

1）起火部位、燃烧物的性质、火灾范围、火势蔓延路线及发展方向。

2）是否有人被困、查清被困人员数量和所处位置及最佳疏散通道。

3）有无爆炸及毒性物质，查清数量、存放地点、存放形式及危险程度。

4）查明贵重财物的数量及存放点、存放形式及受火势威胁的程度，判断是否需要疏散和保护。

5）起火建筑的结构、耐火等级，与毗邻建筑的距离，火场建筑有无倒塌危险，需要破拆的部位。

在查明火情后，灭火人员要迅速利用火场周围手提式灭火器及可利用的一切灭火工具进行灭火，控制火情，防止火势蔓延。若火势较大，已有蔓延趋势，火场总指挥应遵循先救人后救物的原则，抢救被困人员，疏散员工和物资。并遵循"先控制，后消灭"的灭火原则，合理使用"堵截包围、上下合击、重点突破、逐片消灭"的灭火方案组织扑救。

4. 应急疏散的组织程序和措施

火灾发生后，现场总指挥要根据现场情况，迅速果断采取相应措施，合理调整人力，指挥疏散引导组迅速打开所有安全疏散通道，并组织力量，救助疏散被困人员，最大限度减少人员伤亡。

1）寻找被困人员：大声呼唤、深入搜寻（注意出入口的通道、走廊、门窗边、墙角、柜橱、桌下、卫生间等隐蔽处）。

2）救援被困者：对意识清醒人员，指路使其自行脱离火场；对意识不清人员，带路脱离火场；对伤、病、残人员要背、抱、抬出火场；正常道路被隔断时，要利用绳、梯等将人救出。

3）因地制宜组织有可能被火势殃及的建筑物内的人员疏散。

4）抢救贵重物资。

5）选择好被救物资堆放点和消防车入场路线。

有关人员要根据火灾发生的不同区域、楼层、方位、燃烧物的属性、天气状况、起火时间、人员分布及其他情况，及时疏散人员。

5. 通信联络、安全救护的程序和措施

1）通信联络：商场办公室接到报警后，要立即将情况向商场领导汇报，并通知相关部门迅速到达火灾现场。通信联络组的其他成员到达现场后，协助现场总指挥负责调集人员及有关救火物资。

2）安全救护：商场办公室接到通知后，要立即准备救护药品，迅速赶到事故现场，对被救助疏散出来的受伤人员进行及时救治，伤势严重的要及时送往附近医院。

6. 事故调查处理程序

1）划出警戒区域，保安部安排人员保护现场，禁止无关人员进入。防止有人趁机破坏和盗窃。

2）检查火场有无余火，有无再次发生火灾的隐患，周围建筑物有无飘落的火种。

3）注意发现、保护起火点，尽可能保持火场燃烧后的原貌。

4）配合公安消防部门查清起火原因，核实火灾损失，写好火灾报告，查处有关责任人，教育业户汲取教训。

5）处理好善后工作。

6.5 隧道火灾人员疏散

近年来，为了发展现代化交通，我国越来越重视各类隧道技术，其中包括公路隧道、铁路隧道及城市地铁隧道。但由于隧道一般建于地下，内部空间相对封闭，通信能力较差，一旦发生火灾事故，隧道内部高温有毒气体不易排出，将对隧道内人员造成生命威胁，因此，隧道火灾时人员疏散就显得尤为重要。

6.5.1 公路隧道人员疏散

公路隧道的建立，不仅可以解决交通干线跨越山岭、江河及海峡等的限制，还可以缓解城市地上交通压力，在现代交通中，公路隧道已经成为主要的交通方式之一。然而公路隧道内通行的车型种类较多，一旦发生火灾则会造成车辆损坏，破坏隧道的内部结构，导致交通中断等现象，将车乘人员堵塞在隧道中。同时，由于大量的可燃物燃烧释放出大量的高温有毒气体，会对隧道内的人员带来巨大的生命威胁，因此公路隧道发生火灾时，快速有效的疏散方案显得尤为重要。

在公路隧道内发生火灾时，人员疏散主要依靠隧道内的疏散设施，主要包括横向疏散通道、纵向疏散通道和辅助疏散通道。其中，横向疏散通道包括横通道、服务通道和平行导洞；纵向疏散通道包括疏散楼梯和疏散滑梯；辅助疏散通道包括竖井、避难室和电梯。

1. 横向疏散

横向疏散包括以下三种疏散模式。

1）横通道疏散。横通道包括车、人行横洞和防火门，它一般是为连接两个隧道所建立的联络通道，包括人行横通道和车行横通道。当发生火灾时，火源上游的被困人员或者车辆可以分别通过横洞或安全门进入人行横通道和车行横通道，而后转移至另外一个安全隧道从而驶离隧道，该疏散方式常用于山岭隧道。

2）服务通道疏散。服务通道一般是在两个主隧道中间的隧道，用横通道来作为其与主隧道连接的方式。当发生火灾时，被困人员或车辆可通过安全门进入横通道转移至服务隧道，从而逃离火场，这种疏散方式加大了隧道建设成本，但发生火灾进行疏散时不会影响另外一个主隧道的交通通行，该疏散方式常用于水下沉管隧道。

3）平行导洞疏散。该疏散方式常见于单洞双向隧道，导洞隧道建立在主隧道旁边，中间通过横通道相连接，发生火灾时通过横通道进入导洞隧道进行疏散，该疏散方式是将用于方便隧道施工建设和通风排烟用的平行导洞用于人员疏散，但前期建设投入成本不低于建造主隧道。

2. 纵向疏散和辅助疏散

纵向疏散一般常用于盾构段处人员疏散。在发生火灾时，被困人员通过隧道两侧的疏散楼梯或疏散滑梯疏散至隧道下层，可直接沿下层隧道纵向撤离至横通道或未着火通道，也可结合利用辅助疏散方式，沿下层隧道撤离至附近避难室或竖井，沿着竖井通向室外安全区域。

在研究公路隧道火灾时人员疏散时，通常采用数值模拟仿真火灾时的人员必需安全疏散时间，以此来和人员疏散可用安全疏散时间进行对比，并根据模拟结果确定安全疏散设施布置方案。其仿真流程如下：

1）结合隧道基本信息（隧道结构、交通组成、交通量、通风情况等），设定隧道内火灾事故场景、人员逃生物理场景。

2）给出隧道人员疏散逃生模型：行为模型、高温模型、毒性评价模型。

3）根据隧道内交通组成计算人员荷载，根据统计数据给出人员特征。

4）计算出隧道各种设计场景下的人员疏散情况，并做分析。

5）结合逃生结果，给出隧道逃生准则、优化设计。

其技术路线如图 6-2 所示。

其中，疏散模拟中的相关模型介绍如下。

（1）行为模型　在火灾发生时，人的行为受环境、文化教育、性别、性格及年龄等因素的影响，且在恐慌的环境中，人的心理呈现出不同的状态，这都直接影响被困人员的行为选择。目前针对恐慌状态下人群心理学研究的手段不足，尚未有成熟的模型能够较为确切地模拟出人在疏散过程中的各种行为。因此，在人员疏散分析时只能根据设定好的人员行走速度

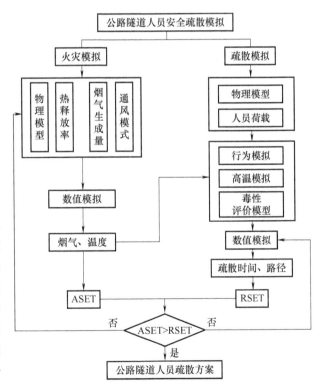

图 6-2　公路隧道人员安全疏散方案技术路线

来模拟人员疏散必需安全时间。

（2）高温评价模型　高温评价模型利用 Grane 模型、Blockley 模型和 Purser 模型对人体在高温环境下极限忍受时间进行评估，即研究失能时间或衰竭时间。

1）Grane 模型。Grane 在 1978 年进行了文献检索，研究人类的耐热性极限值，极限的意义就是人体能由于过热失能。Grane 模型测量的热参数是受试者为健康成年男性在正常服装（常规着装）下失能的空气温度。温度对人体失能的影响见表 6-8。

表 6-8　温度对人体失能的影响

空气温度/℃	失能时间/min
50	300
105	25
120	15
200	2

Grane 使用最小二乘线性回归方程技术对测试的四组数据进行分析，得出高温环境下正常着装的人的极限忍受时间，即失能时间。

2）Blockley 模型。Blockley 模型确定人体赤身时在干燥和潮湿的空气下的耐热范围。

3）Purser 模型。Purser 使用 t_c 的平均值来表达在干燥和潮湿的空气下个人失能的时间，该模型的表达式如下：

$$t_c(\min) = \exp[5.1849 - 0.0273T] \tag{6-3}$$

式中　T——不同环境下的环境温度（℃）；

t_c——时间平均值（min）。

（3）烟气毒性评价模型　用于烟气毒性评价的模型主要有 N-GAS 模型、FED（Fractional Effective Does）模型、TGAS（Toxic Gas Assessment Software）模型。

1）N-GAS 模型。N-GAS 模型是一种简化的烟气毒性定量评价模型，其假设烟气中少数的几种气体可代表大部分可以观察到的毒性效应。该模型考虑 CO、HCN、HCl、HF、NO_x 和 SO_2 气体，并通过计算这几种气体所占的体积分数来确定其毒性大小，其中主要以气体半数致死体积分数 LC_{50} 来衡量（即在 30min 暴露时间下或暴露后 14 天观察期内，造成 50% 的动物死亡的体积分数）。它考虑了 CO 和 CO_2 的耦合毒性，并加入了氧气消耗的影响。

2）FED 模型。FED 模型主要考虑各气体组分体积分数的时间积分均值，可计算组分体积分数随时间变化较大时的烟气毒性。其计算得到的烟气毒性比 N-GAS 模型得到的结果更为准确，但仍存在一定的局限性。

3）TGAS 模型。TGAS 模型是综合考虑了温度、烟气毒性和能见度三个因素后得出的模型。同样是用少数的有毒气体来评价烟气的危害性，但不同的是其不仅考虑了烟气毒性对人体的伤害，还考虑了烟气能见度降低对人体暴露时间的影响，以及高温辐射对人体的伤害，体现了火灾危害的多样性和复杂性。

本节中以 Pathfinder 软件为例，其模拟具体步骤大致如下：

1）首先在 Pathfinder 软件中导入已建好的模型，例如 FDS，并且在火源处可设置障碍物，阻止人员通行。

2）计算人员荷载。一般火灾时，隧道堵塞长度不超过 1000m，按 1000m 计算，根据

1000m 堵塞的车辆、车型及车型满载系数计算人员荷载，即：

$$隧道内人员荷载 = \sum_{i=1}^{m}（N_i \times f_i \times 相应车型比例）\times 车辆总数 \qquad (6-4)$$

式中　N_i——相应车型载客量；

　　　f_i——相应车型满载率。

隧道内车辆载客数见表 6-9。

表 6-9　隧道内车辆载客数

车辆类型	车辆尺寸	载客量/人	满载系数
大货车	14m × 2.6m × 2.5m	2	1
中货车	10m × 2.6m × 2.5m	2	1
小货车	4.5m × 1.8m × 2m	2	1
小客车	4.5m × 1.8m × 2m	6	0.666
中客车	10m × 2.6m × 2m	15	0.667
大客车	12m × 2.6m × 2.5m	45	0.665

3）将人员按成年男性、成年女性、儿童、老人各自所占比例放入隧道中，人员比例和行动参数见表 6-10。

表 6-10　人员比例和行动参数

人员类型	所占比例	步行速度/(m/s)	形体尺寸（肩宽）/m
成年男性	40%	1.2	0.4
成年女性	35%	1.0	0.35
儿童	15%	0.8	0.3
老人	10%	0.6	0.4

4）最后创建出口，并运行结果，得出必需安全疏散时间。

6.5.2　铁路隧道人员疏散

我国虽然幅员辽阔，但是地形、地质、地貌复杂多样，所以在我国铁路线路中，隧道是重要的组成部分。随着人们对交通舒适度要求的不断提高，我国高速铁路建设更是蓬勃发展，高铁隧道也越来越多地被应用。相比普速铁路隧道及地铁区间隧道，高速铁路隧道具有隧道断面大、长度长、列车行车速度快的特点。因高速铁路行车速度高，对基础设施的建设标准要求高，线路最小曲线半径较大，所以高速铁路的选线设计中会出现大量的隧道工程。预计到 2020 年底我国投入运营的铁路隧道总量将达到 17000 座，总长度将突破 20000km。截至 2016 年底，已投入运营的 14120km 铁路隧道中，高速铁路及城际铁路隧道约 4080km，占 28.9%；长度大于 10km 的特长隧道 102 座，长约 1411km，占运营隧道总长的 10%；长度大于 20km 的隧道共有 9 座，总长 218806m。

当铁路隧道内列车发生火灾时，人员逃生疏散方式主要可分为列车继续运行疏散方式和停车人员徒步疏散方式两类。列车继续运行疏散方式可以分为列车继续运行驶出隧道疏散和列车驶到"定点"车站疏散，此种疏散方式列车都要在隧道内以一定的速度运行一段距离，采用这两种方式的前提是动力系统不能失效。列车驶出隧道在洞外停车疏散，使得人员的逃生变得比较安全而且简单，而"定点"车站也可以称为救援站，站内有比较齐全的消防设施和逃生通道，有利于人员的疏散。停车人员徒步疏散方式是指当列车动力系统失效或其他原因不得不在隧道内停车时，疏散人群可以通过隧道内设置的救援通道，包括横通道、平导、竖井逃到安全区域。

1. 列车继续运行驶出隧道疏散方式或列车驶到"定点"车站疏散方式

由于隧道火灾发展迅猛，且大量烟气难以排出，隧道内能见度迅速降低，有害烟气迅速积聚，人员疏散时间短；同时消防人员和救援设备难以接近着火点，救援难度大，容易造成重大的人员伤亡和财产损失。因此，世界各国一般规定：列车在隧道内发生火灾时，应尽可能将事故列车开到隧道外或驶向"定点"车站，人员在隧道外进行紧急疏散，消防人员在隧道外进行灭火与救援。

列车可以继续运行驶出隧道或驶到"定点"车站就必须满足列车具有一定的牵引能力，并能够保证可以驶离隧道，且需要有一定的制动能力，能够保证在驶离隧道时可以停车；同时列车车厢能够保证人员可以从发生火灾处的车厢疏散至安全车厢，并且有一定的耐火能力，可以保证火势及烟气在一定的时间内不会蔓延至相邻车厢。不同火灾场景下人员疏散方式如下：

（1）列车刚进入隧道时发生火灾　列车刚进入隧道时意味着前方隧道长度远大于列车长度，此时无论是火灾发生在列车的头部、中部还是尾部，都需要紧急制动，并反向行驶，驶离隧道的同时向铁路管理中心汇报情况，防止与其他列车发生线路交叉引发事故，与此同时需将乘客从发生火灾的车厢疏散至其他相邻的安全车厢，待人员疏散完毕时，关闭列车内的防火门，列车驶离隧道停车时，消防人员采用救援方案进行灭火与救援工作。

（2）列车在隧道中部时发生火灾　列车在隧道中部时，此时列车前后隧道长度差不多，可结合列车火灾位置和隧道中救援站的位置来分析此时列车应该向前行驶或反向行驶，可分为以下几种情况：

1）列车头部车厢发生火灾。当火灾发生在列车头部车厢时，因列车火灾火源的下游属于相对危险的区域，因此列车需紧急制动并反向驶离隧道，同时着火车厢的乘客需尽快疏散至相邻车厢，待人员疏散完毕后，将阻火门关闭，防止火势及烟气蔓延至人员疏散车厢内。

2）列车中部车厢发生火灾。当火灾发生在列车中部车厢时，由于处于火灾下游的乘客不可能全部疏散到火灾上游，此时无论列车是反向行驶还是继续前行，都会有部分乘客处于火灾下游，因此列车应尽快选择方向驶离隧道或"定点"车站，着火车厢的乘客应尽快向火灾上游车厢疏散，并及时关闭阻火门。

3）列车尾部车厢发生火灾。当火灾发生在列车尾部车厢时，应继续将着火车厢的乘客疏散至前方车厢，并关闭阻火门。列车继续前行驶离隧道，此时所有乘客均在火源上游，火灾对人员安全的影响比较小。

（3）列车在即将驶离隧道时发生火灾　此时无论是列车头部、中部还是尾部发生火灾，都应继续向前行驶驶离隧道，同时着火车厢乘客需尽快向相邻车厢疏散，疏散完毕时关闭车厢连接门。

2. 列车停车疏散

当在隧道内行驶的着火列车因为某些原因而不得不进行停车疏散时，列车内的旅客及工作人员必须在隧道内徒步通过隧道的救援通道行进到安全的区域。国内的铁路规范有关列车发生火灾时人员疏散逃生方面的规定很少，不过《地铁设计规范》（GB 50157—2013）规定，在区间隧道停车疏散模式下，应及时开启隧道内的通风设施，按照就近排烟气的原则，乘客迎着送风的方向进行逃生。

当隧道内发生火灾，列车被迫停车进行人员疏散时，无论是采用横通道、疏散隧道，还是竖井等辅助坑道作为逃生通道，逃生人员在到达逃生出口前都必须在事故隧道内沿着隧道一侧的安全通道行走一段距离，而在这个过程中，隧道的通风方案要使得大部分疏散人员处于无烟的逃生路径中。

根据列车隧道发生火灾后的停车位置以及火灾发生的位置（列车前部、列车中部、列车尾部）不同应采取不同的疏散方式，以横通道为疏散通道举例说明，具体介绍如下。

（1）列车头部车厢发生火灾

1）着火车厢位于两个横通道之间时，此时可由事故前方风机排烟，事故后方风机送风，列车人员沿着救援通道迎着新风向火灾上游疏散，再通过火灾上游横通道向相邻隧道疏散。疏散方式如图 6-3 所示。

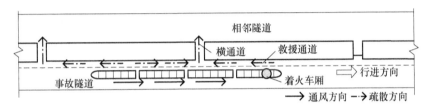

图 6-3　列车头部车厢发生火灾且位于两横通道之间的疏散图

2）着火车厢位于某横通道口附近，此时可由事故前方风机排烟，事故后方风机送风，列车人员沿着救援通道迎着新风向火灾上游疏散。由于位于着火车厢附近横通道受火灾烟气影响不利于人员疏散，为了避免烟气沿着横通道向相邻隧道蔓延，此联络通道必须关闭。疏散人员需要沿着救援通道向前方联络通道撤离，再进一步疏散到相邻隧道，部分乘客的疏散时间将会加长，且由于前方最近的联络通道同时有两个方向的人员疏散，容易在出口处产生拥挤排队现象，导致疏散时间大大增加，为最不利情形。此时疏散方式如图 6-4 所示。

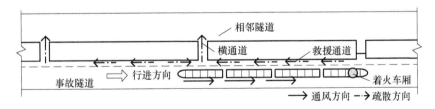

图 6-4　列车头部车厢发生火灾且位于某横通道口附近的疏散图

（2）列车中部车厢发生火灾

1）着火车厢位于两个横通道之间，该情况下通风排烟方案和人员疏散模式要结合着火车厢的具体位置而定，保证大多数人员处于火灾上游。若列车着火车厢位于列车编组的前半部，则由事故后方风机送风，事故前方风机排烟此时疏散方式如图 6-5 所示。

若着火车厢位于列车编组的后半部分，则由事故后方风机排烟，事故前方风机送风，火

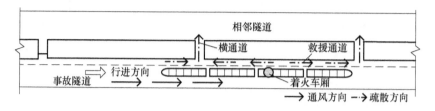

图 6-5　列车中部着火、着火车厢位于列车编组的前半部且位于两横通道之间的疏散图

灾下游人员沿着救援通道向火灾上游疏散，或就近向火灾下游的联络通道疏散至相邻隧道，疏散方式如图 6-6 所示。

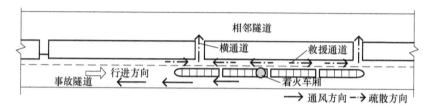

图 6-6　列车中部着火、着火车厢位于列车编组的后半部且位于两横通道之间的疏散图

　　显然，着火车厢越靠近列车中部位置，处于火灾下游的人员越多，人员安全疏散所需时间越长；着火车厢距离下游最近的联络通道越远，下游人员由救援通道向下游联络通道疏散的时间越长。

　　2）着火车厢位于某横通道附近，该情况下事故通风和人员疏散模式与着火车厢处于两个联络通道之间类似，要保证大多数列车人员处于火灾上游，火灾下游人员向上游联络通道疏散或就近向火灾下游的联络通道疏散至相邻隧道。由于位于着火附近的联络通道受烟气影响封闭，向火灾上游疏散的人员和就近向下游联络通道疏散的人员在救援通道内行走的距离增加，所需疏散时间加长，是最不利情形（图 6-7 和图 6-8）。

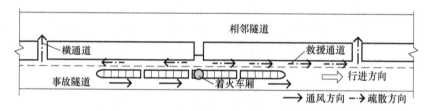

图 6-7　列车中部着火、着火车厢位于列车编组的前半部且位于某横通道附近的疏散图

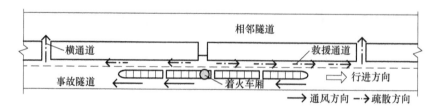

图 6-8　列车中部着火、着火车厢位于列车编组的后半部且位于某横通道附近的疏散图

（3）列车尾部车厢发生火灾

1）着火车厢位于两个横通道之间，此时与列车头部发生火灾类似，只是火灾时需使通风方向相反，由事故前方风机送风，事故后方风机排烟，列车人员沿着救援通道迎着新风向火灾上游疏散，再通过火灾上游联络通道向相邻隧道疏散，疏散方式如图6-9所示。

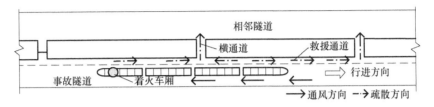

图6-9　列车尾部发生火灾、着火车厢位于两个横通道之间的疏散图

2）着火车厢位于某横通道附近，该情况与列车头部发生火灾类似，为最不利情形；火灾时需使通风方向相反，由事故前方风机送风，事故后方风机排烟，列车人员沿着救援通道迎着新风向火灾上游疏散，再通过火灾上游联络通道向相邻隧道疏散，疏散方式如图6-10所示。

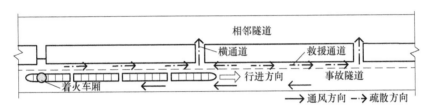

图6-10　列车尾部发生火灾、着火车厢位于某个横通道附近的疏散图

从停车疏散模式的分析中可看出，列车中部发生火灾时人员疏散和通风的组织模式要比列车头、尾部发生火灾时复杂，人员疏散情况更为不利；着火车厢位于某横通道附近的人员疏散要比位于两个横通道之间更为不利。最不利场景为列车中部发生火灾，着火车厢位于某个横通道出口附近。

6.5.3　地铁隧道人员疏散

因现代化城市的快速发展，城市地上交通日渐紧张，地铁因其运输能力大、速度快、舒适方便等特点，能够有效缓解城市交通堵塞压力，因此被越来越多的城市作为主要的交通方式之一。地铁日益发展的同时，地铁的消防问题也引起人们的关注。相比地面运输系统，地铁运输系统具有空间封闭狭窄、人群密集、疏散困难等特点，如果发生火灾时人员得不到有效的疏散，将会造成严重的后果。

由于地铁区间隧道的特点，发生火灾时只能通过合理的通风排烟为乘客提供有效的逃生通道与其疏散方案相结合。而《地铁设计规范》只笼统地规定了按"就近排烟"的原则进行事故通风，并没有考虑区间隧道中是否设置联络通道以及列车着火和停靠的位置。然而在设有联络通道的区间隧道中，合理地利用两条区间隧道之间的联络通道进行人员的疏散和排烟系统设计是很有必要的。因此本节对设有联络通道的地铁区间隧道火灾的烟气控制方法及人员疏散方式进行分析。

1. 列车头部发生火灾

（1）着火部位停靠在靠近前方车站处　当头部着火的列车停靠在靠近前方车站处时，根据"就近排烟"的原则，采用后方车站风机送新风，前方车站风机就近排烟的事故通风方式。此时人员可以迎着新风的方向向后方车站和联络通道进行安全疏散。在这种情况下，采用推拉式的纵向通风方式能够将烟气通过前方车站的风井排出，使人员能够在无烟的环境下安全疏散，疏散方式如图 6-11 所示。

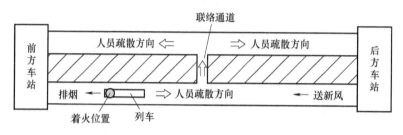

图 6-11　头部着火的列车停靠在靠近前方车站处时的疏散图

（2）着火部位停靠在靠近后方车站处　当头部着火的列车停靠在靠近后方车站处时，由于列车距离后方车站较近，人员通过后方车站疏散较为合理，因此采用后方车站风机送新风，前方车站风机排烟的事故通风方式。此时联络通道处于火源下风侧且人员不能通过联络通道进行疏散，因此为了防止火灾烟气进入未着火隧道中，应关闭联络通道与着火隧道之间的防火门，该情况下人员能够迎着新风的方向向车站安全疏散，疏散方式如图 6-12 所示。

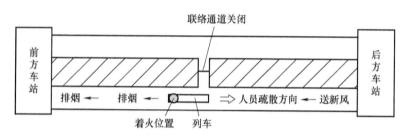

图 6-12　头部着火的列车停靠在靠近后方车站处时的疏散图

（3）着火部位停靠在区间隧道中部　当头部着火的列车停靠在区间隧道中部时，由于列车停留在联络通道处，可以充分利用联络通道进行人员的疏散，因此采用后方车站风机送新风，前方车站风机排烟的事故通风方式。此时，人员可以迎着新风向后方车站疏散，也可以迅速通过联络通道由未着火隧道进行疏散。该情况下由于联络通道的存在使得疏散人群能够有效地分流，避免了拥堵现象的发生，疏散方式如图 6-13 所示。

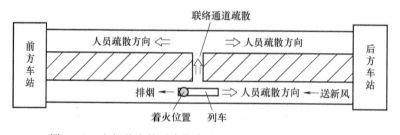

图 6-13　头部着火的列车停靠在区间隧道中部时的疏散图

2. 列车尾部发生火灾

列车尾部发生火灾时与头部发生火灾的疏散方式相同。

3. 列车中部发生火灾

当着火部位停靠在区间隧道中部时，采用传统的纵向通风方式，无论从前方车站还是后方车站排烟，总有一部分人群处在火灾烟气的下风侧，此时应该根据地铁在区间隧道中停留的位置，合理地利用两条区间隧道之间的联络通道进行人员的疏散和排烟系统设计，最大限度地减少事故带来的损失和人员伤亡。

（1）着火部位停靠在区间隧道靠近前方（后方）车站处　当着火部位停靠在区间隧道靠近前方（后方）车站的位置时，采用后方（前方）车站风机送新风，前方（后方）车站风机排烟的事故通风方式，由于此时着火列车距离前方（后方）车站较近，靠近前方（后方）车站的乘客在列车着火时可以迅速向车站方向逃生，而另外一部分乘客可以迎着新风向后方（前方）车站或通过联络通道向未着火的隧道进行疏散。因此，该情况下采用《地铁设计规范》中规定的"就近排烟"通风方式是合理可行的，疏散方式如图 6-14 所示。

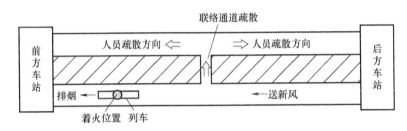

图 6-14　中部着火的列车停靠在区间隧道靠近前方（后方）车站时的疏散图

（2）着火部位停靠在区间隧道靠近联络通道处　当中部着火的列车停靠在区间隧道靠近联络通道的位置时，列车距离前方车站位置较远，如果采用"就近排烟"的通风方式（即后方车站风机送新风，前方车站风机排烟）着火部位前方的乘客将会处于火灾烟气的下风侧，由于列车距离前方车站较远，因此该部分人员很难安全地疏散至前方车站，如图 6-15 所示。

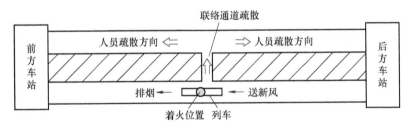

图 6-15　"就近排烟"时的疏散图

由于此时着火列车距离联络通道较近，考虑到乘客可以迅速通过联络通道就近疏散，因此采用前方车站风机送新风后方车站风机排烟的事故通风方式，但此时联络通道将会处于火灾烟气的下风侧，此时火灾烟气将会通过联络通道进入未着火隧道中，这对乘客的安全疏散是极为不利的。为了给乘客提供一个安全的疏散环境，可以开启未着火隧道两端车站的风机加压送风，使联络通道内能够形成一定的正压，从而确保火灾烟气不能够进入联络通道，此时的疏散方式如图 6-16 所示。

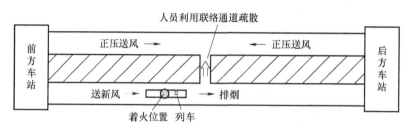

图 6-16　中部着火的列车停靠在区间隧道靠近联络通道时的疏散图

（3）着火部位停靠在隧道中间　中部着火的列车停靠在区间隧道中部时，无论采用前方车站送新风、后方车站排烟的事故通风方式还是采用后方车站送新风、前方车站排烟的通风方式，处于火源下风侧的乘客与前方（或后方）车站的距离都很远，因此很有可能被火灾烟气吞没而无法安全逃生，如图 6-17 所示。

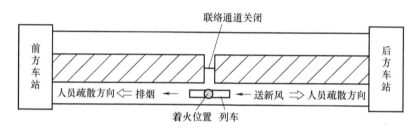

图 6-17　纵向通风模式疏散图

考虑到这种情况下采用纵向通风方式的弊端并根据"就近排烟"的原则，可考虑着火隧道两端送新风联络通道两端排烟的事故通风方式，即利用连接两个区间隧道的联络通道将火灾烟气由着火隧道排入未着火隧道，并通过未着火隧道两端车站的风井将火灾烟气排至室外。这种通风方式的优点是能够将火灾烟气及时从着火隧道中排出，从而使火源两端的乘客都能迎着新风向两端车站安全地疏散，疏散方式如图 6-18 所示。

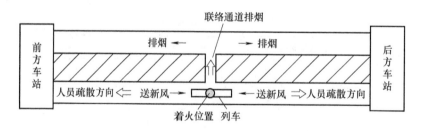

图 6-18　中部着火的列车停靠在区间隧道中部时的疏散图

除此之外，国内外对于地铁疏散设施制定了相关规范。

1. 国内地铁设计规范

我国国家规范《地铁设计规范》中对地铁内有关疏散设施及防火分隔的规定如下：

1）地铁车站内防火分区分为站台公共区防火分区、设备与管理用房区防火分区、站厅公共区防火分区及站台疏散楼梯间防火分区，每个防火分区之间采用防火墙分隔（耐火极限为 4h）。地下车站站台和站厅公共区应划为一个防火分区，设备与管理用房区每个防火分区的允许使用面积不应大于 1500m²；当地下换乘车站共用一个站厅时，站厅公共区面积不应大于 5000m²；地上的车站站厅公共区采用机械排烟时，防火分区的允许建筑面积不应大于 5000m²，其他部位每个防火分区的允许建筑面积不应大于 2500m²。

2）车站每个站厅公共区安全出口的数量应经计算确定，且应设置不少于 2 个直通地面的安全出口；地下单层侧式站台车站的每侧站台安全出口数量应经计算确定，且不应少于 2 个直通地面的安全出口；地下车站的设备与管理用房区域安全出口的数量不应少于 2 个，其中有人值守的防火分区应有 1 个安全出口直通地面；安全出口应分散设置，当同方向设置时，两个安全出口通道口之间净距不应小于 10m；竖井、爬梯、电梯、消防专用通道，以及设在两侧式站台之间的过轨地道不应作为安全出口；地下换乘车站的换乘通道不应作为安全出口。

3）每个区间隧道轨道区均应设置到达站台的疏散楼梯；两条单线区间隧道应设联络通道，相邻两个联络通道之间的距离不应大于 600m，联络通道内应设置并列反向开启的甲级防火门，门扇开启时不得侵入限界；道床面应作为疏散通道，道床步行面应平整、连续、无障碍物。

4）设备与管理用房区房间单面布置时，疏散通道宽度不得小于 1.2m，双面布置时不得小于 1.5m；对于设备与管理用房直接通向疏散走道的疏散门至安全出口的距离，当房间疏散门位于两个安全出口之间时，疏散门与最近安全出口的距离不应大于 40m；当房间位于袋形走道两侧或尽端时，疏散门与最近安全出口的距离不应大于 22m；地下出入口通道的长度不宜超过 100m，超过时应采取满足人员消防疏散要求的措施；地铁车站疏散通道的宽度及最大通过能力应满足表 6-11 中的要求。

表 6-11　地铁车站疏散通道的宽度及最大通过能力

部 位 名 称			最大通过能力/（人/h）
1m 宽楼梯	上行		4200
	下行		3700
	双向混行		3200
1m 宽通道	单向		5000
	双向混行		4000
1m 宽自动扶梯	输送速度 0.5m/s		6720
	输送速度 0.65m/s		8190
0.65m 宽自动扶梯	输送速度 0.5m/s		4320
	输送速度 0.65m/s		5265
人工售票口			1200
自动售票机			300
人工检票口			2600
自动检票机	三杆式	非接触 IC 卡	1200
	门扉式	非接触 IC 卡	1800
	双向门扉式	非接触 IC 卡	1500

地铁车站各部位最小宽度应符合表 6-12 中的要求。

表 6-12　地铁车站各部位最小宽度　　　　　　（单位：m）

名　　　称		最 小 宽 度
岛式站台		8.0
岛式站台的侧站台		2.5
侧式站台（长向范围内设梯）的侧站台		2.5
侧式站台（垂直于侧站台开通道口设梯）的侧站台		3.5
站台计算长度不超过100m且楼梯、扶梯不伸入站台计算长度	岛式站台	6.0
	侧式站台	4.0
通道或天桥		2.4
单向楼梯		1.8
双向楼梯		2.4
与上、下均设自动扶梯并列设置的楼梯（困难情况下）		1.2
消防专用楼梯		1.2
站台至轨道区的工作梯（兼疏散梯）		1.1

5）车站站台公共区的楼梯、自动扶梯、出入口通道应满足当发生火灾时在 6min 内将远期或客流控制期超高峰小时一列进站列车所载的乘客及站台上的候车人员全部撤离站台到达安全区的要求。

6）提升高度不超过三层的车站，乘客从站台层疏散至站厅公共区域或其他安全区域的时间应按下式计算：

$$t = 1 + \frac{Q_1 + Q_2}{0.9\left[A_1(N-1) + A_2 B\right]} \leqslant 6 \tag{6-5}$$

式中　t——疏散时间（min）；

　　Q_1——远期或客流控制期中超高峰小时一列进站列车的最大客流断面流量（人）；

　　Q_2——远期或客流控制期中超高峰小时站台上的最大候车乘客数量（人）；

　　A_1——一台自动扶梯的通过能力［人/(min·m)］；

　　A_2——疏散楼梯的通过能力［人/(min·m)］；

　　N——自动扶梯数量；

　　B——疏散楼梯的总宽度（m），每组楼梯的宽度应按 0.55m 的整倍数计算。

7）车站站厅、站台、自动扶梯、自动人行道及楼梯；车站附属用房内走道等疏散通道；区间隧道；车辆基地内的单体建筑物及控制中心大楼的疏散楼梯间、疏散通道、消防电梯间（含前室）应设置应急疏散照明装置。

8）车站站厅、站台、自动扶梯、自动人行道及楼梯口；车站附属用房内走道等疏散通道及安全出口；区间隧道；车辆基地内的单体建筑物及控制中心大楼的疏散楼梯间、疏散通道及安全出口应设置疏散指示标志。

9）疏散通道拐弯处、交叉口、沿通道长向每隔不大于 10m 处，应设置灯光疏散指示标志，指示标志距地面应小于 1m；疏散门、安全出口应设置灯光疏散指示标志，并宜设置在门洞正上方；车站公共区的站台、站厅乘客疏散路线和疏散通道等人员密集部位的地面上，以及疏散楼梯台阶侧立面，应设蓄光疏散指示标志，并应保持视觉连续。

2. 美国国家消防协会相关规定

美国国家消防协会（NFPA）专门针对轨道交通系统的 NFPA-13 标准对地铁车站的防排烟及疏散环境的规定如下：

1）地铁车站火灾情况下，地铁防排烟系统应保证通向出口的疏散通道的安全疏散环境。

2）地铁隧道区间火灾情况下，应保证有足够风量，防止烟气发生回流现象。

3）地铁车站应设置充足的疏散出口容量，确保站台上的全部人员在 4min 或更短的时间内全部疏散完毕；车站的设计应能保证站台上的全部人员从站台上的最远点到安全区域的疏散时间控制在 6min 或更短的时间内。

4）地铁火灾情况下，地铁疏散通道的空气温度应小于 60℃。

5）地铁火灾情况下，2.3m 以下烟气可见度应大于 9.1m，设置的疏散指示标志高度应在 2.3m，墙和门的可见度应在 6.1m 以上。

NFPA130 定义了地铁人员疏散总时间 T_{total} 为在地铁最长出口线路上人员步行行走时间加上在各个疏散通道（如站台出口、检票口、站厅出口）等待时间之和；NFPA130 还给出了步行行走时间、疏散通道流动时间、人员在疏散过程总的等待时间的计算方法，具体如下：

1）步行行走时间 T：人员从地铁站台至疏散出口的线路可分为连续的水平段和垂直段，每段疏散人员行走所需时间为每一段距离除以行走速度的值。

$$T = \sum_{i=1}^{n} T_{Xi} = \sum_{i=1}^{n} \frac{L_{Xi}}{v_{Xi}} \tag{6-6}$$

式中　T——地铁出口线路上总的行走时间；

　　　T_{Xi}——在地铁第 i 段行走的时间；

　　　L_{Xi}——地铁第 i 段的距离；

　　　v_{Xi}——第 i 段疏散人员的行走速度。

2）每个流动区流动时间是疏散人员等待时间和疏散人员在流动区域行走时间的总和，可表示为流动区域疏散人员负荷除以流动区域最大通过能力的值：

$$F_{Yi} = \frac{N_{Yi}}{C_{Yi}} \tag{6-7}$$

式中　F_{Yi}——Yi 流动区域疏散人员流动时间；

　　　N_{Yi}——Yi 流动区域疏散人员负荷；

　　　C_{Yi}——Yi 流动区域最大的通过能力。

3）地铁车站每个流动区域的人员等待时间：

$$W_p = F_p - T_p \tag{6-8}$$

式中　W_p——站台疏散出口的人员等待时间；

　　　F_p——站台疏散出口人员流动时间；

　　　T_p——站台疏散人员行走时间。

$$W_n = F_n - \max(F_{Yi}) \tag{6-9}$$

式中　W_n——其他流动区域的人员等待时间；

　　　F_n——流动区域的人员流动时间；

F_{Yi}——此流动区域之前流动区域人员流动时间。

4）总疏散时间 T_{total}：

$$T_{total} = T + W_p + \sum_{i=1}^{N} W_n \tag{6-10}$$

美国的 NFPA130 标准定义的总的疏散时间 T_{total} 综合考虑了地铁车站站台及站厅的空间尺寸、疏散出口长度、疏散楼梯以及闸机口处的通过能力等因素对地铁车站人员疏散的影响。美国的 NFPA130 标准在地铁人员疏散方面不仅考虑了出行乘客及工作人员撤离站台所用的时间，还规定了所有人员疏散至安全区域所需的时间，比我国国家规范《地铁设计规范》更加全面、细致。

思 考 题

1. 发生火灾时，如何判定人员能够安全疏散。
2. 人员安全疏散的参数主要有哪些？
3. 概括用于人员疏散的设施有哪些？
4. 高层建筑发生火灾时，人员主要通过哪些途径进行疏散？影响人员疏散的因素有哪些？
5. 总结铁路隧道发生火灾的疏散方式。
6. 地铁列车中部发生火灾时人员如何进行疏散？

第7章
消防自动报警技术与指挥调度

教学要求

掌握火灾自动报警系统的组成、功能、工作原理及核心结构；了解火灾自动报警系统的信息传输模式；掌握火灾探测器的分类及使用场所；了解火灾探测器的工作原理；掌握消防监控系统的结构组成及功能特点；了解物联网技术及其应用模式；了解消防的物资及人员指挥调度；了解消防智能化的发展趋势

重点与难点

火灾自动报警系统的组成、功能及工作原理

火灾报警控制器工作原理及功能

消防联动控制器组成及控制方式

火灾探测器分类及使用场所

消防监控系统的结构组成

消防监控系统的功能特点

物联网技术

7.1 火灾自动报警控制系统

火灾对人员的危害不容小觑，为尽早识别火灾，减少人员伤亡和财产损失，常在有人员居住和经常有人滞留的场所、存放重要物资或燃烧后产生严重污染需要及时报警的场所设置火灾自动报警系统。

7.1.1 火灾自动报警控制系统的组成与功能

1. 传统火灾自动报警控制系统的组成

火灾自动报警系统主要包括火灾触发器件（火灾探测器、手动报警按钮）、火灾报警装

置（火灾显示器、火灾报警控制器）、火灾警报装置（声光警报器、消防广播、警铃）、消防联动控制装置（消防联动控制器、消防电话系统、消防电动装置、气体灭火控制器、图形显示装置）及电源。其主要组成如图7-1所示。

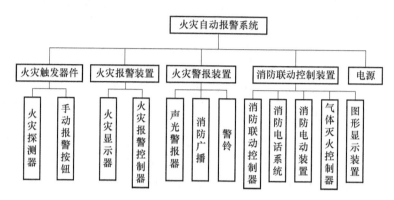

图7-1　火灾自动报警系统组成示意图

2. 传统火灾自动报警控制系统的功能

火灾自动报警系统可在火灾发生早期及时通报，帮助人们尽早疏散及组织灭火行动，对减少人员伤亡和财产损失提供有利的条件，其具体功能如下：

（1）火灾探测功能　在发生火灾时，火灾自动报警系统中的探测器可探测到火灾产生的烟气、高温、特有气体及火焰等现象，将其探测到的信息转换为电信号传输到火灾报警控制器，由其进行分析计算，并与原有设定的火灾参数相对比，若确定为火灾，则发出火灾声光报警信号，通知建筑内人员进行逃生、救援及灭火。

（2）联动消防设施功能　当火灾被确认后，消防联动控制器接到由火灾报警控制器发出的报警信号后，联动防火设备、防排烟设备和自动灭火设备动作。

1）防火设备联动功能。在进行消防设计时通常用防火卷帘、防火门、防火墙等防火分隔划分防火分区以便将火势控制在一个防火分区内。正常情况下，这些可活动的防火分隔处于打开模式，不影响建筑的正常使用，当发生火灾时，消防联动控制器动作，发出信号，联动防火卷帘、防火门等将其关闭，防止火灾向周围防火分区蔓延，有利于尽早扑灭火灾。

2）防排烟设备联动功能。烟气的高温和毒害性严重威胁人们的生命安全，所以通常在建筑里设置加压送风口、送风风机、排烟口、排烟管道、排烟风机等防排烟设备。当发生火灾时，消防联动控制器发出的信号可将这些设备打开，并关闭防火阀，防止烟气扩散，帮助人员进行疏散救援行动。

3）灭火设备联动功能。在发生火灾时，灭火是重中之重，火灾一旦被确认，消防联动控制器就会接到火灾报警控制器发出的信号，进而根据预定的程序联动自动喷水灭火系统、消防水炮系统、气体及泡沫灭火系统等灭火设备动作，扑灭火灾。

（3）人员疏散、救援指示功能　确认火灾后，消防联动控制器向电梯控制装置发出指令，使之回到首层，同时切除消防电梯以外的电梯电源，防止因人员进入电梯造成二次事故；在各楼层的火灾显示盘上显示火灾地点，方便人员疏散和救援；火灾自动报警系统自动切换到消防应急广播，通知建筑内人员撤离火灾区域，且使救援人员通过消防电话接收消防控制中心指令，快速采取一系列紧急行动；启动疏散指示标志和应急照明灯，方便人员快速疏散和救援。

3. 智能火灾报警系统的组成

智能火灾报警系统是以微型计算机的应用为基础发展起来的，其主要以微型计算机超强的计算能力、速度和逻辑来改善火灾自动报警系统的可靠性、准确度和反应时间，其组成主要包括智能探测器、智能手动报警按钮、智能模块、探测器并联接口、总线隔离器、可编程继电器卡等。

该系统以软件编程设定程序，大大提高了消防联动的准确性，同时采用主—从式网络结构，解决不同建筑的适用性问题，提高了系统的可靠性，并采用总线制系统，避免控制输出与执行机构间长距离布线，方便系统布线设计和现场施工，且具有较强的自检功能。

4. 智能火灾报警系统的功能

智能火灾报警系统除了具有传统火灾报警系统的功能，还具有以下功能：

1）黑匣子功能。智能火灾报警系统能自动储存火警、预警、监管、故障等历史记录信息。

2）操作权限。为防止无关人员误操作，可通过密码限定操作级别，密码可任意设置。

7.1.2　火灾自动报警系统的工作原理及分类

1. 火灾自动报警系统的工作原理

发生火灾时，火灾探测器可接收由物品燃烧产生的烟雾、热量、火焰、光、气体产物等信号并将其转换为电信号，电信号传输到火灾报警控制器，由其发出报警信号，并将火灾信息通过声光报警显示装置显示出来。同时，火灾报警控制器将火灾信号传输给消防联动控制器，启动消防联动设备，并将火灾信号同步给各防火分区的火灾显示盘和图形显示装置，将火灾信息明确地显示出来，以帮助人员逃生及消防人员开展救援行动。

2. 火灾自动报警系统分类

火灾自动报警系统根据其组成及功能又可分为区域报警系统、集中报警系统、控制中心报警系统和家用火灾报警系统四类。

（1）区域报警系统　由火灾探测器、手动报警按钮、区域火灾报警控制器、火灾警报装置及电源等组成的系统为区域报警系统，它可含有消防控制室图形显示装置和区域显示器。该系统组成较为简单，操作方便，主要应用在仅需要报警、不需要联动的规模不大的保护对象中。其构成如图 7-2 所示。

（2）集中报警系统　由火灾探测器、一台集中火灾报警器、两台及以上区域报警控制器、火灾报警装置和电源等组成的功能较为复杂的系统为集中报警系统（只有一个消防控制室）。该系统适用于既需要报警又需要联动的建筑规模较大、保护对象较多的场所中。其构成如图 7-3 所示。

该系统中的灭火设备采用联动控制台实现直接线控制，防排烟设备采用模块控制或模块传输信号控制，该控制方式提高了系统的可靠性和灵活性，便于监测较复杂场所的消防设备。

（3）控制中心报警系统　除了含有集中报警系统中的设备外还增加了消防控制设备。消防控制设备主要包括火灾报警装置、火警电话、火灾事故照明设备、火灾事故广播、联动控制装置、固定灭火系统控制装置。该系统适用于有两个及以上消防控制室或两个及以上集中控制系统的大型宾馆、饭店、商场等大建筑群场所，其构成如图 7-4 所示。

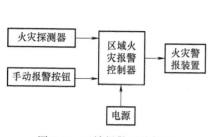

图 7-2　区域报警系统构成

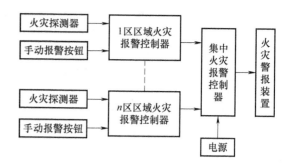

图 7-3　集中报警系统构成

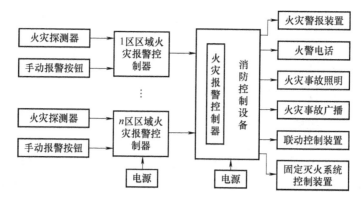

图 7-4　控制中心报警系统

该系统是一种智能火灾自动报警系统，探测器输出与火灾参数有关的模拟量信息，并通过总线传输给控制器，与其内部预先储存的火灾模型相对比分析，是一种二总线系统。

（4）家用火灾报警系统　家用火灾报警系统是适用于住宅、公寓等居住场所的一种新型火灾报警系统。其中仅有物业监控管理的住宅建筑适用 A 类或 B 类家用火灾报警系统；没有物业监控管理的住宅建筑适用 C 类家用火灾报警系统；别墅式住宅适用 D 类家用火灾报警系统。

3. 智能火灾报警系统的分类

智能火灾报警系统可分为主机智能系统和分布式智能系统。

（1）主机智能系统　该系统中使探测器成为火灾传感器，取消阈值比较电路，探测器将火灾烟雾引起的电流、电压变化信号通过编码电路和总线传给主机，根据其速率等一系列参数的变化规律与计算机内置的火灾信号相比较，只有当条件符合时才会确定为火灾信号，极大程度上减少了误报的概率。该系统主机采用处理机技术，可实现时间、储存、密码自检联动、联网等多种管理功能，并可实现图形显示、键盘控制、翻译高级扩展功能。但因其所监控的范围较大，需一次性处理上千个探测器的反馈信号，对系统的要求较高，且探测器巡检周期大，使系统的可靠性大大降低。

（2）分布式智能系统　该系统保留了智能探测的优点，使用的探测器实现了智能化，且主机将对探测器信号的处理、判断功能返回到每个探测器中，避免了主机处理大量现场信号的负担，而使其处于管理功能的层次上，大大提高了系统的稳定性。

7.1.3　火灾报警控制器

1. 火灾报警控制器的分类及其工作原理

火灾报警控制器一般分为区域报警控制器、集中报警控制器、通用型报警控制器；可根据其结构分为壁挂式、台式和柜式报警控制器；根据使用环境分为船用式和陆用式报警控制器；也可根据其技术性能分为普通型和智能型报警控制器。

火灾报警控制器一般由输入、输出回路，报警单元，主控单元，电源单元，通信单元等组成。在较小区域场所中一般采用区域报警控制器进行传输信号，当发生火灾时，输入回路接收到由探测器传输的火灾报警信号或系统故障信号时，将其传输给报警单元，并触发火灾报警控制器，发出火灾报警信号，同时在显示装置上显示火灾地点，进而通过输出回路控制其相关的消防联动系统。如果在较大的区域场所内，一系列报警联动系统并不能由区域报警控制器独自完成，需将报警信号传输至集中报警控制器，进而传输给消防联动控制器发出联动消防设备信号。

2. 火灾报警控制器的功能

（1）火灾报警功能　火灾报警控制器能直接或间接地接收火灾探测器、手动报警按钮或其他触发装置发出的信号，发出声光报警信号，并指示出火灾发生位置，且连续记录火灾报警时间，可手动复位，当再次有信号输入时，可再次报警。

（2）故障报警功能　当报警控制器与火灾探测器、手动报警按钮、火灾显示盘、打印机及其他完成火灾信号传输的部件之间的连接线路出现短路、断路及接地故障时；或出现其他故障妨碍火灾报警控制器工作时；或报警控制器与消防联动设备之间连接线出现短路、断路及接地故障时，均可在100s之内发出与火灾报警信号不同的声光报警信号，且可手动消除。

（3）本机自检功能　火灾报警控制器能够检查本机的火灾报警功能及面板上所有的指示灯和显示器显示功能，在开启自检功能时，不影响且能响应其他非自检区域的火灾报警。

（4）火警优先功能　火灾报警控制器对于火灾、设备连线故障等的报警具有先后顺序，即火警优先于故障报警。

（5）信息显示记忆及查询功能　火灾报警控制器可显示、记录、查询火灾报警、故障报警等信息。

（6）主备电源切换功能　火灾报警控制器可为显示盘、探测器等附属设备提供电源，且当主电源故障时可自动切换到备用电源供电，当主电源恢复使用功能时，自动切换到主备电源供电，主备电源切换时应不会出现报警信号，且主电源的容量应满足正常工作情况下供电4h。

7.1.4　消防联动控制系统

1. 消防联动控制系统的组成

确认火灾后，消防联动控制器接收到火灾报警控制器发出火灾信号，进而联动消防控制设备，其具体联动的系统如下：

1）自动喷水灭火系统。

2）室内消火栓系统。

3）气体、泡沫灭火系统。

4）防排烟系统。

5）常开防火门、防火卷帘系统。

6）空调通风系统。

7）电梯归首操作。

8）火灾应急照明和疏散指示系统。

9）火灾警报装置和消防广播电话通信系统。

2. 消防联动控制系统的控制方式

（1）根据建筑系统管理方式分类

1）集中控制方式。对于类型较单一的建筑系统，宜采用集中控制方式，即均在消防控制室集中控制和显示。

2）分散与集中相结合控制方式。对于建筑面积较大、较分散的建筑系统，因控制对象较多且分布较分散，为了简化系统布置，方便系统控制操作，宜采用分散与集中相结合的控制方式，将消防水泵、风机等需要集中控制的设备由消防控制室统一控制显示，对其他不需要集中控制，且分布较分散、数量较多的设备采用消防分控室进行就近控制显示。

（2）根据消防联动控制系统设备的启动方式分类

1）自动控制方式。自动控制方式为发生火灾时，火灾探测器探测到火灾参数并将信号传输给火灾自动报警控制器，其按照预定的程序将信息传输给消防联动控制器，联动消防设备动作。

2）手动控制方式。当火灾自动报警控制器将信号传输给消防联动控制器，其未能联动消防设备动作时，由消防值班管理人员手动操作消防联动控制器的手动控制盘，控制消防设备的启停。该控制方式需消防控制室24h全天有人值班，且值班人员必须熟悉消防联动设备的操作。

7.1.5 火灾自动报警系统信息传输模式

火灾自动报警系统中的信息传输一般为火灾信息在报警和消防联动之间的传输及指挥人员疏散救援的信息传输。该信息传输模式可按火灾探测器、火灾自动报警控制器、消防联动控制器之间的连接方式分为多线制、二总线制和四总线制三种，其中二总线制和四总线制又统称为总线制；也可按照系统的智能化程度分为集中智能传输和分布智能传输两种结构模式。

1. 多线制结构模式

多线制结构模式可表示为 $an + b$（其中 n 为火灾探测器个数或其地址编码数，a，b 为系数，通常分别取 1，2 和 1，2，4）。该结构模式具体表现为一个或一组探测器构成一条回路，通常为开关量形式。火灾报警控制器向与其连接的现场部件提供电源和传输信号，火灾探测器探测到火灾信号后输出开关量信息。目前广泛使用的二总线结构通常可将 200 多个探测器并接在二总线回路上，报警总线在提供电源电流时，可同时区分每个探测器的编号和输出信息，也可利用控制器屏蔽有故障的探测器。

2. 总线制结构模式

总线制结构模式用 $an + b$ 表示时，$a = 0$，$b = 2$，3，4，…，n 为火灾探测器个数或其地址编码数。该模式采用编码选址技术，可使控制器准确显示所报警的地址，且用线量大大减少，但对回路要求较高，一旦回路中出现短路，整个回路都会失效，且存在损坏探测器和控制器的可能，因此在回路中需要添加短路隔离器。

（1）四总线制结构模式　四总线制采用4条线构成总线回路，探测器与之并联，每个探测器都有其独自的编码地址，报警控制器与探测器串联。4条线分别为P、T、S、G，其中P线给出探测器的电源、编码和地址信号，T线给出自检信号以判断探测器部位和传输线是否故障，控制器从S线上获得探测部位的信息，G线为公共地线。P、T、S、G均为并联方式连接，S线上信号对探测部位而言是分时的。其结构模式图如图7-5所示。

（2）二总线制结构模式　二总线制结构模式原理与四总线制结构模式基本相同，但二总线制用线量相比四总线制少。二总线制中G线为公共地线，P线则完成供电、选址、自检、获取信息等功能。其结构模式有树形、环形和链式三种，其中树形结构中某处发生断线，可报出断线故障点，且断点之后的探测器无法使用，该结构应用最为广泛。二总线树形结构模式图如图7-6所示。

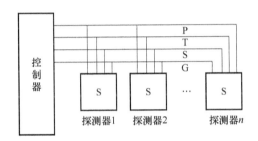

图7-5　四总线制结构模式图

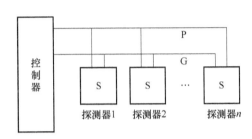

图7-6　二总线树形结构模式图

7.2 | 火灾探测技术

7.2.1 火灾探测器的分类

火灾探测器是自动报警系统的传感部分，其会根据火灾发生时产生的一些物理和化学现象做出响应，并将其转换为电信号传输到火灾报警控制器使之做出一系列动作，是自动报警系统作用的第一步。火灾探测器可根据火灾发生时产生的不同现象对其做出准确的探测感应而分为感烟式探测器、感温式探测器、火焰探测器、气体探测器和复合探测器等；也可根据结构的不同分为点型探测器和线型探测器，其中点型探测器响应某一点周围的火灾参数，而线型探测器是响应某一连续线路周围的火灾参数。在火灾探测器中，点型探测器最为常用。探测器分类见表7-1。

表7-1　探测器分类表

感知参量	类型	名　称
感烟探测器	点型	离子感烟探测器、光电感烟探测器
	线型	吸气式感烟探测器、线型光束感烟探测器
	图像型感烟探测器	

（续）

感知参量	类型		名　称
感温探测器	点型	定温	易熔合金定温探测器、热敏电阻定温探测器、双金属水银接点定温探测器、半导体定温探测器、金属膜片定温探测器、热电偶定温探测器、玻璃球膨胀定温探测器
		差温	热敏电阻差温探测器、双金属差温探测器、半导体差温探测器、金属模盒差温探测器
		差定温	金属模盒差定温探测器、热敏电阻差定温探测器、半导体差定温探测器、双金属差定温探测器、热电偶线性差定温探测器
	线型	定温	缆式线型探测器、光纤光栅定温探测器、半导体线型定温探测器、分布式光纤线型定温探测器
		差温	空气管式线型差温探测器、热电偶线型差温探测器
		差定温	模盒式差定温探测器、半导体差定温探测器、双金属差定温探测器、热敏电阻差定温探测器
火焰探测器	点型		紫外火焰探测器、红外火焰探测器、图像型火焰探测器、紫外红外复合火焰探测器
气体探测器	点型		光电式气体探测器、半导体气体探测器、接触燃烧式气体探测器、红外气体探测器、固定电介质式气体探测器
复合探测器			任意火灾参数组合的探测器

7.2.2　智能火灾探测器的分类及特点

智能火灾探测器是将发生火灾时产生的不同现象作为参量并生成数据以模拟值的形式传输给火灾报警控制器，火灾报警控制器再根据内置的智能数据库内有关的火灾数据资料进行多方向的对比分析，判断是否有火灾发生，从而决定是否报警。因此，智能探测器可大大降低误报率。另外，智能火灾探测器具有结构简单，纠错能力强，配线简单等优点。

目前智能火灾探测器有复合探测器、空气采样感烟探测器、早期可视烟雾探测器、可寻址探测器等。

1. 复合探测器

目前复合探测器中误报率较低的为烟温复合探测器，其在烟雾探测上采用光电感烟，避免使用放射源，消除了对环境的污染；在感温方面，烟温复合探测器采用响应速度快稳定性强的温敏二极管作为传感元件，大大提高了火灾报警准确率。此外，日本已研究出有光电感烟、热敏电阻感温和高分子固体电解质电化电池—氧化碳气体三合一的复合探测器，可综合三种火灾参数的持续时间判断是否发生火灾，进一步降低了火灾的误报率。

2. 空气采样感烟探测器

空气采样感烟探测器利用的是独特的激光技术，通过主动采取空气式样，快速识别火灾发生时热分解所释放的烟雾粒子，与事先采取的空气式样做对比，快速判断是否起火。其可在火灾初始阶段还没有形成肉眼可见的烟雾时，就提供报警信号，为火灾扑救和人员疏散救援提供时间。

3. 早期可视烟雾探测器

早期可视烟雾探测器弥补了高大空间气流等影响探测器探测火灾参数的缺陷，可利用计算机内的摄像机进行图像显示，可在 100m 内迅速探测火情，并可直接探测到火源，检测所有种类烟雾，它拥有先进的烟雾运动模式分析算法及可视化警报验证，多台摄像机处理，避免火灾信息延误的特点，且又是户外烟雾探测的唯一解决方案。

4. 可寻址探测器

可寻址探测器内安装 A/D 转换功能的微处理器芯片或单片集成电路，通过在探测器内部固化运算程序，使探测器本身具有地址编码。其具有较强的分析判断能力，可以自动采集现场环境参数并进行自我诊断，可以准确判断出被监视区域的火警和自身故障信息，并通过总线将信息传输给火灾报警控制器。可寻址探测器又可分为可寻址开关量探测器和可寻址模拟量探测器。

7.2.3 智能火灾探测器的工作原理

1. 复合探测器

烟温复合探测器中有黑色"迷宫"，进入"迷宫"所包围的烟雾敏感空间的烟雾粒子在红外发射管所发出的红外脉冲光束的照射下，产生光散射且被红外光敏二极管接收并转换为电信号。烟温复合探测器与一般的光电感烟探测器相同，但在"迷宫"和外壳间有两只温敏二极管，在发生火灾时，二极管检测到燃烧产生的热量时将其转换为电信号，放大后送入微处理器，微处理器根据以上参数进行分析计算，并通过二总线传输给控制器，由控制器发出警报。

2. 空气采样感烟探测器

空气采样感烟探测器内部有激光束射向空气样品气流通过的光学探测腔，其内部光电探测器用于监测光的散射。散射到探测器的光会随空气样品中内部烟气浓度的增加而增加，探测器对光信号进行处理计算其减光率，当所有的空气进入探测器内部时，处理器会对所有的烟气浓度值进行总计算，达到设定的报警阈值后产生报警信号，并传给火灾报警控制器。

3. 早期可视烟雾探测器

可视型烟雾探测器多数利用摄影机作为图像传感器，由图像采集卡捕捉感光面上的火灾光学图像，并通过光电转换将图像转换为相应的时序电信号，把电信号传送到信息处理主机，信息处理主机再结合各种火灾判据对电信号进行图像处理、判断，最后得出是否有火灾发生的结论。

4. 可寻址探测器

可寻址探测器分为可寻址开关量探测器和可寻址模拟量探测器两种。可寻址开关量探测器监测环境中烟气浓度、温度等参数，当达到所设定的阈值时发出开关量火警信号，并通过编码底座转换成数字信号并上传给火灾报警控制器。可寻址模拟量探测器监测环境中烟气浓度、温度等参数，当达到所设定的阈值时发出模拟量电信号，并通过编码底座转换成数字信号，经通信总线上传给火灾报警控制器。

7.2.4 智能火灾探测技术的应用

目前，智能建筑越来越多，超大、超高型建筑逐渐取代传统建筑，所以传统的火灾探测技术已经远远无法满足建筑内早期、快速识别火灾的要求。此外一些重要场所，如金融中心，档案信息中心，核电站等，一旦发生火灾将会给国家和社会带来巨大的经济损失和影响，而这些建筑场所的功能特殊性使得对火灾的探测技术要求非常严苛。因此，需要使新的火灾传感技术和复杂的信号处理技术构成的火灾探测技术不断向智能化的方向发展。

1. 高敏度空气采样报警系统（GST-HSSD）

高敏度空气采样报警系统（GST-HSSD）可以提前一个多小时发出三级火警信号，是一种超早期火灾报警系统，其可在可燃物微量燃烧初期或电气电路过热时识别其产生的极少量烟气分子进而发出预警信号，能够在火势形成前快速报警，避免损失。目前，该系统已在各种重要场所（如计算机中心、电信中心、档案信息中心、电子设备和艺术珍品储存处等）得到广泛应用，成为火灾报警系统中不可或缺的部分。

2. 早期可视烟雾探测报警系统

早期可视烟雾探测报警系统可通过闭路电子摄像机提供图像分析，自动识别烟雾模型的不同特性，构建多种烟雾信号模型，通过对比分析可快速探测烟源位置，且不受距离的影响准确探测烟雾。因此，在高大空间、气流流速较高空间、室外广场、露天电站、铁路站台及森林等场所可使用早期可视烟雾探测报警系统进行火灾探测报警。

3. 吸气式极早期火灾智能预警系统

吸气式极早期火灾智能预警系统内所采用的吸气式极早期探测器具有灵敏度高、环境适应性强、安装灵活简单，且可隐藏其内部采样管道等特点，被广泛应用于我国古建筑的火灾探测系统中。其不但可以克服古建筑内高大空间火灾探测延迟的缺陷，还可以跟随不同的建筑采用灵活的系统布置，与建筑结构形式相协调。该系统采用的智能火灾报警控制器具有高清的大屏幕显示器，可显示各类图形，且将报警、联动一体化。报警器内部采用总线设计，既可采用共线式布线，也可采用分线式布线与联动系统结合在一起。同时，探测器与控制器采用无极性信号二总线技术，利用数字化总线通信，方便设置探测器参数，二总线布置使布线方便简洁。该智能火灾探测报警技术在古建筑中可满足报警需求，同时对古建筑外观影响较小，进而得到广泛应用。

7.3 消防远程监控系统

消防远程监控系统在基于监测传统火灾自动报警系统的运行状态及故障、报警信号的基础上，利用图像模式识别技术可以对火光及燃烧烟雾进行图像分析报警，监测室内消火栓和自动喷淋系统水压、高位消防水箱和消防水池水位、消防供水管道阀门启闭状态、防火门开关状态，还可以利用视频监控系统监控安全出口和疏散通道等。它将消防监控系统智能化，利用网络动态监控、立体呈现联网单位消防安全状态，并将信息实时传输给工作人员进行实时监测。它还可以将消防信息传输给城市119指挥调度中心和消防监控管理中心，随时掌握消防动态，提高消防管理水平。

7.3.1 消防监控系统结构组成

消防监控系统包括火灾报警监控和消防安全监控，其中火灾报警系统结构组成在第7.1节中已经进行说明，该小节主要介绍消防安全监控系统，本节中的消防安全主要是指对一些消防设备准工作状态下的监控，针对消防远程监控模式、消防安全远程监控系统组成两个方面。

1. 消防远程监控系统模式

目前远程监控系统主要有两种监控模式：一种是现场没有监控系统，只是由远程的计算机通过网络接收并处理底层采集的数据，用户通过访问远程的计算机查看现场，这种模式和现场监控是一样的，只是数据传输的距离较远；另一种是同时具有现场监控与远程监控的模式，这种模式一般是采用各种有线或者无线的方式将部署在现场的各个信息采集设备连接起来，然后将数据传送到现场的监控系统中，用户通过网络对现场数据进行访问和设备实时控制。其模型图如图 7-7 所示。

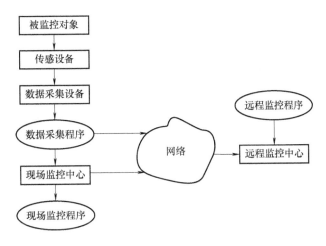

图 7-7　消防远程监控系统模型图

2. 消防安全远程监控系统组成

消防安全远程监控系统主要包括系统监测前端、传输网络、后台管理服务器、用户监管应用平台四个部分。其中，监测前端由消防通道监测终端与消防水压监测终端组成，分别对消防通道车辆停放情况及楼宇消防管道水压进行实时监测。消防通道监测系统采用 3G、WiFi 或者常规以太网进行数据的传输，而消防水压系统采用 2G 网络进行数据的传输。系统采用统一的后台服务器进行数据的存储及管理。用户监管应用平台采用网页管理方式，用户可通过移动终端、普通 PC 登录平台进行监管操作。

同时，消防远程监控系统结合当代先进的网络技术、信息通信技术及计算机控制技术和多媒体显示技术，可完成对所有联网单位的火灾报警信息显示、电子地图操作、数据查询检索、远程音视频传送、应急预案管理及短信息定制和发生等工作，并结合辅助多媒体设备的使用，实现对联网单位的远程监控工作。在整个消防远程监控系统中，监控指挥中心是其核心，且监控指挥中心可实时接收由联网监控装置发送的多种数据、图像等信息，并由值班人员进行处理，有助于快速有效地做出决策。

7.3.2　消防监控系统的功能特点

消防监控系统可通过电话网络等途径接收各个联网单位提供的信息，并对其进行实时监控，它是各个消防设备场所、消防指挥中心及值班人员之间有效处理信息的桥梁，且能够利用火灾报警系统实现其报警自动化，它的主要功能和特点如下：

1. 消防远程监控系统的功能

（1）火灾报警信息接收传输　终端采用协议转换方式，报警控制器接收报警信息时，通过串口或并口向协议转换器发送信息，协议转换器将此信息转换为标准协议，传输到用户信息传输装置，并通过其向监控中心同步传输火灾报警信息。协议转换方式可以使系统接收来自联网单位火灾报警信息，并在10s内将信息传输至监控中心；对于系统未检测到报警信息的，当手动按下在用户信息传输装置上的报警按钮时，信息可自动传输至监控中心，并能显示和发出信息提示信号。

（2）监控消防设施运行状态　消防远程测控终端具有开关量模拟量采集功能，安装在相关设备上的压力、液位、温湿度传感器将采集到的信息转换为4~20mA信号，继电器把电源、手动或自动报警装置的信息和启停状态信息转换为开关量信息，并通过远程测控终端经过RS485总线上传至用户信息传输装置，然后传输至系统平台，从而可显示消防水池和高位消防水箱的水位；喷淋和消火栓等灭火水系统管网最不利点水压等进行监控，当水池和水箱水位低于设定值，以及灭火水系统管网最不利点水压低于0.2MPa时，控制室信息传输装置或消防远程监控平台就会发出声、光报警，显示屏和打印机能显示和打印相关信息。消防设施监控图如图7-8所示。

图7-8　消防设施监控图

（3）消防控制室值班巡检查岗　通过用户信息传输装置上安装串口摄像机及身份证阅读器，系统平台下达查岗指令，用户信息传输装置以提示音的方式提醒查岗，持证值班者用身份证在阅读器上扫描，传输装置自动启动摄像机拍照，扫描过的身份证和照片信息经传输装置处理后上传至远程监控平台。当消防控制室值班员上岗时刷身份证，即可判别其是否持有控制室操作证上岗；通过语音系统呼叫点名，可检查值班员是否在岗在位，对其起到警示作用，并能自动或远程拍照保存原始资料。

（4）图形显示传输　将联网单位建筑物和消防设施模块点位信息制作CRT显示底图，系统平台应用软件自动处理，火灾时CRT自动显示相关楼层的平面图。发生火灾时，消防控制室图形显示装置与控制器信息同步，显示装置能接收控制器发出的火灾报警信号和联动信号，在3s内进入火灾报警和联动状态，可显示建筑平面图和相关设施设备的消防联动信息。同时，能接收监控中心的查询指令并能按规定的通信协议格式将控制室管理信息和消防设施状态信息传送至监控中心。

（5）智能信息传递查阅　采用物联网和二维码技术，利用在传感器和继电器以及重要消防设施设备上标识的消防二维码，将运行状态信息和手机扫描信息即时真实地传至系统平台，应用软件对信息自动处理，如图7-9所示。

系统可对各类信息自动分类统计汇总，通过手机等通信方式自动向消防责任人、消防主

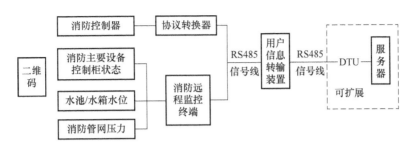

图 7-9　消防设施来源信息图

管等相关人员发出提示信息。"三方"单位有关人员在不同权限内查看联网单位名称，可知晓该单位的消防设施现状，还可使用智能手机实时查看运行状态信息，"三方"单位可以有目标、有针对性地检查与维护消防设施。

2. 消防远程监控系统的特点

（1）提高消防监控管理的工作效率　能够使监控人员在第一时间获取监控区域内的各项数据指标，并通过摄像头对图像信息进行即时采集，尤其是对区域内的消防设施的运行故障能够及时掌握，并在第一时间对设备故障进行排查，及时消灭火灾隐患。

（2）拥有先进的技术　系统软件采用互联网开放式大数据接口，可扩展标准协议，不断升级，还融入了云服务技术，减少系统升级带来的短时暂停，系统账号与第三方平台交互应用，可使账号管理与 QQ、微信同步，无须单独记录，用户信息传输装置配备大容量 SD 卡数据存储，即使在断网情况下也能采集信息，网络正常后恢复传输功能，保证数据的完整性。

（3）使用价值高　系统利用物联网技术实时监测火灾报警和建筑消防设施运行状态信息，设备管理采用消防二维码事先标记的方式，通过手机扫描能客观真实地记录检查信息，应用软件对设施运行状态信息进行智能管理，方便"三方"单位在不同权限内查询、分析、统计、汇总。系统还采用集散管理的方式，灵活应用于不同需求单位，用户信息传输装置可与报警控制器联用，也可独立使用，保证了系统在任何情况下关键数据传输的完整性。

7.3.3　物联网技术在消防监控系统中的应用

物联网（The Internet of Things）是新型传感信息交汇网络的全称。物联网的出现最早见于 20 世纪末，通过对传感信息交互系统的智能化改造，以机械传感器作为信息交互系统的信息采集器，如红外射频扫描仪、温度感应器、声波感应器等，通过系统中自带的参数设定，将多组设备通过局域网连接起来，并且实现局域网内部的有效信息交互，从而对信息进行分类和筛选，这也是物联网通过不同物质之间的关联建立一种特定的联系形式。

现阶段，物联网是指应用射频识别（RFID）技术、有线或者无线网络技术、各种传感器等信息传感设备，按照约定的协议，将物品的信息与互联网连接，然后通过对物品信息的处理、加工与存储，最终实现对物品的识别，通过网络随时随地感知物品信息，并且可以实现对物的管理。物联网的中心是互联网，它是对互联网进行延伸和扩展的网络。物联网有以下几个特点：

1）物联网的终端不再仅仅是计算机、手机等各种数字通信设备，它的终端可以是各种能够被识别的物体，如被检测环境状态的隧道、被检测身体状况的人等。所以物联网上连接了大量各种类型的传感器来识别这些物体和人的各种状态信息，传感器类型不一样，获得的信息内容、格式和类型也不一样，有的是模拟信号，有的是数字信号；有的是温度信息，有的是压力数据。系统可以根据需求对传感器采集的这些实时信息进行处理，转化为系统需要的信息。

2）物联网是一种建立在互联网上的泛在网络，它的基础和核心仍然是互联网。物联网通过各种有线或无线的方式将可以识别信息的物连接成一个巨大的网络，将物的信息上传到互联网上，最终实现人与物、物与物的通信。由于物联网采集的信息是以一定的频率上传到互联网上的，信息量非常大，在数据传输的过程中，为了保证数据的完整性、可靠性、安全性和实时性，物联网必须能够适应各种网络协议。

3）物联网除了实现了物的连接，能够识别物的信息外，还具有处理这些信息并对物体进行控制的能力。物联网利用分布式计算、模式转换等技术对物联网中的海量原始信息进行分析、加工和处理，这不但减少了数据传输量，减轻了网络传输的压力，还减轻了服务器的负担，受到越来越多用户的青睐，它的应用领域和使用模式也越来越多。

物联网涉及的领域很广，其中包括射频识别技术、传感器和无线传感网络技术、数据传输技术等。

1. 射频识别技术

射频识别技术是一种自动识别物体的电子标签技术，它利用射频信号和空间电磁耦合实现无接触信息传递，然后通过这些信息来识别物体。从某种意义上来说，射频识别技术也可以称为短距离传输技术，主要由电子标签、读写器和天线组成。电子标签芯片具有存储数据的功能，主要存储待识别物品的标识信息，这个标识信息是唯一的；读写器具有读出和写入的功能，读出功能是指将电子标签内存储的信息读出来，写入功能是指将具有固定格式的待识别物品的标识信息写入电子标签芯片中；天线被内置于电子标签和读写器中，具有发射和接收射频信号的功能。

射频识别技术的工作原理为：标签进入磁场后，如果接收到阅读器发出的特殊射频信号，就能凭借感应电流所获得的能量发送出存储在芯片中的产品信息，火灾主动发送某一频率的信号，阅读器读取信息并解码后，送至中央信息系统进行数据处理。

2. 传感器和无线传感网络技术

传感器可以随时感知周围的信息，如温度、压力、湿度等，然后将这些信息转换为系统需要的数据类型。智能传感器除了具有一般传感器的功能外，还具有对信息进行预处理、自校验、存储数据和对信息进行判断和决策等功能，因此智能传感器采集的数据精度高、可靠性高、稳定性强。

无线传感网络是由大量的传感器节点，通过无线通信方式形成的一个多条自组织网络系统，目的是协作感知、采集和在网络覆盖区域中感知对象的信息系。其能够实现数据的采集量化、处理融合和传输应用，是物联网的另一种数据采集技术，其标准是 Zigbee，是由 Zigbee Alliance 制定的无线网络协议，是一种近距离、低功耗、低数据速率、低复杂度、低成本的双向无线接入技术，适用于自动控制和远程监控领域。

3. 数据传输技术

物联网的数据传输主要包括有线通信和无线通信两种。有线通信又分中、长距离的广域网络和短距离的现场总线。现场总线为生产现场上，用于连接单个分散的测量设备以及远程计算机，按照公开、规范的通信协议，实现双向数字通信的底层控制网络。现场总线技术使得设备具有了数字通信的能力，为上层应用提供了最基本也是最重要的数据通道，为远程监控提供了可能性。

无线传输是利用电磁波信号在空间传播的原理进行信息接收和发送的一种传输。目前，主要的无线传输技术有红外线、蓝牙、GPRS、WiFi 技术、Zigbee 技术、3G、4G 和 5G。

7.3.4　消防物联网应用模式

随着我国物联网技术的快速发展，利用物联网技术拓展消防远程监控系统应用的深度、广度，解决拓展数据采集方式，增加采集数据的可靠性，减少系统误报、漏报，提高智能化程度，降低对系统操作人员的要求将成为可能。因物联网具有感知信息、传输信息以及控制设备的功能，物联网又可分为三种应用模式，分别为：感知层，即应用各种信息采集设备感知物的信息；网络层，即通过各种有线、无线网络实现对数据的传输；应用层，即通过应用信息管理系统软件实现对底层数据的监测和分析，还可以通过远程控制现场设备实现系统的智能化和自动化。

1. 感知层

总体上物联网基于传统网络，从原有网络终端向底层延伸和扩展，扩大了通信的对象范围，即不再局限于计算机、手机等网络通信设备之间的通信，而且还扩展到现实世界中各种物体之间的通信。物联网感知层主要解决的问题就是提取人类世界和物理世界中所需的物的信息，包括各类型的数据和信息，如温度、压力、光强等。感知层位于物联网的最下层，这一层主要功能是负责对物的识别以及对物的信息的采集，这些信息将是物联网应用的数据来源。作为物联网的最基本一层，感知层具有十分重要的作用。

消防物联网的感知层就是利用已经安装在建筑物中的消火栓系统管网、火灾自动报警系统探测器、自动喷水灭火系统水流指示器、防烟排烟系统、应急广播、各种手动或自动警报装置和按钮、消防水池和高位水箱水位显示装置、防火门监控器实现全方位全动态智能的前端感知。

1）利用物联网的射频识别技术，在消火栓系统管网、自动喷水灭火系统水流指示器、消防水池和高位水箱水位显示装置等设备上安装 RFID 标签，利用短距离无线网络等技术向消防控制室实时传送消防设施运行状况；火灾自动报警系统探测器、防烟排烟系统、应急广播、各种手动或自动警报装置和按钮，防火门监控器可利用现有的技术以有线或无线的方式向消防控制室实时传送消防设施运行状况。

2）实现消防水源的智能管理，消防水源是消防重要的基础设施之一，消防水源包括市政消火栓、天然湖泊、人工水源、消防水池等。在市政消火栓和其他水源安装 RFID 标签，标签内储存有消防水源的压力、流量、水源源头等一系列信息，通过水流触发传感器，定期将传感器信息发送至各地级消防指挥中心，各级消防机构可以通过手机、计算机终端等设备实时查询，实现消防水源实时全动态智能联网监控。

2. 网络层

物联网网络层是建立在现有网络的基础上的，它与 3G、Internet、局域网、广域网等网络一样，主要用来传输数据。网络层负责将各种信息采集设备采集到的数据进行安全、可靠、实时地传送，尤其是远距离传输，它面临的挑战和压力将是非常大的。由于现有的网络未考虑与物的连接，以及对物的信息的传输，因此就需要在原来网络的基础上进行扩展，采用物联网技术实现与物的连接，并且可以高效地传输物的信息。

消防物联网的网络层就是通过安装在各类消防设施的传感器以有线或无线的方式，把各类消防设施读取到的信息通过通信网络传递到应用层，并将应用层的消防指令传回感知层。网络层作为纽带连接着感知层和应用层，它由各种私有网络、互联网、有线和无线通信网等组成。按照目前的网络技术，完全可以满足消防物联网对网络层的技术需求。

3. 应用层

物联网发展的主要目标是通过对感知层采集的数据的分析与研究，更好地了解被监测对象。应用层通过开发各种信息管理系统，以底层上传的数据为基础，对这些数据进行相应的分析和处理，然后通过专家知识库系统对现场的设备进行远程调控和管理，最终实现系统的智能化和自动化。应用层主要负责对数据的处理和用户界面的设计。应用层通过数据挖掘等方式对数据进行处理，然后应用各种终端与用户进行交互，终端可以是 PC 机、手机等。这一层可以再分为系统应用层和终端设备层两层。系统应用层是通过开发应用软件实现对感知层采集的数据的查询，这些数据以各种可视化的形式展现给用户，让用户看到的信息更直观、形象；终端设备层是指用户通过各种终端实现对数据进行操作。

消防物联网的应用层通过云计算平台助力消防物联网海量数据的存储和分析，从而进行信息处理。主要目的是对消防报警主机的系统进行可视化、数字化设计，便于各建筑使用单位、消防监督管理人员根据分配的权限，对建筑火灾自动报警系统等消防设施运行进行实时查看，及时发现隐患；一旦发生火警，火灾自动报警系统能够立即向 119 指挥中心报警，并自动通过地理信息系统获得到达火场的最佳路径。

7.4 消防指挥调度

消防调度指挥系统通常是将计算机技术可视化软件开发工具 NET 和组件式网络通信控件与消防调度指挥管理业务流程紧密结合，采用组件式软件集成开发技术，将消防调度指挥信息数据的采集、定位、管理、更新、分析与出警等功能融为一体，而建立的一种适应于多变情况下消防调度指挥的网络通信平台。利用消防指挥调度系统可在火灾发生时迅速制定人员疏散救援最佳路线和灭火方案，并对消防设备物资进行动态管理，加快消防队搜寻消防资源的速度，满足日常消防水源检查工作需求，从而提高灭火和应急救援的水平。

7.4.1 基于 GIS 技术的消防指挥调度系统

GIS 又称为地理信息系统，它将 GIS 控件与消防调度指挥系统进行合理化结合，运用组件式软件集成开发技术，集数据采集、定位跟踪、调度指挥等多种功能于一体，不仅是有效的可视化手段，还是有效的辅助决策支持工具，能让指挥员对火警地点的单位情况、周边环境、水源情况和消防车路线了如指掌，并为计算编队顺序、指挥调度提供决策依据。它的功能模块和主要功能的实现过程如下：

1. 功能模块

（1）地图图库管理模块　地图图库管理模块可以对点、线、面三种空间数据和相应的图形属性进行一定的功能编辑，同时还具有集成矢量化、图形输出、消防标志标绘等多种功能。为了最大限度地确保系统在实际应用中的高效性，地图图库管理模块功能的应用还可以将专用队标、队号、代字、象形符号等图形化的语言在地图上直观形象地显现出来，通过地点查询和重点单位查询可以在地图上快速定位目标位置及显示目标基本信息。打开地图中相关图层可以清楚地显示区域内河流、消火栓分布情况，达到对水源信息的快速查询，便于消防人员进行灭火部署、开展救援。

（2）火警接入功能　普通居民或自动火灾报警装置感知有火情，通过有线/无线方式将火情报告给消防指挥调度中心，接警员与之交流，获取火警的地点、真假、火警类型、火警单位情况，接警员与火警报告者交互的这一过程，称为接警过程。接警过程最重要的目标是火警识别，即确定火警真假（是否是火灾）、火警发生位置和火情。

（3）数据输入编辑模块　一般情况下，数据输入编辑模块具有两种输入方式，即手动追加和自动定位。一方面，系统用户可以根据实际情况需要手动选择需要追加的事故位置，另一方面，用户也可以直接接受系统地图图层自动定位的事故位置，并对相关的信息数据进行编辑。

（4）调度指挥管理模块　调度指挥管理模块具有多种访问端口，任何一个端口都可以与相应的子系统进行网络通信。另外，调度指挥管理模块还具有提供灾害事故指挥控制数据方案的功能，通过利用 GPS 定位技术网络分析功能，可以对出警消防车辆的实时位置进行跟踪监测，掌握车辆的到场情况，自动计算到达灾害事故现场的最优路径，为消防资源配置及车辆调度提供数据基础。

（5）指挥通信管理模块　从系统整体功能上划分，指挥通信管理模块的主要作用就是对各个系统间的网络通信进行有效的管理，对各个端口的通信状态进行监测。该模块采用 TCP/IP 通信协议保证整个系统的通信安全，在消防调度指挥通信中具有十分重要的作用。

2. 主要功能模块的实现

（1）地图显示功能的实现　地图的绘制使用 ArcGIS Desktop 系列软件，首先在 Arc Catalog 软件中创建空间数据库，在数据库中新建地图图层，之后使用 Arc Map 软件进行地图的绘制等工作，地图绘制完成之后，再使用 Arc Catalog 软件发布到 GIS 主机服务器上。在 Visual Studio 中选择 ArcGIS Web Controls 控件组中的 Map Resource Manager 控件和 Map 控件，将 Map 控件中的地图源设置为 Map Resource Manager，即可实现地图显示功能；插入地图查询控件 Task Manager，并更改其相关属性，即可实现地理信息查询功能。

（2）网络数据通信的实现　消防调度指挥地理信息系统的网络数据通信功能主要包含两个部分：一是与火警受理指挥系统之间的网络数据通信；二是与 GPS 测量定位系统之间的网络数据通信。前者采用 Winsock 控件的 TCP 协议，极大地提高了火警受理指挥信息的稳定性和可靠性，同时还可将信息数据直观形象地显示在消防指挥中心的终端屏幕上，后者采用 Winsock 控件的 UDP 协议，可以将消防车辆的动态信息实时呈现。采用 TCP 协议网络通信的运行过程如下：首先，在对灾害事故进行消防调度的过程中，火警受理系统和消防调度系统同时开放了 5170 号端口，以供网络通信使用。其次，当火警受理系统将火警信息传输至消防调度指挥地理信息系统时，火警信息会以"X/Y/Z/E"四字段的信息格式呈现，其中 X 代表报警电话，Y 代表电话的户主，Z 代表装机的地理位置，E 代表结束标志。最后，GIS 系统接收到数据信息后会直接在地图窗口的定位信息数据中直观显示地理位置，并将其传输给火警受理系统，火警受理系统会根据附近的数据进行相关消防资源的配置。为保障消防调度方案制定的准确性，在整个消防调度过程中，两个系统之间的网络通信不会中断，两者之间处于网络通信实时状态。

7.4.2 人员疏散救援最佳路线监测指挥

基于 GIS 的消防指挥调度系统可根据灾害事故和责任中队的地理位置，结合道路网络数据，利用 GIS 的网络分析功能，自动计算到达灾害事故现场的最优路径，并能结合消防车辆 GPS 动态管理子系统，在地图上显示消防车辆的实时位置和动态轨迹，实现快速导航，为消防人员指示事故地点。

GIS 网络分析功能中最典型也是最常用的分析功能之一是最短路径分析。目前求解路径的算法有很多，比如 Dijkstra 算法、PSP 算法和 DBFS 1 算法等，其中 Dijkstra 算法是较成熟且应用较多的一种算法。对于消防灭火救援来说，到达火场的最优路径不是路线最短，而应该是所用时间最短。而影响到达火场时间的因素有很多，如道路的长度、施工情况、不同时间段的车流量等，这就决定了时间最短路径并不一定就是距离最短路径，因此有必要在经典的 Dijkstra 算法的基础上，充分考虑道路交通信息所带来的各种迟滞因素，引入综合权值，对 Dijkstra 算法进行优化。可以采用层次分析法对影响消防车辆行驶速度的各个因素（如道路等级、路段宽度、路段长度等）进行量化后综合判断，利用得出的综合权值来求得每段路径的等效路径长度，用等效路径长度构建道路网络拓扑图，再利用 Dijkstra 算法求得灭火救援最佳路径。等效路径的计算公式如下：

$$S_{x,y} = D_{x,y}\left(1 + \sum_{i=1}^{n} k_i\right)$$

式中　$S_{x,y}$——从道路节点 x 到道路节点 y 的等效路径长度；

　　　$D_{x,y}$——从 x 到 y 的实际距离；

　　　n——影响消防车辆行驶速度的因素个数；

　　　k_i——第 i 个因素的权重。

由于实际距离是影响到达现场的相对主要的因素，所以规定 $D_{x,y}$ 的权重为 1，将其他影响因素的权重取值范围定为 0~1。

7.4.3 物资管理调度

消防设备以及各种物资是对消防系统的一个重要补充，只有平时有效管理各种物资设备，才能保证火灾发生时各设备都能可靠运行，将火灾遏制在萌芽状态。具体的物资管理调度系统如下：

（1）消防车辆管理系统　消防车辆管理系统利用 RFID 标签管理所有车辆，进行动态管理。

（2）消火栓与水源管理系统　消火栓与水源管理系统监测消火栓与消防水源，利用 GPS 定位以及供水管网监测系统，管理所有可利用的消防水源。

（3）灭火器管理系统　灭火器管理系统对每个灭火器（如 CO_2 灭火器、泡沫灭火器、干粉灭火器等）可以添加检测装置，通过物联网就可以知道每个单位的灭火剂配备是否足够，是否仍然在安全使用范围。

（4）重点危险源管理系统　重点危险源管理系统主要是对石油化工等领域的重点危险源的实时监控，同时对运输危险品的车辆安装 GPS 定位系统以及自动灭火装置，并随时调用检查。

（5）消防装备的动态管理系统　消防装备的动态管理系统管理除了消防车以外其他的消防装备，如战斧、消防水带。该系统应该能够自动统计物资的信息，在每一次火灾救援后，就可以统计消防物资的具体数量，并进行补充，同时自动记录在数据库中，为以后进行消防工作提供第一手材料，方便更合理地进行资源调度。

思　考　题

1. 介绍火灾自动报警系统的组成与功能。
2. 火灾自动报警系统分为哪几种？简述其分别适用的场所。
3. 阐述火灾报警控制器的工作原理。
4. 消防联动控制系统所联动的消防系统有哪些？
5. 智能火灾探测器有哪些？其工作原理分别是什么？
6. 消防监控系统有哪些功能？
7. 物联网技术分为哪几部分？
8. 消防指挥调度系统主要包括哪几个模块？

第8章
灭火技术

教学要求

了解灭火技术的发展进程；了解灭火的基本原理和方法；掌握自动喷水灭火系统、气体灭火系统、泡沫灭火系统、干粉灭火系统及其他灭火系统的系统组成和工作原理

重点与难点

基于热着火理论和链锁反应理论的灭火分析

化工企业火灾等特殊场所的灭火方法

灭火剂种类的选用

灭火系统的组成和工作原理

8.1 灭火技术概述

人类与火灾的斗争是一个永恒的主题，认识和掌握火灾发生、发展的基本规律，探讨控制火灾的技术与方法，从而降低火灾损失、减少人员伤亡，是人类追求安全生存环境的必然要求。从古至今，灭火技术在我国的发展大致依次分为古代灭火技术、近代灭火技术和现代消防技术三个阶段。随着社会的进步，经济的发展，消防科学技术的研究领域不断得到扩展，研究成果层出不穷，但也存在着诸多尚未解决的难题，尤其是面临纷繁复杂的火灾形势，对各类灭火技术的要求不断提高。因此，大力发展灭火技术及工程方面的研究，有效预防和控制火灾，是社会进步与科技发展的客观要求。

1. 古代灭火技术

自从有火灾以来，人类就没有停止与火灾的斗争。火灾千变万化，人类的灭火技术与装备也不断发展。最早有关灭火方法的研究，要追溯到春秋时代，当时就有人提出"撤小屋，涂大屋"的方法，明确拆屋阻截火路的灭火方法。南朝《贵速篇》中提到："焚烧烟室，则飞驰救之。若穿井而救火，则飓焚栋矣。"它提出救火要快并说明事先应有准备。宋代《宋

芸要辑稿》中记载："遗漏之始，不过一炬之微其于救火为力之易，火势既发亦不过一处，若尽力救应，亦未为难。至冲突四起，延蔓不已救于东而发于西，扑于左而兴于右，于是艰乎其为力矣。故后之无所用其力，皆在于始之不尽扑灭，不救至于燎原，此古今不易之论也。"它提出了及时扑灭初起火灾和及时控制火势蔓延的重要性，并有了较完整的灭火方法。古代中国已经掌握了一些灭火技术和灭火工具，主要的灭火工具有水桶、水囊、油囊等工具，常用的灭火剂是水。

2. 近代灭火技术

晚清至民国期间，我国建立了消防警察队，国外的一些灭火技术开始传入我国，灭火战术增加了一些新内容。相关文献对灭火战术进行了较系统的总结和叙述，如 20 世纪初，上海、天津等地引进了消防泵、消防水枪、水带、消防车等灭火装备。1908 年，上海从英国进口了三辆消防汽车，这是在我国出现的第一批消防车，消防车修理业伴随着消防机械化而在上海最早出现并发展，为日后消防车生产奠定了基础。20 世纪 30 ~ 40 年代，随着民族企业逐渐兴起，民族企业家在天津、上海等地建立了消防装备和器材生产厂。1932 年，震旦机器铁工厂改装消防车成功，这是我国改装的第一辆消防车，由此我国的消防车制造业进入萌芽期，后由于抗日战争爆发，民族工业受到严重破坏。

3. 现代灭火技术

新中国成立后，党和政府非常重视灭火救援工作，先后成立了公安部消防局、消防教育院校、消防研究所和消防装备器材生产厂。灭火救援技术有了系统研究，并取得重大进展，从消防车的发展历程便可见一斑。1956 年 7 月，中国第一汽车制造厂正式投产，1957 年，震旦消防机械厂率先采用国产解放车底盘改装出泵浦消防车，我国国产的第一辆消防车诞生；1959 年，天津消防器材厂试制成功我国第一辆二氧化碳消防车；1963 年，震旦消防机械厂开发成功我国第一辆泡沫消防车；1965 年，武汉消防器材厂正式投产我国第一代轻便消防车；1967 年，第一代全国统一定型的解放中型水罐消防车由上海消防器材厂首先投入批量生产；1973 年，我国试制的第一辆登高平台消防车在上海诞生；1974 年，宝鸡消防器材厂试制出我国第一辆干粉消防车；1977 年，北京消防器材厂正式投产我国第一个通信指挥车；1978 年，上海消防器材厂研制的火场照明车通过技术鉴定；1983 年，上海消防器材厂率先采用国产东风底盘改装消防车，第二代中型消防车开始形成；1990 年，新乡消防机械厂改装的勘察消防车通过技术鉴定；1991 年，上海消防器材总厂研制的抢险救援消防车通过技术鉴定；1992 年，临沂消防器材总厂研制了排烟消防车。

进入 21 世纪，我国灭火技术又有了进一步发展。消防部门配备的消防车辆、药剂、个人防护装备和其他附属设施、设备全部实现国产化。在消防车辆方面，我国已经突破了百米级登高消防车的技术瓶颈，研发了大流量、远射程的泡沫（水罐）消防车、三相射流消防车；在药剂方面，研发了高效、低污染环保型泡沫灭火剂、超细干粉灭火剂；在个人防护方面，建立了从呼吸保护到皮肤保护的一整套国家标准，能生产各类消防员个人防护器具。总之，我国灭火救援技术水平已经达到国际先进水平，国产消防装备基本可以满足国内消防部门的配备需要。

8.2 | 灭火原理与方法

扑灭火灾就是中止各种燃烧过程，即在燃烧区建立能消除任何形式的燃烧过程（有焰燃烧、无焰异相燃烧、阴燃等）继续进行的条件。由于热着火理论和链锁反应理论的基本出发点不同，其灭火的基本原理分析也不同。正确认知火灾现象，了解灭火的基本原理，掌握灭火的主要方法，是有效控制火灾和提高灭火能力的基础。

8.2.1 灭火的基本原理

1. 基于热着火理论的灭火分析

任何反应体系中的可燃混合气都会进行缓慢氧化而放出热量，使体系温度升高，同时体系又会通过器壁向外散热，使体系温度下降。热着火理论认为，着火是反应放热因素与散热因素相互作用的结果。如果反应放热占优势，体系就会出现热量积累，温度升高，反应加速，发生自燃；相反，如果散热因素占优势，体系温度下降，不能自燃。利用热着火理论进行灭火分析的出发点是使已着火系统的放热速度小于散热速度，使体系的温度不断下降，最后由高温氧化逐步转化为低温氧化。在体系可燃混合物质确定后，环境温度、散热条件以及助燃物浓度对体系散热速度和放热速度都将产生影响。为了研究问题的方便，在三个变量压力 p、表面传热系数 h 和环境温度 T_∞ 固定两个后，得到 $\dot{q}\text{-}T$ 之间的二维函数关系，即散热曲线和放热曲线的平面示意图，如图 8-1 所示。

为了研究问题的方便，以下将分别讨论降低环境温度、降低可燃物或氧气浓度及改善散热条件这三种情况下的散热情况和放热情况，即固定压力 p、表面传热系数 h 和环境温度 T_∞ 三者中的两个，得到 $\dot{q}\text{-}T$ 之间的二维函数关系，即散热曲线和放热曲线的平面示意图，如图 8-1、图 8-2 和图 8-3 所示。

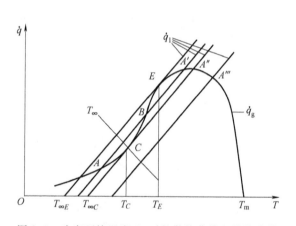

图 8-1　改变环境温度 T_∞ 时的散热曲线和放热曲线　　图 8-2　改变体系压力 p 时的放热曲线与散热曲线

（1）降低环境温度　图 8-1 为保持 p、h 不变，改变 T_∞ 的 $\dot{q}\text{-}T$ 曲线。当反应区的温度为 $T_{\infty E}$ 时，反应体系的放热曲线和散热曲线可出现交点 D 和切点 E；当反应区的温度为 $T_{\infty C}$ 时，体系的放热曲线与散热曲线可出现交点 A'' 和切点 C。

假设燃烧发生，体系的温度处在点 A'''，当 $T_{体系} > T_{A'''}$，散热曲线高于放热曲线，体系的温度降至点 A'''；$T_{体系} < T_{A'''}$ 时，放热曲线高于散热曲线，体系的温度又升至点 A'''，因此点 A''' 是一个稳定燃烧点。

继续降低环境温度（火场上常采用的冷却方法），当温度降至散热曲线与放热曲线相切

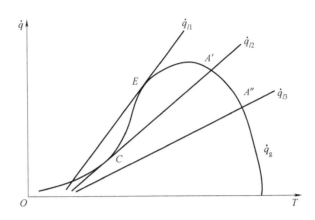

图 8-3 提高体系传热系数 h 时的放热曲线和散热曲线

时（相交状态的交点燃烧状况均同点 A'''），放热曲线和散热曲线除切点 C 外还在点 A'' 处相交。同理，当 $T_{体系} > T_{A''}$，散热曲线高于放热曲线，体系的温度降至点 A''；$T_{体系} < T_{A''}$ 时，放热曲线高于散热曲线，体系的温度又升至点 A''，因此点 A'' 也是一个稳定燃烧点。由热着火理论分析可知，T_C 为着火临界点，T_C 不可能自发达到，故不能实现反应体系自身温度下降直至灭火。

当温度降至放热曲线与散热曲线相交于点 A' 时，点 A' 也为稳定点，不能实现灭火。直至环境温度继续下降至放热曲线与散热曲线相交点 E 时，体系的放热速度等于散热速度，环境温度稍有下降扰动，反应体系的放热速度始终小于散热速度，体系温度不断下降直至灭火。因此，切点 E 标志着系统将由高水平稳定反应态向低水平的缓慢反应态过渡，即灭火，T_E 即为体系的熄火温度。

这里要注意灭火和着火都是由稳态向非稳态过渡，但它们是由不同的稳态出发的。因此，它们不是一个现象的正反两个方面，即着火和灭火不是可逆的过程。系统的灭火点为 T_E，系统灭火时所要求的初温 $T_{\infty E}$ 小于系统着火时的初温 $T_{\infty C}$。初温 T_∞ 在 $T_{\infty E} \sim T_{\infty C}$ 之间时，如果系统原来是燃烧状态，则系统不会自行灭火；如果要使已经处于燃烧态的系统灭火，其初温必须小于 $T_{\infty E}$。$T_\infty = T_{\infty C}$ 是不能使系统灭火的，也就是说灭火要在更不利的条件下实现，这种现象称之为灭火滞后现象。

（2）降低可燃物或氧气浓度　燃烧是可燃物与助燃物之间的化学反应，两者中缺少任何一种都会导致火焰的熄灭。图 8-2 为 T_∞、h 不变，改变 p 的 $\dot{q}$-T 曲线。由图可见，当体系处于已燃烧状态时，放热曲线与散热曲线处于相交状态，如图所示的 $\dot{q}_1$ 与 $\dot{q}_{g1}$ 处于相交状态，并在交点 A' 稳定燃烧。为实现灭火，降低体系燃烧混合气密度 ρ，当 ρ 从 ρ_1 下降到 ρ_2 时，相应的放热曲线由 $\dot{q}_{g1}$ 下降到 $\dot{q}_{g2}$，放热曲线与散热曲线处于相切状态，即放热速度等于散热速度，达到灭火的临界条件，体系混合气浓度稍有下降即可实现灭火。

（3）改善散热条件　通过改善系统的散热条件也能达到灭火的目的。图 8-3 为保持 p、T_∞ 不变，改变 h 的 $\dot{q}$-T 曲线。由图可见，当体系在 A'' 稳定燃烧时，若想灭火，必须改善体系的散热条件。当 $\dot{q}_{l3}$ 变到 $\dot{q}_{l2}$ 的位置时，放热曲线与散热曲线相切于点 C 并相交于点 A'，由于点 A' 为稳定点，因此不能实现灭火。继续增大散热曲线的斜率，只有使 $\dot{q}_{l3}$ 变到 $\dot{q}_{l1}$ 的位置时，放热曲线与散热曲线相切于点 E，系统才达到实现灭火的临界条件。因点 E 为不稳定点，散热条件稍加扰动（向左）就可实现灭火。同样，改善散热条件也存在灭火滞后现象。

2. 基于链锁反应理论的灭火分析

热着火理论可以解释许多现象，但也有很多实验结果是热理论所不能解释的，近代开始用链锁反应理论来解释燃烧的机理。

链锁反应理论认为燃烧是一种由自由基参加的链锁反应，自由基是一种瞬变的不稳定的化学物质，它们可能是原子、分子碎片或其他中间物，它们的反应活性非常强，在反应中成为活性中心。只要在一定条件下使反应物产生少量的活性自由基，即可使链锁反应发生。链锁反应一经发生，就可以经过许多链锁步骤自动发展下去，直至反应物全部消耗完为止。当活性中心由于某种原因全部消失时，链锁反应就会中断，燃烧也就停止。链锁反应理论认为，体系能否灭火，主要看系统中自由基数目能否减少，自由基数目是链锁反应过程中自由基增长因素与自由基销毁因素相互作用的结果。如果自由基增长因素占优势，系统就会发生自由基积累，不能实现灭火，如果自由基销毁速率占优势，自由基积累不会发生，系统可以实现灭火。

根据链锁反应理论，若要使已着火系统灭火，必须使系统中自由基的销毁速度大于其增长速度。燃烧区中的自由基主要有 H·、·OH 和 O· 等，尤其是 ·OH 较多，在烃类可燃物的燃烧中具有重要作用。要加快这些自由基的销毁速度，可以采取以下措施：

（1）增加自由基在气相中的销毁速度　自由基在气相中碰到稳定分子后，将自身能量传递给稳定分子，自由基则结合成稳定分子。为此，可在着火系统中喷洒卤代烷等灭火剂，或在材料中加入卤代烷阻燃剂，例如溴阻燃剂。

（2）降低系统温度，以减慢自由基增长速度　降低着火系统温度，可以使着火系统中的可燃物冷却，液体蒸发速率和固体可燃物裂解释放可燃挥发分的速率都变小；同时，在链传递过程中由链分支而产生的自由基增长是一个分解过程，需要吸收能量，当温度降低时，自由基增长减慢。当可燃物冷却到临界温度以下时，燃烧将熄灭。

（3）增加自由基在固相器壁的销毁速度　当自由基碰到固相器壁时，会把自己大部分能量传递给固相器壁，本身则结合成稳定分子。为增加自由基碰撞固相器壁的机会，可以增加容器壁面积对容器体积的比值，或者在着火系统中加入惰性固体颗粒，如砂子、粉末灭火剂等，对链锁反应起抑制作用。

8.2.2　灭火的基本方法

1. 冷却灭火法

冷却灭火法是根据可燃物发生燃烧时必须达到一定温度的条件，将灭火剂直接喷洒在已燃烧的物体上，使可燃物的温度降到燃点以下，从而使燃烧停止的方法。例如，向火区喷射大量的水来降温是最常见的冷却灭火法。用二氧化碳灭火剂灭火，原理是雪花状固体二氧化碳本身温度很低，接触火源时吸收大量的热，使燃烧区的温度急剧下降，从而实现灭火。另外，火场上还常常用水来冷却未燃烧的可燃物和生产装备，以防止它们被引燃或受热燃烧。

2. 窒息灭火法

窒息灭火法是根据可燃物燃烧需要足够的氧化剂（空气、氧）的条件，采取阻止空气进入燃烧区的措施，或隔绝氧气而使燃烧物质熄灭的方法。为使火灾熄灭，需将水蒸气、二氧化碳等惰性气体引入，以稀释着火空间的氧含量。当着火区氧含量低于14%，或水蒸气含量高于35%，或二氧化碳含量高于35%时，绝大多数燃烧都会熄灭。但可燃物本身为化学氧化剂物质时，是不能采用窒息灭火的。

3. 隔离灭火法

隔离灭火法是根据发生燃烧必须具备可燃物的条件，将燃烧物与附近的可燃物隔离或分开，中断可燃物的供应，使燃烧停止。采用隔离灭火法的具体措施有：将火源附近的可燃、易燃、易爆和助燃物质从燃烧区转移到安全地点；关闭阀门，阻止气体、液体流入燃烧区；排除生产装置、设备容器内的可燃气体或液体；设法阻拦流散的易燃、可燃液体或扩散的可燃气体；拆除与火源毗连的易燃建筑结构，形成阻止火势蔓延的空间地带。

4. 化学抑制灭火法

化学抑制灭火法就是使灭火剂参与燃烧的链式反应，使燃烧过程中产生的自由基消失，形成稳定分子或活性低的自由基，从而使燃烧反应停止。采用卤代烷（1301、1211）、七氟丙烷、三氟甲烷等替代物、干粉灭火剂等，就是常用的化学抑制灭火法。化学抑制灭火法灭火速度快，可快速地扑灭火灾。使用卤代烷等灭火剂进行抑制灭火时，一定要将灭火剂准确地喷射到燃烧区域内，使灭火药剂参与燃烧反应，否则将起不到抑制燃烧反应的作用，达不到灭火目的。

8.2.3 几种典型火灾的灭火方法

火灾通常有一个从小到大、逐步发展，直至熄灭的过程，一般可分为初期增长阶段、充分发展阶段和减弱熄灭阶段。扑救火灾要特别注意火灾的初期增长阶段和充分发展阶段。在灭火救援工作中，必须根据火灾发展的阶段性特点抓紧时机，力争将火灾扑灭在初期增长阶段；同时要认真研究火灾充分发展阶段的扑救措施，运用合适的灭火方法有效地控制火势，尽快扑灭火灾。

1. 化工企业火灾

扑救化工企业的火灾，一定要弄清起火单位的设备与工艺流程，着火物品的性质，是否已发生泄漏现象，有无发生爆炸、中毒的危险，有无安全设备及消防设备等。由于此类单位情况比较复杂，扑救难度大，起火单位的职工和工程技术人员要主动指导和帮助消防队一起灭火。

1）采取各种方法消除爆炸危险。如果在火场上遇到爆炸危险，应根据具体情况及时采取各种防爆措施。例如，对于疏散或冷却爆炸物品或有关设备、容器，应打开反应器上的放空阀或驱散可燃蒸气或气体，关闭输送管道的阀门等，以防止爆炸发生。

2）消灭外围火焰，控制火势发展。首先消灭设备外围或附近建筑的火焰，保护受火势威胁的设备、车间，对重要设备要加强保护，阻止火势蔓延扩大，然后直接向火源进攻，逐步缩小燃烧面积，最后消灭火灾。

3）当反应器和管道上呈火炬形燃烧时，可组织突击小组，配备必要数量的水枪，冷却燃烧部位和掩护消防员接近火源，采取关闭阀门或用覆盖窒息等方法扑灭火焰。必要时也可以用水枪的密集射流来扑灭火焰。

4）加强冷却，筑堤堵截。扑救反应器或管道上的火焰时，往往需要大量的冷却用水。

为防止燃烧着的液体流散，有时需用砂土筑堤，加以堵截。

5）正确使用灭火剂。由于化工企业的原料、半成品和成品的性质不同，生产设备所处的状态也不同，必须选用合适的灭火剂，在准备足够数量的灭火剂和灭火器材后，选择适当的时机灭火，以取得应有的效果。避免因灭火剂选用不当而延误战机，甚至发生爆炸等事故。

2. 油池火灾

油池多是工厂、车间用来物件淬火、燃料储备，有些油池是油田用于产品周转的。淬火油池和燃料储备池大多与建筑物毗邻，着火后易引起建筑物火灾；周转油池火灾面积较大，着火后火势猛烈。

对油池火灾，多采用空气泡沫或干粉进行灭火。对原油、残渣油或沥青等油池火灾，也可以用喷雾水或直流水进行扑救。扑救时，要将阵地部署在油池的上风方向，根据油池的面积和宽度确定泡沫枪（炮）或水枪的数量。灭火时，水枪应顺风横推火焰，以使火势不回延为最低标准。用水扑救原油、残渣油火灾时，开始射水会被高温迅速分解，火势不但不会减弱，反而有可能增强。但坚持射水一段时间后，燃烧区温度会逐渐下降，火势会逐渐减弱而被扑灭。油池一般位置较低，火灾的辐射热对灭火人员的影响比地上式油罐大，因此在灭火中必须搞好防护工作，应穿防护隔热服，必要时应对接近火源的管枪手和水枪手用喷雾进行掩护。

3. 仓库火灾

在对仓库火灾进行灭火时，应根据仓库的建筑特点、储存物资的性质以及火势等情况，加强第一批出动力量，灵活运用灭火技术。

当爆炸、有毒物品或贵重物资受到火势威胁时，应采取重点突破的方法扑救。选择火势较弱或能进能退的有利地形，集中数支水枪强行打开通路，掩护抢救人员深入燃烧区将这类物品抢救出来，转移到安全地点。对无法疏散的爆炸物品，应用水枪进行冷却保护。在烟雾弥漫或有毒气体妨碍灭火时，要进行排烟通风。消防人员进入库房时，必须佩戴隔绝式消防呼吸器。排烟通风时，要做好水枪出水准备，防止在通风情况下火势扩大。扑救有爆炸危险的物品时，要密切注视火场变化情况，组织精干的灭火力量，争取速战速决。当发现有爆炸征兆时，应迅速将消防人员撤出。

对于露天堆垛火灾，应集中主要消防力量，采取下风堵截、两侧夹击的方式，防止火势向下风方向蔓延，并派出力量或组织职工群众监视与扑打飞火。当火势被控制住以后，应组织对燃烧堆垛的进攻。

4. 电气火灾

电气设备发生火灾或引燃附近可燃物时，首先要切断电源。电源切断后，扑救方法与一般火灾扑救相同。然而，有时在危急的情况下，如等待切断电源后再进行扑救，就会有使火势蔓延扩大的危险，或者断电后会严重影响生产，这时为了取得扑救的主动权，扑救就需要在带电的情况下进行。带电灭火时应注意以下几点：

1）必须在确保安全的前提下进行，应用不导电的灭火剂如二氧化碳、卤代烷、干粉等进行灭火，不能直接用导电的灭火剂如直射水流、泡沫等进行喷射，否则会造成触电事故。

2）使用小型二氧化碳、卤代烷、干粉灭火器灭火时，由于其射程较近，要注意保持一定的安全距离。

3）在灭火人员穿戴绝缘手套和绝缘靴、水枪喷嘴安装接地线的情况下，可以采用喷雾水灭火。

4）如遇带电导线落于地面，则要防止跨步电压触电，灭火人员需要进入火场灭火时，必须穿上绝缘鞋。

此外，有油的电气设备（如变压器、油开关）着火时，也可用干砂遮盖火焰，使火焰熄灭。

8.3 灭火剂分类及灭火机理

灭火剂是能够有效地在燃烧区破坏燃烧条件，达到抑制燃烧或终止燃烧目的的物质。当灭火剂被喷射到燃烧物体表面或燃烧区域后，通过一系列的物理、化学作用使燃烧物冷却、燃烧物与空气隔绝、降低燃烧区内氧浓度以及中断燃烧的链锁反应等，最终导致维持燃烧的条件遭到破坏，使燃烧反应终止，达到灭火的目的。

现代灭火剂发展很快，品种不断增多，质量逐渐提高。目前，灭火剂的品种能够满足扑救各种火灾的需要，而且逐步向着高效、低毒和通用的方向发展。灭火剂通常包括水及水系灭火剂、泡沫灭火剂、气体灭火剂、固体灭火剂等。

8.3.1 水及水系灭火剂

1. 灭火机理

水是一种无色、无味的透明液体，其分布广泛，取用方便，无毒无害，且冷却效果好，因此水是最常用、最主要的灭火剂。水的灭火作用主要有以下几种。

（1）冷却作用 冷却是水的主要灭火作用。水的热容量和汽化潜能较大，其比热容为 $4184J/(kg \cdot ℃)$，即 1kg 水温度升高 1℃，可吸收 4184J 的热量；蒸发潜热为 2259kJ/kg，即 1kg 水蒸发汽化时，要吸收 2259kJ 的热量。当水与燃烧物接触或流经燃烧区时，将被加热或汽化，吸收热量，使燃烧区的温度降低，致使燃烧中止。

（2）窒息作用 水汽化后产生大量的水蒸气，体积急剧膨胀。1kg 水变成 100℃的水蒸气时，其体积膨胀约 1700 倍。大量的水蒸气占据燃烧区的空间，能够有效阻止周围的新鲜空气进入燃烧区，显著地降低燃烧区的氧浓度，使燃烧得不到氧气的补充，导致燃烧强度减弱。一般情况下，当空气中水蒸气的含量达到 35%（体积分数）时，燃烧就会停止。

（3）稀释作用 水本身是一种良好的溶剂，可以溶解水溶性甲、乙、丙类液体，如醇、醛、醚、酮、酯等。因此，当此类物质起火后，如果容器的容量允许或可燃物料流散，可用水加以稀释。由于可燃物浓度降低而导致可燃蒸汽量减少，使燃烧减弱。当可燃液体的浓度降到可燃浓度以下时，燃烧即会终止。

（4）水力冲击作用 经射水器具（尤其是直流水枪）喷射形成的水流具有很大的冲击力，这样的水流遇到燃烧物时，将使火焰产生分离，这种分离作用一方面使火焰"端部"得不到可燃蒸汽的补充，另一方面使火焰"根部"失去维持燃烧所需的热量，使燃烧中止。

（5）乳化作用 用水雾射流或滴状射流扑救油类等非水溶性可燃液体火灾时，由于射流的高速冲击作用，微粒水珠进入液层并引起剧烈的扰动，使可燃液体表面形成一层由水粒和非水溶性液体混合组成的乳状物表层，乳液的稳定程度随可燃液体黏度的增加而增加，重质油品其至可以形成含水油泡沫。水的乳化作用使液体表面受到冷却，并减少可燃液体的蒸发量，从而使燃烧难以继续。

2. 水系灭火剂的种类及应用

（1）强化水灭火剂　强化水主要为碱金属盐或有机金属盐的水溶液。强化水系灭火剂具有冷却和化学抑制的双重灭火作用，可扑救 A、B、C 类物质的初起火灾。另外，由于强化水灭火剂的冷却和渗透阻燃功能使火灾扑救后复燃的可能性大大降低，这是气体和干粉灭火剂无可比拟的。强化水可直接置于消防车中，提高扑救 A 类火灾的抗复燃性能。

（2）乳化水灭火剂　乳化水灭火剂灭火是在水中添加乳化剂，混合后以雾状喷射。由于乳化剂含有憎水基团，故其可扑救闪点较高的油品火，也可用于油品泄漏的清理。

（3）润湿水灭火剂　在水中添加少量增黏剂，降低水的表面张力，增加水的润湿能力，提高水的灭火能力。将润湿水置于消防车中，扑救对水润湿性较差、在其表面停留时间较短的可燃材料（如木材垛、棉花包、纸库、粉煤堆、塑料等）火灾的效果良好。

（4）抗冻水灭火剂　水在低温下易冻结，且冻结后密度变化很大，在低温下使用较困难。在水中加入抗冻剂，使水的冰点降低，可有效提高水在寒冷地区的使用机会。常用的抗冻剂有无机盐（如氯化钙、碳酸钾等）和多元醇（如乙二醇、甘油等）两种类型。

（5）黏性水灭火剂　在水中添加增稠剂，提高水的黏度，增加水在燃烧物表面（特别是垂直表面上）的附着力，防止灭火水的流失。特别适用于消防水罐车扑救建筑物内火灾，达到节水、保水的目的，避免"扑灭了火灾，造成了水害"。

（6）减阻水灭火剂　增加减阻剂，减少水在水带输送过程中的阻力，使水在较长的水带中流动时减少压力损失，因而可以相应地提高水带末端的水枪或喷嘴的压力，提高输水距离和射程。常用的减阻剂有聚丙烯酰胺、聚氧化乙烯树脂等，添加浓度在 0.01% ~5%。例如，上海理工大学研制的 PWC 和 PW-30 型高分子减阻剂，在上海、兰州等城市进行现场消防试验，结果表明灭火效果很好，加入减阻剂使流量增加了 57.1%，射程增加了 107%。目前减阻水灭火剂已成功地运用在城市消防工作中。

（7）多功能水系灭火剂　该类灭火剂是将几种类型的水系灭火剂的特点综合在一起，兼有黏附、渗透和阻燃的功效，将水扑灭 A 类火的能力提高了 2~3 倍。与水相比，水系灭火剂由于不同程度地延长了水在燃烧物中的作用时间，增加了水的冷却作用。目前，多功能水系灭火剂已用于填充各种规模的水型灭火器和消防车实施灭火。

8.3.2　泡沫灭火剂

1. 灭火机理

泡沫灭火剂是指能与水相溶，并且可以通过化学反应或机械方法产生灭火泡沫的灭火剂。自 1877 年 Johnson 首次提出可以将泡沫用于扑灭火灾至今，泡沫灭火剂已有一百多年的历史。泡沫灭火剂是扑救可燃、易燃液体的有效灭火剂，由于泡沫比从泡沫中析出的水溶液要轻，也比可燃液体轻，故其可在液体表面生成凝聚的泡沫漂浮层。因为泡沫灭火剂设备简单、成本较低、灭火效率高并且对环境污染小，在扑救 A 类、B 类火灾上得到了广泛应用。泡沫灭火剂作为一种洁净的"绿色消防产品"，依靠自身出色的灭火效能、抗复燃能力和大规模火灾抑制能力，被联合国环保署推荐为卤代烷灭火剂的第一位替代物。其在灭火机理主要体现在以下方面：

（1）隔离窒息作用 灭火剂在燃烧物表面形成的泡沫覆盖层，可使燃烧物表面与空气隔绝，同时泡沫受热蒸发产生的水蒸气可以降低燃烧物附近氧气的浓度，起到窒息灭火作用。

（2）辐射热阻隔作用 燃烧物表面形成的密实泡沫层能阻止燃烧区内作用于燃烧物表面的热量，遮断火焰的热辐射，因此可阻止燃烧物本身和附近的可燃物蒸发。

（3）冷却作用 泡沫本身及从泡沫液中析出的水对燃烧物表面进行冷却，2mol 水可以吸收 162.4kJ 的热量。这个作用在低倍数泡沫中较为明显。

2. 泡沫灭火剂的种类和应用

泡沫灭火剂的种类繁多，可以按发泡方法、发泡倍数、用途、发泡基料等依据进行分类。例如，根据发泡基料的不同，可以分为蛋白型和合成型泡沫灭火剂；根据灭火机理的不同，分为化学泡沫灭火剂和空气泡沫灭火剂；根据发泡倍数的不同，分为低倍数泡沫、中倍数泡沫和高倍数泡沫。下面主要介绍蛋白型泡沫灭火剂、水成膜泡沫灭火剂、合成泡沫灭火剂和 A 类泡沫灭火剂这几种常用泡沫灭火剂。

（1）蛋白型泡沫灭火剂 蛋白型泡沫灭火剂是以动物性蛋白或植物性蛋白的水解浓缩液为基料，加入适量的稳定剂、防腐剂、防冻剂等添加剂制成的。目前，蛋白型泡沫灭火剂是我国石油化工消防中应用最广泛的灭火剂之一。它所产生的空气泡沫相对密度轻，流动性能好，抗烧性强，又不易被冲散，能迅速在非水溶性液体表面形成覆盖层将火扑灭。由于蛋白泡沫能黏附在垂直的表面上，因而也可以扑救一般固体物质的火灾。目前，蛋白型泡沫灭火剂主要用于扑灭油类火灾。当使用蛋白型泡沫灭火剂扑灭原油、重油储罐火灾时，要注意可能引起的油沫沸溢或喷溅。

蛋白型泡沫灭火剂虽然受到高效的新型灭火剂的冲击，所占市场份额下降，但由于其成本低，易于生产，目前该灭火剂仍是我国生产量最大、应用范围最广的灭火剂之一。蛋白型泡沫灭火剂主要有以下几种类型：

1）普通蛋白型泡沫灭火剂。普通蛋白型泡沫灭火剂为主要以动物蛋白质的水解浓缩液为基料加入各种添加剂的起泡液体。我国主要生产的是 YE3、YE6 型蛋白灭火剂，可适用于各种低倍数泡沫产生器，其优点是抗烧性强、析液率低、导热慢、黏附力大，当火灾发生时，泡沫能迅速漂浮，在燃烧物表面形成一个连续的泡沫层，通过泡沫和析出的混合液对燃料表面进行冷却，并通过泡沫层的覆盖作用使燃烧物与空气隔绝而将火扑灭。

YE3、YE6 型蛋白泡沫灭火剂可适用于油田、飞机场等油类火灾（B 类火灾），也适用于扑救木材、纸、棉、麻及合成纤维等固体可燃物的火灾（A 类火灾），但不适用于扑救醇、醚、酯、酮等液体的火灾。蛋白泡沫型灭火剂的包装为 200kg、100kg 的防腐桶。该产品应密封在室内阴凉、干燥处，温度为 - 5 ~ 40℃，有效期 2 年。

2）氟蛋白型泡沫灭火剂。氟蛋白型泡沫灭火剂是以蛋白泡沫原液为主，加氟和其他类型的表面活性剂制成的。氟蛋白泡沫灭火剂由于氟碳表面活性剂的作用，使它的水溶液和泡沫性能发生了显著的变化，从而提高了灭火效率。其与蛋白型泡沫灭火剂相比，在灭火性能方面有以下几个优点：水溶液的表面张力和界面张力明显降低；泡沫易于流动；泡沫疏油能力强；与干粉联用性好。干粉灭火剂的灭火效率高，可以迅速压住火势，泡沫则覆盖在油面上，能防止复燃，二者联用能够充分发挥各自的长处迅速扑灭火灾。

我国主要生产的是 YE3、YE6 型氟蛋白泡沫灭火剂，广泛用于扑救大型储罐（液下喷射）、散装仓库、输送中转装置、生产加工装置、油品码头及飞机火灾等，也适用于有关液下喷射扑灭大面积油类火灾及飞机坠落火灾，并可以与小苏打（碳酸氢钠）、干粉联用。该产品应密封在室内阴凉、干燥处，温度为 -5~40℃，有效期 2 年。

3）成膜类氟蛋白型泡沫灭火剂。成膜类氟蛋白型泡沫灭火剂主要含两大系列，即成膜氟蛋白型泡沫灭火剂和成膜氟蛋白抗溶性泡沫灭火剂，前者主要用于扑灭油类火灾，后者主要用于扑灭油类火和醇类火。

成膜氟蛋白型泡沫灭火剂是在氟蛋白泡沫灭火剂中加入适当的氟碳表面活性剂、成膜助剂、碳氢表面活性剂等精制而成，是一种高效泡沫灭火剂，其特点是在油类液面上能形成一层抑制油类蒸发的防护膜，靠泡沫和防护膜的双重作用灭火，灭火效率高、速度快、防复燃性能和封闭性能好，流动点小于 -10℃，广泛适用于油田、炼油厂、油库、船舶、码头、飞机场等场所。

成膜氟蛋白抗溶性泡沫灭火剂是在氟蛋白泡沫灭火剂中加入适当的氟碳表面活性剂、成膜性添加剂、抗醇剂、碳氢表面活性剂以及助剂等精制而成的。它是一种多用途高效泡沫灭火剂，它既具有氟蛋白泡沫灭油类火的功能，又具有抗溶性泡沫灭醇类火的能力，灭火效率高、速率快、防复燃性能和封闭性能好，流动点小于 -10℃，广泛适用于油田、油库、炼油厂、酒精厂、码头、化工仓库、船舶、飞机场等场所。

成膜氟蛋白型泡沫灭火剂和成膜氟蛋白抗溶性泡沫灭火剂在环保性能、灭火性能、使用性能及再生性能方面都是非常好的。此外，其实用方便性与广泛性同样很优异，如可用于海水配制混合液，可用于泡沫喷淋装置等；该类灭火剂失效以后，只需经过一个简单的工艺过程即可使其灭火性能恢复如新，改造成本低廉。这两种灭火剂均应密封存放在室内阴凉、干燥、通风、温度为 -5~40℃ 的环境中，有效期为 2 年。

（2）水成膜泡沫灭火剂　水成膜泡沫灭火剂又称"轻水"泡沫灭火剂或氟化学泡沫灭火剂，是国际上 20 世纪 60 年代发展起来的一种高效泡沫灭火剂。水成膜泡沫灭火剂是指能在烃类液体表面形成水膜的泡沫灭火剂。水成膜泡沫灭火剂主要由成膜剂、发泡剂、匀泡剂、保水剂、助溶剂等组成。

在目前用于扑灭油类火灾的灭火剂中，水成膜泡沫灭火剂与其他灭火剂的根本区别是兼具泡沫和水膜的双重灭火作用。因其泡沫不够稳定，消失较快，而且对油面的封闭时间和阻回燃时间也短，所以在防止复燃与隔离热液面的性能方面，不如蛋白泡沫和氟蛋白泡沫灭火剂。此外，水成膜泡沫如遇已呈灼热状态的油罐壁时，极易被罐壁的高温破坏而失去水分，变成极薄的骨架，这时除需用水冷却罐壁外，还要喷射大量的新鲜泡沫。

国内一般使用的水成膜泡沫灭火剂的混合比为 6%（泡沫灭火剂占 6%，水占 94%），国外也有 3% 型的，适用于通用的低倍数泡沫灭火设备，主要用于扑救一般非水溶性可燃、易燃液体的火灾，且能迅速地控制火灾的蔓延，还能与干粉灭火剂联用，也可采用液下喷射的方法扑救油罐火灾，在扑救因飞机坠毁、设备爆裂而造成的流淌的液体火灾时效果也很好。但它不能用于扑救水溶性可燃、易燃液体的火灾及金属火灾。

（3）合成型泡沫灭火剂

1）低倍数泡沫（重质泡沫）主要用来扑灭可燃液体（汽油、石油、苯等）火灾和固体物质（木材、橡胶、纸张、塑料等）火灾，其主要应用范围为油罐、矿井、船舱和储有可燃液体及可燃固体材料的仓库。它还可用来防护火灾对附近房屋和油罐的热辐射，被广泛应用于机场，特别是用于覆盖飞机起落跑道。但是，因泡沫的水溶液有较好的导电性能，所以既不能用泡沫扑救电气设备火灾，也不能与燃烧的轻金属（如锰、镁、铝、钠、锂等）接触。

2）中倍数泡沫灭火剂的发泡倍数为 21～200 倍，中倍数泡沫灭火剂在实际工程中应用较少，且多用于辅助灭火设施。当该灭火剂以较低的倍数扑救甲、乙、丙类液体流淌火灾时，其灭火机理与低倍数泡沫灭火剂相同；当以较高的倍数采用全淹没方式灭火时，其灭火机理与高倍数泡沫灭火剂相同。

3）高倍数泡沫灭火剂的发泡倍数大于 200 倍，其水溶液是通过高倍数泡沫产生器而生成的，它的气泡直径一般在 10mm 以上。高倍数泡沫密度小，又具有较好的流动性，可以输送到一定的高度或较远的地方去灭火。在使用高倍数泡沫灭火时，要注意进入高倍数泡沫产生器的气体不得含有燃烧过的气体、烟尘和酸性气体，以免破坏泡沫。

中、高倍数泡沫灭火剂具有发泡倍数高、含水量少、泡沫比较轻等特点，广泛应用于煤矿、坑道、飞机库、汽车库、船舶、仓库、地下室等有限空间的火灾，以及地面大面积油类火灾。在运输和储存期间，合成泡沫灭火剂应放置于阴凉、干燥的地方，防止阳光暴晒；储存环境温度应在规定的范围内，储存 2 年后应进行全面的质量检查，其各项性能指标不得低于规定标准的要求。

4）抗溶泡沫灭火剂。抗溶泡沫灭火剂是一类适用于扑救水溶性可燃液体火灾的泡沫灭火剂，在蛋白质水解液中添加有机酸金属络合盐便制成了蛋白型的抗溶泡沫液。有机金属络合盐与水接触，析出不溶于水的有机酸金属皂。当产生泡沫时，析出的有机酸金属皂在泡沫层上面形成连续的固体薄膜。这层薄膜能有效地防止水溶性有机溶剂吸收泡沫中的水分，使泡沫能持久地覆盖在溶剂液面上，从而起到灭火的作用。由于水溶性可燃液体（如醇、酯、醚、醛、有机酸和胺等）的分子极性较强，能大量吸收泡沫中的水分，使泡沫很快被破坏而不起灭火作用，所以不能用蛋白泡沫、氟蛋白泡沫和"轻水"泡沫来扑救此类液体火灾，而必须用抗溶性泡沫来扑救。

（4）A 类泡沫灭火剂 A 类泡沫灭火剂是由阻燃剂、发泡剂渗透剂等多种物质组成的，具有灭火快、效能高、性能稳定、凝固点低、兼有高效扑灭 A、B 类火灾性能的新型、高效、快速灭火剂。它是集强化水、一般泡沫灭火剂的优点于一体的灭火剂。国外有人称 A 类泡沫是 21 世纪的主要灭火剂，是灭火剂发展的新潮流。

A 类泡沫可以用比例混合器混合，以 6% 的形式使用，也可以用直接喷洒的方法扑灭森林大火和一般固体物质火灾，对于石油工业，可用于钻井台、储油罐、油田等有油类的场所。该灭火剂用于灭火系统扑灭高层建筑、地上、地下商场、地铁等处的火灾更为有效。其用于灭火系统将比水喷淋、水喷雾泡沫系统具有更大的优越性。

8.3.3 气体灭火剂

1. 灭火机理

由于气体灭火剂种类繁多，不同灭火剂表现出不同的灭火机理。其主要灭火机理分为物理作用灭火和化学作用灭火两大方面，其中以物理作用灭火的气体灭火剂主要有惰性气体、二氧化碳、三氟甲烷和六氟丙烷等，以化学作用灭火的气体灭火剂主要有七氟丙烷和三氟碘甲烷等。气体灭火剂的灭火机理具体如下：

（1）化学抑制作用　化学抑制作用主要表现在中止链反应。以卤代烷灭火剂为例，当灭火剂释放时，遇到高温火焰被分解，生成卤素自由基（X·），与火焰中的 OH·、H·自由基结合成为水、HX 和 X·。在反应中 X·反复再生，不被消耗，而 OH·、H·自由基则被迅速消耗掉。卤素自由基对火焰化学抑制的作用因卤元素的不同而不同，化学抑制作用由小到大的顺序是氟→氯→溴→碘，这也是大多数不含溴的哈龙替代物的灭火效力低于哈龙的原因。

（2）窒息灭火作用　窒息灭火是在燃烧物周围建立起一定的灭火介质浓度，使燃烧因缺氧窒息而停止。以二氧化碳灭火剂为例，当利用二氧化碳灭火剂扑救某局部物质火灾时，由于二氧化碳的释放，使得燃烧物周围的空气被置换，得不到持续的氧气供给而使燃烧终止。

（3）惰化灭火作用　当空气中氧含量低于某一值时，燃烧将不再维持。此时的氧含量称为维持燃烧的极限氧含量，这种通过降低氧浓度的灭火作用称为惰化灭火作用。当惰性气体的设计浓度达到 35%～40% 时，可将周围空气中氧气的体积分数降至 10%～14%，此时燃烧将不能维持。氮气灭火剂和烟烙尽灭火剂等惰性气体灭火剂的灭火机理主要是惰化灭火作用。

（4）冷却作用　气体灭火剂在与高温火焰接触过程中会发生分解反应或相态变化，具有一定的冷却作用。当二氧化碳液体储存温度为 27℃ 时，完全喷射后大约有 25% 的二氧化碳转化为干冰，它的平均吸热效果约为 279.2kJ/kg。当二氧化碳液体的储存温度为 -18℃ 时，它全部喷射后，约有 45% 转化为干冰，相对水而言，二氧化碳的冷却作用较小。

2. 气体灭火剂的种类及应用

气体灭火剂按其储存形式可以分为压缩气体和液化气体两类。液化气体灭火剂包括卤代烷灭火剂（哈龙灭火剂）和二氧化碳灭火剂等。压缩气体灭火剂有氩气灭火剂和烟烙尽灭火剂（含氮 50%、氩 42%、二氧化碳 8%）等。下面主要介绍几种泡沫灭火剂。

（1）卤代烷灭火剂　卤代烷是以卤素原子取代烷烃分子中的部分或全部氢原子后得到的一类有机化合物的总称，又被称为哈龙灭火剂。卤代烷灭火剂属于化学灭火剂，主要有 1211、1301 等。该类灭火剂的最大优点是对保护物体不产生损坏和污染，故称安全清洁灭火剂。仅从灭火效果来看，卤代烷是当今最好的灭火剂，且具有用量省、易汽化、空间淹没性好、洁净、不导电、不变质等特点。

卤代烷灭火剂的最大缺陷是被释放进入大气层后破坏臭氧层。根据保护臭氧层的《蒙特利尔破坏臭氧层物质管制协定书》，我国于 2005 年 12 月 30 日完成了哈龙 1211 灭火剂淘汰，2010 年 1 月 1 日完成停止哈龙 1301 的生产和进口。目前，除特殊用途外，全面禁止生产和使用该类灭火剂。

（2）七氟丙烷灭火剂　七氟丙烷是一种人工合成的无色无味气体，不含溴和氯元素，密度大约是空气的 6 倍，采用高压液化储存，其灭火过程要通过物相的改变，由液相到气相再经分解来完成，其灭火物理作用和化学作用参半。该灭火剂灭火效能与卤代烷 1301 相类似，对 A 类和 B 类火灾均能起到良好的灭火作用。七氟丙烷灭火剂符合联合国环境规划署对洁净气体灭火剂的要求。该灭火剂不导电，不含水性物质，不会对电气设备等造成损害，灭火浓度低（8%～10%），是新型高效低毒的灭火剂。

七氟丙烷主要适用于保护数据中心、通信设施、过程控制室、高价值的工业设备区、图书馆、博物馆、美术馆、消声室、易燃液体储存区等场所，但不适用于扑救自身带有氧气补给的烟火类化学物质，活泼金属如钠、钾、镁、钛、锆、铀和钚及金属氧化物火灾。

（3）三氟甲烷灭火剂　三氟甲烷是一种人工合成的无色、几乎无味、不导电气体，密度大约是空气密度的 2.4 倍。该灭火剂对臭氧的耗损潜能值为零，并具有良好的灭火效率，灭火速度快、效果好，是一种较为理想的哈龙替代物。

三氟甲烷主要是以物理作用灭火，通过降低空气中的氧气含量，使氧气浓度不能支持燃烧，从而达到灭火的目的。在实际灭火中，灭火所需的三氟甲烷药剂量并未使空气中的氧气达到助燃点以下，这一点可认为在灭火过程中伴有化学反应，即灭火剂有可能破坏燃烧链反应的自由基。相同火场情况下，三氟甲烷的氢氟酸（HF）分解物少于七氟丙烷和哈龙1301，电绝缘性能良好，对保护对象的安全程度较高，适用于保护精密仪器设备和电气火灾，非常适合于保护经常有人的场所。三氟甲烷对扑救高位火灾效果较好，使用环境温度可达 -20℃，适合寒冷地带使用。但三氟甲烷在大气中的存留时间比哈龙 1301 和七氟丙烷长。

（4）二氧化碳灭火剂　二氧化碳在常温常压下是一种无色、无味、不导电的气体。它的化学性质稳定，在常温常压下不会与一般物质（碱金属和轻金属除外）发生化学反应。二氧化碳主要通过窒息作用灭火，并且在释放过程中会吸收一部分热量，具有少量的冷却降温作用。二氧化碳灭火剂具有来源广、价格低、不导电、灭火后不污染仪器设备的优点。

二氧化碳是目前广泛使用的灭火剂之一，适用于扑救气体火灾，甲、乙、丙类液体火灾，电气设备、精密仪器、贵重设备火灾，图书档案火灾和一般固体物质火灾，在高浓度下还能扑救固态深位火灾，所以其在扑救水和泡沫灭火剂无法保护的场所展示了较好的功能。二氧化碳灭火剂的缺点是灭火浓度大，高压储存的压力太高，低压储存时需要制冷设备，膨胀时产生静电放电；二氧化碳是温室效应的罪魁祸首，大量使用二氧化碳灭火剂对保护生态环境极为不利，因此其广泛推广应受到限制，在应用选择上要慎重、全面地考虑。此外，二氧化碳灭火系统对经常有人停留或工作的场所，不可设计使用。

（5）氮气灭火剂　随着哈龙替代气体研究的不断深入，氮气作为惰性气体灭火剂的一种，引起了人们的广泛关注。氮气是无色、无味、无毒、无腐蚀、不导电的气体，其密度近似地等于空气的密度，它不参与燃烧反应，也不与其他物质反应。

由于氮气不导电、无污染等特性，使其成为清洁的灭火气体，它对于扑救 A、B、C 和 D 类火灾都有较好的效果，适宜扑救地下仓库、地铁、铁路隧道、控制室、计算机房、图书馆、通信设备、变电站、重点文物保护区等场所的火灾。氮气来源广泛、价格低廉，但由于使用氮气灭火时需要降低火区氧气含量来达到灭火的目的，因此它主要适用于无人或人员较少且能快速撤出的场所。

氮气灭火剂虽具有经济、环保等诸多优点，但该灭火剂在应用过程中也存在一定问题。一方面氮气灭火剂以气态形式储存，储存压力较高，因此该灭火剂对系统设备的耐压性要求较高，导致系统成本相对增加；另一方面氮气灭火剂主要以物理方式进行灭火，灭火浓度较高，灭火剂的用量较大，这样不仅使储存容器数量多，占地面积大，投资较大，也会使灭火剂的喷射时间较长（一般在 1~2min），在一些火灾发展迅速的场所应用受到限制。

（6）烟烙尽灭火剂　烟烙尽灭火剂是 20 世纪 90 年代发展起来的一种灭火剂，它由氮气（50%）、氩气（42%）和二氧化碳（8%）混合而成，其耗氧潜能值为零，温室效应影响值也为零，是一种绿色灭火剂。该灭火剂灭火时所需的体积含量较大，但由于其气体价格较其他卤代烷替代灭火剂低廉，所以从系统角度来看投资额相当。相比其他气体灭火系统，其可以输送更长的距离，连接更多的保护区域，节约系统投资。

烟烙尽是一种以窒息为灭火机理的灭火剂，它通过降低火灾区域空气中的氧气含量而达到灭火的目的。实验证明，当空气中的氧气含量降至15% ~12.5%范围，大多数可燃固体、液体和气体都会自行熄灭。由于烟烙尽灭火剂只略重于空气，所以灭火剂的损失率低，保持灭火功效时间长，保证了良好的灭火效果。烟烙尽灭火剂不同于其他惰性灭火剂，不会对人体造成伤害，在经常有人逗留的场所，其设计浓度不大于43%是安全可行的。因此，对人来说，其比二氧化碳灭火剂要安全很多。烟烙尽灭火剂可以扑灭 A、B 和 C 类火灾，适用于电子计算机房、通信设备、控制室、绝对清洁室、图书馆、档案馆、珍品库、配电房等重点单位和场所，在有人工作的区域，也应尽量选择烟烙尽灭火剂来灭火，但是其对 D 类火灾和含有氧化剂的化合物以及金属氧化物所引起的火灾无效。

8.3.4 固体灭火剂

1. 灭火机理

以固体粉末形式存在的灭火剂统称为固体灭火剂。固体灭火剂一般是指干粉灭火剂，但是由于气溶胶灭火剂（特别是冷气溶胶灭火剂）中含有超细固体粉末，所以通常也将其划归固体灭火剂的范畴。作为一类传统而又不断发展的灭火剂，固体灭火剂的应用极其广泛，因此研究固体灭火剂具有极其重要的意义。

（1）化学抑制作用　干粉灭火剂和气溶胶灭火剂中的无机盐是燃烧反应的非活性物质，当它们进入燃烧区与火焰接触时，可以同时捕获 OH· 和 H·，可使这些自由基结合为水失去活性。当自由基的销毁速度大于生成速度时，链式反应过程终止。此外，干粉灭火剂和气溶胶灭火剂中的固体颗粒是极其微小的，具有很大的表面积和表面能，它们在火场中被加热和发生裂解需要一定的时间，而且也不能完全被裂解或汽化，这些颗粒相对自由基大得多，当它们进入火场后，会受到可燃物裂解产物的冲击，从而促使它们与自由基产生碰撞和吸附，并可能发生化学反应。两方面的共同作用使 OH·、H· 和 O· 不断吸收和消耗，从而抑制了燃烧反应的进行。

（2）冷却与窒息作用　干粉灭火剂和气溶胶灭火剂的基料在火焰高温作用下，将会发生一系列分解作用，钠盐和钾盐干粉在燃烧区吸收部分热量，并放出水蒸气和二氧化碳气体，起到冷却和稀释可燃气体的作用。

（3）隔离作用　以硝酸铵盐为基料的干粉灭火剂，即 ABC 类干粉灭火剂，当其粉粒落到灼热的燃烧物表面时，生成偏磷酸和聚磷酸盐，这些物质在固体表面形成一个玻璃状覆盖层，它能够渗透到燃烧物表面的细孔中，隔绝燃烧物与空气的接触，使燃烧无法进行，所以 ABC 类干粉灭火剂能够扑救一般固体物质的表面燃烧。

（4）烧爆作用　某些化合物（如 $K_2C_2O_4 \cdot H_2O$ 或尿素与碳酸氢钠或碳酸氢钾的反应产物）与火焰接触时，其粉粒受高热的作用可以爆裂成为许多更小的颗粒，使火焰中粉末的比表面积或者蒸发量急剧增大，从而表现出很高的灭火效能。

2. 固体灭火剂的种类及应用

（1）普通干粉灭火剂　20 世纪 30 年代，美国安素公司首先开发出以碳酸氢钠为基料的干粉灭火剂，它是最早应用于消防领域的干粉灭火剂。干粉灭火剂是由一种或多种具有灭火功能的细微无机粉末和具有特定功能的填料、助剂共同组成的，它的灭火速度快，制作工艺过程不复杂，使用温度范围宽广，对环境无特殊要求，可在低温环境下使用，电绝缘性能优良，无须外界动力和水源，无毒、无污染、安全，目前在手提式和固定式灭火系统上得到广泛的应用，是替代哈龙灭火剂的一类理想的环保灭火产品。

1）BC 类干粉灭火剂。BC 类干粉灭火剂主要品种有碳酸氢钠干粉、改性钠盐干粉、钾盐干粉和氨基干粉，其中碳酸氢钠干粉的使用量最大，氨基干粉的灭火效率最高。

BC 类干粉灭火剂主要用于扑救甲、乙、丙类液体火灾（B 类火灾）、可燃气体火灾（C 类火灾）以及带电设备火灾（E 类火灾），是一类普通干粉。因为干粉对蛋白泡沫和一般合成泡沫有较大的破坏作用，故 BC 类干粉与蛋白泡沫或者化学泡沫不兼容。

2）ABC 类干粉灭火剂。该类灭火剂主要品种有以磷酸盐为基料的干粉、以磷酸铵盐为基料的干粉和以聚磷酸铵为基料的干粉。ABC 类干粉灭火剂中的磷酸铵盐在火场中可以形成许多复杂物质，对固体表面有吸湿碳化、形成阻燃膜等多重功效。ABC 类干粉灭火剂不仅适用于扑救 B 类、C 类和 E 类火灾，还适用于扑救一般固体物质火灾（A 类火灾），是一类多用干粉。ABC 类干粉灭火剂与 BC 类干粉灭火剂不能兼容。

3）D 类干粉灭火剂。基料主要包括氯化钠、碳酸氢钠、石墨等。尽管 D 类干粉灭火剂有应用市场，但由于工程应用研究的深度不够，还缺乏必要的系统设计数据，使其应用受到局限。

目前，国内应用的干粉灭火剂主要是 BC 类和 ABC 类干粉灭火剂，而且其市场需求的趋势是 BC 类逐渐减少，ABC 类逐年增加。

（2）超细干粉灭火剂　超细干粉灭火剂吸取了目前普通干粉灭火剂的优点，克服了其固有缺陷，采用了不同于现有干粉灭火剂的最新灭火组分，应用世界最先进的加工工艺，使其环保性能、灭火性能、使用性能各项指标均处于国内领先水平，灭火性能处于世界先进水平。对有焰燃烧的抑制（负催化）、对表面燃烧的窒息及对热辐射的遮挡、隔离及燃烧区氧的稀释作用是超细干粉灭火剂灭火作用的集中体现。超细干粉灭火剂不仅灭火效能高，而且使用方法也完全不同于普通干粉灭火剂，它类似卤代烷淹没式灭火，对大气臭氧层耗减潜能值和温室效应潜能值均为零，对人体皮肤和呼吸道无刺激，对保护物无腐蚀无毒无害。灭火后残留物易清理，可广泛应用于生产和生活的各种场所，用以扑救 A 类、B 类、C 类和 E 类火灾。

（3）气溶胶灭火剂　气溶胶灭火剂是一种以液体或固体为分散相，气体为分散介质所形成的粒径小于 $5\mu m$ 的溶胶体系的灭火剂。气溶胶灭火剂固体颗粒微小且具有气体的特征，能在着火空间有较长的驻留时间，实现全淹没灭火。该灭火剂不需耐压容器，与干粉灭火剂相比，具有更高的灭火效率，且可用于封闭和开放空间，对臭氧层的耗损指标为零。因此它问世以来就被认为是一种优秀的哈龙替代灭火剂而受到人们的广泛关注。气溶胶按形成的方式可分为热气溶胶和冷气溶胶。

热气溶胶灭火剂灭火时会出现火焰外喷的现象，且具有一定的腐蚀性，在储存和运输过程中，有可能发生自燃或爆炸。而冷气溶胶灭火剂是针对热气溶胶灭火剂存在的这些不足而研发出来的一种新型高效粉体灭火剂，它克服了热气溶胶灭火剂释放时所产生的高温连带反应等缺点，且比热气溶胶灭火剂有更高的灭火效率。

气溶胶灭火剂最大的优点是生产成本低，维护方便，适用范围较广。气溶胶灭火剂一般应用于无人场所或不经常有人员出现的场所。这是因为气溶胶灭火剂的保护区内能见度很低，而且吸入的超细颗粒对人体也有伤害。气溶胶灭火剂的储存期一般为 5~10 年。

8.3.5 新型灭火剂

为了提高灭火效率，减少由于火灾扑救对环境造成的影响，国内外的一些研究机构不断致力于新型灭火剂的研究和开发。近些年，已有一些新型灭火剂逐渐应用到火灾扑救中，在一定程度上改善了灭火效果。

1. 细水雾灭火剂

细水雾灭火剂在消防方面的应用始于 20 世纪 40 年代，但由于当时水喷淋灭火技术作为主要发展和研究方向，细水雾灭火技术没有得到深入的研究，故一直发展比较缓慢。现在由于环保问题，卤代烷灭火剂被淘汰，而细水雾作为灭火剂的潜在优势使其应用范围在不断地拓展。细水雾是指水与不同的雾化介质产生的粒径在 400μm 以下的水微粒，其受热后易于汽化，会从燃烧物质表面或火灾区域吸收大量的热量，同时汽化又会形成原体积 1680 倍的水蒸气，最大限度地排斥火场的空气，使燃烧因缺氧而受抑制或中断。

目前含添加剂的细水雾灭火剂是细水雾灭火系统的发展，国内外火灾科学学术界已将其作为灭火技术研究的一个新内容。研究表明，与普通的细水雾灭火系统相比，含添加剂的细水雾灭火剂效能有明显的改善。

2. 三相泡沫灭火剂

三相泡沫灭火剂是由气体（氮气或空气）、固体（粉煤灰或黄泥等）、液体相经发泡而形成的具有一定分散体系的混合体。粉煤灰或黄泥浆注入氮气经发泡器发泡后形成三相泡沫，体积大幅增大，在采空区可快速向高处堆积，对低、高处的浮煤均能有效地覆盖，避免了普通注水或注浆工艺中浆水易沿阻力小的通道流失的现象；氮气能有效地固封于三相泡沫之中，并下落到火区底部，随泡沫破灭而释放出去，充分发挥了氮气的惰化、抑爆作用；三相泡沫中含有粉煤灰或黄泥等固体物质，这些固态物质组成三相泡沫面膜的一部分，可在较长时间内保持泡沫的稳定性，泡沫破碎后具有一定黏度的粉煤灰或黄泥仍可较均匀地覆盖于浮煤上，有效地阻碍煤对氧的吸附，防止了煤的氧化，从而遏制煤自燃的进程。

三相泡沫灭火剂具有降温、阻化、惰化、抑爆等综合性防灭火性能。三相泡沫通过发泡器物理发泡，将粉煤灰或黄泥均匀地分散在煤体上，粉煤灰或黄泥对煤的颗粒进行包裹，对低、中、高处煤体都能起到良好的覆盖包裹作用，同时黏着力比较强，起到了阻止煤氧化，同时又能起到降温、充填的作用。三相泡沫灭火剂能够快速有效地解决大范围采空区、高冒区、高温点普通防灭火措施难以解决的难题，已成为一项防止煤自燃十分有效和经济的新技术手段，具有十分广阔的推广应用前景。

3. "瑞特"高效环保型灭火剂

2012 年 5 月，在科技部、中国消防协会联合主办的新一代高性能灭火剂消防实战演练中，由军地合作研制、拥有自主知识产权的我国新一代高性能灭火剂——"瑞特"高效环保型灭火剂先后扑灭了"铺地火""酒精火""电火"和"可燃气体火"。使用一种灭火剂成功扑灭了多种不同类型的火灾，创造了我国灭火种类最多、灭火速率最快等多项国内消防新纪录，降低了油库火和其他特殊火的扑灭难度和风险性，标志着我国灭火剂研制水平跻身世界先进行列。

4. 全氟乙基异丙基酮灭火剂

早在 20 世纪 70 年代，苏联就已经合成出全氟乙基异丙基酮，但并没有实现大规模生产。直到 2001 年，美国 3M 公司将其作为代替哈龙和氟代烷类的灭火剂后，相关的合成和应用研究才逐步得到人们的关注。全氟乙基异丙基酮是一种无色、透明，常温下以液态存在的物质，主要通过冷却作用实现灭火。其沸点较其他气体灭火剂高，常温下以液体存在，因此其灭火所需用量少，储存体积小，可在常压状态下安全地使用普通容器在较宽的温度范围内储存和运输。全氟乙基异丙基酮的蒸发热仅仅是水的 1/25，而蒸气压力是水的 12 倍，因此其易于汽化，即使在低温下（−25℃）也能有效汽化，达到设计要求的灭火浓度。它的饱和蒸气压较低，在很大温度范围内的压力变化很小，且不含固体颗粒、油脂以及氯溴等破坏臭氧层的化学成分，不导电，易挥发，不留痕迹残渣，无腐蚀性，环保性能远远优于哈龙灭火剂和其他卤代烃替代品。

全氟乙基异丙基酮可扑灭 A 类、B 类、C 类火，适用于全淹没及局部喷射两种形式的消防灭火。由于其具有优良的灭火性能、环境友好性和人体安全性，属无色洁净灭火剂，适用于有人工作且需要洁净灭火剂的场所，如数据处理储存中心、不间断供电室、计算机房、电信设施、发电厂、紧急电话中心等，成为代替哈龙和氟代烷类灭火剂的可长期使用的新一代洁净灭火剂。

5. 多元组分干粉灭火剂

将自身具有灭火效能的各个灭火剂组分按照一定性质和比例混合可制得灭火性能更佳的多组分干粉灭火剂，这种多组分灭火剂称为多元组分干粉灭火剂。

在碳酸氢钠干粉灭火剂中加入适量氯化钠、氯化钾，则扑灭 B 类、C 类火灾的干粉最小用量降低一半，且灭火效能提高一倍多。氯化钠、氯化钾晶体性脆，易于粉碎，如果预先降低其水分含量，则会产生更多的超细粉末。以碳酸氢钠为主料，添加相关填料后，不但能有效扑灭钠、钾、镁、铝、镁铝合金、钠钾合金等金属火灾，还能灭 B 类、C 类火灾，属于真正的 BCD 新型干粉灭火剂。氯化钠无法扑灭 A 类火灾，如与某些低熔点化合物（磷酸二氢铵、磷酸氢二铵、氯化钾等）混合起来，便成为真正意义上的 ABCD 干粉灭火剂。此外，某些有机、无机卤化物，碱金属羧酸盐如 NH_4Br，自身灭火效能很高，添加少量到干粉中能显著提高干粉的灭火效能。

8.3.6 特殊场所灭火剂

1. 金属火灾灭火剂

金属火灾由于发生概率较小而往往被人们忽视，然而在现代火灾中，轻金属火灾的发生却是屡见不鲜。当金属发生火灾后，由于温度非常高，一般灭火剂会分解而失去作用，甚至使火灾发展更加猛烈，并且当金属处于燃烧状态时，由于其性质活泼，在高温下可以与二氧化碳、卤素及其化合物、氮气和水等发生反应，所以金属火灾的灭火剂应慎重选择。此外，作为建筑构件支撑的钢筋、铝合金框架，虽然在火灾中不会燃烧，但受高温作用后强度降低很多。

金属火灾灭火剂一般有液态和固态两种类型。液态金属火灾灭火剂主要是 7150 灭火剂，固态金属火灾灭火剂主要是原位膨胀石墨灭火剂和氯化钠类灭火剂。

（1）7150 灭火剂　7150 灭火剂化学名称为三甲氧基硼氧六环，是由硼酸三甲酯与硼酐按一定比例加热回流反应生成的一种无色透明液体。7150 灭火剂是可燃的，而且热稳定性较差，当它以雾状被喷射到燃烧着的炽热轻金属上，即发生分解和燃烧两个反应，能很快耗尽金属表面附近的氧，而生成的硼酐在金属燃烧温度下融化成玻璃状液体，流散在金属表面及其缝隙中，形成一层硼酐隔膜，使金属与大气隔绝，从而使燃烧因窒息而停止。

7150 灭火剂主要充灌在储压式灭火器中，用于扑救镁、铝、镁铝合金、海绵状钛等轻金属的火灾。加压用的气体主要是对 7150 灭火剂溶解度较小的干燥空气或氮气。

（2）原位膨胀石墨灭火剂　原位膨胀石墨灭火剂是石墨层间化合物，由石墨和络合剂硫酸及水等，在辅助试剂的存在下反应，并加入润湿剂，采取解吸和再吸附措施，除去部分对环境有害的分解产物，再加入无害的反应物质而制成。将原位膨胀石墨灭火剂喷洒在着火的金属钠等碱金属和镁等轻金属上面时，灭火剂中的反应物在火焰高温的作用下，迅速呈气态逸出，使石墨体积迅速膨胀，且化合物的松装密度低，能在燃烧金属的表面形成海绵状的泡沫，瞬间形成了隔绝空气的耐火膜，达到迅速灭火的效果。

原位膨胀石墨灭火剂主要用于扑救金属钠等碱金属和镁等轻金属火灾。该灭火剂可盛装在薄塑料袋中，然后投入到燃烧金属上灭火，也可放在热金属可能发生泄漏处，预防金属着火，还可装在灭火器中在低压下喷射灭火。

（3）氯化钠类灭火剂　氯化钠广泛用于制备 D 类干粉灭火剂，比如在氯化钠中添加磷酸钙、硬脂酸盐以及热塑性材料。氯化钠类灭火剂撒在燃烧的金属钠上，覆盖层疏松透气，钠液穿过壳层涌出，形成众多烧穿点，覆盖层下面的钠液继续燃烧氧化，加入适当而又适量的添加剂，覆盖层变得致密、平坦、坚硬，能有效地窒息金属火灾，且避免机械力的破坏。当将灭火剂喷射到燃烧的金属表面上时，可在金属表面形成一个柔软而厚实的覆盖层，这个覆盖层可使金属与空气隔绝，使其窒息灭火。氯化钠类灭火剂可用于扑救镁、钠、钾及钠钾合金的火灾。

2. 矿井火灾灭火剂

矿井火灾一旦发生，轻则影响安全生产，重则烧毁煤炭资源和物资设备，造成人员伤亡，甚至引发瓦斯、煤尘爆炸，导致灾害范围的扩大，因此矿井火灾的防治是煤矿安全生产的重要保证。应用于矿井火灾的灭火剂主要有以下几种：

（1）水胶体灭火剂　水胶体灭火剂分为无机凝胶灭火剂和高分子复合胶体灭火剂。无机凝胶灭火剂开发较早，是以无机硅胶材料为基料，与促凝剂、阻化剂和水混合反应生成具有立体网状空间结构的硅凝胶。它能使易流动的水固定于其内部，在遇到高温时，水迅速汽化，快速降低可燃物表面温度，残留固体形成的包裹物可阻碍可燃物与氧的进一步接触，而且硅凝胶具有固定易流动水的特性，降低了水的流动性，使水在可燃物内的停留时间延长，能更有效地发挥水的冷却作用。

高分子复合胶体灭火剂流动性差，灭火时大量保存在可燃物的表面及内部，使水的停留时间延长，冷却作用充分，具有良好的抗复燃能力。该类灭火剂热容很大，可吸收大量的热，从而使可燃材料温度下降。它还具有价格便宜、灭火时用量少、强度较高、渗透性和黏弹性都较好等优点。高分子复合胶体灭火剂由于其添加量少，不仅可用于扑救矿井火灾，也可替代无机凝胶灭火剂用于扑救森林和建筑火灾。

（2）氮气灭火剂　氮气是防治煤自燃的有效灭火剂之一。在国外广泛采用氮气防灭火技术，成功抑制矿井自燃火灾，取得较好的防治效果。

氮气是一种无色、无味、无毒的气体。在常温常压下，氮分子结构稳定，化学性质也稳定，很难与其他物质发生化学反应，所以它是一种良好的防灭火用惰性气体。

利用制氮设备制取氮气，通过管路送入井下，注入采空区等煤炭可能自燃的区域（如采空区自燃危险区域），使之惰化。在封闭灭火过程中，氮气不会损坏或污染机械设备和井巷设施，火区可以较快恢复生产，但氮气防灭火必须与均压和其他堵漏风措施配合应用，否则如果注入氮气的采空区或火区漏风严重，氮气必然随着漏风而流失，难以起到防灭火作用。

（3）泡沫灭火剂 空气机械泡沫是用机械的方法（风机）将空气鼓入含有泡沫的水溶液而产生的泡沫。泡沫产生的倍数在 500 ~ 1000 倍，由于它比化学反应产生的泡沫倍数（10 ~ 20 倍）高得多，故又称为高倍数空气机械泡沫。

高倍数泡沫灭火的作用实质上是增大用水灭火的有效性。大量的泡沫送往燃烧区，起着覆盖燃烧物、隔绝空气的作用；与火焰接触泡沫破裂，水分蒸发吸热，产生大量水蒸气，起到降温、稀释氧浓度、抑制燃烧、熄灭火源的作用；另外，大量的泡沫包围火源，通过阻止热传导、热对流和热辐射，阻止了火势的扩展与蔓延。泡沫灭火的优点是灭火速度快，效果好，恢复生产容易。如果火源已经燃烧到煤壁的深部，用泡沫灭火方法就很难达到效果。

3. 森林化学灭火剂

森林是人类赖以生存的生态环境，也是绿色的天然资源。保护好绿色生态环境，是世界各国人民的当务之急。但是由于世界气候变化，加之人为因素，至今森林火灾的形势还是相当严峻的。森林防火依然是当今世界必须面对的重大课题。

化学药剂灭火技术是使用化学药剂来扑灭林火或阻滞林火蔓延的一种方法，它比用水灭火的效果高 5 ~ 10 倍，特别是在人烟稀少、交通不便的偏远林区，利用飞机喷洒化学药剂进行灭火或阻火效果更明显。

森林化学灭火剂一般由主剂、助剂、润湿剂、黏稠剂、防腐剂和着色剂等成分组成。主剂是指森林化学灭火剂中起主要灭火或阻火作用的药剂，它决定着灭火的效果。常用的森林化学灭火剂有以下几种：

（1）福斯切克 福斯切克是由美国蒙桑托化学公司生产的森林化学灭火剂，主要成分是 15% ~ 18% 的磷酸氢二铵，有福斯切克-202、福斯切克-259、福斯切克-XA、福斯切克-XE、福斯切克-XAF 等多种型号。

（2）法尔卓尔 法尔卓尔是美国凯姆尼克斯化学公司制造的，它以聚磷酸盐的浓缩液为主要成分，添加一定量的活性黏土、着色剂和防腐剂，用水稀释 5 ~ 6 倍后使用。目前广泛使用的有法尔卓尔-931、法尔卓尔-934、法尔卓尔-936、法尔卓尔-100 等型号。

（3）国产 704 型森林化学灭火剂 国产 704 型森林化学灭火剂以磷酸铵肥为主剂。它的组成（按质量分数）为磷酸铵肥 29%、尿素 4%、水玻璃 1.3%、洗衣粉 2%、重铬酸钾 0.25%、酸性大红 0.1%、水 63.35%。将 353.5kg 的 704 干粉与 635.5kg 水和 13kg 水玻璃充分搅拌即可供飞机或地面消防机具使用。扑灭森林地表火的有效用量为 0.4 ~ 0.7kg/m^2。

8.4 灭火系统分类及其发展

灭火系统是指在火灾发生后，通过人工启动或者火灾自动报警与联动系统的控制执行灭火的系统，它具有对火灾现场实施灭火和控制火情的功能。根据运行方式和灭火介质的类型，灭火系统主要有以下几种类型：消火栓灭火系统、自动喷水灭火系统、水喷雾灭火系统、细水雾灭火系统、气体灭火系统、泡沫灭火系统、干粉灭火系统和其他新型灭火系统。

8.4.1 消火栓灭火系统

消火栓系统是指为消防服务的以消火栓为给水点、以水为主要灭火剂的消防给水系统。建筑物消火栓系统以建筑物、构筑物外墙为界进行划分，分为室外消火栓系统和室内消火栓系统两大部分。

1. 室外消火栓系统

室外消火栓系统是指设置在建筑物外墙中心线以外的一系列消防给水工程设施，是建筑消防给水系统的重要组成部分。该系统通过室外消火栓（或消防水鹤）为消防车等消防设备提供火场消防用水，或通过进户管为室内消防给水设备提供消防用水。

室外消火栓系统由消防水源、消防供水设备、室外消防给水管网和室外消火栓灭火设施组成。室外消防给水管网包括进水管、干管和相应的配件、附件；室外消火栓灭火设施包括室外消火栓、水带、水枪等。

2. 室内消火栓系统

室内消火栓系统是建筑物应用最广泛的一种灭火系统，既可供火灾现场人员扑救建筑物的初起火灾，又可供消防队员扑救建筑物的大火。室内消火栓系统由消防给水基础设施、消防给水管网、室内消火栓设备、报警控制设备及系统附件等组成。其中消防给水基础设施包括市政管网、室外消防给水管网、室外消火栓、消防水池、消防水泵、增（稳）压设备、水泵接合器等，如图8-4所示，该设施的主要任务是为系统储存灭火用水。消防给水管网包括进水管、水平干管、消防竖管等，其任务是向室内消火栓设备输送灭火用水。室内消火栓设备包括水带、水枪、水喉等，它是供灭火人员使用的主要工具。

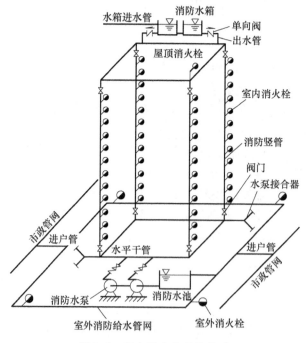

图8-4 室内消火栓系统组成

室内消火栓系统的工作原理与系统采用的给水方式有关，建筑消防系统通常采用的是临时高压消防系统。临时高压消防系统中，系统设有消防泵和高位消防水箱。当火灾发生后，现场人员可以打开消火栓箱，将水带与消火栓栓口连接，打开消火栓的阀门，消火栓即可投入使用。按下消火栓箱内的按钮向消防控制中心报警，同时设在高位水箱出水管上的流量开关和设在消防水泵出水干管上的压力开关，或报警阀压力开关等开关信号应能直接启动消防水泵。在供水的初期，由于消防水泵的启动需要一定的时间，其初期供水由高位消防水箱来供给。随着消防水泵的正常运行启动，以后的消防用水将由水泵从消防水池抽水加压提供。若发生较大面积火灾，可利用消防车从消防水源抽水，通过水泵接合器向室内消火栓系统补充消防用水。对于消防水泵的启动，还可由消防水泵现场、消防控制中心控制。消防水泵一旦启动便不得自动停泵，其停泵只能由现场手动控制。

8.4.2 自动喷水灭火系统

自动喷水灭火系统是由洒水喷头、报警阀组、水流报警装置（水流指示器或压力开关）等组件，以及管道、供水设施组成的，并能在发生火灾时自动喷水的灭火系统。自动喷水灭火系统在保护人身和财产安全方面具有安全可靠、经济实用、灭火成功率高等优点，广泛应用于工业建筑和民用建筑。

自动喷水灭火系统根据所使用的喷头形式，可分为闭式自动喷水灭火系统和开式自动喷水灭火系统两大类。闭式自动喷水灭火系统分为湿式自动喷水灭火系统、干式自动喷水灭火系统和预作用自动喷水灭火系统，而开式自动喷水灭火系统分为雨淋系统、水幕系统，如图 8-5 所示。

图 8-5　自动喷水灭火系统的分类

1. 闭式自动喷水灭火系统

闭式自动喷水灭火系统是建筑物、构筑物中应用最广泛的一种自动喷水灭火系统。根据工作原理不同分为湿式自动喷水灭火系统、干式自动喷水灭火系统和预作用自动喷水灭火系统。其中湿式自动喷水灭火系统是自动喷水灭火系统中最基本的系统形式，在实际工程中最常用，适合在温度不低于4℃且不高于70℃的环境中使用；干式自动喷水灭火系统适用于环境温度低于4℃或高于70℃的场所，但由于准工作状态时配水管道内没有水，喷头动作、系统启动时必须经过一个管道排气、充水的过程，因此会出现滞后喷水现象，不利于系统及时控火灭火；预作用自动喷水灭火系统可消除干式自动喷水灭火系统在喷头开放后延迟喷水的弊病，因此其在低温和高温环境中可替代干式自动喷水灭火系统，严禁系统误喷的忌水场所应采用预作用系统。

这里主要介绍湿式自动喷水灭火系统组成和工作原理。湿式自动喷水灭火系统由闭式喷头、湿式报警阀组、水流指示器或压力开关、供水与配水管道以及供水设施设备等组成，在准工作状态下，管道内充满用于启动系统的有压水，其系统组成如图8-6所示。

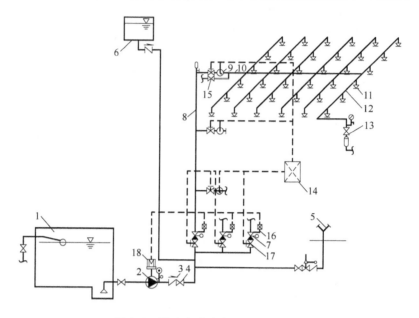

图 8-6　湿式自动喷水灭火系统组成

1—消防水池　2—水泵　3—止回阀　4—闸阀　5—水泵接合器　6—消防水箱　7—湿式报警阀组
8—配水干管　9—水流指示器　10—配水管　11—闭式喷头　12—配水支管　13—末端试水装置
14—报警控制器　15—泄水阀　16—压力开关　17—信号阀　18—驱动电动机

湿式自动喷水灭火系统在准工作状态时，由消防水箱或稳压泵、气压给水设备等稳压设施维持管道内充水的压力。发生火灾时，在火灾高温烟气的作用下，闭式喷头的热敏感元件动作，喷头炸裂并开始喷水。此时，管网中的水由静止变为流动，水流指示器动作送出电信号，在报警控制器上显示某一区域喷水的信息。由于持续喷水泄压造成湿式报警阀的上部水压低于下部水压，在压力差的作用下，原来处于关闭状态的湿式报警阀将自动启动。此时，压力水通过湿式报警阀流向管网，同时打开通向水力警铃的通道，延迟器充满水后，水力警铃发出声响警报，压力开关动作并输出启动供水泵的信号，供水泵投入运行后，完成系统的启动过程。湿式自动喷水灭火系统的工作原理如图8-7所示。

2. 雨淋系统

雨淋系统一般由开式喷头、管道系统、雨淋阀、火灾探测系统、传动控制组件和给水设备等组成。其喷水范围由雨淋阀控制，在系统启动后立即大面积喷水，因此雨淋系统主要适用于需大面积喷水、快速扑灭火灾的特别危险场所。火灾的水平蔓延速度快、闭式喷头的开放不能及时使喷水有效覆盖着火区域，或室内净空高度超过一定高度且必须迅速扑救初期火灾，或属于严重危险级Ⅱ级的场所，应采用雨淋系统。

雨淋系统处于准工作状态时，由消防水箱或稳压泵、气压给水设备等稳压设施维持雨淋阀入口前管道内的充水压力。发生火灾时，火灾探测器或感温探测控制元件（闭式喷头、易熔封锁）探测到火灾信号后，通过传动阀门（电磁阀、闭式喷头等）自动地释放掉传动管网中的压力水，使传动管网中的水压骤然降低，由于传动管与进水管相连通的直径为

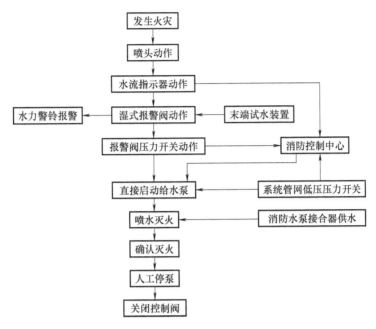

图 8-7　湿式自动喷水灭火系统的工作原理

3mm 的小孔阀来不及向传动管补水，于是雨淋阀在进水管的水压推动下瞬间自动开启，压力水便立即充满灭火管网，系统的所有开式喷头同时喷水，实现对保护区的整体灭火或控火。雨淋系统的工作原理如图 8-8 所示。

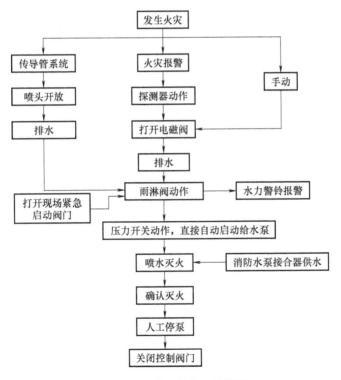

图 8-8　雨淋系统的工作原理

3. 水幕系统

水幕系统由水幕喷头、控制阀（或雨淋阀）、管道及火灾探测装置等组成，通过其特殊的喷头布置方式，起到阻火、隔火或冷却的作用，一般包括防火分隔水幕系统和防护冷却水幕系统两类。其中，防火分隔水幕系统利用密集喷洒形成的水墙或多层水帘，可封堵防火分区处的孔洞，阻挡火灾和烟气的蔓延，因此适用于局部防火分隔处；防护冷却水幕系统则利用喷水在物体表面形成的水膜，控制防火分隔处分隔物的温度，使分隔物的完整性和隔热性免遭火灾破坏。

水幕系统处于准工作状态时，由消防水箱或稳压泵、气压给水设备等稳压设施维持管道内的充水压力，发生火灾时，由火灾自动报警系统联动开启雨淋报警阀组和供水泵，向系统管网和喷头供水。

8.4.3　水喷雾灭火系统

水喷雾灭火系统是利用专门设计的水雾喷头，在水雾喷头的工作压力下，将水流分解成粒径不超过1mm的细小水滴进行灭火或防护冷却的一种固定式灭火系统。水喷雾灭火系统由水源、供水设备、过滤器、雨淋阀组、管道及水雾喷头等组成，并配套设置火灾探测报警及联动控制系统或传动管系统，火灾时可向保护对象喷射水雾灭火或进行防护冷却。水喷雾灭火系统按启动方式不同可分为电动启动水喷雾灭火系统和传动管启动水喷雾灭火系统，这里以电动启动水喷雾灭火系统为例介绍系统工作原理。

电动启动水喷雾灭火系统是以普通的火灾报警系统为火灾探测系统。当有火情发生时，探测器将火警信号传到火灾报警控制器上，火灾报警控制器打开雨淋阀，同时启动水泵，喷水灭火。为了减少系统的响应时间，雨淋阀前的管道上应是充满水的状态。电动启动水喷雾灭火系统的工作原理如图 8-9 所示。

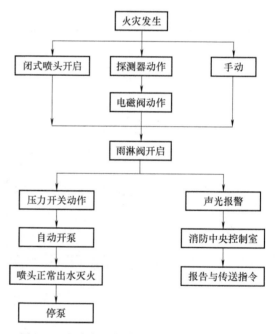

图 8-9　电动启动水喷雾灭火系统的工作原理

8.4.4　细水雾灭火系统

细水雾灭火系统是由供水装置、过滤装置、控制阀、细水雾喷头等组件和供水管道组成，能自动和人工启动并喷放细水雾进行灭火的固定灭火系统。细水雾灭火系统按工作压力分为低压系统、中压系统和高压系统；按应用方式分为全淹没式系统和局部应用式系统；按供水方式分为泵组式系统、瓶组式系统和瓶组与泵组结合式系统。细水雾灭火系统由水源（储水池、储水箱、储水瓶）、供水装置（泵组推动或瓶组推动）、系统管网、控水阀组、细水雾喷头以及火灾自动报警及联动控制系统组成。

这里以开式细水雾灭火系统为例介绍其系统组成及工作原理。开式细水雾灭火系统采用开式细水雾喷头，由配套的火灾自动报警系统自动联锁或远控、手动启动后，控制一组喷头同时喷水的自动细水雾灭火系统，其系统组成如图 8-10 所示。

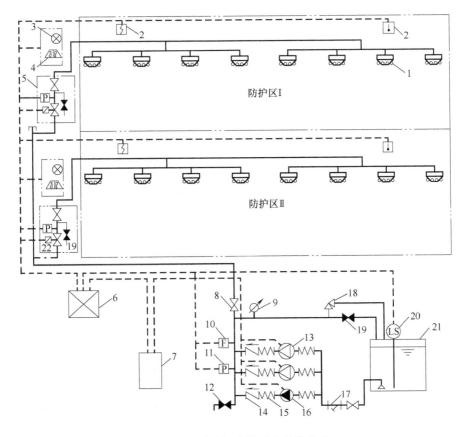

图 8-10　开式细水雾灭火系统组成

1—开式细水雾喷头　2—火灾探测器　3—喷雾指示灯　4—火灾声光报警器　5—分区控制阀组
6—火灾报警控制器　7—消防泵控制柜　8—控制阀（常开）　9—压力表　10—水流传感器
11—压力开关　12—泄水阀（常关）　13—消防泵　14—止回阀　15—柔性接头　16—稳压泵
17—过滤器　18—安全阀　19—泄防试验阀　20—液位传感器　21—储水箱　22—分区控制阀

火灾发生后，火灾探测器动作，报警控制器得到报警信号，向消防控制中心发出灭火指令，在得到控制中心灭火指令或启动信息后，联动关闭防火门、防火阀、通风及空调等影响系统灭火有效性的开口，并启动控制阀组和消防水泵，向系统管网供水，水雾喷头喷出细水雾，实施灭火。开式细水雾灭火系统工作原理如图 8-11 所示。

8.4.5　气体灭火系统

气体灭火系统是以一种或多种气体作为灭火介质，通过这些气体在整个防护区内或保护对象周围的局部区域建立起灭火浓度而实现灭火。由于其具有灭火效率高、灭火速度快、保护对象无污损等优点，主要用于保护某些特定场合，是固定灭火系统中的一种重要系统形式。

气体灭火系统一般由灭火剂储存装置、启动分配装置、输送释放装置、监控装置等组成。为满足各种保护对象的需要，最大限度地降低火灾损失，根据使用的灭火剂分为二氧化

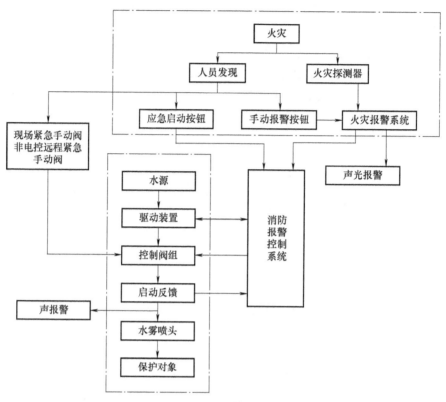

图 8-11　开式细水雾灭火系统工作原理

碳、七氟丙烷和惰性气体灭火系统；按系统的结构特点分为无管网灭火系统和管网灭火系统，其中管网灭火系统还包括组合分配系统和单元独立系统；按应用方式分为全淹没灭火系统和局部应用灭火系统。

这里以高压二氧化碳灭火系统为例介绍气体灭火系统组成，该系统由探测器灭火剂瓶组、驱动气体瓶组、单向阀、选择阀、容器阀、汇集管、连接管、喷头、信号反馈装置、安全泄放装置、控制器、检漏装置、管道管件及吊钩支架等组成，如图 8-12 所示。

当防护区发生火灾时，火灾探测器报警，消防控制中心接到火灾信号后，启动联动装置（关闭开口、停止空调等），延时约 30s 后，打开启动气瓶的瓶

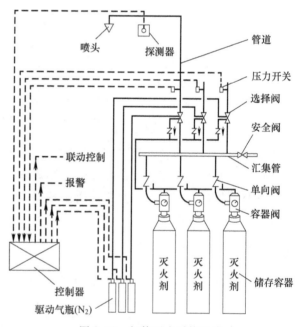

图 8-12　气体灭火系统组成

头阀。利用气瓶中的高压氮气将灭火剂储存容器上的容器阀打开，灭火剂经管道输送到喷头

并喷出，实施灭火。这中间的延时是考虑防护区内人员的疏散。另外，通过压力开关检测系统是否正常工作，若启动指令发出，而压力开关的信号迟迟不返回，说明系统故障，值班人员听到事故报警，应尽快到储瓶间，手动开启储存器上的容器阀，实施人工启动。气体灭火系统工作原理如图 8-13 所示。

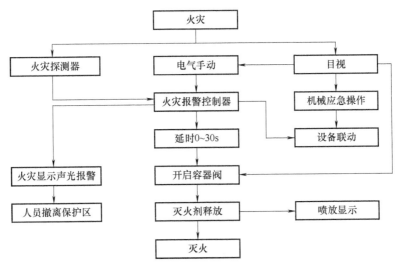

图 8-13　气体灭火系统工作原理

8.4.6　泡沫灭火系统

泡沫灭火系统是通过机械作用将泡沫灭火剂、水与空气充分混合并产生泡沫实施灭火的灭火系统，随着泡沫灭火技术的发展，泡沫灭火系统的应用领域更加广泛。泡沫灭火系统按喷射方式分为液上喷射泡沫灭火系统、液下喷射泡沫灭火系统和半液下喷射泡沫灭火系统；按系统结构分为固定式泡沫灭火系统、半固定式泡沫灭火系统和移动式泡沫灭火系统；按发泡倍数分为高倍数泡沫灭火系统、中倍数泡沫灭火系统、低倍数泡沫灭火系统。

泡沫灭火系统一般由泡沫液储罐、泡沫消防泵、泡沫比例混合器（装置）、泡沫产生装置、火灾探测与启动控制装置、控制阀门及管道等系统组件组成。其中，固定式液上喷射泡沫灭火系统（压力式）的系统组成如图 8-14 所示。

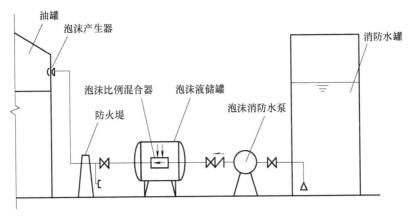

图 8-14　固定式液上喷射泡沫灭火系统（压力式）的系统组成

泡沫灭火系统的工作原理如图 8-15 所示。发生火灾时，自动或手动启动消防泵，打开出水阀门，水流经过泡沫比例混合器后，将泡沫液与水按规定比例混合形成混合液，然后经混合液管道输送至泡沫产生装置，将产生的泡沫施放到燃烧物的表面上，将燃烧物表面覆盖，从而实施灭火。

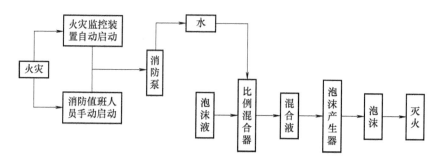

图 8-15　泡沫灭火系统的工作原理

8.4.7　干粉灭火系统

干粉灭火系统是将干粉通过输送管道连接到固定的喷嘴上，通过喷嘴喷放干粉的灭火系统。《中国消耗臭氧层物质逐步淘汰国家方案》已将干粉灭火系统的应用技术列为卤代烷系统替代技术的重要组成部分。

干粉灭火系统在组成上与气体灭火系统类似，由干粉灭火设备和自动控制两大部分组成。前者由干粉储存容器、驱动气体瓶组、启动气体瓶组、减压阀、管道及喷嘴组成；后者由火灾探测器、信号反馈装置、报警控制器等组成，如图 8-16 所示。

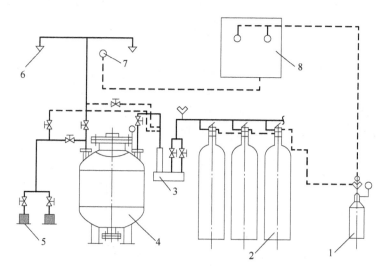

图 8-16　干粉灭火系统组成图

1—启动气体瓶组　2—驱动气体瓶组　3—减压阀　4—干粉储存容器　5—干粉枪及卷盘
6—喷嘴　7—火灾探测器　8—报警控制器

干粉灭火系统启动方式可分为自动控制和手动控制，这里主要介绍自动控制方式的干粉灭火系统工作原理。保护对象着火后，探测器发出火灾信号到控制器，打开报警设备，当启动机构接收到控制器的启动信号后将启动瓶打开，瓶中的高压驱动气体进入干粉储罐内，使罐中干粉灭火剂疏松形成气粉混合物，气粉混合物经过总阀门、选择阀、输粉管和喷嘴喷向着火对象进行灭火。

8.4.8 新型灭火系统

为了进一步满足消防安全的需要，各国的研究机构不断研制开发出新型灭火系统，主要有火探管式自动探火灭火系统、自动跟踪定位射流灭火系统和压缩空气泡沫灭火系统等。

1. 火探管式自动探火灭火系统

在 20 世纪 90 年代末期，一位英国消防工程师首次研制出火探管式自动探火灭火系统，简称火探系统。该系统是指利用火探管探测火灾，并喷射灭火剂，从而实施灭火的一种技术形式，分为直接式和间接式两种系统。

直接式火探系统如图 8-17 所示，它主要由灭火剂储存容器、容器阀和火探管三部分组成。火探管通过容器阀直接连接在灭火剂储存容器上，遇到火灾时，沿火探管上线性均匀布置的诸多探测点会对着火点进行探测，当火场温度达到火探管的动作温度时，火探管发生爆破，灭火剂直接通过爆破孔释放，从而实施灭火。

间接式火探系统如图 8-18 所示，它主要由灭火剂储存容器、容器阀、火探管、释放管及喷嘴五部分组成。火探管通过容器阀直接连接在灭火剂容器上，遇到火灾时，沿火探管线性均匀布置的诸多探测点会对着火点进行探测，当火场温度达到火探管的动作温度时，火探管发生爆破，利用火探管中压力的突然下降打开容器阀，灭火剂经释放管和喷嘴释放，从而实施灭火。

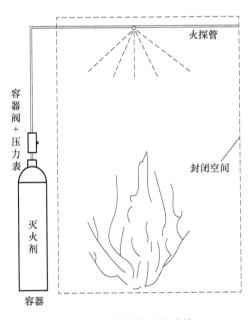

图 8-17 直接式火探系统

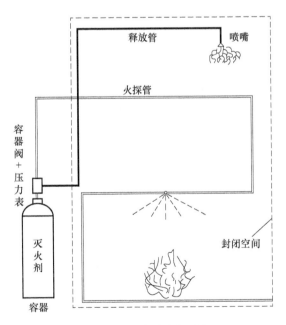

图 8-18 间接式火探系统

火探管式自动探火灭火系统体积小，安装使用灵活，既可大面积安装使用，也可对单个设备进行保护。该系统可广泛用于广播电视发射塔内的设备间、通信系统的设备间、发电厂的设备间等场所。

2. 自动跟踪定位射流灭火系统

自动跟踪定位射流灭火系统是利用红外线、数字图像或其他火灾探测组件对火焰、温度等进行探测，从而实现火灾早期的自动跟踪定位，并运用自动控制方式来实现灭火的各种室内外固定射流灭火系统。该系统主要由带探测组件及自动控制部分的灭火装置和消防供液部分组成，具有智能化程度高、灭火速度快的特点，能全天候实施监测和灭火。自动跟踪定位射流灭火系统的出现，较好地解决了大空间建筑中消防安全设计的难题，尤其适用于空间高度高、体量大、火场升温较慢，难以设置传统闭式自动喷水灭火系统的场所，如大剧院、音乐厅、会展中心、候机楼和体育馆等大空间建筑中。

自动跟踪定位射流灭火系统主要根据灭火装置的不同进行分类，按灭火装置额定流量大小可分为自动消防炮灭火系统和自动射流灭火系统。自动射流灭火系统又可分为大空间智能灭火系统、自动扫描射水灭火系统和自动扫描射水高空水炮灭火系统。

（1）自动消防炮灭火系统　自动消防炮灭火系统由火灾探测器、火焰定位器、消防水炮、解码器、控制主机、控制盘和相应的供水设备组成，主要包括火灾探测、控制中心、消防炮和消防联动控制装备四大部分。

红外线自动寻的消防水炮控制流程如图 8-19 所示。当红外线探测器探测到火灾信号时，向系统信息处理主机发出报警信号，信号处理主机通过通信接口向火灾自动报警系统发出报警信号，并通过显示器显示准确的火灾报警地址信息，同时消防炮集中控制盘自动启动相应位置的消防炮，消防炮上的水平、垂直扫描探测机构进行搜索定位并锁定火源后，启动水泵，打开电动阀，实施喷水灭火，待火源熄灭后，恢复到初始状态。在整个搜索、定位及灭火过程中录像机都自动进行全程实时录像。该系统除自动控制功能外，还有消防控制室的手动控制和现场应急操作功能。

（2）大空间智能灭火系统　大空间智能灭火系统主要由智能型红外探测组件、标准型大空间大流量喷头和电磁阀组三部分组成。该系统通过红外探测组件联动控制电磁阀，以实现喷头的喷水控制。当火灾发生时，探测器立即启动进行探测，待发现火源后，迅速将火灾信号传递给控制中心，控制中心发出指令，开启电磁阀，启动水泵，喷头喷水灭火。待火源被扑灭后，探测器再次发出信号关闭电磁阀，喷头停止喷水。该系统适用于火灾危险较大、火灾蔓延较快的场所。

（3）自动扫描射水灭火系统　自动扫描射水灭火系统主要由智能型探测组件、扫描射水喷头、机械传动装置和电磁阀组四大部分组成。该系统的智能型探测组件、扫描射水喷头和机械传动装置为一体化设置，其启动有一级启动和水平扫描定位两个过程。一级探测器的功能是在一个底面半径为 6m 的圆锥体空间范围内探测火灾，一旦发现火灾，该系统就会立即启动，并把信号传输给中心控制器，控制器发出指令，驱动水平方向的机构开始运动，它随着二级探测器进行水平探测来寻找火源的位置。当它在水平方向找到火源后便立即定位，把喷水口指向火源所在位置，并开启电磁阀，启动消防泵，实施喷水灭火。当火熄灭后，它可自动关闭水泵和电磁阀，重新恢复到监视状态。

（4）自动扫描射水高空水炮灭火系统　自动扫描射水高空水炮灭火系统主要由智能型红外探测组件、自动扫描射水高空水炮、机械传动装置和电磁阀组四大部分组成。该系统的

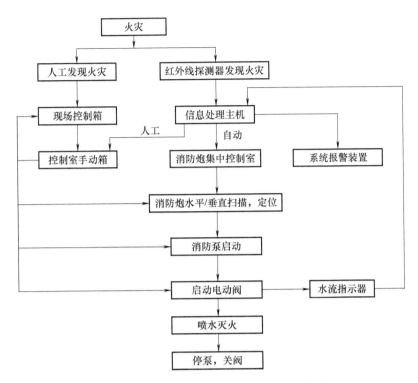

图 8-19　红外线自动寻的消防水炮控制流程

智能型红外探测组件、自动扫描射水高空水炮和机械传动装置为一体化设置。一旦发生火灾，该系统会立即启动，对火源进行水平方向和垂直方向的二维扫描，待火源位置确定后，中央控制器会发出指令，进行报警，同时启动水泵、打开电磁阀，灭火系统对准火源进行射水灭火，待扑灭火源后，中央控制器再次发出指令，停止射水。若有新的火源，灭火系统将重复上述过程，待全部火源被扑灭后重新回到监控状态。上述三种智能型自动射流灭火系统的设计参数对比见表 8-1。

表 8-1　三种智能型自动射流灭火系统的设计参数

装 置 类 型	流量/(L/s)	保护半径/m	工作压力/MPa	启动时间/s	安装高度/m	喷水方式
大空间智能灭火系统	≥5	≤6	0.25	≤30	6 ~ 25	着火点及周边圆形区域扫描洒水
自动扫描射水灭火系统	≥2	≤6	0.2	≤20	2.5 ~ 6	着火点及周边扇形区域扫描洒水
自动扫描射水高空水炮灭火系统	≥5	≤20	0.6	≤25	6 ~ 20	着火点及周边矩形区域扫描洒水

3. 压缩空气泡沫灭火系统

压缩空气泡沫灭火技术于 20 世纪 80 年代开始在西方国家得到较为广泛的应用，90 年代后期，压缩空气泡沫灭火技术进入我国并开始应用。压缩空气泡沫系统主要由消防水泵、空气压缩机、泡沫注入系统和控制系统四部分组成。

压缩空气泡沫灭火系统的工作流程如图 8-20 所示。当水流经水泵后，压力水先同泡沫液按一定比例混合，形成混合液，混合液再同压缩空气按一定比例在管路或水带中预混，然后通过喷射装置，即可产生压缩空气泡沫。在此过程中，水、空气和泡沫液三者之间的压力平衡和流量混合比例主要由控制系统自动控制，从而实现三者之间的动态平衡，以产生火场所需的泡沫类型。压缩泡沫灭火系统主要用来扑救 A 类火灾，也可以扑救普通的 B 类火灾，但 A 类泡沫的抗烧性低于 B 类泡沫。

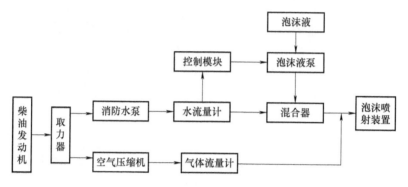

图 8-20 压缩空气泡沫系统的工作流程

思 考 题

1. 举例说明冷却、窒息、隔离和化学抑制灭火法的实际应用。
2. 请指出能够扑救 B 类火灾的灭火剂有哪些？并分析这些灭火剂的灭火机理。
3. 试举出两类新型灭火剂，并分析其特点及未来发展方向。
4. 简述湿式自动喷水灭火系统的工作原理。
5. 对比自动射流灭火系统和自动消防炮灭火系统的异同。
6. 举例说明细水雾灭火系统可适用的场所。
7. 简述矿井火灾灭火剂的种类及灭火机理。

第9章
城市消防规划

教学要求

　　了解城市火灾的特点、消防安全薄弱环节和城市消防规划的意义；熟悉城市消防规划体系，包括指导思想与原则、编制与实施管理等相关内容；掌握城市消防发展水平的综合评价方法；掌握城市消防布局的基本要求和主要内容；了解城市公共消防基础设施规划

重点与难点

　　城市消防发展水平综合评价方法

　　城市消防安全布局的基本要求及主要内容

　　消防站布局规划、消防装备规划、消防通信规划、消防供水规划、消防车通道规划

9.1 城市消防规划概述

　　改革开放以来，我国经历了世界历史上规模最大、速度最快的城镇化进程。《国家新型城镇化规划（2014～2020年）》明确指出，到2020年，我国的城镇化水平和质量稳步提升，城镇化格局更加优化，城市发展模式科学合理，城市生活和谐宜人，城镇化体制机制不断完善。这一全局性的城市发展和变化，将会影响我国国民经济建设各个方面的战略对策和部署。

9.1.1 城市火灾形势

　　从社会发展的宏观角度看，一个国家基本建设规模的大小反映着经济发展的速度，同时也在一定程度上反映着城市化进程的快慢。自改革开放以来，我国进行了大规模的基本建设，特别是近几年来国家基本建设规模不断加大，这反映出我国城市化的进程正处在一个高速发展期。

火的使用使人类步入了文明社会。然而，火在造福人类的同时，也给人类带来了灾难。火灾无情地吞噬了人们的生命，无数财富在火灾中化为灰烬。尽管有的火灾是由于雷击起火、物质自燃等非人为原因所致，但就全部火灾而言，90%以上的火灾都是人为原因造成的，加之火灾的频繁与其危害的严重化，火灾成了人为灾害事故中的主要灾种，更是各类灾害中发生最频繁，并极具毁灭性的灾害之一。所以，预防火灾是人类抵御火灾事故中的一项极其重要的工作。

当前，我国火灾总体形势依然十分严峻。随着国家经济的发展和城镇化的进程，火灾造成的财产损失呈现增长趋势，其对国民经济和社会发展的潜在威胁和危害有可能继续扩大。因此，建立综合性的城市消防安全保障体系，增强城市抵御火灾侵袭整体能力，实现城市建设的可持续发展，是一项非常迫切的任务。

9.1.2 城市火灾的特点

城市火灾多为人为火灾，往往伴随着爆炸。其类型有固体火灾（A类）、液体火灾（B类）、气体火灾（C类）、金属火灾（D类）、带电火灾（E类）等；按火灾发生的场所又可分为工业火灾、基建火灾、商贸火灾、居民住宅火灾、地下空间火灾等；按火灾造成的后果又可分为一般火灾、较大火灾、重大火灾、特别重大火灾。

随着城镇化建设加快，人员密集和易燃易爆场所、高层地下和大跨度大空间建筑增多，用火、用电、用油、用气增加，火灾发生概率和防控难度加大，稍有不慎就可能发生火灾。

综合来看，城市火灾具有以下特点：

1）冬春季节火灾发生率略高于夏秋季节。

2）农村火灾死亡人数比重大于城市与县城、集镇。

3）住宅、人员密集场所火灾起数及伤亡人数较多。

4）企业类火灾多数发生在个体私营企业。

5）火灾中人员死亡多集中于深夜至凌晨的时段。

6）用电、用火不慎引发的火灾约占一半。

7）消防队伍灭火救援任务更加繁重。

有关研究表明，与城市火灾密切相关的气象因子依次为：当天的空气相对湿度、气温、连旱天数、当天的最大风速等，城市火灾风险等级也依次划分为四级（表9-1）。

表9-1 城市火灾风险等级

等级	名称	预防策略
1级	低风险	防止大意，谨防化学物品遇水起火
2级	较低风险	禁止滥用火源
3级	中等风险	注意防火，谨防电器火灾和生产性火灾
4级	高风险	加强防火，排除火灾隐患，谨防生产性和非生产性火灾

9.1.3 消防安全薄弱环节

近年来，城市重特大火灾事故时有发生，反映出对城市快速建设中的巨大风险隐患认识不足、准备不足，社会单位消防安全主体责任落实不到位，城市消防站的规划和建设、特种装备的配置率、安全逃生自救知识的普及和演练等方面存在不匹配、不适应、不重视等问题，潜伏着不容忽视的消防安全薄弱环节和城市安全运行重大挑战。消防安全薄弱环节具体体现在如下几个方面。

1. 重大消防难题日益突出

以上海市为例，目前上海在用高层建筑已逾 1.5 万幢，总投资额 148 亿元、高 632m 的上海中心大厦于 2016 年竣工；全球化工巨头纷纷落户上海化学工业区，全市各类易燃易爆化工企业逾 1 万家；上海已建成投用世界级的洋山深水港；集航空、地铁、高铁、高速公路交通于一体的虹桥综合交通枢纽，集公路、铁路、电缆通道于一体的长江隧桥工程，构成城市轨道交通网，其上车辆穿梭不断、10 多条隧道潜入黄浦江底，运营线路 12 条、里程 425km、日客流峰值近 900 万人次（超过全国铁路日客运量）；超大型地下空间等重大项目全面开发建设，50 万变电站建在地下 45m 处等。上述每个领域的消防工作都是国际上公认的消防安全难题，而且如此聚集叠加前所未有、世所罕见，因此对消防安全的前端监管、技术防范和灾后处置都是严峻考验。

2. 传统与非传统消防安全问题错综复杂

城市在建设发展进程中遗留下来的危棚简屋、人防工程等传统消防难题至今仍未彻底解决。进入新世纪以来，随着社会经济加快转型，产业结构加快调整，二元社会结构特征较为明显，现代城市形态与低端生产生活状态交织，出现了闲置厂房、家庭式作坊、经营性"三合一"场所、"群租"房、拆迁基地，并出现了部分居民小区的消防车通道被占用，以及"边施工、边经营、边居住"的房屋修缮工程中违章动火操作等非传统消防安全问题。同时，涌入城市的外来人员消防安全素质参差不齐，高龄独居老人的消防安全监护薄弱，城市国际化引来的境外人员等特殊人群的消防服务管理，都是社会消防管理的新难题。

3. 消防硬件设施设备存在"硬伤"

城市市郊区域公共消防设施欠账多，中心城区消防站落地难，一些消防站辖区面积过大，消防队营房设施陈旧等问题仍然突出。城市水域消防基础设施建设滞后，部分水域消防码头还是空白。应对高难度灭火救援任务的消防装备缺口较大，尤其是空勤、水域、油气、地下空间、高层建筑等领域消防应急特种装备配备不足，消防通信设备老化，难以满足新形势下城市综合应急救援的实战需求。

4. 消防软实力存在"软肋"

大型城市消防安保任务日趋繁重，尤其是消防部门力量不足。一些社会单位的消防安全主体责任不落实，消防基本投入不足，企业专职消防力量较弱，日常消防管理不足，火灾隐患整改不力。对公众消防安全宣传教育的针对性、有效性不够，市民消防安全意识、自救逃生能力有待提高。消防法规体系仍需健全、完善，消防安全监管体系和监督执法能力尚需"补课"。

9.1.4　城市消防规划的意义

城市是一个地区政治、经济、文化的中心，在国民经济建设中具有十分重要的地位和作用。城市企事业单位多，机关团体多，商业网点多，建筑密集，物资、人员集中，发生火灾的危险性大，发生火灾后损失大、伤亡大、影响大。随着改革开放的深入和经济建设的发展，消防保卫任务越来越繁重。因此，城市必须具有较强的防灾、抗灾能力，才能有效预防和抵御火灾事故对城市经济建设和人民生命财产安全的危害。消防安全是文明美丽城市的重要保障，城市消防规划和公共消防基础设施建设的状况是衡量一个城市现代化文明程度的标志之一。

凡事预则立，不预则废。目前很多城市存在总体布局不合理，消防站、消防给水、消防通信、消防通道等公共消防基础设施严重不足，消防装备数量少且陈旧落后，防灾抗灾能力弱等问题。究其原因，主要是没有制定城市消防规划；少数城市虽已制定，但没有纳入城市总体规划并付诸实施；有的城市没有逐年投入必要的消防经费用于公共消防基础设施建设，以致城市公共消防基础设施和消防装备建设严重滞后于城市建设发展，极不适应城市消防保卫工作的需要，以致发生火灾后不能及时有效扑救，造成重大经济损失和人员伤亡。为此，必须严格进行消防规划管理，坚定不移地进行消防规划。

9.2 城市消防规划体系

消防规划是指导城市消防建设的重要依据，是实现城市消防安全目标的综合性手段。大量的灾害事件表明，城市需要有合理的消防安全布局、完善的公共消防设施和配套的消防装备，才能满足公共消防管理和公共消防服务的需求。城市建设不能缺少消防规划，消防规划的基本作用就是确定城市消防的发展目标和总体布局，指导建立城市消防安全体系，为城市建设和发展提供消防安全保障。

9.2.1 城市消防规划现状及展望

我国消防规划的理论和实践是伴随着城市发展的客观需要而产生和逐步发展的。新中国成立以来，特别是改革开放以来，随着我国经济建设和城市规划的发展，城市消防规划进入了一个崭新的发展阶段。

但是，从国内大部分城市编制的消防规划来看，起步较晚，起点较低，总体水平不高。从规划立意来看，大部分规划只注重硬件建设，忽视城市消防管理特别是消防人文环境的建设，缺少对城市消防事业发展的前瞻性和战略性思考；从规划期限来看，大部分规划时间跨度较短，长远规划不多；从规划内容来看，对城市消防安全布局和公共消防设施综合建设考虑不够，规划提出的目标、任务比较单一；从规划执行情况来看，一些地方缺乏监督管理，城市消防规划的可操作性比较差，实施效果还不明显。

城市消防规划与城市总体规划以及各种专业专项规划一样，都是在实践中不断丰富、完善和发展的。一方面，随着城市经济社会的不断发展，全社会消防安全意识明显提高，对消防安全工作提出了更高的需求，消防规划必须在这样一种新的需求基础上，从更高的起点对城市消防工作未雨绸缪，做出更加科学合理的规划，以求得消防工作与经济社会的协调发展；另一方面，经济社会的发展、城市规划编制体系的完善，特别是随着计算机技术的发展、城市火灾风险分析评估技术的应用、城市规划建设区控制性详细规划覆盖率的提高和城市各种专项规划的细化，为消防规划的编制和实施提供了有利条件和技术支持，消防规划的合理性、操作性和可行性将会进一步提高。从消防规划的发展趋势看：

1）加快对消防规划编制技术的研究，尽早制定和颁布城市消防规划编制导则和技术文本，使城市消防规划编制工作法制化、标准化。

2）开展农村小城镇消防规划，结合小城镇的规模、性质、类型、地理区域位置等因素，遵循因地制宜、经济实用、不拘一格的原则，提出小城镇消防安全布局和消防站、消防供水、消防车通道、消防通信等公共消防设施建设要求，并将其纳入小城镇总体规划，与其他基础设施统一规划、统一设计、统一建设。

3）研究和制定区域性的专项消防规划，比如建立跨区域紧急救援机制、建设跨区域特勤消防力量、建立区域性报警分区和区域性消防供水体系等。

9.2.2　城市消防规划指导思想与原则

消防规划应以人为本，以全面、协调、可持续发展的科学发展观为指导，适应建立社会主义市场经济体制的要求，遵循消防工作的发展规律，以《中华人民共和国城乡规划法》《中华人民共和国消防法》和城市总体规划、土地利用规划等为依据，从城市社会经济发展和城市建设的实际情况出发，按照城市发展总体目标和相应的消防安全要求，充分结合城市形态特点，优化、整合城市公共基础设施资源，学习借鉴国内外先进的消防理念，体现规划的先进性、前瞻性、针对性、适应性、可操作性和创造性。

消防规划的制定应遵循以下基本原则：

1）坚持"预防为主、防消结合"的消防工作方针。

2）坚持以人为本、科学合理、技术先进、经济实用的原则。

3）坚持消防工作社会化、法制化，创造和谐的消防安全环境。

4）坚持综合防灾减灾，促进消防力量向多种形式发展。

5）坚持从实际出发，把握全局，突出重点，解决主要问题。

6）坚持统筹规划，从战略角度思考消防工作，立足当前，谋划未来，注重近期与中远期相结合，分步实施、同步建设。

9.2.3　城市消防规划的任务和内容

消防规划的基本任务就是结合城市总体规划，在收集整理城市各种基础资料，综合分析城市消防工作薄弱环节和火灾等灾害事故发展趋势的前提下，对城市消防安全布局、公共消防站、消防供水、消防车通道、消防通信等各种公共消防基础设施和消防装备的建设进行科学的、前瞻性的、战略性的思考及预测，提出近、中、远期消防建设发展目标和实施意见，推动消防工作与社会经济协调发展，不断提升城市消防综合实力，满足社会的消防安全需求。

消防规划的基本内容一般包含城市消防安全布局、城市公共消防基础设施和消防装备建设等。从时效性角度而言，消防规划分为近期规划、中期规划和远期规划。从执行的角度来看，消防规划的内容分为强制性内容和非强制性内容。强制性内容是指在消防规划中必须纳入实施的内容，必须严格执行。除法律、法规规定的强制性内容之外，不同的城市可根据不同的实际情况，具体选择其他的规划内容和侧重点。

9.2.4　消防规划编制与实施管理

消防规划是一项行政管理活动。根据《中华人民共和国消防法》与《中华人民共和国城乡规划法》的规定，城市消防规划作为城市规划的重要组成部分，由各级人民政府负责组织编制。各级人民政府是本地区消防规划组织编制与实施的责任主体，并需依法履行相关职责。此外，政府有关职能部门和相关单位，如城市规划部门、消防部门、计划部门、建设部门、财政部门、其他相关部门和单位也有其相应的职责。

消防规划的编制依据是指编制消防规划时所需要执行、参考和对照的法律法规及相关文件，一般是与消防和规划工作有关的法律法规、行政规章、技术标准、规范性文件、城市总体规划、有关专项规划及政府的行政决定等。

消防规划编制工作是一项复杂的系统工程，具有一定的工作程序，一般包含编制立项、确定组织体系、资料收集、开展专题研究、编制消防规划、征询社会意见、组织专家评审和规划报批等过程（图9-1）。

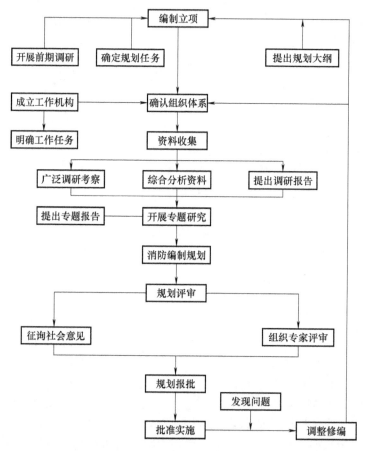

图 9-1 消防规划编制程序框图

形成的消防规划编制成果一般应包括附件、消防规划文本和图集。附件包括文本说明、基础资料汇编、专题研究报告等技术文件；消防规划文本是对消防规划的目标、原则和内容提出规定性和指导性要求的文件，是消防规划文件的主体，是向地方政府申报的主要文件，一经地方政府批准实施，就具有一定的法律作用；消防图集是以图样的形式表达规划文本的内容；消防规划图可分为现状图、近期规划图和远期规划图，规划图所表达的内容及要求应与规划文本的内容保持一致。消防规划成果的表达应当规范、明确，消防规划的成果文件应当以书面和电子文件两种方式表达。

消防规划的实施管理是伴随着消防规划的编制、审批、实施而出现、存在和延续的，是消防规划的具体化体现，也是消防规划不断完善、深化的过程。对消防规划的实施进行有效管理，是实现城市消防规划目标的重要保障手段。而消防规划的实施管理是一个长期的、渐进的、艰巨的过程，要与城市规划中的其他各项建设统一协调，以保证消防规划提出的建设目标能够顺利完成。因此，有必要通过监督、评估或修正等各种管理手段保持对消防规划实施全过程的持续控制，使消防规划的实施结果最终能朝着城市消防发展的基本战略和基本目标前进，促进城市消防工作不断发展。

编制消防规划是一项艰苦细致的工作，是针对城市建设中各类消防安全问题提出的综合治理措施。实施消防规划工作难度大，只靠行政管理手段往往难以完全奏效，必须综合运用法制、行政、经济、社会等多种管理手段，才能确保消防规划的有效实施。

9.2.5　城市消防发展水平综合评价方法

城市消防发展是城市消防的构成要素及其有机整体在质和量上的统一，是适应社会、经济发展的要求而相应增长并不断完善的进程。城市消防发展是城市发展不可分割又具有相对独立性的一部分，应与社会、经济、科技同步协调发展。

城市消防发展水平综合评价指标体系是由一系列具有内在联系、有代表性、能概括城市消防要素的指标组合成的指标集，它是能有条理地系统反映城市消防的发展水平，并能对其是否与社会、经济、科技持续协调发展做出客观、全面的综合评价的一种科学体系。

城市消防发展水平综合评价指标体系分为综合评价层、评价子系统层（评价要素层）和评价指标层三个层次，评价子系统层由消防实力水平、消防基础设施状况、消防社会化程度和火灾状况四个评价要素构成，其隶属的评价指标有 16 个，具体见表 9-2。

表 9-2　城市消防发展水平综合评价指标体系

综合评价层	评价要素层	评价指标层
城市消防发展水平	消防实力水平	城市专业消防队车辆装备水平
		15min 消防时间达标率
		大专以上学历和中、高级职称专业消防人员比例
		每万人口专业消防员数量
		消防监督法规完善率
	消防基础设施状况	政府消防经费占财政支出比例
		城市消防站布局达标率
		市政消防供水能力
		119 火警线和火警调度专用线达标率
		工程消防设施达标率
	消防社会化程度	消防知识教育普及率
		公众消防素质
		社会自防自救能力
	火灾状况	每万元国内生产总值火灾直接损失额
		每十万人口火灾发生率
		每百万人口火灾死亡率

目前，综合评价方法类型很多，主要评价方法有复合权重法、直接综合法、因子分析法、投影法、加权评分法等。通过对上述各类方法进行深入的分析比较，认为加权评分法不仅能满足城市消防发展水平综合评价的要求，而且具备操作简便、准确、计算结果符合实际等特点。因此，城市消防发展水平综合评价方法按照加权评分法的类型和框架进行设计，依据模糊数学关于综合评判的数学模型，计算公式如下：

$$F = \sum_{i=1}^{n} J_x B_x \qquad (9-1)$$

式中　F——综合评分；

B_x——单项指标 X 的评分；

J_x——单项指标 X 的权重；

n——指标数。

城市消防发展水平综合评价指标体系中各评价子系统和评价指标的权重值是采用专家打分法确定的，各个评价子系统和评价指标的权重见表 9-3。

表 9-3　评价子系统和评价指标的权重

评价子系统	权重	评价指标	权重
消防实力水平	0.33	城市专业消防队车辆装备水平	0.07
		15min 消防时间达标率	0.07
		大专以上学历和中、高级职称专业消防人员比重	0.07
		每万人口专业消防人员数	0.06
		消防监督法规完善率	0.06
消防基础设施状况	0.32	政府消防经费占财政支出比重	0.07
		城市消防站布局达标率	0.07
		市政消防供水能力	0.06
		119 火警线和火警调度专用线达标率	0.06
		工程消防设施达标率	0.06
消防社会化程度	0.18	消防知识教育普及率	0.07
		公众消防素质	0.06
		社会自防自救能力	0.05
火灾状况	0.17	每万元国内生产总值火灾直接损失额	0.07
		每十万人口火灾发生率	0.05
		每百万人口火灾死亡率	0.05

应用城市消防发展水平综合评价指标体系及评价方法须有一套与之相适应的基础数据体系，它是对城市消防发展水平综合评价进行定量分析的基础。因此，为满足 16 个评价指标量化的需要，确定出最能反映城市消防发展水平本质的 37 个基础数据，构成城市消防发展水平综合评价基础数据体系，具体见表 9-4。

表 9-4　城市消防发展水平综合评价基础数据体系

序号	基础数据	序号	基础数据
1	消防执勤车辆数	19	地方政府财政支出总额
2	企事业专职和民办专业消防执勤车辆数	20	城市建成区已设置消防站数
3	消防举高车辆执勤数	21	城市建成区应设置消防站数
4	企事业专职和民办专业消防举高车辆执勤数	22	城市建成区已设置完好消火栓数
5	消防大功率车辆执勤数	23	城市建成区市政消防供水平均流量
6	企事业专职和民办专业消防大功率车辆执勤数	24	城市建成区电话分局数
7	城市人口总数	25	城市建成区 119 火警线开通数
8	城市建成区人口数	26	城市建成区消防站火警调度专用线已开通数
9	接警出动平均时间	27	工程消防设施抽查项目数
10	行车到场平均时间	28	工程消防设施抽查达标项目数
11	开始出水平均时间	29	火灾总数
12	消防部门专职消防人员数	30	人为火灾数
13	企事业专职消防人员数	31	消防受理的火灾报警数
14	民办专业消防人员数	32	消防出水扑救数
15	大专以上学历和中、高级职称消防部门消防人员数	33	消防社会教育问卷调查得分
16	大专以上学历和中、高级职称企事业专职和民办专业消防人员数	34	火灾直接损失
		35	国内生产总值
17	地方消防监督法规条文累计数	36	火灾死亡人数
18	地方政府消防经费	37	火灾受伤人数

9.3 城市消防安全布局

　　城市消防安全布局是根据城市性质、规模和功能结构，按照城市公共消防安全要求，对城市工业区、仓储区、居住区、旧城区改造、人员密集公共场所、城市危险物品运输、古建筑、地下空间、城市防灾避难场所等进行综合规划布局；是指符合城市公共消防安全需要的城市各类易燃易爆危险化学物品场所和设施、消防隔离与避难疏散场地及通道、地下空间综合利用等的布局和消防保障措施；是城市总体规划和消防规划的重要内容；是决定城市整体公共消防安全环境质量的重要因素；也是贯彻消防工作"预防为主、防消结合"方针的重要举措，是城市消防安全的基础之一。

9.3.1 城市消防安全布局规划的基本要求

　　城市消防安全布局规划的基本要求是指在规划消防安全布局过程中所应遵循的目的、任务和措施要求。

　　城市消防安全布局的目的是根据城市总体规划，按照城市功能分区，综合考虑消防安全要求，对一些特定的可能危害城市消防安全的因素，诸如危险化学品生产、储存企业及大型物资仓库等进行综合布局规划，控制可燃物、危险化学品设施的布点、密度及周围环境，防范火灾扩散和蔓延，控制消防隔离及避难疏散的场地及通道，控制灭火救援的空间条件，尽量降低灾害发生时的危害程度，降低城市火灾造成的生命和财产损失，创造安全的生产、居住环境。

城市消防安全布局的任务是按照城市功能分区和公共消防安全要求，合理规划和调整各类危险化学品的生产、储存、运输、供应场所和设施的布局、密度及周围环境；合理利用城市道路和公共敞开空间，控制规划和设置防火隔离带和防灾避难场所；综合研究公共聚集场所、高层建筑密集区、建筑耐火等级低的危旧建筑密集区（棚户区）、城市交通运输体系及设施、居住社区、古建筑、地下空间综合利用的消防安全问题，并制定相应的消防安全措施，使城市各组成部分在平面和空间布局上布置得更安全、更合理，达到规定的消防安全目标。

根据现行有关国家、行业标准和工程项目建设标准，在进行城市消防安全布局时，应当执行以下标准的规定。

（1）规模措施　一般情况下，火灾危险性与危险物品的数量、建筑物的容积和高（深）度成正比，因此在安全布局时，应严格控制危险化学品的容积和设置方位、建筑物的体积和高度。

（2）结构措施　建筑的耐火等级直接影响建筑的消防安全，从而影响城市的整体安全水平，因此应该根据城市区域功能，按照建筑类别和使用性质合理确定其耐火等级，并按要求选用相应的不燃或难燃的建筑材料。

（3）密度措施　建筑密度越高，发生火灾后相互蔓延的概率越大，火灾危害也就越大，因此在总体布局某一区域建筑时，应综合考虑火灾发生时可能蔓延的情况，严格控制区域内建筑密度，确保建筑之间的安全间距。

（4）空间分区措施　根据城市结构和区域功能，逐步搬迁和改造城市中心城区的危险品生产、储存企业和码头，集中设置危险物品生产、储存区域，并在其周围设置防火隔离带。

（5）避难措施　在城市消防安全布局规划时，应综合考虑发生地震、台风等各种重大灾害事故时人员的紧急避险和疏散要求，充分利用绿化地、广场、公园、道路等设置避难场地和避难道路，并保证避难场所建筑的抗燃、抗震性能和避难道路的畅通。

（6）土地控制和储备措施　在城市总体规划布局时，应按照城市消防安全布局要求，严格控制易燃易爆危险化学品生产、储存场所周边的用地，预留一定数量的消防及防灾储备用地，以备城市建设发展需要。

9.3.2　城市消防安全布局的主要内容

城市消防安全布局规划包括工业区、仓储区、城市居住区和旧城区改造、城市中心区及人员密集的公共建筑、城市对外交通运输设施、易燃易爆危险品场所及运输路线、风景名胜区与古建筑、地下空间等主要内容。

1. 工业区

占地面积大、关联密切、货运量大、火灾危险性大、有一定污染的工业企业，宜按不同性质组成工业区，并应布置在城市的边缘地区。占地面积小、火灾危险性小、基本上无污染的工业企业，如食品厂等，可布置在城市内单独地段、居住区的边缘和交通干道的附近。

工业区与居住区之间要有一定的安全距离，并形成防火隔离带，起到阻止火灾蔓延的分隔作用。工业区布置应注意靠近水源和交通便捷区域。消防车沿途必须经过的公路、桥梁应能满足其通过要求，尽量避免公路与铁路交叉。

易燃易爆工业企业的生产区应尽量布置在城市和居住区全年主导风向的下风或侧风方向，并应充分考虑本企业与相邻企业、居住区的周边环境条件，合理布置在安全地区，避免发生火灾、爆炸事故时，对周围造成影响。当炼油厂、石油化工厂、农药厂、医药原料厂等工业企业的生产区沿江、河布置时，应位于临江城镇、重要桥梁、大型锚地、固定停泊场、造船厂或修船厂、码头等重要建（构）筑物的下游，且距离不宜少于300m。

2. 仓储区

易燃、可燃气体和液体的储罐、仓库、堆场应根据其类型、用途和火灾危险性，结合城市的性质、规模和工业、交通、生活居住等布局，综合确定其方位、规模及与周围建（构）筑物的安全距离等，并应靠近消防水源充足的地方。针对城市仓储区大量物资集散的特点，在布局上宜采取相对集中、分类储存的方式，在运输上应规定交通道路和通行时间。

液化石油气供应基地、供应站必须远离居民区、重要的公共设施、军事设施、古建筑、风景区，且应选择在地区全年最小频率风向的上风侧。液化石油气气化站、混气站应选择在全年最小频率风向的上风侧，且应通风良好、不易积存液化石油气的地段。

城市燃气储配站的燃气储罐，宜分散布置在用户集中的安全地带。燃气调压站应根据用户分布情况，设置在居民区的街坊、绿化地等用气负荷中心的安全地带。高压、中压燃气管道宜布置在城市的边缘。

石油库及其他易燃可燃液体仓库应布置在城市郊区的独立地段，远离电站、变电所、重要交通枢纽、大型水库、水利工程等重要设施，宜建立在地势低洼处，设置一定的隔离地带，并应布置在城市常年主导风向的下风或侧风向。靠近河岸的石油库应布置在港口码头、水电站、水利工程、船厂以及桥梁的下游。

加油加气站应纳入城市的统一规划和建设中，进行合理布点。在城市建成区内不应建设一级加油站、一级天然气加气站、液化石油气加气站和一级加油加气合建站，不得设置流动的加油、加气站。

煤炭、木材等易燃、可燃材料的仓库、堆场宜布置在城郊或城市边缘的独立地段。在气候干燥、风速较大的城市，还必须布置在大风季节时，城市主导风向的下风向或侧风向。

3. 城市居住区和旧城改造

城市居住区应选择在地势较高、卫生条件较好、不易遭受自然灾害的地段，尽量接近景观较好、交通方便的地方，尽可能少受噪声的干扰和有害气体、烟尘的污染，并要留有适当的发展余地。居住区内各种不同功能的建筑群之间要有明确的功能分区。各个居住区应合理布置道路、广场、公共绿地、生产及公用设施等。居住区边缘或临街建筑物应采用耐火等级为一级或二级的建筑物。居住区之间设置城市的主要干道，居住小区之间设置城市干道或居住区级道路，居住组团之间设置居住小区级道路，以此形成防火隔离带。居住区内一般还设置一些生活服务设施，如煤气调压站、液化石油气瓶库等，有的居住区还设置一些小规模的生产性质的建筑。

建筑耐火等级低的危旧场建筑密集区及消防安全条件差的其他地区（如旧城棚户区、城中村等），应采取开辟防火间距、打通消防通道、改造供水管网、增设消火栓和消防水池、提高建筑耐火等级等措施改善消防安全条件。对于长条形棚户区或沿街耐火等级低的建筑，宜每隔 80~100m 采用防火分隔措施，如拆除一些破旧房屋，成片开发，建造一、二级耐火等级的居住或公共建筑。对于大面积的方形或长方形的棚户区，一时不易成片改造的，可划分防火分区。每个防火分区的面积不宜超过 2000m。各个分区之间应留出不小于 6m 宽的防火通道；或者每个防火分区的四周，建造一、二级耐火等级的建筑，使之成为立体防火隔离带。对于旧城区原有布局不合理的工业企业，如工厂布局混乱，工厂与居住区混杂，造成彼此干扰、影响消防安全的，应根据不同情况采取相应措施。

4. 城市中心区及人员密集的公共建筑

城市中心区是城市主要公共建筑分布集中的地区，主要由各类建筑、活动场地、绿地、环境设施和道路等构成。目前，国内城市中心区的布局形式主要有沿街线状布置和在街区内呈组团状布置两种。

沿街线状布置即沿城市主要道路布置公共建筑时，应注意将功能上有联系的建筑成组布置在道路一侧，或将人流量大的公共建筑集中布置在道路一侧，以减少人流频繁穿越街道。在人流量大、人群集中的地段应适当加宽人行道，或建筑适当后退形成集散场地，减少对道路交通的影响，在人流较大的街道区域，应根据具体环境设高架或地下人行通道。商业中心可开辟步行街，避免人车混行。

在街区内呈组团状布置即在城市干道划分的街区内，根据使用功能呈组团状布置各类公共建筑组群，使步行道路、场地、环境设施、绿地与建筑群有机结合在一起。这种组团式的集中布局有利于城市交通的组织，避免城市交通对中心区域公共活动的干扰。城市的展览馆、会展中心、体育馆、影剧院、大型商贸建筑等人员密集的建筑，应设置集散广场或场地。广场或场地宜与城市干道有良好的联系，便于平时人流和车流的集散和发生火灾时人员及物资的安全疏散。

5. 城市对外交通运输设施

铁路应尽量避免分割城市、穿越居住区或易燃易爆危险化学品工厂、仓库集中的地区。沿水路布置的石油作业区，应建立在城市、港区、锚地、重要桥梁的下游。沿水道布置的木材作业区应与储存和使用易燃材料的场所保持一定距离。

铁路客运站是人员密集的场所，应远离易燃易爆的工厂、仓库、储罐区及易燃可燃材料堆场，布置在散发易燃易爆气体、粉尘工业企业的全年最小频率风向的下风侧，以确保安全。货运站和货场应设置在避开易燃易爆的工厂、仓库、储罐区的安全地带。以大宗货物为主的专业性货运站，一般应设在城市外围，接近其供应的工业区、仓库等货物集散点；易燃、易爆物品的货运站应设在城市郊区，并有一定的安全隔离带。

公路汽车客运、货运站的布置应方便与城市主要道路系统的联系，车流合理，出入方便，地点适中，便于旅客和货物的集散，同时又不影响城市的生产和生活。

港口选址应符合港口总体布局规划和当地建设条件的要求，且不能影响城市的安全，尤其是装卸危险货物的港区应远离市区。油品码头宜布置在港口的边缘地区，且宜布置在港口的下游，应选择距上游建筑物、桥梁等较远的安全地带设置。当岸线布置确有困难时，可布置在港口上游。油品码头与其他码头或建（构）筑物的安全距离、码头前沿线至油罐之间的安全距离及危险品码头的布置，应当执行现行国家标准《石油库设计规范》（GB 50074—2014）的规定。粮食装卸码头可能会发生粉尘爆炸事故，故应单独设置，与相邻建（构）筑物保持一定距离。

6. 易燃易爆危险品场所及运输路线

各类易燃易爆危险化学物品的生产、储存、运输、装卸、供应场所和设施的布局，应符合城市规划、消防安全和安全生产监督等方面的要求。

在城市规划建成区范围内，应合理控制各类易燃易爆危险化学物品的总量、密度及分布状况，通过积极采取社会化服务模式，控制、限制、取消各个社会单位分散的危险化学物品场所和设施，合理组织危险化学物品的运输线路。

各类易燃易爆危险化学物品的生产、储存、运输、装卸、供应场所和设施的布局，应与相邻的各类用地、设施和人员密集的公共建筑及其他场所保持规定的防火安全距离，并且相对集中设置；在规划易燃易爆危险品的运输路线时，应根据城市的产业布局及需求，划定允许通行范围和禁止通行的道路及可通行时间。易燃易爆危险品的运输区域应避开闹市集镇和繁华的街道，尽可能选择宽阔平坦的道路。同时，对城市重要景观道路及重要区域也应严格限制易燃易爆危险品运输车辆通行。在确定危险品运输路线时，应充分考虑大风、大雾、大雨、大雪和酷暑等恶劣天气对易燃易爆危险品运输造成的影响。

大、中型石油化工生产设施、二级及以上石油库等规模较大的易燃易爆化学物品场所和设施，应设置在城市规划建成区边缘且确保城市公共消防安全的地区，并不得设置在城市常年主导风向的上风向、城市水系的上游或其他危及城市公共安全的地区。

汽车加油加气站的规划建设应符合《汽车加油加气站设计与施工规范》（GB 50156—2012，2014 年版）的有关规定。城市规划建成区内不得建设一级加油站、一级天然气加气站、一级液化石油气加气站和一级加油加气合建站，不得设置流动的加油站、加气站。

城市可燃气体（液体）储配设施及管网系统应科学规划、合理布局，符合相关技术标准的要求。

城市规划建成区内应合理组织和确定易燃易爆危险化学物品的运输线路及高压输气管道走廊，不得穿越城市中心区、公共建筑密集区或其他的人口密集区。

7. 风景名胜区与古建筑

风景名胜区中建筑物的布局形式是在历史发展过程中形成的，受到众多因素的影响，风景名胜区的消防规划应考虑这些影响因素。古建筑的布局和防火分区应按《古建筑防火管理规则》办理。对于防火间距不足或防火分区面积过大的古建筑，应采取有效措施，增强建筑物的耐火性能或进行其他有效的防火分隔。此外，历史城区、历史地段、历史文化街区、文物保护单位等应配置相应的消防力量和装备，改造并完善消防通道、水源和通信等消防设施。

8. 地下空间

地下空间开发利用应严格执行各相关规范的要求，并应高度重视地下空间的防火安全。在地下空间中，严禁存放易燃易爆化学危险品，严格限制易燃品的储存和发烟量大的商品数量。强化地下空间的消防管理，配备必要的专职消防人员，对商场人员要进行必要的消防灭火培训和防火、灭火演练，增强人们的消防意识。大型的地下空间应设防灾报警和广播系统，并与消防指挥系统连接，方便火灾时与消防体系进行联系，保证第一时间报警，第一时间消防出动，减少火灾损失。

针对目前地下空间开发利用面临的主要问题，在消防规划中应采取以下相应的措施：

1）强化对地面出入口的预留控制。地面出入口是地下空间与地面空间的主要联系通道，在地下空间人流集散与安全保障上有着重要的作用。

2）强化对地下空间下沉式广场的设置与规划。增强火灾时人们的方向感，便于人员疏散，且极大地方便了消防人员和消防装备的进入。

3）强化适应大规模地下空间的疏散通道与灭火救援通道的设置。

4）加强对地下空间消防救援设备研发力度及相关问题的深入研究。

9.3.3 城市防灾避难场所

城市防灾避难场所一般包括城市的防火隔离带、防灾避难场所及特殊危险场所的防灾缓冲绿地。

1. 防火隔离带

城市的防火隔离带是指在城市内纵横配置，把城市分隔成区域防火分区，防止火灾从一个分区往另一个分区蔓延，阻止城市大面积火灾燃烧，起着保护生命、保护财产和城市功能作用的空间隔离带。

形成防火隔离带的方法如下：确保距离和提供隔离物相结合，并促使其周边的难燃化。确保距离是指保留一定的空地，将区域的火灾改变成难于成片燃烧的状况。隔离物是指能遮挡火灾的土垒、水、广场、构筑物、耐火等级高的大型建筑物等。采用耐火等级高的建筑物作为隔离物构成连续的防火隔离带时，建筑物要在一定的高度以上，并且这些起到防火隔离带作用的建筑物高度应尽量保持一致。周边的难燃化是指提高周边耐火等级高的建筑比率。

2. 防灾避难场所

避难场所包括避难圈域中的避难场地和避难道路。避难圈域是指前往避难场地避难的人员可居住或滞留的范围。

避难场地的主要的构成设施是公园、绿地、广场、河川地、一二级耐火等级的住宅小区、学校及运动场、储存仓库、防灾器材仓库等，城市防灾避难疏散场地的服务半径宜为 $0.5 \sim 1.0 \mathrm{km}$，其规模和结构具有能收容所有滞留在避难圈域内人员的面积；位置要设在被区域大火包围前能够到达的位置；储备一定数量的饮水、食品、药品、被服等，具备维持数日的避难生活功能。在确定避难场地容量时，要考虑避难圈域内的人口密度，每个避难者需要的面积一般为 $1 \sim 2 \mathrm{m}^2$。一旦避难场地建设完成，容量已经确定，管理时要控制该区域维持一定的人口数量。

避难道路是指通往避难圈域内的避难场所的道路、绿地或绿化道路，能让避难圈域内的市民迅速、安全地往该避难场所进行避难。避难道路要把避难圈域内最终的避难场所、临时避难场地及周边的安全空地相连接，构成网络。还应确保与避难圈域人口相应的有效宽度，原则上是 20m 以上，避难的障碍物要少，能双向避难，需要时可以采取新设或拓宽避难道路等措施。

3. 特殊危险场所的防灾缓冲绿地

有爆炸危险物品集中的场所，特别是石油化工企业区域，大规模危险物品集中，一旦发生火灾容易造成重大灾害。为了减小石油化工等企业火灾及爆炸损失，要确保这类场所与城市周边地区有充分的距离和应有的空地，或者设置防灾缓冲绿地。

防灾缓冲绿地具有一定的宽幅，而宽幅的确定需要分析和确定石油化工企业等火灾对周边地区的影响。要预设在这些场所发生油罐火灾和液化气储罐爆炸等事故时，其辐射热和爆炸风压将会给人、房屋造成灾害的程度，分析可燃液体储罐全面火灾辐射热的影响范围、可燃液体流出火灾辐射热的影响范围、可燃气体（包括液化气、压缩气体）泄漏发生爆炸时爆炸风压的影响范围等。

9.4 城市公共消防基础设施规划

消防站布局、城市公共消防设施（包括消防通信、消防供水、消防车通道等）和消防装备是城市消防规划的重要内容。编制合理的城市公共消防设施和消防装备规划，对促进城市消防建设具有重要的指导意义。

9.4.1 消防站布局规划

消防站布局规划是指在城市规划区范围内，依照城市紧急救援的时间和空间要求，对消防站布点进行合理安排，满足城市对消防紧急救援快速响应的需求。消防站布局规划应提出消防站数量、位置、辖区范围、辖区面积等布局规划指标，确保满足消防车从出动至到达现场不超过 5min 的时间要求。

1. 消防站布局规划的内容

（1）消防站的数量　消防站的数量基本上决定了城市消防站总体建设的投资规模。消防站数量是否充足，直接关系到城市消防安全。

（2）消防站的位置　消防站的位置关系到消防人员是否能够及时实施辖区保护，是否能够及时实现消防队伍之间的增援。消防站的选址一般应符合以下条件：应设在辖区内的适中位置和便于车辆迅速出动的主、次干道的临街地段；消防站一般不应设在综合性建筑物中，其主体建筑距医院、学校、商场等容纳人员较多的公共建筑的主要疏散出口不应小于50m；辖区内有生产、储存危险化学品单位的，消防站应设置在常年主导风向的上风或侧风处，其边界距上述危险部位一般不宜小于200m；消防站车库门应朝向城市道路，至道路红线的距离不应小于15m。

（3）消防站的辖区确定　消防站的辖区面积很难统一规定，其大小与城市消防站总体布局密切相关。一级普通消防站的辖区面积不应大于 $7km^2$；二级普通消防站辖区面积不应大于 $4km^2$；设在近郊区的普通消防站应以接到出动指令后 5min 内可到达辖区边缘为原则确定其辖区面积，且其辖区面积不应大于 $15km^2$。特勤消防站兼有辖区消防任务，其辖区面积同普通消防站。

（4）消防站的类别　消防站的类别是确定消防站建设规模以及消防车辆配备的重要依据。按照《城市消防站建设标准》（建标152—2017）的规定，消防站可分为普通消防站和特勤消防站两类。普通消防站可分为一级普通消防站和二级普通消防站。城市必须设立一级普通消防站；地级以上城市（含）以及经济较发达的县级城市应设置特勤消防站；城市建成区内设置一级普通消防站确有困难的区域，经论证可设置二级普通消防站；有任务需要的城市可设水上（海上）消防站、航空消防站等专业消防站。有条件的城市，应形成陆上、水上、空中相结合的消防立体布局和综合扑救体系。

2. 消防站设置和布局要求

（1）陆上消防站　城市规划建成区内应设置一级普通消防站，设置一级普通消防站确有困难的区域可设二级普通消防站。中等及以上规模的城市、地级及以上城市、经济较发达的县级城市和经济发达且有特勤任务需要的城镇应设置特勤消防站。国内许多城市的消防规划实践中，规定特勤消防站的特勤任务服务人口一般不宜超过 50 万人/站。中等及以上规模的城市、地级以上城市的规划建成区内应设置消防设施备用地，用地面积不宜小于一级普通消防站；大城市、特大城市的消防设施备用地不应少于 2 处，其他城市的消防设施备用地不应少于 1 处。城市规划区内普通消防站的规划布局，一般情况下应以消防队接到出动指令后正常行车速度下 5min 内可以到达其辖区边缘为原则确定。

（2）水上（海上）消防站　岸线长度不应小于消防艇停泊所需长度且不应小于 100m。水上消防站一般以接到出动指令后正常行船速度下 30min 可以到达其服务水域边缘为原则来确定服务水域边缘，消防艇正常行船速度为 40~60km/h。水上消防站应设置相应的陆上基地，应按陆上一级普通消防站的标准来进行选址和建设，其用地面积及选址条件同陆上一级普通消防站。水上消防站宜设置在城市港口、码头等设施的上游处。服务区水域内有危险化学品港口、码头，或水域沿岸有生产、储存危险化学品单位的，水上（海上）消防站应设置在其上游处，并且其陆上基地边界距上述危险部位一般不应小于 200m。水上（海上）消防站不应设置在河道转弯、旋涡处及电站、大坝附近。趸船和陆上基地之间的最远距离不应大于 500m，并且不应跨越铁路、城市主干道和高速公路。

（3）航空消防站　航空消防站一般都安排在中远期实施建设，建议大城市、特大城市设置航空消防站。应按一级普通消防站的标准来进行选址和建设，用地面积同陆上一级普通消防站；陆上基地宜独立建设。设有航空消防站的城市宜结合城市资源设置飞行员、消防空勤人员训练基地。消防直升机临时起降点的最小空地面积不应小于 $400m^2$，其短边长度不应小于 20m，其用地及周边 10m 范围内不应栽种大型树木，上空不应设置架空线路。

9.4.2　消防装备规划

消防装备是城市整体抗御灾害系统的重要组成部分，是形成和全面提高消防力量的物质基础。"工欲善其事，必先利其器"，消防部门只有具备合适、有效的现代化消防装备，才能够应对各种复杂、多样和不确定的火灾及其他灾害。

1. 消防装备规划的内容

消防装备包括消防车辆装备、灭火器材装备、个人防护装备、抢险救援装备、消防通信器材装备以及消防监督器材装备等。在制定规划时，应依据《城市消防站建设标准》《消防特勤队（站）装备配备标准（试行）》《消防员个人防护装备配备标准》以及其他相关规定，确定各消防站必配或选配的各类消防装备。根据灾害事故历史记录和对未来可能发生灾害事故的预测，计算应具有的最大规模灾害处置能力，确定需要特别配置的消防装备。依据消防部门业务训练要求、老式装备更新需换代的要求和消防装备的备份要求，可进一步调整、确定各类消防装备的数量，并按照市场价格做出消防装备的投资估算。

2. 消防装备的配备要求

1）陆上消防站应根据其服务区内城市规划建设用地的灭火和抢险救援的具体要求，配置各类消防装备和器材，具体配置应符合《城市消防站建设标准》的有关规定。

普通消防站装备的配备应适应扑救本辖区内常见火灾和处置一般灾害事故的需要。特勤消防站装备的配备应适应扑救特殊火灾和处置特种灾害事故的需要。战勤保障消防站装备的配备应适应本地区灭火救援战勤保障任务的需要。

消防站消防车辆的配备，应符合表9-5和表9-6所示的规定。

表9-5　消防站配备车辆数量表　（单位：辆）

消防站类别	普通消防站		特勤消防站、战勤保障消防站
	一级普通消防站	二级普通消防站	
消防车辆数	5~7	2~4	8~11

表9-6　各类消防站常用消防车辆品种配备标准　（单位：辆）

消防车类别		普通消防站		特勤消防站	战勤保障消防站
		一级普通消防站	二级普通消防站		
灭火消防车	水罐或泡沫消防车	2	1	3	—
	压缩空气泡沫消防车	*	*	3	—
	泡沫干粉联用消防车	—	—	*	—
	干粉消防车	*	*	*	—
举高消防车	登高平台消防车	1	*	1	—
	云梯消防车	1	*	1	—
	举高喷射消防车	*	*	*	—
专勤消防车	抢险救援消防车	1	*	1	—
	排烟消防车或照明消防车	*	*	*	—
	化学事故抢险救援或防化洗消消防车	*	—	1	—
	核生化侦检消防车	—	—	*	—
	通信指挥消防车	—	—	*	—
战勤保障消防车	供气消防车	—	—	*	1
	器材消防车	*	*	*	1
	供液消防车	*	*	*	1
	供水消防车	*	*	*	*
	自装卸式消防车（含器材保障、生活保障、供液集装箱）	*	*	*	*
	装备抢修车	—	—	—	1
	饮食保障车	—	—	—	1

（续）

消防车类别		普通消防站		特勤消防站	战勤保障消防站
		一级普通消防站	二级普通消防站		
战勤保障消防车	加油车	—	—	—	1
	运兵车	—	—	—	1
	宿营车	—	—	—	*
	卫勤保障车	—	—	—	*
	发电车	—	—	—	*
	淋浴车	—	—	—	*
消防摩托车		*	*	*	—

注：1. 表中带"*"车种由各地区根据实际需要选配。

2. 各地区在装备规定消防车数量的基础上，可根据需要选配消防摩托车。

消防站主要消防车辆的技术性能应符合表9-7和表9-8的规定。

表 9-7　普通消防站和特勤消防站主要消防车辆的技术性能

技　术　性　能		普通消防站				特勤消防站	
		一级普通消防站		二级普通消防站			
发动机功率/kW		≥180		≥180		≥210	
比功率/(kW/t)		≥10		≥10		≥12	
水罐消防车出水性能	出口压力/MPa	1	1.8	1	1.8	1	1.8
	流量/(L/s)	40	20	40	20	60	30
泡沫消防车出泡沫性能		A类、B类		B类		A类、B类	
登高平台、云梯消防车额定工作高度/m		≥18		≥18		≥50	
举高喷射消防车额定工作高度/m		≥16		≥16		≥20	
抢险救援消防车	起吊质量/kg	≥3000		≥3000		≥5000	
	牵引质量/kg	≥5000		≥5000		≥7000	

表 9-8　战勤保障消防站主要消防车辆的技术性能

车　辆　名　称	主要技术性能
供气消防车	可同时充气气瓶数量不少于4个，灌充充气时间小于2min
供液消防车	灭火药剂总载量不小于4000kg
装备抢修车	额定载员不少于5人，车厢距地面小于50cm，厢内净高度不小于180cm；车载供气、充电等设备及各类维修工具
饮食保障车	可同时保障150人以上热食、热水供应
加油车	汽、柴油双仓双枪，总载量不小于3000kg
运兵车	额定载员不少于15人
宿营车	额定载员不少于15人

普通消防站、特勤消防站的灭火器材配备标准不应低于表9-9的规定。

表 9-9 普通消防站、特勤消防站灭火器材配备标准

灭火器材	普通消防站		特勤消防站
	一级普通消防站	二级普通消防站	
机动消防泵（含手抬泵、浮艇泵）	2 台	2 台	3 台
移动式水带卷盘或水带槽	2 个	2 个	3 个
移动式消防炮（手动炮、遥控炮、自摆炮等）	3 个	2 个	3 个
泡沫比例混合器、泡沫液桶、泡沫枪	2 套	2 套	2 套
二节拉梯	3 架	2 架	3 架
三节拉梯	2 架	1 架	2 架
挂钩梯	3 架	1 架	3 架
常压水带	2000m	1200m	2800m
中压水带	500m	500m	1000m
消火栓扳手、水枪、分水器以及接口、包布、护桥、挂钩、墙角保护器等常规器材工具	按所配车辆技术标准要求配备，并按不小于 2:1 的比例备份		

注：1. 分水器和接口等相关附件的公称压力应与水带匹配。
　　2. 特勤消防站抢险救援器材品种及数量配备不应低于表 9-10～表 9-18 的规定，普通消防站的抢险救援器材品种及数量配备不应低于表 9-19 的规定。抢险救援器材的技术性能应符合国家有关标准。

表 9-10 特勤消防站侦检器材配备标准

序号	器材名称	主要用途及要求	配备	备份	备注
1	有毒气体探测仪	探测有毒气体，有机挥发性气体等，具备自动识别、防水、防爆性能	2 套	—	—
2	军事毒剂侦检仪	侦检沙林、芥子气、路易氏气、氢氰酸等化学战剂，具备防水和快速感应等性能	*	—	—
3	可燃气体检测仪	可检测事故现场多种易燃易爆气体的浓度	2 套	—	—
4	水质分析仪	定性分析水中的化学物质	*	—	—
5	电子气象仪	可检测事故现场风向、风速、温度、湿度、气压等气象参数	1 套	—	—
6	无线复合气体探测仪	实时检测现场的有毒有害气体浓度，并将数据通过无线网络传输至主机，终端设置多个可更换的气体传感器探头，具有声光报警和防水、防爆功能	*	—	—
7	生命探测仪	搜索和定位地震及建筑倒塌等现场的被困人员，有音频、视频、雷达等几种	2 套	—	优先配备雷达生命探测仪
8	消防用红外热像仪	黑暗、浓烟环境中人员搜救或火源寻找。性能符合《消防用红外热像仪》（GA/T 635—2006）的要求，有手持式和头盔式两种	2 台	—	—
9	漏电探测仪	确定泄漏电源位置，具有声光报警功能	1 个	1 个	—
10	核放射探测仪	快速寻找并确定 α、β、γ 射线污染源的位置，具有声光报警、射线强度显示等功能	*	—	—

（续）

序号	器材名称	主要用途及要求	配备	备份	备注
11	电子酸碱测试仪	测试液体的酸碱度	1套	—	—
12	测温仪	非接触测量物体温度，寻找隐藏火源。测温范围：－20～450℃	2个	1个	—
13	移动式生物快速侦检仪	快速检测、识别常见的病毒和细菌，可在30min之内提供检测结果	*	—	—
14	激光测距仪	快速准确测量各种距离参数	1个	—	—
15	便携危险化学品检测片	通过检测片的颜色变化探测有毒化学气体或蒸汽。检测片种类包括强酸、强碱、氯、硫化氢、碘、光气、磷化氢、二氧化硫等	4套	—	—

注：表中所有"*"表示由各地根据实际需要进行配备，标准不做强行规定。下同。

表 9-11　特勤消防站警戒器材配备标准

序号	器材名称	主要用途及要求	配备	备份
1	警戒标志杆	灾害事故现场警戒。有发光或反光功能	10根	10根
2	锥形事故标志柱	灾害事故现场道路警戒	10根	10根
3	隔离警示带	灾害事故现场警戒。具有发光或反光功能，每盘长度约250m	20盘	10盘
4	出入口标志牌	灾害事故现场出入口标识。图案、文字边框均为反光材料，与标志杆配套使用	2组	—
5	危险警示牌	灾害事故现场警戒警示，分为有毒、易燃、泄漏、爆炸、危险五种标志，图案为发光或反光材料，与标志杆配套使用	1套	1套
6	闪光警示灯	灾害事故现场警戒警示。频闪型，光线暗时自动闪亮	5个	—
7	手持扩音器	灾害事故现场指挥。功率大于10W，具备警报功能	5个	1个

表 9-12　特勤消防站救生器材配备标准

序号	器材名称	主要用途及要求	配备	备份	备注
1	躯体固定气囊	固定受伤人员躯体，保护骨折部位免受伤害。全身式，负压原理快速定型，牢固、轻便	2套	—	—
2	肢体固定气囊	固定受伤人员肢体，保护骨折部位免受伤害。分体式，负压原理快速定型，牢固、轻便	2套	—	—
3	婴儿呼吸袋	提供呼吸保护，救助婴儿脱离灾害事故现场。全密闭式，与全防型过滤罐配合使用，电驱动送风	*	—	—
4	消防过滤式自救呼吸器	事故现场被救人员呼吸防护。性能符合相关标准的要求	20具	10具	含滤毒罐
5	救生照明线	能见度较低情况下的照明及疏散导向。具备防水、质轻、抗折、耐拉、耐压、耐高温等性能。每盘长度不小于100m	2盘	—	—

（续）

序号	器材名称	主要用途及要求	配备	备份	备注
6	折叠式担架	运送事故现场受伤人员。可折叠，承重不小于120kg	2副	1副	—
7	伤员固定抬板	运送事故现场受伤人员。与头部固定器、颈托等配合使用，避免伤员颈椎、胸椎及腰椎再次受伤，承重不小于250kg	3块	—	—
8	多功能担架	深井、狭小空间、高处等环境下的人员救助。可水平或垂直吊运，承重不小于120kg	2副	—	—
9	消防救生气垫	救助高处被困人员。性能符合《消防救生气垫》（GA 631—2006）的要求	1套	—	—
10	救生缓降器	高处救人和自救。性能符合《建筑救生缓降器设置技术规范》（DB37/T 675—2007）	3个	1个	—
11	灭火毯	火场救生和重要物品保护。耐燃氧化纤维材料，防火布夹层织制，在900℃火焰中不熔滴，不燃烧	*	—	—
12	医药急救箱	现场医疗急救。包含常规外伤和化学伤害急救所需的敷料、药品和器械等	1个	1个	—
13	医用简易呼吸器	辅助人员呼吸。包括氧气瓶、供气面罩、人工肺等	*	—	—
14	气动起重气垫	交通事故、建筑倒塌等现场救援。有方形、柱形、球形等类型，依据起重重量，可划分为多种规格	2套	—	方形、柱形气垫每套不少于4种规格，球形气垫每套不少于2种规格
15	救援支架	高台、悬崖及井下等事故现场救援。金属框架，配有手摇式绞盘，牵引滑轮最大承载不小于2.5kN，绳索长度不小于30m	1组	—	—
16	救生抛投器	远距离抛投救生绳或救生圈。气动喷射，投射距离不小于60m	1套	—	—
17	水面漂浮救生绳	水面救援。可漂浮于水面，标识明显，固定间隔处有绳节，不吸水，破断强度不小于18kN	*	—	—
18	机动橡胶舟	水域救援。双尾锥充气船体，材料防老化、防紫外线。船底部有充气舷梁，铝合金拼装甲板，具有排水阀门，发动机功率大于18kW，最大承载能力不小于500kg	*	—	—
19	敛尸袋	包裹遇难人员尸体	20个	—	—

（续）

序号	器材名称	主要用途及要求	配备	备份	备注
20	救生软梯	被困人员营救。长度不小于15m，荷载不小于1000kg	2具	—	—
21	自喷荧光漆	标记救人位置、搜索范围、集结区域等	20罐	—	—
22	电源逆变器	电源转换。可将直流电转化为220V交流电	1台	—	功率应与实战需求匹配

表 9-13　特勤消防站破拆器材配备标准

序号	器材名称	主要用途及要求	配备	备份	备注
1	电动剪扩钳	剪切扩张作业，最大剪切圆钢直径不小于22mm，最大扩张力不小于35kN。一次充电可连续切断直径16mm钢筋不少于90次	1具	—	—
2	液压破拆工具组	建筑倒塌、交通事故等现场破拆作业。性能符合《液压破拆工具通用技术条件》（GB/T 17906—1999）的要求	2套	—	—
3	液压万向剪切钳	狭小空间破拆作业。钳头可以旋转、体积小、易操作	1具	—	—
4	双轮异向切割锯	双锯片异向转动，能快速切割硬度较高的金属薄片、塑料、电缆等	1具	—	—
5	机动链锯	切割各类木质障碍物	1具	1具	增加锯条备份
6	无齿锯	切割金属和混凝土材料	1具	1具	增加锯片备份
7	气动切割刀	切割车辆外壳、防盗门等薄壁金属及玻璃等，配有不同规格切割刀片	*	—	—
8	重型支撑套具	建筑倒塌现场支撑作业。支撑套具分为液压式、气压式或机械手动式。具有支撑力强、行程高、支撑面大、操作简便等特点	1套	—	—
9	冲击钻	灾害现场破拆作业，冲击速率可调	*	—	—
10	凿岩机	混凝土结构破拆	*	—	—
11	玻璃破碎器	门窗玻璃、玻璃幕墙的手动破拆。也可对砖瓦、薄型金属进行破碎	1台	—	—
12	手持式钢筋速断器	直径20mm以下钢筋快速切断。一次充电可连续切断直径16mm钢筋不少于70次	1台	—	—
13	多功能刀具	救援作业。由刀、钳、剪、锯等组成的组合式刀具	5套	—	—
14	混凝土液压破拆工具组	建筑倒塌灾害事故现场破拆作业。由液压机动泵、金刚石链锯、圆盘锯、破碎镐等组成，具有切、割、破碎等功能	1套	—	—

（续）

序号	器材名称	主要用途及要求	配备	备份	备注
15	液压千斤顶	交通事故、建筑倒塌现场的重载荷撑顶救援，最大起重质量不少于20t	*	—	—
16	便携式汽油金属切割器	金属障碍物破拆。由碳纤维氧气瓶、稳压储油罐等组成，汽油为燃料	*	—	—
17	手动破拆工具组	由冲杆、拆锁器、金属切断器、凿子、钎子等部件组成，事故现场手动破拆作业	1套	—	—
18	便携式防盗门破拆工具组	主要用于卷帘门、金属防盗门的破拆作业。包括液压泵、开门器、小型扩张器、撬棍等工具。其中，开门器最大升限不小于150mm，最大挺举力不小于60kN	2套	—	—
19	毁锁器	防盗门及汽车锁等快速破拆。主要由特种钻头螺栓、锁芯拔除器锁芯切断器、换向扳手、专用电钻、锁舌转动器等组成	1套	—	—
20	多功能挠钩	事故现场小型障碍清除，火源寻找或灾后清理	1套	1套	—
21	绝缘剪断钳	事故现场电线电缆或其他带电体的剪切	2把	—	—

表 9-14　特勤消防站堵漏器材配备标准

序号	器材名称	主要用途及要求	配备	备份	备注
1	内封式堵漏袋	圆形容器、密封沟渠或排水管道的堵漏作业。工作压力不小于0.15MPa	1套	—	每套不少于4种规格
2	外封式堵漏袋	管道、容器、油罐车或油槽车、油桶与储罐罐体外部的堵漏作业。工作压力不小于0.15MPa	1套	—	每套不少于2种规格
3	捆绑式堵漏袋	管道及容器裂缝堵漏作业。袋体径向缠绕，工作压力不小于0.15MPa	1套	—	每套不少于2种规格
4	下水道阻流袋	阻止有害液体流入城市排水系统，材质具有防酸碱性能	2个	—	—
5	金属堵漏套管	管道孔、洞、裂缝的密封堵漏。最大封堵压力不小于1.6MPa	1套	—	每套不少于9种规格
6	堵漏枪	密封油罐车、液罐车及储罐裂缝。工作压力不小于0.15MPa	*	—	每套不少于4种规格
7	阀门堵漏套具	阀门泄漏堵漏作业	*	—	—
8	注入式堵漏工具	阀门或法兰盘堵漏作业。无火花材料。配有手动液压泵，泵缸压力不小于74MPa	1组	—	含注入式堵漏胶1箱
9	粘贴式堵漏工具	罐体和管道表面点状、线状泄漏的堵漏作业。无火花材料。包括组合工具、快速堵漏胶等	1组	—	—

（续）

序号	器材名称	主要用途及要求	配备	备份	备注
10	电磁式堵漏工具	各种罐体和管道表面点状、线状泄漏的堵漏作业	1组	—	—
11	木制堵漏楔	压力容器的点状、线状泄漏或裂纹泄漏的临时封堵	1套	1套	每套不少于28种规格
12	气动吸盘式堵漏器	封堵不规则孔洞。气动、负压式吸盘，可输转作业	*	—	—
13	无火花工具	易燃易爆事故现场的手动作业。一般为铜质合金材料	2套	—	每套不少于11种规格
14	强磁堵漏工具	压力管道、阀门、罐体的泄漏封堵	*	—	—

表 9-15　特勤消防站输转器材配备标准

序号	器材名称	主要用途及要求	配备	备份
1	手动隔膜抽吸泵	输转有毒、有害液体。手动驱动，输转流量不小于3t/h，最大吸入颗粒粒径10mm，具有防爆性能	1台	—
2	防爆输转泵	吸附、输转各种液体。一般排液量6t/h，最大吸入颗粒粒径5mm，安全防爆	1台	—
3	黏稠液体抽吸泵	快速抽取有毒有害及黏稠液体，电动机驱动，配有接地线，安全防爆	1台	—
4	排污泵	吸排污水	*	—
5	有毒物质密封桶	装载有毒、有害物质。防酸碱，耐高温	1个	—
6	围油栏	防止油类及污水蔓延，材质防腐，充气、充水两用型，可在陆地或水面使用	2组	—
7	吸附垫	酸、碱和其他腐蚀性液体的少量吸附	2箱	1箱
8	集污袋	暂存酸、碱及油类液体，材料耐酸、碱	2只	—

表 9-16　特勤消防站洗消器材配备标准

序号	器材名称	主要用途及要求	配备	备份
1	公众洗消站	对从有毒物质污染环境中撤离人员的身体进行喷淋洗消，也可以做临时会议室、指挥部、紧急救护场所等，帐篷展开面积30m²以上	1套	—
2	单人洗消帐篷	消防员离开污染现场时特种服装的洗消。配有充气、喷淋、照明等辅助装备	1套	—
3	简易洗消喷淋器	消防员快速洗消装置。设置有多个喷嘴，配有不易破损软管支脚，遇压呈刚性。重量轻，易携带	1套	—
4	强酸、碱洗消器	化学品污染后的身体洗消及装备洗消。利用压缩空气为动力和便携式压力喷洒装置，将洗消药液形成雾状喷射，可直接对人体表面进行清洗。适用于化学品灼伤的清洗，容量为5L	1具	—

（续）

序号	器材名称	主要用途及要求	配备	备份
5	强酸、碱清洗剂	化学品污染后的身体局部洗消及器材洗消。容量为 50~200mL	5 瓶	—
6	生化洗消装置	生化有毒物质洗消	*	—
7	三合一强氧化洗消粉	与水溶解后可对酸、碱物质进行表面洗消	1 袋	—
8	三合二洗消剂	对地面、装备进行洗消，不能对精密仪器、电子设备及不耐腐蚀的物体表面进行洗消	2 袋	1 袋
9	有机磷降解酶	对被有机磷、有机氯和硫化物污染的人员服装、装备以及土壤、水源进行洗消降毒，尤其适用于农药泄漏事故现场的洗消，本身无毒、无腐蚀、无刺激，可降解	2 盒	1 盒
10	消毒粉	溶于水和有机溶剂，无腐蚀性	2 袋	1 袋

表 9-17 特勤消防站照明、排烟器材配备标准

序号	器材名称	主要用途及要求	配备	备份
1	移动式排烟机	灾害现场排烟和送风。有电动、机动、水力驱动等几种	2 台	—
2	坑道小型空气输送机	狭小空间排气送风。可快速实现正负压模式转换，有配套风管	1 台	—
3	移动照明灯组	灾害现场的作业照明。由多个灯头组成，具有升降功能，发电机可选配	1 套	—
4	移动发电机	灾害现场供电。功率不小于 5kW	2 台	—
5	消防排烟机器人	地铁、隧道及石化装置火灾事故现场排烟、冷却等	*	—

表 9-18 特勤消防站其他器材配备标准

序号	器材名称	主要用途及要求	配备	备份
1	大流量移动消防炮	扑救大型油罐、船舶、石化装置等火灾。流量不小于 100L/s，射程不小于 70m	*	—
2	空气充填泵	气瓶内填充空气。可同时充填两个气瓶，充气量应不小于 300L/min	1 台	—
3	防化服清洗烘干器	烘干防化服。最高温度 40℃，压力为 21kPa	1 组	—
4	折叠式救援梯	登高作业。伸展后长度不小于 3m，额定承载不小于 450kg	1 具	—
5	水幕水带	阻挡稀释易燃易爆和有毒气体或液体蒸汽	100m	—
6	消防灭火机器人	高温、浓烟、强热辐射、爆炸等危险场所的灭火和火情侦察	*	—
7	高倍数泡沫发生器	灾害现场喷射高倍数泡沫	1 个	—
8	消防移动储水装置	现场的中转供水及缺水地区的临时储水	*	—
9	多功能消防水枪	火灾扑救，具有直流喷雾无级转换、流量可调、防扭结等功能	10 支	5 支

（续）

序号	器材名称	主要用途及要求	配备	备份
10	直流水枪	火灾扑救，具有直流射水功能	10 支	5 支
11	移动式细水雾灭火装置	灾害现场灭火或洗消	*	—
12	消防面罩超声波清洗机	空气呼吸器面罩清洗	1 台	—
13	灭火救援指挥箱	为指挥员提供辅助决策。内含笔记本电脑、GPS 模块、测温仪等	1 套	—
14	无线视频传输系统	可对事故现场的音视频信号进行实时采集与远程传输。无线终端应具有防水、防爆、防振等功能	*	—

表 9-19　普通消防站抢险救援器材配备标准

名称	器材名称	主要用途及要求	配备	备份	备注
侦检	有毒气体探测仪	探测有毒气体、有机挥发性气体等。具备自动识别、防水、防爆性能	1 套	—	—
	可燃气体检测仪	可检测事故现场多种易燃易爆气体的浓度	1 套	—	—
	消防用红外热像仪	黑暗、浓烟环境中人员搜救或火源寻找。性能符合侦检《消防用红外热像仪》（GAT 635—2006）的要求	1 台	—	—
	测温仪	非接触测量物体温度，寻找隐藏火源。测温范围：−20～450℃	1 个	1 个	—
警戒	各类警示牌	事故现场警戒警示，具有发光或反光功能	1 套	1 套	—
	闪光警示灯	灾害事故现场警戒警示。频闪型，光线暗时自动闪亮	2 个	1 个	—
	隔离警示带	灾害事故现场警戒，具有发光或反光功能，每盘长度约 250m	10 盘	4 盘	—
破拆	液压破拆工具组	建筑倒塌、交通事故等现场破拆作业。性能符合《液压破拆工具通用技术条件》的要求	2 套	—	—
	机动链锯	切割各类木质障碍物	1 具	1 具	增加锯条备份
	无齿锯	切割金属和混凝土材料	1 具	1 具	增加锯片备份
	手动破拆工具组	由冲杆、拆锁器、金属切断器、凿子、钎子等部件组成，事故现场手动破拆作业	1 套	—	—
	多功能挠钩	事故现场小型障碍清除，火源寻找或灾后清理	1 套	1 套	—
	绝缘剪断钳	事故现场电线、电缆或其他带电体的剪切	2 把	—	—
	便携式防盗门破拆工具组	主要用于卷帘门、金属防盗门的破拆作业。其中，开门器最大升程不小于 150mm，最大挺举力不小于 60kN	2 套	—	—
	毁锁器	防盗门及汽车锁等快速破拆	1 套	—	—

（续）

名称	器材名称	主要用途及要求	配备	备份	备　注
救生	救生缓降器	高处救人和自救。性能符合《建筑救生缓降器设置技术规范》的要求	3个	1个	—
	气动起重气垫	交通事故、建筑倒塌等现场救援。依据起重重量，可划分为多种规格	1套	—	方形、柱形气垫每套不少于4种规格，球形气垫每套不少于2种规格
	消防过滤式自救呼吸器	事故现场被救人员呼吸防护。性能符合相关标准的要求	20具	10具	含滤毒罐
	多功能担架	深井、狭小空间、高处等环境下的人员救助。可水平或垂直吊运，承重不小于120kg	1副	—	—
	救援支架	高台、悬崖及井下等事故现场救援。金属框架，配有手摇式绞盘，牵引滑轮最大承载不小于2.5kN，绳索长度不小于30m	1组	—	—
	救生抛投器	远距离抛投救生绳或救生圈。气动喷射，投射距离不小于60m	*	—	—
	救生照明线	能见度较低情况下的照明及疏散导向。具备防水、质轻、抗折、耐拉、耐压、耐高温等性能。每盘长度不小于100m	2盘	—	—
	医药急救箱	现场医疗急救。包含常规外伤和化学伤害急救所需的敷料、药品和器械等	1个	1个	—
堵漏	木制堵漏楔	压力容器的点状、线状泄漏或裂纹泄漏的临时封堵	1套	—	每套不少于28种规格
	金属堵漏套管	管道孔、洞、裂缝的密封堵漏。最大封堵压力不小于1.6MPa	1套	—	每套不少于9种规格
	粘贴式堵漏工具	罐体和管道表面点状、线状泄漏的堵漏作业。无火花材料	1组	—	—
	注入式堵漏工具	阀门或法兰盘堵漏作业。无火花材料。配有手动液压泵，泵缸压力不小于74MPa	1组	—	含注入式堵漏胶1箱
	电磁式堵漏工具	各种罐体和管道表面点状、线状泄漏的堵漏作业	*	—	—
	无火花工具	易燃易爆事故现场的手动作业。一般为铜质合金材料	1套	—	配备不低于11种规格

（续）

名称	器材名称	主要用途及要求	配备	备份	备注
排烟照明	移动式排烟机	灾害现场排烟和送风。有电动、机动、水力驱动等几种	1台	—	—
	移动照明灯组	灾害现场的作业照明。由多个灯头组成，具有升降功能，发电机可选配	1套	—	—
	移动发电机	灾害现场供电。功率不小于5kW	1台	—	—
其他	水幕水带	阻挡稀释易燃易爆和有毒气体或液体蒸汽	100m	—	—
	空气充填泵	气瓶内填充空气。可同时充填两个气瓶，充气量应不小于300L/min	*	—	—
	多功能消防水枪	火灾扑救，具有直流喷雾无级转换、流量可调、防扭结等功能	6支	3支	—
	直流水枪	火灾扑救，具有直流射水功能	10支	5支	—
	灭火救援指挥箱	为指挥员提供辅助决策。内含笔记本电脑、GPS模块、测温仪等	1套	—	—

消防站消防员基本防护装备和消防员特种防护装备的技术性能应符合国家有关标准。消防站的消防水带、灭火剂等易损耗装备应按照不低于投入执勤配备量1:1的比例保持库存备用量。

2）水上消防站所配备的消防艇数量是确定其建设规模的主要因素，随着社会经济的快速发展，水上消防站服务社会职能也不断拓展，其抢险救援功能和作用不断提升，应配备一定数量的消防船；通过对部分城市的考察，普遍认为一个水上消防站配备2艘消防船是能够满足需要的；对于服务水域内有货运、客运港口码头的，建议对设有5万t以上的危险化学品装卸泊位的货运港口码头和同级客运码头，应配备大型消防船或拖消两用船，有困难的可配备中型消防船或拖消两用船；对于5万t以下的危险化学品装卸泊位和其他可燃易燃装卸泊位的货运港口码头，应至少配备1艘中型或大型消防船、拖消两用船。其他的水上消防站可根据实际情况，配备大、中、小型消防船或拖消两用船。因此，水上（海上）消防站船只类型及数量配置如下：①趸船：1艘；②消防艇：1~2艘；③指挥艇：1艘。

3）由于航空消防站消防飞机投资较大，考虑到各城市的具体情况、经济承受能力、消防装备维护管理等方面的具体问题，不做强制要求，但至少应配备1架消防飞机。

9.4.3　消防通信规划

消防通信是以消防通信指挥系统为核心，以消防办公自动化系统为主体，以消防信息化为支撑，以消防信息安全为保障，依托城市通信基础设施，充分利用有线、无线、计算机、卫星等通信技术，将通信技术和计算机网络技术有机结合，传递以符号、信号、文字、图像、声音等形式所表达的有关消防信息的一种专用通信方式。

消防通信规划可归纳为"1个基础网络设施、4个系统、2个体系"的建设规划，即消防通信基础网络设施规划、消防通信指挥中心系统规划、消防站通信系统规划、火场指挥通信系统规划、个人通信装备系统规划、消防信息安全保障体系规划和运行管理体系规划七个方面，如图 9-2 所示。

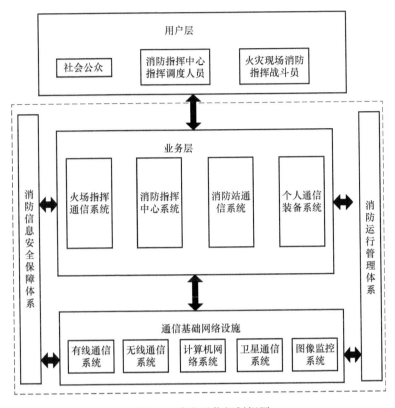

图 9-2　消防通信规划框图

1. 消防通信基础网络设施

1）有线通信系统。有线通信系统作为城市火灾报警、火灾受理、下达出动指令、调动增援力量和日常消防业务联络工作的主要通信手段之一，主要包括报警电话、专线电话、行政电话、专网 IP 电话这四种主要形式；城市应设 119 报警台或设置 119、110、122 "三台合一" 报警台；119 报警服务台与各消防站之间应至少设一条火警调度专线。

2）无线通信系统。消防无线通信系统是消防通信的重要手段之一，作为消防无线通信网的补充，但不能作为主要通信方式；消防无线通信网主要包括 350MHz 消防无限三级网络、800MHz 数字集群网和大型封闭空间无线通信网络这三种网络；消防无线通信网的具体组网方案应满足有关规定的要求；各地区应确定一组双频和一组单频作为全国消防力量跨区域指挥使用；在当地公安已经建成 800MHz 数字集群的地区，宜纳入所在地公安 800MHz 数字集群网，作为消防无线一级网络的备份；地铁、地下商场等人流密集的大型地下封闭空间宜规划设置消防无线通信系统，将城市地面的消防无线通信电波延伸到地下空间，设置所需的消防无线引入系统。

3）计算机网络系统。应以《消防通信指挥系统设计规范》（GB 50313—2013）为依据规划建设消防三级网络；消防办公网应依托三级网络，消防指挥网原则上应独立组网，不宜与消防办公网共用。

4）卫星通信系统。有条件的地区，可规划建设 GPS 卫星定位系统，在消防灭火车辆上安装卫星定位装置，并在消防通信指挥车上安装卫星发射接收装置。

5）图像监控系统。消防图像监控系统应与公安、交警的图像监控系统联网。

2. 消防通信指挥中心系统

城市消防通信指挥中心应包括火灾接警、火灾处理、档案管理、指挥训练模拟、消防信息综合管理等子系统。为提高接处警效率，在条件许可的情况下，宜采用集中接警方式。对成规模的消防危险重点区域（如化工区、核电厂、重工业区等），可考虑建立分指挥中心系统，承担该区域的火灾受理工作。

1）火灾接警。消防通信指挥中心系统应具备 119 火警电话和各类专线报警电话接入能力，也可接入"三台合一"指挥中心、城市应急联动中心和相关上级指挥中心。消防通信指挥中心系统应具备自动接收城市建筑消防设施远程监控系统（城市火灾报警信息系统）的火灾报警信息的功能。

2）火灾处理。消防通信指挥中心系统应具有应用有线网络和无线网络，通过图像、语音或数据传输对火灾现场进行监视，采集和处理灾害现场的相关信息，进行指挥调度、辅助决策、检索消防地理信息、实时数字录音、显示消防实力和战情、处理重大恶性火灾和同时受理多起火灾的能力等功能。

3）档案管理。消防通信指挥中心系统档案管理是对消防通信指挥中心系统受理的所有火灾案件信息进行统一管理，包括火灾档案的记录与整理两个方面的内容。

4）指挥训练模拟。指挥训练模拟主要实现用户火警受理模拟训练和灭火指挥模拟训练。模拟演练数据库应当包括消防重点保护单位灭火预案、灭火档案，并且可以进行火灾统计、出动车辆统计等。

5）消防信息综合管理。消防信息综合管理为消防通信指挥中心系统提供各类消防业务信息，并进行统一管理和日常维护。消防信息综合管理应具备随时查阅当前火场信息、火场周围建筑物信息、重点单位信息、化学危险品信息、消防值班信息、企业消防队信息等功能。

3. 消防站通信系统

1）有线电话。消防站可设置公务用小型程控交换机。消防站通信室应设置直线电话，供火警调度专用；为便于中队辖区所属消防重点单位及时报警，消防站通信室可与辖区内的重点单位建立火警专线电话。

2）无线电台。消防站通信室应架设 350MHz 固定台，每台消防车应配置 350MHz 车载电台和 350MHz 手持台。

3）火警终端台。消防站火警终端台由处警计算机（处警软件）打印机、扬声器、扩音系统及联动装置等组成。

4）消防车通信设备。每台消防车应配置 350MHz 车载电台。消防车可配置 GPS 定位和常用消防指令下达装置。

5）三级网络资源。有条件的地方，可规划利用现有三级网络资源，在消防站车库、操场、通信室安装有云台和具备远程控制功能的摄像机，将采集到的图像经数字压缩后传输到指挥中心，供指挥中心远程监控消防站的日常战备训练、接警出动情况。

4. 火场指挥通信系统

火场指挥通信系统是消防指挥中心和现场指挥人员交互信息的纽带，主要包括通信指挥车和宽带无线网。

1）通信指挥车。为便于消防现场指挥决策，应配置通信指挥车；省、直辖市消防总队应配置大型通信指挥车，应具备有线及无线传输、计算机调度、现场实时图像传输、会议讨论、辅助决策等功能；地、县级以下消防支（大）队宜配置中小型通信指挥车，应至少具备有线及无线传输、辅助决策功能。

2）宽带无线网。为便于现场消防数据交互，以利于指挥决策，可组建无线宽带局域网。在技术成熟条件下，可依托 CDMA 技术、微波技术和 3G 技术组建宽带无线网，实现现场动态图像传输。

5. 个人通信装备系统

个人通信装备是指消防人员交互信息指令的必备装备，是消防通信指挥系统的重要环节，其对消防人员的生命安全提供可靠的保障。除规划配置常规消防员个人通信装备外，有条件的地区宜配置消防员个人定位系统、消防员个人信息终端等。

6. 消防信息安全保障体系

消防信息安全保障体系是实现消防通信系统信息共享、快速反应和高效运行的重要保证。应从安全性、可靠性、保密性、完整性、可用性、可扩展性角度加以规划，其中网络安全性和可靠性是整个消防信息安全保障体系的基础，应注意统一规划。

7. 消防运行管理体系

完善的消防运行管理体系是消防通信系统建设的重要保证，应从组织机构职能、人员配置及培训、运行维护管理等方面进行规划。

9.4.4　消防供水规划

消防供水规划主要包括消防水源和消防供水设施两部分。消防水源是指可利用的用于扑救火灾的水资源，主要包括市政给水管网、天然水源（如江河、湖泊、海洋、地下水等）和人工水源（如城市二次再生水、消防水池、景观水池、游泳池等）等。消防供水设施主要包括供水管网、消火栓（消防水鹤）、消防水池、取（供）水泵房等。消防供水是确保有效扑救火灾的重要条件。据火灾统计资料显示，在成功扑救火灾的案例中，九成以上的火场供水条件较好，而在扑救失利的火灾案例中，八成以上的火场消防供水不足。因此，消防供水规划布局是否合理，将直接影响火灾的扑救效果。

消防供水规划的要求介绍如下。

1. 消防供水量的确定

城市消防用水量应按照国家现行防火规范中的有关规定确定，应根据城市人口规模按同一时间内的火灾次数和一次灭火用水量（建（构）筑物的室内外消防用水量之和）的乘积确定。当市政给水管网系统为分片（分区）独立的给水管网系统且未联网时，城市消防用水量应分片（分区）进行核定。

（1）同一时间火灾发生次数　一个城市在同一时间内能够发生几次火灾是个不确定的因素。根据统计，同一时间火灾发生次数与保护区规模有关。城市居住区人口越多，同一时间火灾发生次数越大；生产企业的规模越大、人口越多，同一时间火灾发生次数越大。不同城市规模同一时间内的火灾次数和一次灭火用水量应参照有关研究成果和《建筑设计防火规范》GB 50016—2014（2018 版）的有关规定。同一时间内的火灾次数和一次灭火用水量应符合表 9-20 的规定。

表 9-20 城市居住区同一时间火灾次数和一次灭火用水量

人数/万人	同一时间内火灾次数/次	一次灭火用水量/(L/s)
≤1.0	1	10
≤2.5	1	15
≤5.0	2	25
≤10.0	2	35
≤20.0	2	45
≤30.0	2	55
≤40.0	2	65
≤50.0	3	75
≤60.0	3	85
≤70.0	3	90
≤80.0	3	95
≤100.0	3	100

注：1. 人口超过 100 万人的城市，可根据当地火灾统计资料，结合实际情况适当增加同一时间内的火灾次数。工厂、仓库和民用建筑在同一时间内的火灾次数可参见表 9-21。

　　2. 城市室外消防用水量应包括居住区、工厂、仓库（含堆场、储罐）和民用建筑的室外消火栓用水量。当工厂、仓库和民用建筑的室外消火栓用水量按本表计算，其值不一致时，应取较大值。

表 9-21 工厂、仓库和民用建筑在同一时间内的火灾次数

名　　称	基地面积/hm²	附有居住区人数/万人	同一时间内的火灾次数	备　　注
工厂	≤100	≤	1	按需水量最大的一座建筑物（或堆场、储罐）计算
		>1.5	2	工厂、居住区各一次
	>100	不限	2	按需水量最大的一座建筑物（或堆场、储罐）计算
仓库、民用建筑	不限	不限	1	按需水量最大的一座建筑物（或堆场、储罐）计算

注：采矿、选矿等工业企业，当各个分散基地有单独的消防给水系统时，可分别计算。

（2）一次火灾消防用水量　城镇、居住区一次消防用水量应是同一时间最大一次火灾现场若干建（构）筑物灭火用水量之和。建筑火灾一次消防用水流量是室外和室内消防用水流量的总和。

（3）火灾延续时间　火灾延续时间的计算为灭火设备开始出水时算起，直至火灾被基本扑灭为止的一段持续时间。不同建（构）筑物的火灾延续时间见表 9-22。

表 9-22 不同建（构）筑物的火灾延续时间表

灭火设施类型		建（构）筑物类型	火灾延续时间
消火栓		居住区、工厂和丁、戊类仓库	2h
		甲、乙、丙类物品仓库、可燃气体储罐和煤、焦炭露天堆场	3h
		高层商业楼、展览楼、综合楼、一类建筑的财贸金融楼、图书馆、书库、重要的档案楼、科研楼和高级旅馆	
		易燃、可燃材料露天、半露天堆场（不包括煤、焦炭露天堆场）	6h
		甲、乙、丙类液体储罐	4～6h
		液化石油气储罐	6h
自动喷水灭火系统		除可燃物品仓库外建（构）筑物	1h
		可燃物品仓库	1～2h
固定冷却水系统		甲、乙、丙类液体储罐	4～6h
		液化石油气储罐	6h
低倍数泡沫灭火系统	泡沫喷淋	甲、乙、丙类液体可能泄漏的室内场所等	10min
	移动式	甲、乙、丙类液体储罐等场所	10～30min
	固定式	甲、乙、丙类液体储罐	25～45min

注：其他灭火系统的延续时间按相关设计规范规定执行。

2. 消防水源的规划要求

消防水源包括市政给水管网、人工水源和天然水源，应确保消防用水的可靠性，且应设置道路、消防取水点（码头）等可靠的取水设施。使用再生水作为消防用水时，其水质应满足国家有关城市污水再生利用水质标准。

（1）市政消防水源 市政消防水源主要是指由市政自来水厂供给的市政给水管网水源。为确保市政消防水源的安全可靠性，有条件的规划区域应规划建设不少于两处自来水厂同时向市政给水管网内供水。

（2）天然水源 天然水源主要是指江河、湖泊、水塘、海等，是消防水源的重要组成部分，尤其是在市政给水设施缺乏的城市和地区，其在灭火中的地位和作用无可替代。

天然水源具有分布广、水量足等特点，但往往因自然环境所限，车辆不易停靠，且水位受季节、潮汐等影响，变化较大。对于一些重要的天然水源，应采取一定的技术措施，以便灭火救援时随时能够利用。对于有枯水季节的天然水源，应做好蓄水工作，保证水源充足；受潮汐影响的天然水源，应挖掘池塘利用涨潮时蓄水；修建通往天然水源的消防车取水码头（包括道路或坡道）及消防自流井等取水设施，以满足消防车（泵）停靠吸水的需求。

（3）人工水源 人工水源主要包括消防水池、人工水渠、人工河道等。在缺乏市政消防给水设施和天然水源的老城区、新建城区、工业区等必须建设消防水池、水渠等人工消防水源，以满足消防救援要求。消防水池的容积应满足保护区域内最大建（构）筑物的消防用水量需求，其保护半径不应大于150m。人工消防水源还可利用城市喷水池、景观池等蓄水设施。城郊缺水地区宜建设人工水渠、人工河道等储水设施，尤其是在消防用水量大的化学工业区等。人工消防水源周围应设置环形消防车道，设置取水口或取水码头，为消防车取水灭火救援提供有利条件。寒冷地区的人工消防水源应考虑防冻措施。

3. 消防供水设施的规划要求

城市消防供水管道宜与城市生产、生活给水管道合并使用，但在设计时应保证在生产用水和生活用水高峰时段仍能供应全部消防用水量。高压（或临时高压）消防供水应设置独立的消防供水管道，应与生产、生活给水管道分开。

（1）供水管网　市政消防给水管道应敷设成环状。现行有关防火规范对消防给水管网系统提出的管道最小管径不应小于100mm，最不利点消火栓的压力不应小于0.10MPa、用水量不应小于10~15L/s的规定，这是对城市给水管网提出的最低要求。

对于缺乏消防供水的大面积棚户区和现有消防给水管网管道陈旧，管径、水量、水压不能满足消防要求的老城区等，一方面可结合区域内生活、生产给水管道的改造，积极改善消防供水设施，如加大给水管径、增设消火栓和加压站；另一方面可进一步解决消防用水的储存设施不足的问题，如增设消防水池，其容量以100~200m³为宜，保护半径为150m。对于城市给水管网压力低的区域和高层建筑集中的区域，应积极规划建设区域消防泵站和消防水池，以满足消防供水要求。

（2）市政消火栓　市政消火栓一般应符合下列要求：市政消火栓应沿街、道路靠近十字路口设置，间距不应超过120m，当道路宽度超过60m时，宜在道路两侧设置消火栓，且距路边不应超过2m、距建（构）筑物外墙不宜小于5m。城市重点消防地区应适当增加消火栓密度及水量、水压。市政消火栓规划建设时，应统一规格、型号，一般为地上式室外消火栓。严寒地区可设置地下式室外消火栓或消防水鹤。消防水鹤的设置密度宜为1个/km²，消防水鹤间距不应小于700m。

（3）取水、供水泵房　消防水池蓄水困难的地区应规划设置取水泵房，确保消防水池日常有效的消防储水量。在一些消防车辆难以到达取用的天然水源、人工水源处可规划建设供水泵房，并通过供水管向周边地区供给应急消防用水。每个消防站的责任区至少设置一处城市消防水池或天然水源取水码头以及相应的道路设施，作为城市自然灾害或战时重要的消防备用水源。

9.4.5　消防车通道规划

消防车通道规划的目的是保证火灾等突发事件时消防车辆在出动的过程中不受其他交通运输工具、障碍物等的影响，快速安全到达灾害事故现场，确保灭火抢险救援的时效性。

消防车通道应当统一规划、资源共享，规划改造狭窄道路和尽端路，满足消防车辆安全快速通行和作业的需求，并确保市政道路和街坊内道路的连接和环通。具体要求如下：

1）城市道路网的布局形式和设计标准一般应能够满足消防车辆的通行要求，由城市主干道、次干道、支路和小区道路构成的道路网系统应保证消防通道间距不宜超过160m；当建筑物的沿街部分长度超过150m或总长度超过220m时，宜设置穿过建筑物的消防车通道；在旧城改造中，进行规划和建设项目审查时，要把打通消防通道作为一项重要内容严格把关。

2）一般消防车通道的宽度不应小于4m，净空高度不应小于4m，与建筑外墙之间的距离宜大于5m；石油化工区的生产工艺装置、储罐区等处的消防车通道宽度不应小于6m，路面上净空高度不应低于5m，路面内缘转弯半径不宜小于12m。

3）消防车通道的坡度不应影响消防车的安全行驶、停靠、作业等，举高消防车停留作业场地的坡度不宜大于3%。

4）消防车通道的回车场地的尺寸不应小于12m×12m，高层民用建筑消防车的回车场地尺寸不宜小于15m×15m，供大型消防车使用的回车场地尺寸不宜小于18m×18m。

5）通过消防车道的地下管道和暗沟等应能承受大型消防车辆的荷载。

6）消防车通道的规划建设应符合相关道路、防火设计规范、标准的要求。

思 考 题

1. 论述城市消防规划的现状、面临的挑战及其展望。

2. 城市消防规划体系的指导思想与原则、基本任务与内容分别是什么？

3. 简述消防规划的编制流程，并说明如何保证消防规划的有效实施。

4. 城市消防发展水平的综合评价指标包括哪些方面？如何使用综合评价方法对城市消防发展水平进行综合评价？

5. 简述你认为城市消防安全布局的主要内容中最难实施的部分，并说出你的理由。

6. 对你所在区域进行实际调研，检验消防站点是否满足布局规划的要求。

7. 选择你所在城市的某个建筑进行实际调研，考查其在消防车通道规划是否符合要求；如果不符合要求，请给出你的理由。

附　录

附录 A

附表 A-1　根据稳定荷载比 R' 确定的轴心受压钢构件的临界温度 T''_d

构件材料		结构钢构件					耐火钢构件				
$\lambda\sqrt{f_y/235}$		$\leqslant 50$	100	150	200	$\geqslant 250$	$\leqslant 50$	100	150	200	$\geqslant 250$
	0.30	661	660	658	658	658	743	743	761	776	786
	0.35	640	640	640	640	640	709	727	743	758	767
	0.40	621	623	624	625	625	697	715	727	740	750
	0.45	602	608	610	611	611	682	704	713	724	732
	0.50	582	590	594	596	597	666	692	702	710	717
	0.55	563	571	575	577	578	646	678	690	699	703
R'	0.60	544	553	556	559	560	623	661	675	686	691
	0.65	524	531	534	537	539	596	638	655	669	676
	0.70	503	507	510	512	513	562	600	623	644	655
	0.75	480	481	480	481	482	521	548	567	586	596
	0.80	456	450	443	442	441	468	481	492	498	504
	0.85	428	412	394	390	388	399	397	395	393	393
	0.90	393	362	327	318	315	302	288	272	270	268

注：表中 λ 为构件的长细比，f_y 为常温下钢材强度标准值。

附表 A-2　根据稳定荷载比 R' 确定的受弯钢构件的临界温度 T''_d

构件材料		结构钢构件						耐火钢构件					
φ_b		$\leqslant 0.5$	0.6	0.7	0.8	0.9	1.0	$\leqslant 0.5$	0.6	0.7	0.8	0.9	1.0
	0.30	657	657	661	662	663	664	764	750	740	732	726	718
	0.35	640	640	641	642	642	642	748	734	724	717	712	706
R'	0.40	626	625	624	623	623	621	733	720	712	706	701	694
	0.45	612	610	608	606	604	601	721	709	701	694	688	679
	0.50	599	594	591	588	585	582	709	698	688	680	672	661

（续）

构件材料	结构钢构件						耐火钢构件					
φ_b	≤0.5	0.6	0.7	0.8	0.9	1.0	≤0.5	0.6	0.7	0.8	0.9	1.0
R' 0.55	581	576	572	569	566	562	699	685	673	663	653	641
0.60	563	557	553	549	547	543	688	670	655	642	631	618
0.65	542	536	532	528	526	523	673	650	631	615	603	590
0.70	515	511	508	506	505	503	655	621	594	580	569	557
0.75	482	482	483	483	482	482	625	572	547	535	526	517
0.80	439	439	452	456	458	459	525	496	483	476	471	466
0.85	384	384	417	426	431	434	393	393	397	399	400	400
0.90	302	302	371	389	399	405	267	267	290	299	306	311

注：φ_b 为常温下受弯钢构件的稳定系数，应根据现行国家标准《钢结构设计规范》的规定计算。

附录 B

附表 B-1　高温下轴心受压钢构件的稳定验算参数 α_c

材料特性	结构钢构件						耐火钢构件					
$\lambda\sqrt{f_y/235}$ 温度/℃	≤10	50	100	150	200	≤250	≤10	50	100	150	200	≤250
≤50	1.000	1.000	1.000	1.000	1.000	1.000	1.000	1.000	1.000	1.000	1.000	1.000
100	0.998	0.995	0.988	0.983	0.982	0.981	0.999	0.997	0.993	0.989	0.989	0.988
150	0.997	0.991	0.979	0.970	0.968	0.968	0.998	0.995	0.989	0.984	0.983	0.983
200	0.995	0.986	0.968	0.955	0.952	0.951	0.998	0.994	0.987	0.980	0.979	0.979
250	0.993	0.980	0.955	0.937	0.933	0.932	0.998	0.994	0.986	0.979	0.978	0.977
300	0.990	0.973	0.939	0.915	0.910	0.909	0.998	0.994	0.987	0.980	0.979	0.979
350	0.989	0.970	0.933	0.906	0.902	0.900	0.998	0.996	0.990	0.986	0.985	0.985
400	0.991	0.977	0.947	0.926	0.922	0.920	1.000	0.999	0.998	0.997	0.996	0.996
450	0.996	0.990	0.977	0.967	0.965	0.965	1.000	1.001	1.008	1.012	1.014	1.015
500	1.001	1.002	1.013	1.019	1.023	1.024	1.001	1.004	1.023	1.035	1.041	1.045
550	1.002	1.007	1.046	1.063	1.075	1.081	1.002	1.008	1.054	1.073	1.087	1.094
600	1.002	1.007	1.050	1.069	1.082	1.088	1.004	1.014	1.105	1.136	1.164	1.179
650	0.996	0.989	0.976	0.965	0.963	0.962	1.006	1.023	1.188	1.250	1.309	1.341
700	0.995	0.986	0.969	0.955	0.952	0.952	1.008	1.030	1.245	1.350	1.444	1.497
750	1.000	1.001	1.005	1.008	1.009	1.009	1.011	1.044	1.345	1.589	1.793	1.921
800	1.000	1.000	1.000	1.000	1.000	1.000	1.012	1.050	1.378	1.722	1.970	2.149

注：1. 表中 λ 为构件的长细比，f_y 为常温下钢材强度标准值。

2. 温度小于或等于 50℃ 时，α_c 可取 1.0；温度大于 50℃ 时，表中未规定温度时的 α_c 应按线性插值方法确定。

附录 C

附表 C-1　矩形或圆形截面柱的最小边长及防火涂料保护层厚度

标准耐火极限	配筋率 ω	最小截面尺寸 n/mm（柱的最小边长 b_{min}/钢筋保护层厚度 a）			
		$n = 0.15$	$n = 0.3$	$n = 0.5$	$n = 0.7$
R30	0.1	150/25*	150/25*	200/30；250/25*	300/30；350/25*
	0.5	150/25*	150/25*	150/25*	200/30；250/25*
	1.0	150/25*	150/25*	150/25*	200/30；300/25*
R60	0.1	150/30；200/25*	200/40；300/25*	300/40；500/25*	500/25*
	0.5	150/25*	150/35；200/25*	250/35；350/25*	350/40；550/25*
	1.0	150/25*	150/30；200/25*	200/40；400/25*	300/40；600/30*
R90	0.1	200/40；250/25*	300/40；400/25*	500/40；550/25*	550/40；600/25*
	0.5	150/35200/25*	200/35；300/25*	300/35；550/25*	500/50；600/40
	1.0	200/25*	200/40；300/25*	250/30；550/25*	500/50；600/45
R120	0.1	250/50；350/25*	400/50；550/25*	550/25*	550/60；600/45
	0.5	200/45；300/25*	300/45；550/25*	450/50；600/25*	500/60；600/50
	1.0	200/40；250/25*	250/50；400/25*	450/45；600/30	600/60
R180	0.1	400/50；500/25*	500/60；600/25*	550/60；600/50	（1）
	0.5	300/45；450/25*	450/50；600/25*	500/60；600/45	600/75
	1.0	300/35；400/25*	450/50；550/25*	500/60；600/45	（1）
R240	0.1	500/60；550/25*	550/40；600/25*	600/75	（1）
	0.5	450/45；500/25*	550/55；600/25*	600/75	（1）
	1.0	400/45；500/25*	500/40；600/30*	600/60	（1）

注：带 * 者最小保护层厚度由常温下设计控制；（1）最小截面尺寸大于 600mm，需要进行屈曲计算。

附录 D

附表 D-1　圆形截面钢管混凝土柱非膨胀型防火涂料保护层厚度

圆形截面直径/mm	耐火极限/h	保护层厚度 d_i/mm			
		$\lambda = 20$	$\lambda = 40$	$\lambda = 60$	$\lambda = 80$
200	1.0	6	8	10	13
	1.5	8	11	13	17
	2.0	10	13	17	21
	2.5	12	16	20	25
	3.0	14	18	23	30

（续）

圆形截面 直径/mm	耐火极限/h	保护层厚度 d_i/mm			
		$\lambda = 20$	$\lambda = 40$	$\lambda = 60$	$\lambda = 80$
300	1.0	6	7	9	12
	1.5	8	10	13	16
	2.0	9	12	16	20
	2.5	11	14	19	24
	3.0	13	17	22	28
400	1.0	5	7	9	12
	1.5	7	9	12	16
	2.0	9	11	15	19
	2.5	10	14	18	23
	3.0	12	16	21	27
500	1.0	5	7	9	11
	1.5	7	9	12	15
	2.0	8	11	14	19
	2.5	10	13	17	23
	3.0	12	15	20	26
600	1.0	5	6	8	11
	1.5	6	8	11	15
	2.0	8	11	14	18
	2.5	9	13	17	22
	3.0	11	15	19	26
700	1.0	5	6	8	11
	1.5	6	8	11	15
	2.0	8	10	14	18
	2.5	9	12	16	22
	3.0	11	14	19	25
800	1.0	5	6	8	11
	1.5	6	8	11	14
	2.0	7	10	13	18
	2.5	9	12	16	21
	3.0	10	14	19	25
900	1.0	4	6	8	11
	1.5	6	8	10	14
	2.0	7	10	13	18
	2.5	9	12	16	21
	3.0	10	14	18	25

（续）

圆形截面 直径/mm	耐火极限/h	保护层厚度 d_i/mm			
		$\lambda = 20$	$\lambda = 40$	$\lambda = 60$	$\lambda = 80$
1000	1.0	4	6	8	10
	1.5	6	8	10	14
	2.0	7	9	13	17
	2.5	8	11	16	21
	3.0	10	13	18	24
1100	1.0	4	6	8	10
	1.5	6	7	10	14
	2.0	7	9	13	17
	2.5	8	11	15	20
	3.0	10	13	18	24
1200	1.0	4	6	8	10
	1.5	5	7	10	14
	2.0	7	9	12	17
	2.5	8	11	15	21
	3.0	9	12	17	24

注：$\lambda = 4L/D$，其中，L 为柱的计算长度，D 为圆形截面直径。

附表 D-2 矩形截面钢管混凝土柱非膨胀型防火涂料保护层厚度

矩形截面当量 直径/mm	耐火极限/h	保护层厚度 d_i/mm			
		$\lambda = 20$	$\lambda = 40$	$\lambda = 60$	$\lambda = 80$
200	1.0	9	8	9	10
	1.5	13	12	12	14
	2.0	16	15	16	19
	2.5	20	19	20	23
	3.0	24	24	24	27
300	1.0	7	7	7	8
	1.5	11	10	10	12
	2.0	14	13	13	16
	2.5	17	16	16	19
	3.0	20	19	20	23
400	1.0	7	6	6	7
	1.5	9	9	9	11
	2.0	12	11	12	14
	2.5	15	14	15	17
	3.0	18	16	17	20

（续）

矩形截面当量直径/mm	耐火极限/h	保护层厚度 d_i/mm			
		$\lambda = 20$	$\lambda = 40$	$\lambda = 60$	$\lambda = 80$
500	1.0	6	6	6	7
	1.5	9	8	8	10
	2.0	11	10	11	13
	2.5	14	13	13	16
	3.0	16	15	16	18
600	1.0	6	5	5	6
	1.5	8	7	8	9
	2.0	10	9	10	12
	2.5	13	12	12	14
	3.0	15	14	16	17
700	1.0	5	5	5	6
	1.5	7	7	7	8
	2.0	10	9	9	11
	2.5	12	11	11	13
	3.0	14	13	13	16
800	1.0	5	5	5	6
	1.5	7	6	7	8
	2.0	9	8	9	10
	2.5	11	10	11	13
	3.0	13	12	13	15
900	1.0	5	4	5	5
	1.5	7	6	6	8
	2.0	9	8	8	10
	2.5	10	10	10	12
	3.0	12	11	12	14
1000	1.0	4	4	4	5
	1.5	6	6	6	7
	2.0	8	8	8	9
	2.5	10	9	10	12
	3.0	12	11	11	14
1100	1.0	4	4	4	5
	1.5	6	6	6	7
	2.0	8	7	8	9
	2.5	10	9	9	11
	3.0	11	10	11	13

（续）

矩形截面当量直径/mm	耐火极限/h	保护层厚度 d_i/mm			
		$\lambda=20$	$\lambda=40$	$\lambda=60$	$\lambda=80$
1200	1.0	4	4	4	5
	1.5	6	5	6	7
	2.0	8	7	7	9
	2.5	9	9	9	11
	3.0	11	10	11	13

注：$\lambda=2\sqrt{3}L/D$ 或 $2\sqrt{3}L/B$，其中，L 为柱的计算长度，D 和 B 为柱截面长边和短边尺寸。

附表 D-3　圆形截面钢管混凝土柱金属网抹 M5 普通水泥砂浆保护层厚度

圆形截面直径/mm	耐火极限/h	保护层厚度 d_i/mm			
		$\lambda=20$	$\lambda=40$	$\lambda=60$	$\lambda=80$
200	1.0	22	32	43	51
	1.5	30	42	57	68
	2.0	35	51	68	81
	2.5	41	58	78	93
	3.0	46	66	89	106
300	1.0	20	29	41	50
	1.5	26	39	54	67
	2.0	31	46	65	80
	2.5	36	53	74	92
	3.0	41	60	84	104
400	1.0	18	27	39	50
	1.5	24	36	52	66
	2.0	29	44	62	79
	2.5	33	50	72	91
	3.0	37	57	81	103
500	1.0	17	26	38	49
	1.5	22	35	51	66
	2.0	27	42	61	79
	2.5	31	48	70	90
	3.0	35	54	79	102
600	1.0	16	25	37	49
	1.5	21	33	49	65
	2.0	25	40	59	78
	2.5	29	46	68	90
	3.0	33	52	77	102

（续）

圆形截面直径/mm	耐火极限/h	保护层厚度 d_i/mm			
		$\lambda = 20$	$\lambda = 40$	$\lambda = 60$	$\lambda = 80$
700	1.0	15	24	37	49
	1.5	20	32	48	65
	2.0	24	39	58	78
	2.5	28	44	67	89
	3.0	31	50	76	101
800	1.0	15	24	36	49
	1.5	19	31	48	65
	2.0	23	38	57	77
	2.5	27	43	66	89
	3.0	30	49	74	101
900	1.0	14	23	35	48
	1.5	19	31	47	64
	2.0	22	37	56	77
	2.5	26	42	65	88
	3.0	29	48	73	100
1000	1.0	14	22	35	48
	1.5	18	30	46	64
	2.0	22	36	56	77
	2.5	25	41	64	88
	3.0	28	47	72	100
1100	1.0	13	22	34	48
	1.5	18	29	46	64
	2.0	21	35	55	77
	2.5	24	40	63	88
	3.0	27	46	71	100
1200	1.0	13	22	34	48
	1.5	17	29	45	64
	2.0	20	34	54	76
	2.5	24	40	62	88
	3.0	27	45	71	99

注：$\lambda = 4L/D$，其中，L 为柱的计算长度，D 为圆形截面直径。

附表 D-4　矩形截面钢管混凝土柱金属网抹 M5 普通水泥砂浆保护层厚度

矩形截面当量直径/mm	耐火极限/h	保护层厚度 d_i/mm			
		$\lambda = 20$	$\lambda = 40$	$\lambda = 60$	$\lambda = 80$
200	1.0	47	49	51	54
	1.5	62	65	68	71
	2.0	78	81	85	88
	2.5	93	97	101	106
	3.0	108	113	118	123
300	1.0	42	44	46	48
	1.5	55	58	60	63
	2.0	69	72	75	79
	2.5	82	86	90	94
	3.0	96	100	105	110
400	1.0	38	40	42	44
	1.5	51	53	56	58
	2.0	63	66	69	73
	2.5	75	79	83	87
	3.0	88	92	96	101
500	1.0	36	38	39	41
	1.5	47	50	52	55
	2.0	59	62	65	68
	2.5	70	74	78	82
	3.0	82	86	90	95
600	1.0	34	36	37	39
	1.5	45	47	50	52
	2.0	56	59	62	65
	2.5	67	70	74	78
	3.0	78	82	86	90
700	1.0	32	34	36	38
	1.5	43	45	47	50
	2.0	53	56	59	62
	2.5	64	67	71	74
	3.0	74	78	82	86
800	1.0	31	33	34	36
	1.5	41	43	46	48
	2.0	51	54	57	60
	2.5	61	64	68	72
	3.0	71	75	79	83

（续）

矩形截面当量直径/mm	耐火极限/h	保护层厚度 d_i/mm			
		$\lambda = 20$	$\lambda = 40$	$\lambda = 60$	$\lambda = 80$
900	1.0	30	32	33	35
	1.5	40	42	44	46
	2.0	49	52	55	58
	2.5	59	62	66	69
	3.0	69	72	76	81
1000	1.0	29	31	32	34
	1.5	38	40	43	45
	2.0	48	50	53	56
	2.5	57	60	64	67
	3.0	67	70	74	78
1100	1.0	28	30	31	33
	1.5	37	39	42	44
	2.0	46	49	52	55
	2.5	56	59	62	65
	3.0	65	68	72	76
1200	1.0	27	29	31	32
	1.5	36	38	41	43
	2.0	45	48	50	53
	2.5	54	57	60	64
	3.0	63	67	70	74

注：$\lambda = 2\sqrt{3}L/D$ 或 $2\sqrt{3}L/B$，其中，L 为柱的计算长度，D 和 B 为柱截面长边和短边尺寸。

参考文献

[1] 程远平，李增华. 消防工程学 [M]. 北京：中国矿业大学出版社，2002.

[2] 魏捍东，张智. 从央视大火探讨超高层建筑灭火对策 [J]. 消防科学与技术，2010（7）：606-612.

[3] 牛旭琼. 一起典型高层建筑火灾案例分析 [J]. 山西建筑，2017（23）：244-245.

[4] 王梦超. 城市区域火灾风险评估与对策研究 [D]. 北京：中国地质大学，2010.

[5] 王帅. 高层建筑火灾烟气蔓延与人员安全疏散研究 [D]. 邯郸：河北工程大学，2015.

[6] 陈长坤. 燃烧学 [M]. 北京：机械工业出版社，2013.

[7] 徐彧，李耀庄. 建筑防火设计 [M]. 北京：机械工业出版社，2015.

[8] 杜文峰. 消防燃烧学 [M]. 北京：中国人民公安大学出版社，2006.

[9] 张英. 典型可炭化固体材料表面火蔓延特性研究 [D]. 合肥：中国科学技术大学，2012.

[10] 张树平. 建筑防火设计 [M]. 北京：中国建筑工业出版社，2009.

[11] 蒙慧玲，周健. 建筑安全防火设计 [M]. 北京：中国建筑工业出版社，2018.

[12] 颜峻. 建筑防火设计 [M]. 北京：气象出版社，2017.

[13] 李国强，韩林海，楼国彪，等. 钢结构及钢-混凝土组合结构抗火设计 [M]. 北京：中国建筑工业出版社，2006.

[14] 李耀庄. 防灾减灾工程学 [M]. 武汉：武汉大学出版社，2014.

[15] 陈爱平，弗朗西斯. 室内轰燃预测方法研究 [J]. 爆炸与冲击，2003，23（4）：368-374.

[16] 霍然，胡源，李元洲. 建筑火灾安全工程导论 [M]. 2版. 合肥：中国科学技术大学出版社，2009.

[17] 胡隆华，彭伟，杨瑞新. 隧道火灾动力学与防治技术基础 [M]. 北京：科学出版社，2014.

[18] 徐志胜，姜学鹏. 防排烟工程 [M]. 北京：机械工业出版社，2011.

[19] 吴德兴，徐志胜，李伟平，等. 公路隧道火灾烟气控制：独立排烟道集中排烟系统研究 [M]. 北京：人民交通出版社，2013.

[20] 纪杰，钟委，高子鹤. 狭长空间烟气流动特性及控制方法 [M]. 北京：科学出版社，2017.

[21] 李修柏. 高速铁路隧道火灾人员疏散研究 [D]. 长沙：中南大学，2013.

[22] 汪文兵. 公路隧道火灾人员逃生及安全疏散设施研究 [D]. 西安：长安大学，2014.

[23] 王恒. 高层建筑火灾初期人员疏散策略研究 [D]. 西安：西安工程大学，2017.

[24] 刘平平. 火灾与化学灾害情形下人员疏散研究 [D]. 北京：北京化工大学，2013.

[25] 伍东. 高层住宅建筑火灾情况下人员安全疏散研究 [D]. 天津：天津理工大学，2009.

[26] 郭雪. 地铁车站火灾乘客应急疏散行为及能力研究 [D]. 湘潭：湖南科技大学，2012.

[27] 高歌. 大型商场火灾人员安全疏散及仿真模拟研究 [D]. 长沙：中南大学，2009.

[28] 刘梦洁. 基于 FDS 和 Pathfinder 的地铁车站火灾疏散研究 [D]. 武汉：华中科技大学，2016.

[29] 李海辰. 高层建筑避难层消防设计要点 [J]. 河北建筑工程学院学报，2017，35（3）：134-136.

［30］马晓明. 高层建筑火灾人员疏散问题研究［D］. 北京：中央民族大学，2012.

［31］李正建，郑妍. 高层建筑火灾人员疏散问题探讨［J］. 山西建筑，2017，43（19）：219-221.

［32］杨立兵. 建筑火灾人员疏散行为及优化研究［D］. 长沙：中南大学，2012.

［33］朱兴飞. 基于性能化的大型商场火灾下人员安全疏散研究［D］. 沈阳：沈阳航空工业学院，2010.

［34］向月. 公路隧道疏散横通道人员通过能力研究［D］. 成都：西南交通大学，2014.

［35］杨震. 公路隧道火灾人员安全逃生研究［D］. 西安：长安大学，2012.

［36］赵勇，田四明. 中国铁路隧道数据统计［J］. 隧道建设，2017，37（5）：641-642.

［37］刘海林. 铁路特长隧道火灾人员疏散研究［D］. 成都：西南交通大学，2008.

［38］王晶儒. 高速铁路隧道列车火灾人员疏散研究［D］. 阜新：辽宁工程技术大学，2015.

［39］李岳. 设有联络通道的地铁区间隧道火灾通风模式及人员疏散分析［D］. 西安：西安建筑科技大学，2014.

［40］李宏文. 火灾自动报警技术与工程实例［M］. 北京：中国建筑工业出版社，2016.

［41］孙景芝，韩永学. 电气消防［M］. 北京：中国建筑工业出版社，2016.

［42］吴龙标，袁宏永. 火灾探测与控制工程［M］. 合肥：中国科学技术大学出版社，2013.

［43］张言荣，高红，花铁森，等. 智能建筑消防自动化技术［M］. 北京：机械工业出版社，2009.

［44］赵海荣，徐晓虎，陈宝智. 火灾自动报警系统可靠性分析［C］// 陈宝智，李刚. 2006（沈阳）国际安全科学与技术学术研讨会论文集. 沈阳：辽宁科学技术出版社，2006.

［45］周熙炜，张彦宁，黄鹤，等. 火灾报警与自动消防工程［M］. 北京：人民交通出版社，2016.

［46］徐哲. 可视型烟雾探测的原理及算法［J］. 电脑迷，2016（11）：13-14.

［47］李霞. 基于物联网架构的隧道远程监控系统的设计与研究［D］. 武汉：武汉理工大学，2013.

［48］杜永光. 消防安全物联网远程监测系统方案设计与开发［D］. 重庆：重庆大学，2015.

［49］祁祖兴，陆春民，陈才炜. 消防远程监控系统建设与应用探讨［J］. 消防科学与技术，2015，34（8）：1115-1117.

［50］陈欢炼. 基于物联网技术的城市消防远程监控系统的几点思考［J］. 科教导刊（电子版），2017（29）：266.

［51］符修文. 基于物联网的消防监控系统关键技术研究［D］. 武汉：武汉理工大学，2013.

［52］是荣明. 信息时代下消防工作中物联网技术探讨［J］. 广东科技，2013，22（6）：162-163.

［53］周正钒，林青春. 浅析现代消防指挥调度系统的设计原则［J］. 建设科技，2017（18）：105.

［54］吴夏艳，马文静，林鸿鹏，等. 基于北斗导航的消防指挥调度系统设计［J］. 福建电脑，2017，33（4）：31-33.

［55］姬东. 消防调度指挥地理信息系统的建立与应用［J］. 武警学院学报，2016，32（8）：45-47.

［56］王文俊，王月龙，罗英伟，等. 基于GIS的"119"消防指挥调度系统的设计与实现［J］. 计算机工程，2004，30（5）：9-11.

［57］黄喜龙. 基于ArcGIS消防指挥调度系统的开发［C］// 中国消防协会灭火救援技术专业委员会，灭火救援技术公安部重点实验室. 2013年度灭火与应急救援研讨会论文集. 北京：中国人民公安大学出版社，2013.

［58］陈昕. 基于GIS的消防指挥调度系统的设计［J］. 中国公共安全（学术版），2014（2）：58-61.

［59］陈启尧，葛泉波. 物联网技术在智能无线消防系统中的应用［J］. 消防科学与技术，2014，33（5）：552-555.

［60］张伟莉. 谈智能建筑消防的发展与展望［J］. 企业科技与发展，2012（4）：39-40.

［61］康青春. 灭火与抢险救援技术［M］. 北京：化学工业出版社，2015.

［62］注册消防工程师资格考试命题研究中心. 消防安全技术实务［M］. 北京：北京理工大学出版

社，2016.

[63] 注册消防工程师资格考试命题研究中心. 消防安全技术综合能力 [M]. 北京：北京理工大学出版社，2016.

[64] 刘慧敏，杜志明，韩志跃，等. 干粉灭火剂研究及应用进展 [J]. 安全与环境学报，2014，14 (6)：70-75.

[65] 周文英，邵宝州，张媛怡，等. 新型干粉灭火剂研究 [J]. 消防技术与产品信息，2014 (5)：62-65.

[66] 李培春. 浅谈纳米粉末灭火剂的可行性及应用前景 [J]. 消防技术与产品信息，2003 (8)：35-37.

[67] 郭子东，罗云庆，王平，等. 灭火剂 [M]. 北京：化学工业出版社，2015.

[68] 韩郁翀，秦俊. 泡沫灭火剂的发展与应用现状 [J]. 火灾科学，2011，20 (4)：235-240.

[69] 王文晖. 大面积采空区煤炭自燃火灾灌浆灭火技术及参数的研究与应用 [D]. 太原：太原理工大学，2006.

[70] 中国消防协会. 建（构）筑物消防员：基础知识、初级技能 [M]. 2版. 北京：中国科学技术出版社，2013.

[71] 公安部消防局. 中国消防手册：第九卷　灭火救援基础 [M]. 上海：上海科学技术出版社，2006.

[72] 公安部消防局. 高层建筑灭火对策研究指南 [M]. 上海：上海科学普及出版社，2009.